T. A. Brown

Gentechnologie für Einsteiger

T. A. Brown

Gentechnologie für Einsteiger

6. Auflage

aus dem Englischen übersetzt von Sebastian Vogel

Titel der Originalausgabe:
Gene Cloning and DNA Analysis, sixth edition
© 2010, 2006 T. A. Brown
Die englische Originalausgabe ist erschienen bei Wiley-Blackwell
Alle Rechte vorbehalten. Autorisierte Übersetzung der bei Blackwell Publishing Limited erschienenen englischsprachigen Ausgabe. Für die Korrektheit der Übersetzung ist allein der Springer-Verlag GmbH verantwortlich und nicht Blackwell Publishing Limited. Kein Teil dieses Buches darf in welcher Form auch immer ohne schriftliche Genehmigung des Original-Copyright-Inhabers, Blackwell Publishing Limited, reproduziert werden.

Autor
Professor Dr. Terry A. Brown
Faculty of Life Sciences
University of Manchester, GB

Aus dem Englischen übersetzt von
Dr. Sebastian Vogel, Kerpen

Wichtiger Hinweis für den Benutzer
Der Verlag, der Autor und der Übersetzer haben alle Sorgfalt walten lassen, um vollständige und akkurate Informationen in diesem Buch zu publizieren. Der Verlag übernimmt weder Garantie noch die juristische Verantwortung oder irgendeine Haftung für die Nutzung dieser Informationen, für deren Wirtschaftlichkeit oder fehlerfreie Funktion für einen bestimmten Zweck. Der Verlag übernimmt keine Gewähr dafür, dass die beschriebenen Verfahren, Programme usw. frei von Schutzrechten Dritter sind. Die Wiedergabe von Gebrauchsnamen, Handelsnamen, Warenbezeichnungen usw. in diesem Buch berechtigt auch ohne besondere Kennzeichnung nicht zu der Annahme, dass solche Namen im Sinne der Warenzeichen- und Markenschutz-Gesetzgebung als frei zu betrachten wären und daher von jedermann benutzt werden dürften. Der Verlag hat sich bemüht, sämtliche Rechteinhaber von Abbildungen zu ermitteln. Sollte dem Verlag gegenüber dennoch der Nachweis der Rechtsinhaberschaft geführt werden, wird das branchenübliche Honorar gezahlt.

Bibliografische Information der Deutschen Nationalbibliothek
Die Deutsche Nationalbibliothek verzeichnet diese Publikation in der Deutschen Nationalbibliografie; detaillierte bibliografische Daten sind im Internet über http://dnb.d-nb.de abrufbar.

Springer ist ein Unternehmen von Springer Science+Business Media
springer.de

© Spektrum Akademischer Verlag Heidelberg 2011
Spektrum Akademischer Verlag ist ein Imprint von Springer

11 12 13 14 15   5 4 3 2 1

Das Werk einschließlich aller seiner Teile ist urheberrechtlich geschützt. Jede Verwertung außerhalb der engen Grenzen des Urheberrechtsgesetzes ist ohne Zustimmung des Verlages unzulässig und strafbar. Das gilt insbesondere für Vervielfältigungen, Übersetzungen, Mikroverfilmungen und die Einspeicherung und Verarbeitung in elektronischen Systemen.

Planung und Lektorat: Frank Wigger, Dr. Christoph Iven
Redaktion: Dr. Lothar Seidler
Herstellung und Satz: Crest Premedia Solutions (P) Ltd, Pune, Maharashtra, India
Umschlaggestaltung: SpieszDesign, Neu-Ulm
Titelfotografie: farbige DNA im Vordergrund: © Kirsty Pargeter – Fotolia.com;
blauer Hintergrund: © iStockphoto/awstok
Fotos/Zeichnungen: vom Autor, wenn in der Abbildungsunterschrift nichts anderes angegeben ist.

ISBN 978-3-8274-2868-4

Vorwort

In den vier Jahren, seit die 5. Auflage von *Gentechnik für Einsteiger* erschienen ist, gab es wichtige Fortschritte in der DNA-Sequenzierungstechnik. Insbesondere Hochdurchsatzverfahren auf der Grundlage der Pyrosequenzierung wurden allgemein gebräuchlich. Die Beschreibung dieser neuen Methoden in der 6. Auflage habe ich zum Anlass genommen, um die gesamten Abschnitte über DNA-Sequenzierung umzuschreiben und alle einschlägigen Informationen – sowohl über die Methodik selbst als auch über ihre Anwendung in der Genomanalyse – in einem einzigen Kapitel zusammenzufassen. Auf diese Weise konnte ich ein zweites ganzes Kapitel den Verfahren widmen, mit denen man ein Genom im Anschluss an die Sequenzierung untersucht. Dies, so hoffe ich, führt zu einer ausgewogeneren Beschreibung verschiedener Aspekte der Genomik und Postgenomik, wie sie mir in den früheren Auflagen noch nicht gelungen war.

Eine zweite wichtige Entwicklung der letzten Jahre war die Einführung der Realtime-PCR als Mittel, mit dem sich die in einer Präparation vorhandene Menge einer bestimmten DNA-Sequenz quantitativ erfassen lässt. Diese Methode wird jetzt im Rahmen von Kapitel 9 behandelt. An anderen Stellen habe ich verschiedene Ergänzungen vorgenommen, beispielsweise mit der Beschreibung Topoisomerase-basierter Methoden zur Ligation glatter Enden in Kapitel 4; ganz allgemein habe ich Abschnitte, die in den 25 Jahren seit Erscheinen der ersten Auflage durch immer wieder neue Abwandlungen ein wenig unhandlich geworden waren, gestrafft. Die 6. Auflage ist fast doppelt so umfangreich wie die erste, aber die ursprüngliche Philosophie habe ich seit damals beibehalten. Es ist nach wie vor ein Einführungslehrbuch, das mit den Grundbegriffen anfängt und keine Vorkenntnisse über die Verfahren zur Gen- und Genomanalyse voraussetzt.

Ich danke Nigel Balmforth und Andy Slade von Wiley-Blackwell, die mir geholfen haben, diese Neuauflage Wirklichkeit werden zu lassen. Wie immer danke ich meiner Frau Keri für die unermüdliche Unterstützung angesichts meines Entschlusses, viele Abende und Wochenenden mit dem Schreiben dieses und anderer Bücher zu verbringen.

T. A. Brown
Faculty of Life Sciences
University of Manchester

Inhaltsverzeichnis

I	Grundprinzipien der Klonierung und DNA-Analyse	1
1	**Warum sind Klonierung und DNA-Analyse so wichtig?**	3
1.1	Frühe Entwicklungen in der Genetik	4
1.2	Die Entwicklung der DNA-Klonierung und die Polymerasekettenreaktion	4
1.3	Was ist DNA-Klonierung?	5
1.4	Was ist PCR?	5
1.5	Warum sind DNA-Klonierung und PCR so wichtig?	6
1.5.1	Isolierung eines Gens in Reinform durch Klonierung	7
1.5.2	Auch mit PCR kann man Gene reinigen	8
1.6	Ein Wegweiser durch dieses Buch	9
	Weiterführende Literatur	10
2	**Klonierungsvektoren: Plasmide und Bakteriophagen**	11
2.1	Plasmide	12
2.1.1	Größe und Kopienzahl	13
2.1.2	Konjugation und Kompatibilität	14
2.1.3	Klassifikation von Plasmiden	14
2.1.4	Plasmide in anderen Organismen als Bakterien	15
2.2	Bakteriophagen	15
2.2.1	Der Phagen-Infektionszyklus	15
2.2.2	Lysogene Phagen	15
2.2.3	Viren als Klonierungsvektoren für andere Organismen	21
	Weiterführende Literatur	21
3	**Die Reinigung von DNA aus lebenden Zellen**	23
3.1	Die Präparation der gesamten Zell-DNA	24
3.1.1	Zucht und Ernte einer Bakterienkultur	24
3.1.2	Die Präparation von Zellextrakten	26
3.1.3	Die Reinigung der DNA aus dem Zellextrakt	27
3.1.4	Das Anreichern der DNA-Proben	28
3.1.5	Die Messung der DNA-Konzentration	29
3.1.6	Andere Methoden zur Präparation der gesamten Zell-DNA	29
3.2	Die Präparation von Plasmid-DNA	30
3.2.1	Trennung aufgrund der Größe	31
3.2.2	Trennung aufgrund der Konformation	32
3.2.3	Plasmidamplifikation	34
3.3	Die Präparation von Bakteriophagen-DNA	35
3.3.1	Die Zucht von Kulturen mit hohem λ-Titer	36
3.3.2	Präparation nichtlysogener λ-Phagen	37
3.3.3	Die Ernte der Phagen aus einer infizierten Kultur	37
3.3.4	Die Reinigung von DNA aus λ-Phagenpartikeln	38
3.3.5	M13-DNA lässt sich leicht reinigen	38
	Weiterführende Literatur	39

4	**Die Manipulation der gereinigten DNA**	41
4.1	**Das Spektrum der Enzyme zur DNA-Manipulation**	42
4.1.1	Nucleasen	43
4.1.2	Ligasen	44
4.1.3	Polymerasen	44
4.1.4	DNA-Modifikationsenzyme	45
4.2	**Enzyme zum Schneiden der DNA: Restriktionsendonucleasen**	46
4.2.1	Entdeckung und Wirkungsweise der Restriktionsendonucleasen	47
4.2.2	Die Restriktionsendonucleasen des Typs II schneiden die DNA an ganz bestimmten Nucleotidsequenzen	48
4.2.3	Glatte Enden und klebrige Enden	49
4.2.4	Die Zahl der Restriktionserkennungsstellen in einem DNA-Molekül	49
4.2.5	Der Ablauf einer Restriktionsspaltung im Labor	50
4.2.6	Die Analyse des Ergebnisses einer Restriktionsspaltung	52
4.2.7	Größenabschätzung bei DNA-Molekülen	53
4.2.8	Die Kartierung der Restriktionsschnittstellen auf einem DNA-Molekül	54
4.2.9	Besondere Elektrophoreseverfahren zur Trennung größerer Moleküle	56
4.3	**Ligation: Das Verbinden von DNA-Molekülen**	57
4.3.1	Die Wirkungsweise der DNA-Ligase	57
4.3.2	Klebrige Enden erhöhen die Effizienz der Ligation	57
4.3.3	Das Anfügen klebriger Enden an ein Molekül mit glatten Enden	58
4.3.4	Ligation glatter Enden mit einer DNA-Topoisomerase	62
	Weiterführende Literatur	63

5	**Das Einführen von DNA in lebende Zellen**	65
5.1	**Transformation: Die Aufnahme von DNA durch Bakterienzellen**	67
5.1.1	Nicht alle Bakterienarten nehmen DNA mit der gleichen Effizienz auf	67
5.1.2	Die Herstellung kompetenter *E. coli*-Zellen	68
5.1.3	Die Selektion transformierter Zellen	68
5.2	**Die Identifizierung von Rekombinanten**	69
5.2.1	Selektion von Rekombinanten mit pBR322: Inaktivierung durch Einbau eines Antibiotika-Resistenzgens	70
5.2.2	Die Inaktivierung durch Einbau von DNA betrifft nicht immer Antibiotikaresistenzen	71
5.3	**Das Einführen von Phagen-DNA in Bakterienzellen**	72
5.3.1	Transfektion	72
5.3.2	*In vitro*-Verpackung	72
5.3.3	Die Phageninfektion wird in Form von Plaques auf einem Agarmedium sichtbar	74
5.4	**Die Identifizierung rekombinierter Phagen**	75
5.4.1	Inaktivierung eines *lacZ'*-Gens im Phagenvektor durch die eingebaute DNA	75
5.4.2	Inaktivierung des cI-Gens von λ	75
5.4.3	Selektion mit Hilfe des Phänotyps Spi	75
5.4.4	Selektion anhand der Genomgröße von λ	76
5.5	**Einschleusen von DNA in eukaryotische Zellen**	76
5.5.1	Transformation einzelner Zellen	77
5.5.2	Transformation ganzer Organismen	78
	Weiterführende Literatur	78

6	**Klonierungsvektoren für *E. coli***	79
6.1	**Klonierungsvektoren auf der Grundlage von *E. coli*-Plasmiden**	80
6.1.1	Die Nomenklatur von Plasmid-Klonierungsvektoren	80
6.1.2	Die nützlichen Eigenschaften von pBR322	81
6.1.3	Der Stammbaum von pBR322	81
6.1.4	Weiterentwickelte *E. coli*-Plasmid-Klonierungsvektoren	82
6.2	**Klonierungsvektoren auf der Grundlage des Bakteriophagen M13**	85
6.2.1	Die Konstruktion eines Phagen-Klonierungsvektors	85
6.2.2	Hybridvektoren aus Plasmiden und M13	86
6.3	**Klonierungsvektoren auf der Grundlage des Bakteriophagen λ**	87
6.3.1	Aus dem λ-Genom kann man Stücke entfernen, ohne die Funktionsfähigkeit zu beeinträchtigen	88
6.3.2	Durch natürliche Selektion kann man λ-Phagen isolieren, denen bestimmte Restriktionsstellen fehlen	88
6.3.3	Insertions- und Substitutionsvektoren	89
6.3.4	Klonierungsexperimente mit λ-Insertions- oder λ-Substitutionsvektoren	90
6.3.5	Sehr große DNA-Fragmente kann man in Cosmiden klonieren	91
6.4	**Mit λ- und anderen Vektoren mit hoher Kapazität kann man genomische Bibliotheken konstruieren**	92
6.5	**Vektoren für andere Bakterien**	93
	Weiterführende Literatur	94

7	**Klonierungsvektoren für Eukaryoten**	95
7.1	**Vektoren für Hefe und andere Pilze**	96
7.1.1	Selektierbare Marker für das 2-Mikron-Plasmid	96
7.1.2	Vektoren auf der Grundlage des 2-Mikron-Ringes: Episomale Plasmide der Hefe	97
7.1.3	Ein YEp kann sich in die chromosomale DNA der Hefe integrieren	98
7.1.4	Andere Hefe-Klonierungsvektoren	98
7.1.5	Mit künstlichen Chromosomen kann man riesige DNA-Stücke in Hefe klonieren	99
7.1.6	Vektoren für weitere Hefearten und andere Pilze	101
7.2	**Klonierungsvektoren für höhere Pflanzen**	102
7.2.1	Agrobacterium tumefaciens: Der kleinste »natürliche Gentechniker«	102
7.2.2	DNA-Klonierung in Pflanzen durch direkte Genübertragung	106
7.2.3	Versuche zum Einsatz von Pflanzenviren als Vektoren	108
7.3	**Klonierungsvektoren für Tiere**	109
7.3.1	Klonierungsvektoren für Insekten	109
7.3.2	Klonierung in Säugetieren	110
	Weiterführende Literatur	112

8	**Die Gewinnung eines Klons von einem bestimmten Gen**	115
8.1	**Das Problem der Selektion**	116
8.1.1	Es gibt zwei grundlegende Wege, den gesuchten Klon ausfindig zu machen	117
8.2	**Direkte Selektion**	117
8.2.1	*Marker rescue* erweitert die Anwendungsmöglichkeiten der direkten Selektion	118
8.2.2	Anwendungsbereich und Grenzen des *marker rescue*-Verfahrens	118
8.3	**Die Suche nach Klonen in einer Genbibliothek**	119
8.3.1	Genbibliotheken	120
8.3.2	Nicht alle Gene werden zur gleichen Zeit exprimiert	120

8.3.3	mRNA lässt sich als komplementäre DNA klonieren	121
8.4	**Methoden zur Identifizierung von Klonen**	122
8.4.1	Komplementäre Nucleinsäurestränge hybridisieren untereinander	122
8.4.2	Kolonie- und Plaquehybridisierung	122
8.4.3	Beispiele für den praktischen Einsatz der Nucleinsäurehybridisierung	124
8.4.4	Methoden zur Identifizierung eines klonierten Gens durch den Nachweis seines Genprodukts	130
	Weiterführende Literatur	131
9	**Die Polymerasekettenreaktion (PCR)**	**133**
9.1	**Die Polymerasekettenreaktion im Überblick**	134
9.2	**Die PCR: einige Einzelheiten**	136
9.2.1	Die Konstruktion der Oligonucleotidprimer für die PCR	136
9.2.2	Die richtige Reaktionstemperatur	137
9.3	**Nach der PCR: Die Analyse der Produkte**	138
9.3.1	Gelelektrophorese der PCR-Produkte	139
9.3.2	Klonierung von PCR-Produkten	140
9.3.3	Probleme mit der Fehlerhäufigkeit der *Taq*-Polymerase	141
9.4	**Mit der Realtime-PCR kann man die Menge des Ausgangsmaterials quantitativ erfassen**	142
9.4.1	Der Ablauf eines Experiments mit quantitativer PCR	143
9.4.2	Mit Realtime-PCR kann man auch RNA quantitativ erfassen	144
	Weiterführende Literatur	145
II	**Die Anwendung von Klonierung und DNA-Analyse in der Forschung**	**147**
10	**Die Sequenzierung von Genen und Genomen**	**149**
10.1	**Methoden zur DNA-Sequenzierung**	150
10.1.1	DNA-Sequenzierung nach dem Kettenabbruchverfahren	150
10.1.2	Pyrosequenzierung	154
10.2	**Die Sequenzierung eines Genoms**	156
10.2.1	Das Schrotschussverfahren zur Genomsequenzierung	157
10.2.2	Das Klon-Contig-Verfahren	160
10.2.3	Karten als Hilfsmittel zum Sequenzaufbau	162
	Weiterführende Literatur	165
11	**Die Untersuchung der Genexpression und Genfunktion**	**167**
11.1	**Die Analyse der Transkripte von Genen**	168
11.1.1	Nachweis eines Transkripts und Aufklärung seiner Nucleotidsequenz	169
11.1.2	Transkriptkartierung durch Hybridisierung zwischen Gen und RNA	170
11.1.3	Transkriptanalyse durch Primerverlängerung	171
11.1.4	Transkriptanalyse mit PCR	171
11.2	**Die Untersuchung der Expressionsregulation von Genen**	172
11.2.1	Der Nachweis von Proteinbindungsstellen an einem DNA-Molekül	174
11.2.2	Der Nachweis von Regulatorsequenzen durch Deletionsanalyse	177
11.3	**Nachweis und Untersuchung des Translationsprodukts eines klonierten Gens**	179

11.3.1	Mit HRT und HART kann man das Translationsprodukt eines klonierten Gens nachweisen.	179
11.3.2	Analyse der Proteine durch *in vitro*-Mutagenese.	181
	Weiterführende Literatur.	185

12	Genomanalyse	187
12.1	**Annotation von Genomen**	188
12.1.1	Identifizierung von Genen in einer Genomsequenz.	188
12.1.2	Aufklärung der Funktion eines unbekannten Gens	192
12.2	**Analyse von Transkriptom und Proteom**	194
12.2.1	Transkriptomanalyse	194
12.2.2	Untersuchungen am Proteom.	197
12.2.3	Analyse von Protein-Protein-Wechselwirkungen	199
	Weiterführende Literatur.	201

III	Anwendungen der Klonierung und DNA-Analyse in der Biotechnologie.	203

13	Die Proteinproduktion mit klonierten Genen.	205
13.1	**Spezielle Vektoren für die Expression fremder Gene in *E. coli***	207
13.1.1	Der Promotor ist der entscheidende Bestandteil eines Expressionsvektors.	208
13.1.2	Kassetten und Fusionsgene.	211
13.2	**Allgemeine Probleme mit der gentechnischen Proteinproduktion in *E. coli***	212
13.2.1	Probleme durch die Sequenz des Fremdgens	212
13.2.2	Probleme durch *E. coli*.	214
13.3	**Gentechnische Proteinproduktion mit Eukaryotenzellen**	215
13.3.1	Gentechnische Proteinherstellung mit Hefe und Fadenpilzen.	215
13.3.2	Gentechnische Proteinproduktion mit Tierzellen.	217
13.3.3	Pharming: rekombinante Proteine aus lebenden Tieren und Pflanzen	218
	Weiterführende Literatur.	220

14	Klonierung und DNA-Analyse in der Medizin	223
14.1	**Gentechnische Arzneimittelproduktion**	224
14.1.1	Gentechnisch hergestelltes Insulin	224
14.1.2	Synthese menschlicher Wachstumshormone in *E. coli*	226
14.1.3	Gentechnisch hergestellter Faktor VIII	227
14.1.4	Gentechnische Herstellung anderer menschlicher Proteine.	228
14.1.5	Gentechnisch hergestellte Impfstoffe.	229
14.2	**Identifizierung krankheitserzeugender Gene beim Menschen.**	232
14.2.1	Die Identifizierung eines krankheitserzeugenden Gens.	234
14.3	**Gentherapie.**	236
14.3.1	Gentherapie genetisch bedingter Krankheiten.	236
14.3.2	Gentherapie und Krebs.	237
14.3.3	Ethische Aspekte der Gentherapie.	238
	Weiterführende Literatur.	239

15	**Klonierung und DNA-Analyse in der Landwirtschaft**	241
15.1	**Das Hinzufügen von Genen bei Pflanzen**	242
15.1.1	Pflanzen, die eigene Insektizide produzieren	242
15.1.2	Herbizidresistente Nutzpflanzen	248
15.1.3	Andere Projekte, bei denen Gene hinzugefügt wurden	250
15.2	**Inaktivierung von Genen**	250
15.2.1	Antisense-RNA und die gentechnische Veränderung der Reifung von Tomaten	250
15.2.2	Weitere Beispiele für den Einsatz der Antisense-RNA in der Pflanzengentechnik	253
15.3	**Probleme mit gentechnisch veränderten Pflanzen**	253
15.3.1	Sicherheitsüberlegungen im Zusammenhang mit selektierbaren Markern	254
15.3.2	Das Terminatorverfahren	255
15.3.3	Die Frage nach schädlichen Auswirkungen auf die Umwelt	256
	Weiterführende Literatur	257
16	**Klonierung und DNA-Analyse in Kriminalistik, Gerichtsmedizin und Archäologie**	259
16.1	**DNA-Analyse zur Identifizierung Tatverdächtiger**	260
16.1.1	Herstellung genetischer Fingerabdrücke durch Hybridisierung	260
16.1.2	DNA-Typisierung durch PCR kurzer Tandemwiederholungen	261
16.2	**Verwandtschaftsnachweis durch DNA-Typisierung**	262
16.2.1	Verwandte haben ähnliche DNA-Profile	262
16.2.2	DNA-Typisierung und die sterblichen Überreste der Romanows	263
16.3	**Geschlechtsbestimmung durch DNA-Analyse**	265
16.3.1	PCR spezifischer Sequenzen aus dem Y-Chromosom	266
16.3.2	PCR des Amelogenin-Gens	266
16.4	**Archäogenetik: DNA-Analysen bei der Erforschung der menschlichen Vorgeschichte**	267
16.4.1	Die Entstehung der Jetztmenschen	267
16.4.2	Anhand der DNA kann man auch prähistorische Wanderungsbewegungen nachzeichnen	270
	Weiterführende Literatur	272
	Glossar	275
	Stichwortverzeichnis	289

Grundprinzipien der Klonierung und DNA-Analyse

Kapitel 1   Warum sind Klonierung und DNA-Analyse so wichtig? – 3

Kapitel 2   Klonierungsvektoren: Plasmide und Bakteriophagen – 11

Kapitel 3   Die Reinigung von DNA aus lebenden Zellen – 23

Kapitel 4   Die Manipulation der gereinigten DNA – 41

Kapitel 5   Das Einführen von DNA in lebende Zellen – 65

Kapitel 6   Klonierungsvektoren für *E. coli* – 79

Kapitel 7   Klonierungsvektoren für Eukaryoten – 95

Kapitel 8   Die Gewinnung eines Klons von einem bestimmten Gen – 115

Kapitel 9   Die Polymerasekettenreaktion (PCR) – 133

Warum sind Klonierung und DNA-Analyse so wichtig?

1.1	Frühe Entwicklungen in der Genetik – 4
1.2	Die Entwicklung der DNA-Klonierung und die Polymerasekettenreaktion – 4
1.3	Was ist DNA-Klonierung? – 5
1.4	Was ist PCR? – 5
1.5	Warum sind DNA-Klonierung und PCR so wichtig? – 6
1.5.1	Isolierung eines Gens in Reinform durch Klonierung – 7
1.5.2	Auch mit PCR kann man Gene reinigen – 8
1.6	Ein Wegweiser durch dieses Buch – 9
	Weiterführende Literatur – 10

Mitte des 19. Jahrhunderts formulierte Gregor Mendel die Gesetzmäßigkeiten, mit denen sich die Vererbung biologischer Merkmale erklären lässt. Den Mendelschen Gesetzen liegt die Annahme zugrunde, jede Erbeigenschaft eines Organismus werde von einem Faktor gesteuert, dem **Gen**, das als körperliches Gebilde irgendwo in der Zelle vorhanden ist. Die Wiederentdeckung von Mendels Gesetzen im Jahr 1900 war die Geburtsstunde der **Genetik**; diese Wissenschaft hat das Ziel, das Wesen der Gene zu verstehen und ihre Wirkungsweise zu erklären.

1.1 Frühe Entwicklungen in der Genetik

In den ersten 30 Jahren nach seiner Entstehung wuchs das neue Wissenschaftsgebiet mit erstaunlicher Geschwindigkeit. Die Vorstellung, dass Gene sich in **Chromosomen** befinden, äußerte W. Sutton schon 1903; 1910 wurde sie von T. H. Morgan experimentell untermauert. Damals entwickelten Morgan und seine Kollegen die Methoden zur **Genkartierung**; 1922 hatten sie eine umfassende Analyse der relativen Positionen von über 2 000 Genen auf den vier Chromosomen der Taufliege *Drosophila melanogaster* fertig gestellt.

Diese klassischen genetischen Studien waren von herausragender Bedeutung, aber bis in die Vierzigerjahre des 20. Jahrhunderts hatte man keine Vorstellung von der molekularen Beschaffenheit der Gene. Bis zu den Experimenten, die Avery, MacLeod und McCarty 1944 sowie Hershey und Chase 1952 durchführten, glaubte fast niemand, dass die Desoxyribonucleinsäure (DNA) das genetische Material ist; damals war man allgemein der Ansicht, Gene bestünden aus Protein. Die Entdeckung, dass DNA die entscheidende Rolle spielt, war ein enormer Anreiz für die genetische Forschung, und viele berühmte Biologen (zu den einflussreichsten gehörten Delbrück, Chargaff, Crick und Monod) trugen zum zweiten großen Aufschwung der Genetik bei. In den 14 Jahren von 1952 bis 1966 wurde die Struktur der DNA aufgeklärt, der genetische Code wurde entschlüsselt, und man beschrieb die Vorgänge der Transkription und der Translation.

1.2 Die Entwicklung der DNA-Klonierung und die Polymerasekettenreaktion

Auf diese ereignisreichen Jahre voller Entdeckungen folgte eine Flaute, eine Phase des Abschwungs; manche Molekularbiologen (wie sich die neue Generation der Genetiker nun selbst betitelte) glaubten, es gebe nur noch wenig grundsätzlich Bedeutsames, das noch nicht entdeckt sei. Aber in Wirklichkeit machte sich Enttäuschung breit, weil die experimentellen Methoden am Ende der Sechzigerjahre nicht so weit entwickelt waren, dass man die Gene eingehender hätte untersuchen können.

In den Jahren von 1971 bis 1973 kam die genetische Forschung wieder in Gang, und zwar durch eine Entwicklung, die man mit Fug und Recht als Revolution der modernen Biologie bezeichnen kann. Es entstand eine völlig neue Methodik, mit der man Experimente planen und ausführen konnte, die bis dahin unmöglich gewesen waren. Das Experimentieren war nicht gerade problemlos, aber zumindest erfolgreich. Kernstück dieser Methoden, die man zusammenfassend als **DNA-Rekombinationstechnik** oder **Gentechnologie** (Gentechnik) bezeichnet, ist das Verfahren der **DNA-Klonierung**; sie leitete das dritte große Zeitalter der Genetik ein. Es folgte die Entwicklung leistungsfähiger Methoden zur DNA-Sequenzierung, mit deren Hilfe man die Struktur einzelner Gene aufklären konnte. Der Höhepunkt war in den Neunzigerjahren des 20. Jahrhunderts mit den großen Projekten zur Sequenzierung ganzer Genome erreicht, insbesondere mit dem Humangenomprojekt, das im Jahr 2000 abgeschlossen wurde. Sie bildeten die Grundlage für die Entwicklung von Verfahren, mit denen sich die Regulation einzelner Gene untersuchen lässt, und nun konnte man erklären, wie Störungen der Genregulation zu Krebs und anderen Krankheiten führen. Aus diesen Methoden ging die moderne **Biotechnologie** hervor, bei der man Proteine und andere in Medizin und Industrie benötigte Verbindungen mithilfe von Genen produziert.

In den Achtzigerjahren des 20. Jahrhunderts, auf dem Höhepunkt der Begeisterung über die von der DNA-Klonierung ausgelöste Revolution, erschien es kaum vorstellbar, dass eine weitere, ebenso neuartige und umwälzende Methode unmittelbar vor der Tür stand. Man erzählt sich unter Molekularbiologen, dass Kary Mullis die **Polymerasekettenreaktion** (PCR, *polymerase chain reaction*) eines Abends im Jahr 1985 erfand, während er an der kalifornischen Küste entlang fuhr. Sein Geistesblitz war eine höchst einfache Methode, die eine hervorragende Ergänzung zur Klonierung darstellt. Durch die PCR wurden viele Untersuchungen, die mit der Klonierung allein zwar möglich, aber schwierig waren, wesentlich vereinfacht. Sie erweiterte die Möglichkeiten der DNA-Analyse und führte zu neuen Anwendungsgebieten für die Molekularbiologie außerhalb des traditionellen Spektrums von Medizin, Landwirtschaft und Biotechnologie. Molekularbiologische Archäologie, molekulare Ökologie und forensische Molekularbiologie sind nur drei von vielen neuen Fachgebieten, die als unmittelbare Folge der PCR möglich wurden, und heute stellt man mithilfe der DNA immer neue Fragen nach der Evolution des Menschen und nach den Auswirkungen von Umweltveränderungen auf die Biosphäre. Auch in der Verbrechensbekämpfung wurde sie zu einem leistungsfähigen Hilfsmittel. Vierzig Jahre nach Beginn der Gentechnikrevolution sitzen wir immer noch in der Achterbahn, und ein Ende der spannenden Entwicklungen ist nicht in Sicht.

1.3 Was ist DNA-Klonierung?

Was ist DNA-Klonierung eigentlich? Am einfachsten kann man diese Frage beantworten, wenn man ein Klonierungsexperiment einmal Schritt für Schritt nachvollzieht (Abb. 1.1):

1. Ein DNA-Fragment, welches das zu klonierende Gen enthält, wird in ein ringförmiges DNA-Molekül – den **Vektor** – eingefügt, sodass ein **rekombiniertes DNA-Molekül** (auch: rekombinantes DNA-Molekül) entsteht.
2. Der Vektor transportiert das Gen in eine Wirtszelle; meist ist dies ein Bakterium, aber man kann auch andere lebende Zellen verwenden.
3. In der Wirtszelle vermehrt sich der Vektor; es entstehen viele identische Kopien nicht nur von ihm selbst, sondern auch von dem Gen, das er trägt.

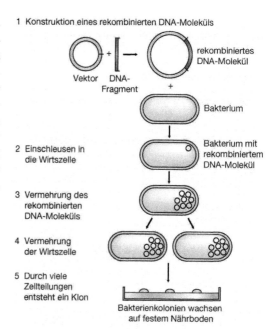

Abb. 1.1 Die grundlegenden Schritte bei der DNA-Klonierung (Bildrechte T. A. Brown)

4. Wenn sich die Wirtszelle teilt, werden Kopien des rekombinierten DNA-Moleküls an die Tochterzellen weitergegeben, in denen sich der Vektor erneut vermehrt.
5. Durch viele Zellteilungen entsteht eine Kolonie, ein **Klon** gleichartiger Wirtszellen. Jede Zelle des Klons enthält das rekombinierte DNA-Molekül in einer oder mehreren Kopien. Nun spricht man davon, dass das Gen in dem rekombinierten Molekül kloniert wurde.

1.4 Was ist PCR?

Die Polymerasekettenreaktion funktioniert ganz anders als die Klonierung. Sie findet in einem einzigen Reaktionsgefäß statt, ohne dass man eine Reihe von Manipulationen an lebenden Zellen durchführen muss: Man mischt DNA mit einer Reihe von Reagenzien und stellt das Gefäß dann in einen Thermocycler, ein Gerät, mit dem man die Mischung der Reihe nach bei verschiedenen, programmierten Temperaturen inkubieren kann. Grundsätzlich umfasst ein PCR-Experiment folgende Schritte (Abb. 1.2):

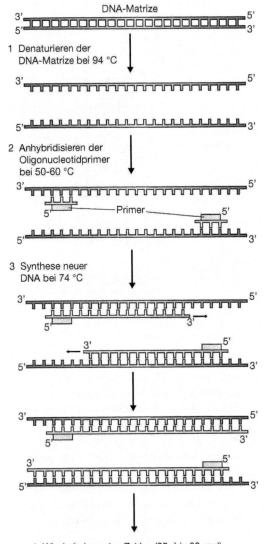

4 Wiederholung des Zyklus (25- bis 30-mal)

Abb. 1.2 Die grundlegenden Schritte der Polymerasekettenreaktion (Bildrechte T. A. Brown)

1. Das Gemisch wird auf 94 °C erwärmt; bei dieser Temperatur lösen sich die Wasserstoffbrücken, welche die beiden Stränge der DNA zusammenhalten, sodass das Molekül **denaturiert** wird.
2. Das Gemisch wird auf 50 bis 60 °C abgekühlt; jetzt könnten sich die beiden Stränge der einzelnen Moleküle wieder verbinden, aber zum größten Teil tun sie das nicht, weil die Mischung einen großen Überschuss an kurzen DNA-Molekülen enthält, den so genannten **Oligonucleotiden** oder **Primern**, die an ganz bestimmten Stellen an die DNA-Moleküle **anhybridisieren.**
3. Die Temperatur wird auf 74 °C erhöht; dies ist die optimale Temperatur für die Aktivität der *Taq*-**DNA-Polymerase**, die in dem Gemisch ebenfalls enthalten ist. Die **DNA-Polymerasen** werden wir in Abschnitt 4.1.3 genauer erörtern. Hier möge der Hinweis reichen, dass die *Taq*-DNA-Polymerase sich in diesem Schritt der PCR jeweils an ein Ende der Primer heftet und neue DNA-Stränge synthetisiert, die zu den als **Matrize** wirkenden DNA-Molekülen komplementär sind. Jetzt haben wir vier DNA-Stränge anstelle der zwei, von denen wir ausgegangen waren.
4. Die Temperatur wird wiederum auf 94 °C erhöht; die doppelsträngigen DNA-Moleküle, die jetzt jeweils aus einem Strang des Ausgangsmoleküls und einem neuen Strang bestehen, werden zu Einzelsträngen denaturiert. Damit beginnt eine zweite Runde mit Denaturieren, Anhybridisieren und Synthese, an deren Ende acht DNA-Stränge vorliegen. Wiederholt man den Zyklus 30-mal, sind aus dem doppelsträngigen Ausgangsmolekül über 130 Millionen neue doppelsträngige Moleküle geworden, und jedes davon ist eine Kopie jenes Abschnitts aus dem ursprünglichen Molekül, der durch die Anheftungsstellen der beiden Primer begrenzt ist.

1.5 Warum sind DNA-Klonierung und PCR so wichtig?

Wie man in Abbildung 1.1 und 1.2 erkennt, sind die Klonierung einer DNA-Sequenz und die PCR relativ einfache Vorgänge. Warum haben sie dennoch in der Biologie eine so große Bedeutung erlangt? Die Antwort: vor allem deshalb, weil man mit beiden Verfahren ein einzelnes Gen in reiner Form gewinnen kann, abgetrennt von allen anderen Genen, mit denen es normalerweise gemeinsam in einer Zelle vorliegt.

1.5.1 Isolierung eines Gens in Reinform durch Klonierung

Um zu verstehen, wie man durch Klonierung ein Gen in reiner Form erhält, wollen wir noch einmal das grundlegende Experiment aus Abbildung 1.1 betrachten, das hier aber ein wenig anders dargestellt ist (Abb. 1.3). Das DNA-Fragment, das man kloniert, gehört in diesem Beispiel zu einer Mischung vieler verschiedener Fragmente, von denen jedes ein anderes Gen oder einen Teil davon trägt. Bei dem Gemisch kann es sich sogar um den gesamten Genbestand eines Organismus (zum Beispiel des Menschen) handeln. Dann wird jedes Fragment in ein eigenes Vektormolekül eingebaut, und es entsteht eine Familie rekombinierter DNA-Moleküle, von denen eines das gesuchte Gen enthält. Da im Normalfall in jede einzelne Wirtszelle nur ein einziges rekombiniertes DNA-Molekül eingeschleust wird, können zwar in den entstehenden Klonen insgesamt viele verschiedene solcher Moleküle enthalten sein, aber jeder einzelne Klon beherbergt nur *ein* Molekül in vielen Kopien. Damit ist das betreffende Gen von allen anderen Genen der ursprünglichen Mischung abgetrennt, und man kann seine besonderen Eigenschaften genau untersuchen.

Entscheidend für Erfolg oder Misserfolg eines Klonierungsexperiments ist in der Praxis, ob man den Klon, für den man sich interessiert, von den vielen anderen Klonen unterscheiden kann. Betrachten wir zum Beispiel das **Genom** des Bakteriums *Escherichia coli*: Die Zahl seiner Gene liegt bei knapp über 4 000, und es könnte zunächst aussichtslos erscheinen, eines davon unter den vielen möglichen Klonen herauszufinden (Abb. 1.4). Noch größer wird das Problem bei höheren Organismen, denn Bakterien sind relativ einfache Lebewesen. Das menschliche Genom beispielsweise umfasst ungefähr fünfmal so viele Gene. Wie in Kapitel 8 erläutert wird, gibt es aber eine ganze Reihe von Verfahren, mit denen man am Ende eines Klonierungsexperiments das richtige Gen finden kann. Für manche dieser Methoden muss man den grundlegenden Klonierungsvorgang so abwandeln, dass sich nur Zellen teilen können, die das gewünschte rekombinierte DNA-Molekül enthalten, das heißt, der Klon, für den man sich

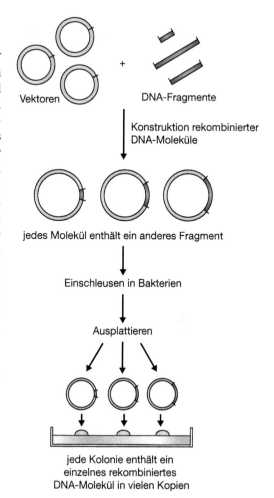

Abb. 1.3 Durch Klonierung kann man einzelne DNA-Fragmente in reiner Form herstellen (Bildrechte T. A. Brown)

interessiert, wird automatisch **selektiert**. Andere Verfahren dienen dazu, den gewünschten Klon in einem Gemisch zahlreicher verschiedener Klone zu identifizieren.

Wenn man ein Gen kloniert hat, sind den Erkenntnissen, die man über seine Struktur und Expression gewinnen kann, kaum Grenzen gesetzt. Die Verfügbarkeit klonierten Genmaterials gab den Anstoß zur Entwicklung analytischer Methoden, mit denen man Gene untersuchen kann; dabei werden ständig neue Verfahren erfunden. Solche Verfahren zur Untersuchung der Struktur und der Funktion klonierter Gene werden in den Kapiteln 10 und 11 dargestellt.

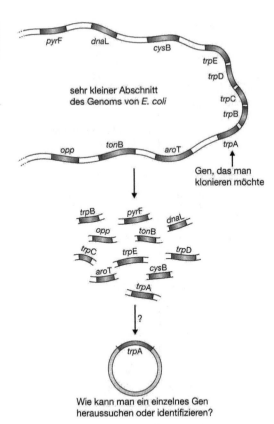

Abb. 1.4 Das Problem der Selektion (Bildrechte T. A. Brown)

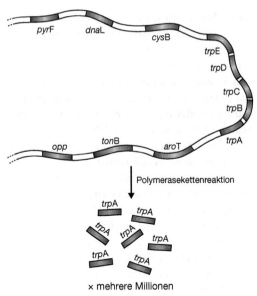

Abb. 1.5 Genisolierung durch PCR (Bildrechte T. A. Brown)

1.5.2 Auch mit PCR kann man Gene reinigen

Auch mit der Polymerasekettenreaktion kann man ein Gen in reiner Form darstellen. Bei der PCR wird nämlich der Abschnitt der Ausgangs-DNA kopiert, der durch die Anheftungsstellen der beiden Oligonucleotidprimer begrenzt ist. Wenn die Primer beiderseits des fraglichen Gens anhybridisieren, werden viele Kopien dieses Gens synthetisiert (Abb. 1.5). Man erhält dann das gleiche Ergebnis wie bei einem Klonierungsexperiment, nur tritt hier das Problem der Selektion nicht auf, weil das gesuchte Gen durch die Stellen, an denen die Primer sich anheften, automatisch »selektiert« ist.

Ein PCR-Experiment kann man in wenigen Stunden abschließen, ein Gen durch Klonierung zu gewinnen, dauert dagegen Wochen oder Monate. Warum wird dann die Genklonierung überhaupt noch benutzt? Das liegt daran, dass die PCR zwei Beschränkungen unterliegt:

1. Damit die Primer an den richtigen Stellen beiderseits des gesuchten Gens anhybridisieren können, muss man die Sequenzen dieser Anheftungsstellen kennen. Einen Primer mit einer zuvor bekannten Sequenz zu synthetisieren, ist einfach (siehe Abschnitt 8.4.3), aber solange die Sequenzen der Anheftungsstellen unbekannt sind, kann man die richtigen Primer nicht herstellen. Deshalb eignet sich die PCR nicht zur Isolierung von Genen, die man nicht zuvor bereits untersucht hat – in solchen Fällen muss man die Klonierung einsetzen.
2. Mit der PCR kann man nur DNA-Sequenzen von begrenzter Länge kopieren. Fünf Kilobasen (kb) lassen sich recht einfach vervielfältigen, und mit speziellen Verfahren kann man Abschnitte bis zu 40 kb handhaben, aber viele Gene, insbesondere solche von Menschen und anderen Wirbeltieren, sind länger. Benötigt man ein langes Gen in intakter Form, muss man sich der Klonierung bedienen.

Die Klonierung ist also nach wie vor die einzige Methode, mit der man lange oder zuvor nicht untersuchte Gene isolieren kann. Dennoch gibt es für die PCR viele wichtige Anwendungsbereiche. Selbst wenn man beispielsweise die Sequenz eines Gens nicht kennt, kann man unter Umständen von der Sequenz eines entsprechenden Gens aus einem anderen Lebewesen ausgehen und so die richtigen Sequenzen für ein Primerpaar ermitteln. So kann man beispielsweise ein Gen nutzen, das aus der Maus isoliert und sequenziert wurde, um dann ein Primerpaar für die Isolierung des entsprechenden Gens aus dem Menschen zu konstruieren.

Außerdem gibt es viele Fälle, in denen man Gene mit bereits bekannter Sequenz isolieren oder nachweisen will. Mittels PCR-Analyse der menschlichen Globingene sucht man beispielsweise nach Mutationen, die eine als Thalassämie bezeichnete Blutkrankheit hervorrufen. Die Konstruktion geeigneter Primer für eine solche Analyse ist einfach, weil man die Sequenzen der menschlichen Globingene kennt. Im Anschluss an die PCR werden die Genkopien sequenziert oder auf andere Weise untersucht, und so kann man feststellen, ob eine der für Thalassämie verantwortlichen Mutationen vorhanden ist.

In einer anderen medizinischen Anwendung der PCR benutzt man Primer, die spezifisch für die DNA eines krankheitserzeugenden Virus sind. Ein positiver Befund weist dann darauf hin, dass eine biologische Probe das Virus enthält und dass die Person, von der die Probe stammt, sich zur Vorbeugung in medizinische Behandlung begeben sollte. Die Polymerasekettenreaktion ist äußerst empfindlich: Bei gewissenhafter Vorbereitung liefert sie selbst dann nachweisbare DNA-Mengen, wenn in dem ursprünglichen Ansatz nur ein einziges DNA-Molekül vorhanden war. Deshalb lässt sich ein Virus mit dem Verfahren schon im Frühstadium der Infektion nachweisen, und damit steigen die Aussichten auf eine erfolgreiche Therapie. Wegen ihrer hohen Empfindlichkeit kann man die PCR auch auf DNA aus kriminalistisch relevantem Material anwenden, beispielsweise aus Haaren, getrockneten Blutflecken oder sogar aus den Knochen längst verstorbener Menschen (siehe Kapitel 16).

1.6 Ein Wegweiser durch dieses Buch

Das vorliegende Buch erklärt, wie Klonierung, PCR und andere Verfahren der DNA-Analyse ablaufen und wie man diese Verfahren in der modernen Biologie anwendet. Mit den Anwendungen befassen sich der zweite und dritte Teil des Buches. In Teil II wird beschrieben, wie man Gene und Genome untersucht, und Teil III behandelt Anwendungsmöglichkeiten von Klonierung und PCR in Biotechnologie, Medizin, Landwirtschaft und Kriminalistik.

In Teil I befassen wir uns mit den Grundlagen. Zum größten Teil widmen sich die neun Kapitel der Klonierung, denn dieses Verfahren ist komplizierter als die PCR. Wer verstanden hat, wie die Klonierung abläuft, kennt die meisten Grundprinzipien der DNA-Analyse. In Kapitel 2 erörtern wir den zentralen Bestandteil eines Klonierungsexperiments: den Vektor, der das Gen in die Wirtszelle transportiert und für seine Replikation sorgt. Damit ein DNA-Molekül als Klonierungsvektor wirken kann, muss es in eine Wirtszelle eindringen und sich dort replizieren können, sodass es viele Kopien von sich selbst herstellt. Diese Bedingungen erfüllen zwei Typen natürlich vorkommender DNA-Moleküle:

1. **Plasmide**, kleine DNA-Ringe, die in Bakterien und manchen anderen Lebewesen vorkommen. Plasmide können sich unabhängig vom Chromosom der Wirtszelle replizieren.
2. **Viruschromosomen**, insbesondere die Chromosomen der **Bakteriophagen**, jener Viren, die spezifisch Bakterien infizieren. Während der Infektion wird das DNA-Molekül des Bakteriophagen in die Wirtszelle eingeschleust und durchläuft dort die Replikation.

In Kapitel 3 wird beschrieben, wie man DNA – sowohl jene, die man klonieren möchte, als auch die DNA des Vektors – aus lebenden Zellen gewinnt, und Kapitel 4 erörtert die verschiedenen Methoden, mit denen man gereinigte DNA-Moleküle im Labor handhaben kann. Es gibt viele solche Verfahren, aber zwei davon sind für die Klonierung von besonderer Bedeutung: die Spaltung des Vektors an einer ganz bestimmten Stelle und seine Reparatur, in deren Verlauf das Gen in den Vektor eingebaut wird (◘ Abb. 1.1). Diese und andere DNA-Manipulationen wurden ursprünglich als Nebenprodukte der Grundlagenforschung zu Synthese und chemischer Modifikation von DNA in lebenden Zellen entwickelt; die meisten derartigen Prozeduren bedienen sich gereinigter Enzyme. Die Eigenschaften dieser Enzyme und ihr Einsatz bei der Untersuchung von DNA werden in Kapitel 4 beschrieben.

Nachdem man ein rekombiniertes DNA-Molekül konstruiert hat, muss man es in die Wirtszelle einschleusen, damit es sich dort replizieren kann. Für diesen Transport bedient man sich natürlicher Vorgänge, durch die Plasmid- und Virus-DNA-Moleküle aufgenommen werden. Diese Vorgänge und ihr Einsatz bei der Klonierung sind das Thema von Kapitel 5; in Kapitel 6 und 7 werden dann die wichtigsten Typen von Klonierungsvektoren und ihre Verwendung vorgestellt. Zum Abschluss unserer Schilderung der DNA-Klonierung befassen wir uns in Kapitel 8 mit der Frage der Selektion (◘ Abb. 1.4), bevor wir in Kapitel 9 zu einer genaueren Beschreibung der PCR und der mit ihr zusammenhängenden Verfahren zurückkehren.

Weiterführende Literatur

Blackmann K (2001) The advent of genetic engineering. *Trends in Biochemical Science* 26: 268–270 [Ein Bericht über die Frühzeit der DNA-Klonierung.]

Brock TD (1990) *The Emergence of Bacterial Genetics*. Cold Spring Harbor Laboratory Press, New York. [Genauer Bericht über die Entdeckung von Plasmiden und Bakteriophagen.]

Brown TA (2007) *Genome und Gene*. 3. Aufl. Elsevier/Spektrum Akademischer Verlag, Heidelberg. [Eine Einführung in Genetik und Molekularbiologie.]

Cherfas J (1982) *Man Made Life*. Blackwell, Oxford. [Über die Frühzeit der Gentechnik.]

Judson HF (1980) *Der 8. Tag der Schöpfung: Sternstunden der neuen Biologie*. Meyster, Wien. [Ein gut verständlicher Bericht über die Entwicklung der Molekularbiologie in den Jahren vor der Gentechnikrevolution.]

Mullis KB (1990) Eine Nachtfahrt und die Polymerase-Kettenreaktion. *Spektrum der Wissenschaft* (6), 60–68. [Ein unterhaltsamer Bericht über die Erfindung der PCR.]

Klonierungsvektoren: Plasmide und Bakteriophagen

2.1 Plasmide – 12
2.1.1 Größe und Kopienzahl – 13
2.1.2 Konjugation und Kompatibilität – 14
2.1.3 Klassifikation von Plasmiden – 14
2.1.4 Plasmide in anderen Organismen als Bakterien – 15

2.2 Bakteriophagen – 15
2.2.1 Der Phagen-Infektionszyklus – 15
2.2.2 Lysogene Phagen – 15
2.2.3 Viren als Klonierungsvektoren für andere Organismen – 21

Weiterführende Literatur – 21

Ein DNA-Molekül, das als Klonierungsvektor dienen soll, muss mehrere Eigenschaften besitzen. Die wichtigste: Es muss in der Lage sein, sich in der Wirtszelle zu vermehren (zu replizieren), sodass viele Kopien des rekombinierten DNA-Moleküls gebildet und an die Tochterzellen weitergegeben werden. Außerdem muss ein Klonierungsvektor relativ klein sein; im Idealfall liegt seine Größe unter 10 kb, denn größere Moleküle brechen beim Reinigen leicht auseinander und sind auch sonst schwieriger zu handhaben. In Bakterienzellen findet man zwei Arten von DNA-Molekülen, die diese Anforderungen erfüllen: Plasmide und Bakteriophagenchromosomen.

2.1 Plasmide

Plasmide sind ringförmige DNA-Moleküle, die in der Bakterienzelle ein eigenständiges Dasein führen (◘ Abb. 2.1). Fast immer enthalten sie ein oder mehrere Gene, die häufig für eine nützliche Eigenschaft der betreffenden Bakterienzelle verantwortlich sind. So geht beispielsweise die Fähigkeit von Bakterien, in normalerweise tödlichen Konzentrationen von Antibiotika wie Chloramphenicol oder Ampicillin zu überleben, in vielen Fällen auf ein Plasmid zurück, das Gene für die Antibiotikaresistenz trägt. Solche Antibiotikaresistenzen dienen im Labor häufig als **selektierbare Marker**: Mit ihrer Hilfe stellt man sicher, dass alle Bakterien in einer antibiotikahaltigen Kultur ein bestimmtes Plasmid enthalten (◘ Abb. 2.2).

Jedes Plasmid besitzt mindestens eine DNA-Sequenz, die als **Replikationsstartpunkt** (*origin of replication*, ori) wirken kann. Deshalb kann es sich

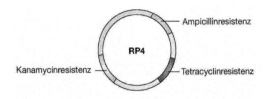

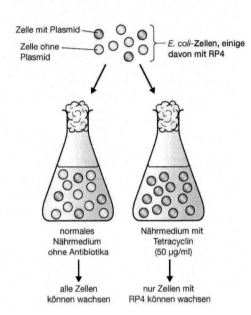

◘ Abb. 2.2 Die Antibiotikaresistenz als selektierbarer Marker eines Plasmids. RP4 (oben) trägt Gene für die Resistenz gegen Ampicillin, Tetracyclin und Kanamycin. In einem Medium, das eines dieser Antibiotika oder auch mehrere in toxischer Konzentration enthält, wachsen nur solche *E. coli*-Zellen, die RP4 (oder ein ähnliches Plasmid) enthalten (Bildrechte T. A. Brown)

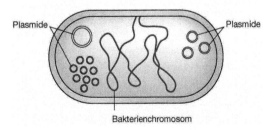

◘ Abb. 2.1 Plasmide sind unabhängige genetische Elemente, die in Bakterienzellen vorkommen (Bildrechte T. A. Brown)

in der Zelle unabhängig vom Bakterienchromosom vermehren (◘ Abb. 2.3a). Kleinere Plasmide bedienen sich der zelleigenen DNA-Replikationsenzyme, um Kopien von sich selbst herzustellen; größere Typen enthalten dagegen in einigen Fällen Gene für besondere Enzyme, die spezifisch für die Replikation des Plasmids sorgen. Die Plasmide mancher Typen können sich auch replizieren, indem sie sich in das Bakterienchromosom integrieren (◘ Abb. 2.3b). Solche integrierbaren, als **Episomen** bezeichneten Plasmide können in dieser Form stabil über viele Zellteilungen hinweg erhalten bleiben, aber irgendwann liegen sie als unabhängige Elemente vor.

2.1 · Plasmide

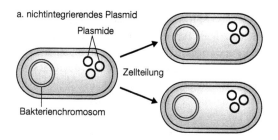

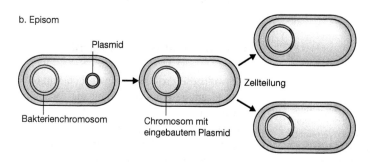

Abb. 2.3 Die Replikation eines nichtintegrierenden Plasmids (a) und eines Episoms (b) (Bildrechte T. A. Brown)

Tab. 2.1 Größe einiger wichtiger Plasmide

Plasmid	Größe		Organismus
	Länge (kb)	molare Masse (10^6 d)	
pUC8	2,1	1,8	*E. coli*
ColE1	6,4	4,2	*E. coli*
RP4	54	36	*Pseudomonas* und andere
F	95	63	*E. coli*
TOL	117	78	*Pseudomonas putida*
pTiAch5	213	142	*Agrobacterium tumefaciens*

2.1.1 Größe und Kopienzahl

Diese beiden Eigenschaften der Plasmide sind beim Klonieren besonders wichtig. Es wurde bereits erwähnt, dass die Plasmidgröße für einen Klonierungsvektor unter 10 kb liegen sollte. Das Größenspektrum der natürlich vorkommenden Plasmide reicht von etwa 1 bis 250 kb (Tab. 2.1), das heißt, dass sich nur ein kleiner Teil davon für Klonierungszwecke eignet. Wie in Kapitel 7 im Einzelnen erläutert wird, kann man jedoch auch größere Plasmide unter bestimmten Voraussetzungen für die Verwendung als Vektor anpassen.

Die **Kopienzahl** ist die Zahl der Moleküle eines einzelnen Plasmids, die man normalerweise in einer Bakterienzelle findet. Welche Faktoren die Kopienzahl beeinflussen, ist noch nicht genau geklärt. Manche – insbesondere größere – Plasmide sind stringent, das heißt, sie kommen stets nur in geringer Kopienzahl (oft 1 oder 2) in einer Zelle vor. Andere werden als **relaxiert** bezeichnet; ihre Kopienzahl je Zelle kann bei 50 oder mehr liegen. Im Allgemeinen sollte ein geeigneter Klonierungsvektor in den Zellen in mehreren Kopien vorhanden sein, sodass man das rekombinierte DNA-Molekül in möglichst großen Mengen gewinnen kann.

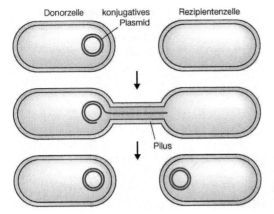

Abb. 2.4 Die Plasmidübertragung durch Konjugation zwischen Bakterienzellen. Donor- und Rezipientenzelle verbinden sich durch den Pilus, eine hohle Ausstülpung auf der Oberfläche der Donorzelle. Eine Kopie des Plasmids gelangt durch den Pilus in die Rezipientenzelle. Vermutlich erfolgt die Übertragung wie hier gezeigt durch den Pilus, aber bewiesen ist das nicht. Sie könnte auch auf einem anderen Weg (zum Beispiel unmittelbar durch die Zellwand) verlaufen (Bildrechte T. A. Brown)

2.1.2 Konjugation und Kompatibilität

Es gibt zwei Gruppen von Plasmiden: konjugative und nichtkonjugative. Charakteristisch für die konjugativen Plasmide ist ihre Fähigkeit, die sexuelle **Konjugation** zwischen den Bakterienzellen in Gang zu setzen (◘ Abb. 2.4), einen Vorgang, durch den sich ein konjugatives Plasmid von einer Zelle auf alle anderen Zellen einer Bakterienkultur ausbreiten kann. Gesteuert werden Konjugation und Plasmidübertragung durch eine Gruppe so genannter Transfer-(*tra*-)Gene; diese Gene sind in den konjugativen Plasmiden enthalten, während sie dem nichtkonjugativen Typ fehlen. Ein nichtkonjugatives Plasmid kann jedoch unter bestimmten Voraussetzungen zusammen mit einem ebenfalls in der Zelle vorhandenen konjugativen Molekül übertragen werden.

Man kann in einer einzigen Zelle mehrere Plasmide unterschiedlichen Typs zur gleichen Zeit finden, und dabei kann es sich auch um verschiedene konjugative Plasmide handeln. *E. coli*-Zellen können bekanntermaßen bis zu sieben verschiedene Plasmide gleichzeitig enthalten. Verschiedene Plasmide können aber nur dann nebeneinander in derselben Zelle existieren, wenn sie **kompatibel** sind. Von zwei inkompatiblen Plasmiden wird eines sehr schnell aus der Zelle verschwinden. Man kann also die Plasmide der einzelnen Typen verschiedenen **Inkompatibilitätsgruppen** zuordnen, je nachdem, ob sie nebeneinander existieren können oder nicht; überdies sind die Plasmide einer Inkompatibilitätsgruppe oft in unterschiedlicher Hinsicht miteinander verwandt. Die Ursachen der Inkompatibilität sind nicht genau geklärt; wahrscheinlich beruht sie auf den Vorgängen bei der Replikation der Plasmide.

2.1.3 Klassifikation von Plasmiden

Die sinnvollste Einteilung der natürlich vorkommenden Plasmide gründet sich auf die von ihren Genen codierten Hauptmerkmale. Danach gibt es die folgenden fünf Hauptgruppen:

1. **Fertilitäts-** oder **F-Plasmide** enthalten nur *tra*-Gene; außer der Fähigkeit, die Konjugation und die Übertragung des Plasmids in Gang zu setzen, codieren sie keine weiteren Merkmale; ein Beispiel ist das F-Plasmid von *E. coli*.
2. **Resistenz-** oder **R-Plasmide** tragen Gene, die der Bakterienzelle Resistenz gegen einen oder mehrere antibakterielle Wirkstoffe verleihen, zum Beispiel gegen Chloramphenicol, Ampicillin oder Quecksilber. R-Plasmide sind für die klinische Mikrobiologie von großer Bedeutung, denn wenn sie sich in den natürlichen Bakterienpopulationen ausbreiten, kann das für die Behandlung bakterieller Infektionen enorme Konsequenzen haben; ein Beispiel ist das Plasmid RP4: Es kommt verbreitet bei *Pseudomonas* vor, taucht aber auch in vielen anderen Bakterien auf.
3. **Col-Plasmide** codieren die Colicine, Proteine, die andere Bakterien töten; ein Beispiel ist das Plasmid ColE1 von *E. coli*.
4. **Degradative Plasmide** ermöglichen dem Wirtsbakterium den Umsatz ungewöhnlicher Moleküle wie Toluol und Salicylsäure; ein Beispiel ist das Plasmid TOL von *Pseudomonas putida*.
5. **Virulenzplasmide** machen das Wirtsbakterium pathogen, wie zum Beispiel die **Ti-Plasmide** von *Agrobacterium tumefaciens*, die bei dikotylen Pflanzen die Wurzelhalsgallenkrankheit hervorrufen.

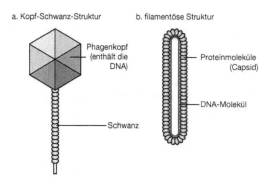

Abb. 2.5 Die beiden Hauptstrukturtypen von Bakteriophagen: a) Kopf-Schwanz-Struktur (zum Beispiel λ); b) fadenförmige (filamentöse) Struktur (zum Beispiel M13) (Bildrechte T. A. Brown)

2.1.4 Plasmide in anderen Organismen als Bakterien

Bei Bakterien sind Plasmide allgemein verbreitet; in anderen Organismen finden sie sich hingegen wesentlich seltener. Das am besten untersuchte Plasmid bei Eukaryoten ist der **2-Mikron-Ring**, der in vielen Stämmen der Bierhefe *Saccharomyces cerevisiae* vorkommt. Die Entdeckung des 2-Mikron-Plasmids war ein großer Glücksfall, denn auf seiner Basis konnte man Vektoren konstruieren, mit denen sich Gene in diesem industriell sehr wichtigen Wirtsorganismus klonieren lassen (Abschnitt 7.1). Bei anderen Eukaryoten (zum Beispiel Fadenpilzen, Pflanzen und Tieren) verlief die Suche nach Plasmiden bisher enttäuschend, und man kann annehmen, dass viele höhere Organismen in ihren Zellen tatsächlich keine derartigen DNA-Ringe besitzen.

2.2 Bakteriophagen

Bakteriophagen, allgemein kurz Phagen genannt, sind Viren, die spezifisch Bakterien infizieren. Wie alle Viren haben die Phagen eine sehr einfache Struktur: Sie bestehen im Wesentlichen aus einem DNA- (oder gelegentlich RNA-) Molekül mit einer Reihe von Genen, darunter einige für die Replikation (Vermehrung) des Phagen, und aus einer Schutzhülle aus Proteinmolekülen, dem **Capsid**, das die Nucleinsäure umschließt (◘ Abb. 2.5).

2.2.1 Der Phagen-Infektionszyklus

Die Infektion, die bei allen Phagen nach dem gleichen Grundmuster verläuft, ist ein dreistufiger Prozess (◘ Abb. 2.6):
1. Das Phagenpartikel heftet sich außen an das Bakterium und schleust sein Chromosom in die Zelle ein.
2. Das DNA-Molekül des Phagen wird repliziert, und zwar gewöhnlich mithilfe besonderer Enzyme, die auf dem Phagenchromosom codiert sind.
3. Andere Phagengene sorgen dafür, dass die Proteinbausteine des Capsids synthetisiert werden, und schließlich werden neue Phagenpartikel zusammengefügt und aus dem Bakterium freigesetzt.

Bei manchen Phagentypen läuft der ganze Infektionszyklus sehr schnell vollständig ab, manchmal in weniger als 20 Minuten. Eine solche schnelle Infektion bezeichnet man als **lytischen Zyklus**, weil die Freisetzung der neuen Phagenpartikel mit der Auflösung (Lyse) der Bakterienzelle einhergeht. Beim lytischen Infektionszyklus – das ist sein charakteristisches Merkmal – folgt unmittelbar auf die Replikation der Phagen-DNA die Synthese der Capsidproteine, und das DNA-Molekül des Phagen bleibt nie in stabiler Form in der Wirtszelle erhalten.

2.2.2 Lysogene Phagen

Anders als der lytische Zyklus ist die **lysogene** Infektion dadurch gekennzeichnet, dass das DNA-Molekül des Phagen im Wirtsbakterium erhalten bleibt, manchmal über Tausende von Zellteilungen hinweg. Die DNA vieler lysogener Phagen wird in das Bakteriengenom eingebaut, ähnlich wie bei der Integration der Episomen (◘ Abb. 2.3b). In der integrierten Form, die man auch als **Prophage** bezeichnet, ist die Phagen-DNA »stumm«; ein Bakterium, das einen Prophagen trägt und dann häufig **lysogen** genannt wird, ist physiologisch in der Regel nicht von einer nichtinfizierten Zelle zu unterscheiden. Aber irgendwann wird der Prophage aus dem

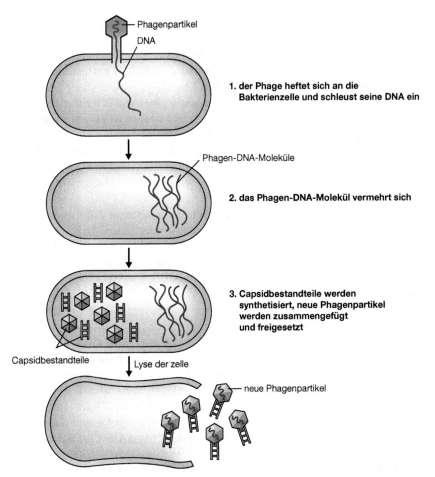

Abb. 2.6 Der normale Ablauf bei der Infektion einer Bakterienzelle durch einen Bakteriophagen (Bildrechte T. A. Brown)

Genom wieder freigesetzt: Dann kehrt der Phage zum lytischen Zyklus zurück und zerstört die Zelle. Abbildung 2.7 zeigt den Infektionszyklus des Phagen **Lambda** (λ), eines typischen Vertreters dieser Kategorie lysogener Phagen.

Eine begrenzte Zahl lysogener Phagen hat einen deutlich abweichenden Infektionszyklus. Wenn **M13** oder ein ähnlicher Phage *E. coli* infiziert, werden ständig neue Phagenpartikel zusammengesetzt und aus der Zelle ausgeschleust. Die M13-DNA wird nicht in das Bakteriengenom integriert und ruht auch nicht. Bei diesen Phagen kommt es nie zur Lyse der Zellen, sondern das infizierte Bakterium kann weiterhin wachsen und sich teilen, allerdings langsamer als nichtinfizierte Zellen. Abbildung 2.8 zeigt den Infektionszyklus von M13.

Es gibt zwar viele Arten von Bakteriophagen, aber nur λ und M13 haben als Klonierungsvektoren größere Bedeutung erlangt. Deshalb sollen die Eigenschaften dieser beiden Phagen hier eingehender beschrieben werden.

Die Anordnung der Gene in der λ-DNA

λ ist ein typisches Beispiel für einen Phagen, der aus Kopf und Schwanz besteht (Abb. 2.5a). Die DNA befindet sich in der polyederförmigen Kopfstruktur, und der Schwanz dient dazu, den Phagen an die Oberfläche des Bakteriums anzuheften und die DNA in die Zelle einzuschleusen (Abb. 2.7).

Das DNA-Molekül von λ ist 49 kb groß und wurde mit den Methoden der Genkartierung und **DNA-Sequenzierung** eingehend untersucht. Des-

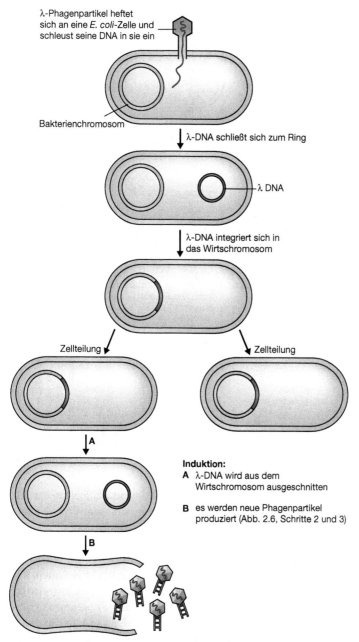

Abb. 2.7 Der lysogene Infektionszyklus des Bakteriophagen λ (Bildrechte T. A. Brown)

halb sind heute die meisten Gene der λ-DNA mit ihren Positionen bekannt (◘ Abb. 2.9). Für die genetische Karte von λ ist charakteristisch, dass Gene mit verwandten Funktionen im Genom dicht nebeneinander liegen. So befinden sich beispielsweise alle Gene, die Bestandteile des Capsids codieren, in einer Gruppe (*cluster*) im linken Drittel des Moleküls, und die Gene für die Integration des Prophagen in das Wirtsgenom sind in der Mitte des Moleküls angeordnet. Diese Gruppierung verwandter Gene ist von großer Bedeutung für die Expressionssteuerung des λ-Genoms, denn auf diese Weise können die Gene nicht nur einzeln, sondern auch als Gruppe an- und abgeschaltet werden. Auch

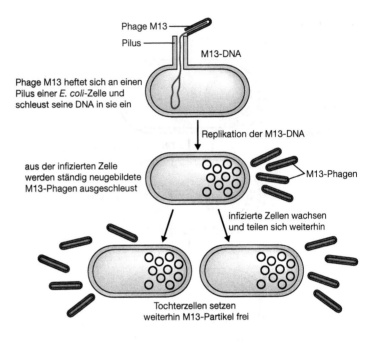

● **Abb. 2.8** Der Infektionszyklus des Bakteriophagen M13 (Bildrechte T. A. Brown)

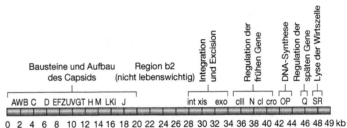

● **Abb. 2.9** Die Genkarte von λ. Eingetragen sind die Positionen der wichtigsten Gene und die Funktionen der Gengruppen (Bildrechte T. A. Brown)

für die Konstruktion von Klonierungsvektoren auf der Grundlage des λ-Genoms (sie wird in Kapitel 6 beschrieben) ist die Gengruppenbildung wichtig.

λ-DNA als ringförmiges oder gestrecktes Molekül

Ein zweites Merkmal von λ, das sich für die Konstruktion von Klonierungsvektoren als wichtig erwiesen hat, ist die Form seines DNA-Moleküls. Die in Abbildung 2.9 gezeigte DNA ist gestreckt; in dieser Form, mit zwei freien Enden, liegt sie im Kopf des Phagen vor. Das gestreckte Molekül besteht aus zwei **komplementären** DNA-Strängen, die nach den **Watson-Crick-Regeln** über Basenpaarungen verbunden sind. (Es handelt sich also um doppelsträngige DNA.) An beiden Enden des Moleküls befindet sich aber ein kurzer einzelsträngiger Abschnitt aus 12 Nucleotiden (● Abb. 2.10a). Diese beiden Einzelstrangabschnitte sind komplementär: Sie können sich über Basenpaarungen verbinden und so ein ringförmiges, vollständig doppelsträngiges Molekül bilden (● Abb. 2.10b).

Komplementäre Einzelstrangenden bezeichnet man häufig als **klebrige** oder **kohäsive Enden**, weil die beiden Enden eines DNA-Moleküls (oder die Enden zweier Moleküle) dort »zusammenkleben« können. Die kohäsiven Enden von λ, die man auch **cos-Stellen** nennt, haben im Infektionszyklus des Phagen zwei unterschiedliche Funktionen. Zunächst einmal bieten sie die Möglichkeit, dass sich das in die Zelle eingeschleuste, gestreckte Molekül zum Ring schließt; dieser Vorgang ist eine unentbehrliche Voraussetzung für die Integration in das Bakteriengenom (● Abb. 2.7).

Darüber hinaus haben die *cos*-Stellen aber noch eine zweite, ganz andere Funktion, und zwar

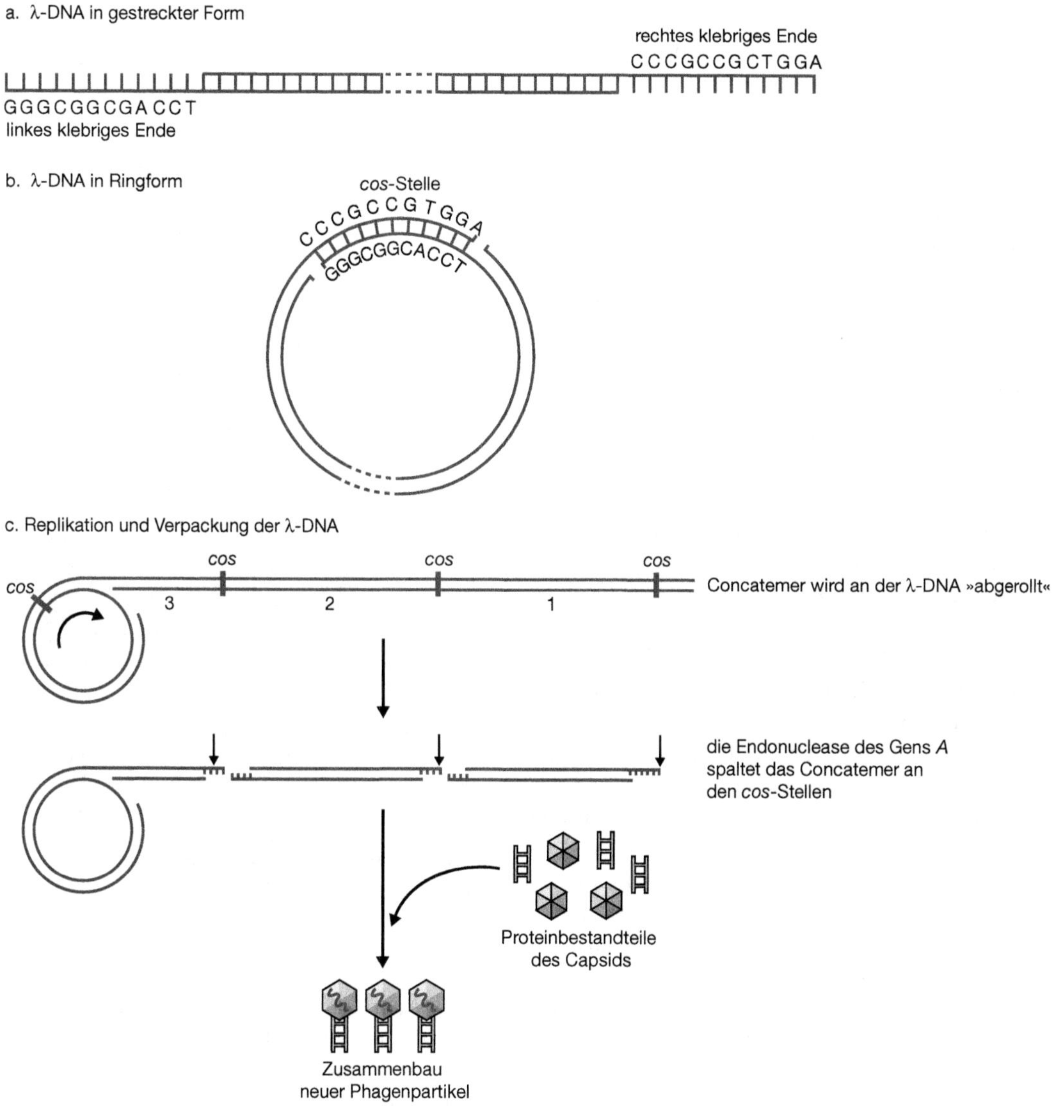

a. λ-DNA in gestreckter Form

```
                                    rechtes klebriges Ende
                                    CCCGCCGCTGGA
LLLLLLLLLLLLL┌┐┌┐┌┐┌┐┌┐┌┐┌┐:::::┌┐┌┐┌┐┌┐┌┐┌┐┌┐┐┐┐┐┐┐┐┐┐┐
GGGCGGCGACCT
linkes klebriges Ende
```

b. λ-DNA in Ringform   cos-Stelle

$$\text{CCCGCCGTGGA}$$
$$\text{GGGCGGCACCT}$$

c. Replikation und Verpackung der λ-DNA

```
         cos          cos          cos
cos                                      Concatemer wird an der λ-DNA »abgerollt«
      3            2            1
```

die Endonuclease des Gens A spaltet das Concatemer an den cos-Stellen

Proteinbestandteile des Capsids

Zusammenbau neuer Phagenpartikel

Abb. 2.10 Die λ-DNA in gestreckter Form und als Ring. a) Die gestreckte Form mit rechtem und linkem kohäsivem Ende. b) Durch Basenpaarung zwischen den kohäsiven Enden schließt sich das Molekül zum Ring. c) Durch Replikation nach dem Prinzip des rollenden Ringes (*rolling circle*) entsteht ein Concatemer aus neuen, gestreckten λ-Molekülen, die dann beim Zusammenbau der neuen λ- Partikel einzeln in die Phagenköpfe verpackt werden (Bildrechte T. A. Brown)

für den Vorgang, bei dem der Prophage aus dem Wirtsgenom ausgeschnitten wird. In diesem Stadium entstehen zahlreiche neue λ-DNA-Moleküle. Dies erfolgt über den Replikationsmechanismus des rollenden Ringes (◘ Abb. 2.10c): Ein fortlaufender DNA-Strang wird dabei gewissermaßen vom Matrizenmolekül »abgespult«. Das Produkt ist ein so genanntes Concatemer aus aneinander gereihten vollständigen, gestreckten λ-Genomen, die an den *cos*-Stellen verbunden sind. Nun dienen die *cos*-Stellen als Erkennungssignale für eine **Endonuclease**, welche die verketteten Moleküle an den *cos*-Stellen schneidet, sodass vollständige, einzelne λ-Genome entstehen. Diese Endonuclease, das

Produkt des Gens A in der λ-DNA, erzeugt die klebrigen Einzelstrangenden und trägt in Verbindung mit anderen Proteinen auch dazu bei, dass die λ-Genome in die Phagenköpfe verpackt werden. Bei der Spaltung und Verpackung werden nur die *cos*-Stellen und die beiderseits davon gelegenen DNA-Sequenzen erkannt. Veränderungen in der inneren Struktur des λ- Genoms, zum Beispiel durch den Einbau neuer Gene, beeinflussen diese Vorgänge nicht, solange die Gesamtlänge des λ-Genoms einigermaßen gleich bleibt.

M13 – ein filamentöser Phage

M13 ist ein Beispiel für einen filamentösen Phagen (◘ Abb. 2.5b); er hat eine völlig andere Struktur als λ. Das DNA-Molekül von M13 ist aber auch viel kleiner als das λ-Genom: Es umfasst nur 6 407 Nucleotide. Außerdem ist es ringförmig und hat die ungewöhnliche Eigenschaft, dass es ausschließlich aus einzelsträngiger DNA besteht.

Da das DNA-Molekül von M13 kleiner ist als das λ-Genom, bietet es weniger Genen Platz. Aber dieser Platz reicht aus, weil das Capsid von M13 aus zahlreichen Exemplaren nur dreier Proteine aufgebaut ist (für das Capsid werden also nur drei Gene benötigt), während an der Synthese der Kopf- und Schwanzstrukturen von λ über 15 verschiedene Proteine beteiligt sind. Außerdem hat M13 einen wesentlich einfacheren Infektionszyklus als λ, und deshalb sind auch keine Gene für den Einbau ins Wirtsgenom erforderlich.

In die *E. coli*-Zelle wird die M13-DNA über den **Pilus** eingeschleust, jene Struktur, die zwei Zellen während der sexuellen Konjugation verbindet (siehe ◘ Abb. 2.4). Wenn das einzelsträngige Molekül in die Zelle gelangt ist, dient es als Matrize für die Synthese des komplementären Stranges, sodass eine normale, doppelsträngige DNA entsteht (◘ Abb. 2.11a). Dieses Molekül wird nicht in das Bakteriengenom eingebaut, sondern es repliziert sich so lange, bis es in über hundert Kopien in der Zelle vorliegt (◘ Abb. 2.11b). Wenn sich das Bakterium teilt, erhält jede Tochterzelle Kopien des Phagengenoms, die sich wiederum replizieren, sodass ihre Gesamtzahl je Zelle konstant bleibt. Wie man in Abbildung ◘ Abb. 2.11c erkennt, werden ständig neue Phagen zusammengefügt und freigesetzt; in

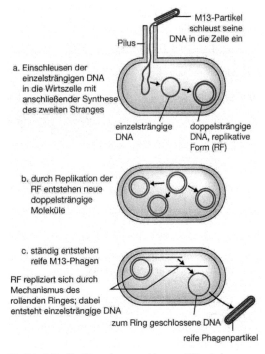

◘ **Abb. 2.11** Der Vermehrungszyklus von M13 mit den verschiedenen Arten der DNA-Replikation. a) Nach der Infektion wird das einzelsträngige M13-Molekül in die doppelsträngige replikative Form (RF) überführt. b) Die RF repliziert sich und bildet viele Kopien von sich selbst. c) Einzelsträngige Moleküle werden durch Replikation nach Art des rollenden Ringes synthetisiert und zum Aufbau neuer M13-Partikel verwendet (Bildrechte T. A. Brown)

jeder Generation der infizierten Zellen entstehen dabei etwa tausend neue Phagenpartikel.

M13 hat mehrere Eigenschaften, die ihn als Klonierungsvektor besonders attraktiv machen. Sein Genom umfasst weniger als 10 kb und hat damit eine Größe, die für einen potenziellen Klonierungsvektor besonders vorteilhaft ist. Außerdem verhält sich die doppelsträngige **replikative Form (RF)** des M13-Genoms in vielerlei Hinsicht wie ein Plasmid und kann für experimentelle Zwecke wie ein solches behandelt werden. Es lässt sich aus einer Kultur infizierter *E. coli*-Zellen leicht präparieren (Abschnitt 3.3.5) und kann durch **Transfektion** (Abschnitt 5.3.1) wieder in Zellen eingeschleust werden. Am wichtigsten ist aber, dass man Gene, die in einem von M13 abgeleiteten Vektor kloniert wurden, in Form einzelsträngiger DNA gewinnen kann. Solche Einzelstränge von klonierten Genen braucht man für mehrere experimentelle Verfahren, besonders für die DNA-Sequenzierung und die *in vitro*-Mutagenese (Abschnitt 10.1.1 und 11.3.2). Durch Klonierung in einem M13-Vektor erhält man leicht und verlässlich einzelsträngige DNA für derartige Arbeiten. Darüber hinaus verwendet man M13-Vektoren für das **Phagendisplay**, eine Methode zum Nachweis von Genpaaren, deren Proteine untereinander in Wechselwirkung treten (Abschnitt 12.2.3).

2.2.3 Viren als Klonierungsvektoren für andere Organismen

Die meisten lebenden Organismen werden von Viren infiziert. Deshalb kann es nicht überraschen, dass man sich sehr für die Möglichkeit interessiert hat, Viren als Klonierungsvektoren für höhere Organismen einzusetzen. Besonders wichtig ist das, weil man Plasmide in anderen Organismen als Bakterien und Hefen im Allgemeinen nicht findet. Man hat eine ganze Reihe eukaryotischer Viren als Klonierungsvektoren für spezielle Anwendungsbereiche eingesetzt, unter anderem menschliche **Adenoviren** für die **Gentherapie** (Abschnitt 14.3), **Baculoviren** zur Synthese pharmazeutisch wichtiger Proteine in Insektenzellen (Abschnitt 13.2.2) sowie **Caulimoviren** und **Geminiviren** zur Klonierung in Pflanzen (Abschnitt 7.2.3).

Diese Vektoren werden in Kapitel 7 ausführlicher beschrieben.

Weiterführende Literatur

Dale JW (2004) *Molecular Genetics of Bacteria*, 4. Aufl. John Wiley, Chichester. [Eine detaillierte Beschreibung von Plasmiden und Bakteriophagen.]

Willey J, Sherwood L, Woolverton C (2007) *Prescott's Microbiology*, 7. Aufl. McGraw Hill Higher Education, Maidenhead [Eine gute Einführung in die Mikrobiologie einschließlich der Plasmide und Phagen.]

Die Reinigung von DNA aus lebenden Zellen

3.1 Die Präparation der gesamten Zell-DNA – 24
3.1.1 Zucht und Ernte einer Bakterienkultur – 24
3.1.2 Die Präparation von Zellextrakten – 26
3.1.3 Die Reinigung der DNA aus dem Zellextrakt – 27
3.1.4 Das Anreichern der DNA-Proben – 28
3.1.5 Die Messung der DNA-Konzentration – 29
3.1.6 Andere Methoden zur Präparation der gesamten Zell-DNA – 29

3.2 Die Präparation von Plasmid-DNA – 30
3.2.1 Trennung aufgrund der Größe – 31
3.2.2 Trennung aufgrund der Konformation – 32
3.2.3 Plasmidamplifikation – 34

3.3 Die Präparation von Bakteriophagen-DNA – 35
3.3.1 Die Zucht von Kulturen mit hohem λ-Titer – 36
3.3.2 Präparation nichtlysogener λ-Phagen – 37
3.3.3 Die Ernte der Phagen aus einer infizierten Kultur – 37
3.3.4 Die Reinigung von DNA aus λ-Phagenpartikeln – 38
3.3.5 M13-DNA lässt sich leicht reinigen – 38

Weiterführende Literatur – 39

In der Gentechnik ist es immer wieder erforderlich, mindestens drei verschiedene Arten von DNA zu reinigen. Zum Ersten braucht man oft die **gesamte Zell-DNA** als Ausgangsmaterial zur Gewinnung der Gene, die man klonieren möchte. Es kann sich dabei um die gesamte DNA aus einer Bakterienkultur, einer Pflanze, tierischen Zellen oder jedem anderen Organismus handeln, den man gerade untersucht. Sie besteht aus der **genomischen DNA** des Organismus sowie allen sonstigen möglicherweise vorhandenen DNA-Molekülen, beispielsweise Plasmiden.

Die zweite Art von DNA, die man benötigt, ist reine Plasmid-DNA. Ihre Präparation aus einer Bakterienkultur erfolgt im Prinzip nach dem gleichen Verfahren wie bei der gesamten Zell-DNA, jedoch mit einem entscheidenden Unterschied: In einem bestimmten Stadium muss man die Plasmid-DNA von der ebenfalls in den Zellen vorhandenen chromosomalen DNA abtrennen, die den Hauptanteil der Zell-DNA bildet.

Schließlich braucht man Phagen-DNA, wenn man einen Bakteriophagen-Klonierungsvektor verwenden möchte. Phagen-DNA präpariert man im Allgemeinen nicht aus infizierten Zellen, sondern aus Phagenpartikeln, sodass sich das Problem der zusätzlich vorhandenen Bakterien-DNA nicht stellt. Dafür muss man aber besondere Methoden anwenden, um die Phagencapside zu entfernen. Eine Ausnahme bildet die doppelsträngige replikative Form von M13, die man wie ein Bakterienplasmid aus *E. coli*-Zellen präpariert.

3.1 Die Präparation der gesamten Zell-DNA

Die Grundprinzipien der DNA-Reinigung versteht man leichter, wenn man zunächst das einfachste derartige Verfahren betrachtet; man wendet es an, um die gesamte DNA aus Bakterienzellen zu gewinnen. Die Abwandlungen, die für die Präparation von Plasmid- oder Phagen-DNA erforderlich sind, können dann später beschrieben werden.

Die Methode zur Präparation der gesamten DNA aus einer Kultur von Bakterienzellen lässt sich in vier Schritte unterteilen (◘ Abb. 3.1):
1. Eine Bakterienkultur wird herangezüchtet und dann **geerntet**.
2. Die Zellen werden aufgebrochen, sodass ihr Inhalt frei wird.
3. Der **Zellextrakt** wird so behandelt, dass alle Bestandteile außer der DNA entfernt werden.
4. Die so entstandene DNA-Lösung wird angereichert.

3.1.1 Zucht und Ernte einer Bakterienkultur

Die meisten Bakterien lassen sich ohne große Schwierigkeiten in einem Flüssigmedium heranzüchten. Das **Kulturmedium** muss eine ausgewogene Mischung der lebensnotwendigen Nährstoffe enthalten, und zwar in Konzentrationen, die es den Bakterien ermöglichen, effizient zu wachsen und

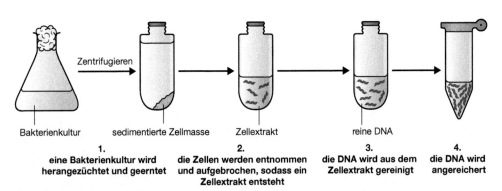

◘ Abb. 3.1 Die grundlegenden Schritte bei der Präparation der gesamten Zell-DNA aus einer Bakterienkultur (Bildrechte T. A. Brown)

3.1 · Die Präparation der gesamten Zell-DNA

Tab. 3.1 Zusammensetzung zweier typischer Nährmedien für Bakterienkulturen

Bestandteil	Konzentration (g/l)
1. M9-Medium	
Na_2HPO_4	6,0
KH_2PO_4	3,0
NaCl	0,5
NH_4Cl	1,0
$MgSO_4$	0,5
Glucose	2,0
$CaCl_2$	0,015
2. LB-(Luria-Bertani-)Medium	
Trypton	10
Hefeextrakt	5
NaCl	10

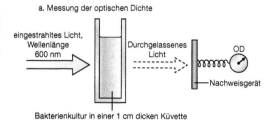

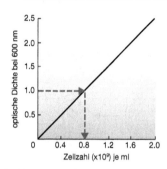

Abb. 3.2 Die Abschätzung der Bakterienzahl durch Messung der optischen Dichte mit dem Spektralphotometer. a) Man bringt eine Probe der Kultur in eine Glasküvette und strahlt Licht mit einer Wellenlänge von 600 Nanometern (nm) ein. Die Lichtmenge, welche die Kultur durchdringt, wird gemessen, und die optische Dichte (auch Absorption genannt) berechnet man dann gemäß OD = $\log_{10}$ (Intensität des durchgelassenen Lichtes)/(Intensität des eingestrahlten Lichtes). b) Die Zellzahl, die dem jeweiligen OD-Wert entspricht, ermittelt man mit einer Eichkurve, die man aus den OD-Werten mehrerer Kulturen mit bekannter Dichte gewinnt. Für *E. coli* gilt: 1 OD-Einheit = $0,8 \times 10^9$ Zellen pro Milliliter (ml) (Bildrechte T. A. Brown)

sich zu teilen. Zwei typische Kulturmedien sind in ◘ Tab. 3.1 aufgeführt.

M9 ist ein Beispiel für ein **definiertes Medium**, dessen Bestandteile vollständig bekannt sind. Es enthält eine Mischung anorganischer Verbindungen, die lebensnotwendige Elemente wie Stickstoff, Magnesium und Calcium bereitstellen, sowie Glucose als Kohlenstoff- und Energiequelle. In der Praxis muss man dem M9-Medium außerdem Faktoren wie Spurenelemente und Vitamine zusetzen, damit die Bakterien darin wachsen können. Welche Zusätze im Einzelnen gebraucht werden, hängt von der jeweiligen Bakterienart ab.

Das zweite in ◘ Tab. 3.1 beschriebene Medium ist ganz anders zusammengesetzt. Luria-Bertani (LB) ist ein **komplexes** oder **undefiniertes Medium**, das heißt, man weiß nicht genau, welche Substanzen und welche Mengen davon es enthält. Das liegt daran, dass zwei seiner Bestandteile, nämlich Trypton und Hefeextrakt, komplizierte Mischungen unbekannter chemischer Verbindungen sind.

Trypton liefert im Wesentlichen Aminosäuren und kleine Peptide, und Hefeextrakt (eine getrocknete Präparation teilweise abgebauter Hefezellen) stellt den erforderlichen Stickstoff, Zucker sowie anorganische und organische Nährstoffe bereit. Komplexe Medien wie LB benötigen keine weiteren Zusätze; ein breites Spektrum von Bakterienarten kann sich darin vermehren.

Definierte Medien muss man benutzen, wenn die Bakterienkultur unter genau kontrollierten Bedingungen gezüchtet werden soll. Sie sind aber nicht erforderlich, wenn man aus der Kultur einfach nur DNA gewinnen will; dann eignet sich ein komplexes Medium besser. In LB-Medium, das bei 37 °C gehalten und auf einem Schütteltisch bei 150 bis 250 Umdrehungen pro Minute durchlüftet wird, teilen sich *E. coli*-Zellen ungefähr alle 20 Minuten, bis die Kultur ihre maximale Dichte von etwa 2 bis 3×10^9 Zellen je Milliliter erreicht hat. Das Wachstum der Kultur kann man verfolgen, indem man ihre optische Dichte (OD) bei 600 Nanometer misst (◘ Abb. 3.2); bei dieser Wellenlänge entspricht eine OD-Einheit etwa $0,8 \times 10^9$ Zellen je Milliliter.

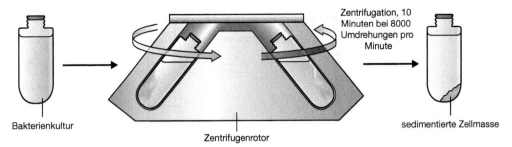

◘ **Abb. 3.3** Das Ernten von Bakterien durch Zentrifugation (Bildrechte T. A. Brown)

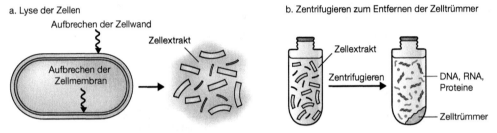

◘ **Abb. 3.4** Die Herstellung eines Zellextrakts. a) Lyse der Zellen. b) Zentrifugation des Extrakts zum Abtrennen unlöslicher Zelltrümmer (Bildrechte T. A. Brown)

Zur Herstellung des Zellextrakts müssen die Bakterien in einem möglichst kleinen Volumen vorliegen. Dazu zentrifugiert man die Kultur (◘ Abb. 3.3). Schon bei recht niedrigen Drehzahlen setzen sich die Bakterien als feste Masse am Boden des Zentrifugenröhrchens ab, sodass man das Nährmedium weggießen kann. Anschließend kann man die Bakterien aus einem Liter einer maximal dichten Kultur in 10 ml oder weniger aufnehmen.

3.1.2 Die Präparation von Zellextrakten

Die Bakterienzelle ist in eine Cytoplasmamembran eingehüllt und von einer widerstandsfähigen Zellwand umgeben. Bei manchen Arten, unter anderem auch bei *E. coli*, ist die Zellwand nochmals von einer zweiten, äußeren Membran umhüllt. Alle diese Barrieren müssen aufgebrochen werden, damit der Zellinhalt frei wird.

Zum Aufbrechen von Bakterien gibt es einerseits physikalische Verfahren, bei denen die Zellen durch mechanische Kräfte zerstört werden, und andererseits chemische Methoden, bei denen es durch Behandlung mit Substanzen, welche den Zusammenhalt der Zellhüllen beeinträchtigen, zur Auflösung (Lyse) der Zellen kommt. Will man aus Bakterienzellen die DNA präparieren, wendet man meistens die chemischen Verfahren an.

Zur chemischen Lyse der Zellen braucht man im Allgemeinen ein Agens, das die Zellwand zerstört, und ein zweites, das die Zellmembran aufbricht (◘ Abb. 3.4a). Welche Substanzen man dazu benutzt, hängt von der jeweiligen Bakterienart ab; bei *E. coli* und verwandten Arten setzt man zum Auflösen der Zellwand gewöhnlich **Lysozym**, Ethylendiamintetraacetat (EDTA) oder eine Kombination beider Substanzen ein. Lysozym ist ein Enzym, das im Hühnereiweiß und in Körperflüssigkeiten wie Tränen und Speichel vorkommt; es baut die Polymere ab, die der Zellwand ihre Festigkeit verleihen. EDTA entfernt die für die Aufrechterhaltung der Gesamtstruktur der Zellhülle unentbehrlichen Magnesiumionen; außerdem hemmt es DNA-abbauende Enzyme. Unter bestimmten Voraussetzungen reicht die Schwächung der Zellwand durch Lysozym und EDTA aus, damit die Zelle platzt, aber gewöhnlich setzt man außerdem ein Detergens wie Natriumdodecylsulfat (SDS) zu. Deter-

3.1 · Die Präparation der gesamten Zell-DNA

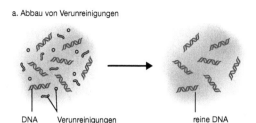

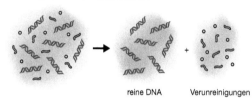

Abb. 3.5 Zwei Verfahren zur Reinigung von DNA. a) Behandlung des Gemischs mit Reagenzien, welche die Verunreinigungen abbauen, sodass eine reine DNA-Lösung übrig bleibt. b) Trennung des Gemischs in verschiedene Fraktionen; eine davon ist reine DNA (Bildrechte T. A. Brown)

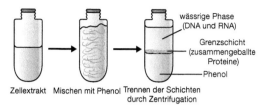

Abb. 3.6 Das Entfernen von Proteinverunreinigungen durch Phenolextraktion (Bildrechte T. A. Brown)

genzien unterstützen den Auflösungsvorgang, weil sie Lipidmoleküle entfernen und so dafür sorgen, dass die Zellmembran zerreißt.

Sind die Zellen lysiert, muss man im letzten Schritt der Präparation die unlöslichen Zelltrümmer aus dem Zellextrakt entfernen. Diese Bestandteile, zum Beispiel nichtabgebaute Zellwandbruchstücke, lassen sich durch Zentrifugieren abtrennen (Abb. 3.4b), sodass der Zellextrakt schließlich als ziemlich durchsichtiger Überstand vorliegt.

3.1.3 Die Reinigung der DNA aus dem Zellextrakt

Ein Bakterienzellextrakt enthält außer der DNA auch erhebliche Mengen Proteine und RNA. Es gibt verschiedene Methoden, mit denen man die DNA aus einem solchen Gemisch in reiner Form gewinnen kann. In einem Verfahren behandelt man das Gemisch mit Reagenzien, welche die Verunreinigungen abbauen und eine reine DNA-Lösung übrig lassen (Abb. 3.5a). Eine andere Methode ist die **Ionenaustauscherchromatographie**: Mit ihr zerlegt man die Mischung in ihre Bestandteile, sodass die DNA von den Proteinen und RNA-Molekülen in der Lösung getrennt wird (Abb. 3.5b).

Entfernen von Verunreinigungen durch organische Extraktion und enzymatischen Abbau

Die Standardmethode, um die Proteine aus einem Zellextrakt zu entfernen, besteht darin, dass man Phenol oder ein Gemisch von gleichen Teilen Phenol und Chloroform zusetzt. Diese organischen Lösungsmittel fällen die Proteine aus, während die Nucleinsäuren (RNA und DNA) in der wässrigen Lösung bleiben. Wenn man den Zellextrakt vorsichtig mit dem Lösungsmittel mischt und die Phasen dann durch Zentrifugieren trennt, findet man deshalb die ausgefällten Proteinmoleküle als weiße, zusammengeballte Masse an der Grenze zwischen wässriger und organischer Phase (Abb. 3.6). Die wässrige Nucleinsäurelösung kann man dann mit einer Pipette entnehmen.

Manche Zellextrakte enthalten so viel Protein, dass eine einmalige Phenolextraktion nicht ausreicht, um die Nucleinsäuren vollständig zu reinigen. Man könnte dieses Problem durch mehrfaches Wiederholen der Behandlung umgehen, aber das will man vermeiden, weil jedes Mischen und Zentrifugieren einen gewissen Anteil der DNA-Moleküle brechen lässt. Stattdessen behandelt man den Zellextrakt vor der Phenolextraktion mit einer **Protease** wie Pronase oder Proteinase K. Diese Enzyme bauen die Polypeptide zu kleineren Molekülen ab, die sich mit Phenol leichter entfernen lassen.

Manche RNA-Moleküle, insbesondere die Messenger-RNA (mRNA), werden durch die Phenolbehandlung ebenfalls entfernt, aber zum größten Teil bleibt die RNA mit der DNA in der wässrigen Phase. Die einzige wirksame Methode, um sie zu entfernen, ist eine Behandlung mit **Ribonuclease**, die diese Moleküle sehr schnell zu den Ribonucleotidbausteinen abbaut.

Reinigung der DNA aus einem Zellextrakt mit Ionenaustauscherchromatographie

In der Biochemie hat man verschiedene Methoden entwickelt, um Substanzgemische durch Ausnutzen unterschiedlicher elektrischer Ladungen in ihre Bestandteile zu zerlegen. Eines dieser Verfahren ist die Ionenaustauscherchromatographie: Sie trennt Moleküle, die unterschiedlich stark an elektrisch geladene Teilchen in einer Chromatographiematrix (das **Harz**) binden. DNA, RNA und auch manche Proteine sind negativ geladen und bleiben deshalb an einem positiv geladenen Harz hängen. Die elektrische Bindung wird durch Salz wieder gelöst (◘ Abb. 3.7a), wobei die Salzkonzentration umso höher ein muss, je enger die Moleküle gebunden sind. Wenn man die Salzkonzentration allmählich steigert, kann man verschiedenartige Moleküle nacheinander vom Harz entfernen.

In der einfachsten Variante der Ionenaustauscherchromatographie bringt man das Harz in eine Glas- oder Kunststoffsäule und gibt dann am oberen Ende den Zellextrakt hinzu (◘ Abb. 3.7b). Der Extrakt fließt durch die Säule, und da er sehr wenig Salz enthält, binden alle negativ geladenen Moleküle an das Harz, sodass sie in der Säule festgehalten werden. Lässt man anschließend eine Salzlösung mit langsam ansteigender Konzentration durch die Säule laufen, werden die Moleküle immer in der gleichen Reihenfolge gelöst oder **eluiert**: Zuerst kommen die Proteine, dann die RNA und zum Schluss die DNA. In der Regel ist aber eine solche exakte Trennung gar nicht erforderlich; deshalb verwendet man einfach zwei Salzlösungen, von denen die erste auf Grund ihrer Konzentration nur Proteine und RNA löst, während die zweite mit ihrer höheren Konzentration die DNA, die nun von Protein- und RNA-Verunreinigungen befreit ist, aus der Säule fließen lässt.

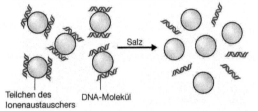

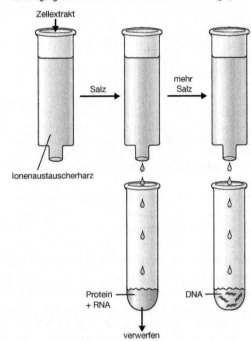

◘ **Abb. 3.7** DNA-Reinigung durch Ionenaustauscherchromatographie. a) Die DNA bleibt an den Teilchen des Ionenaustauschers hängen. b) Die DNA wird durch Säulenchromatographie gereinigt. Die durch die Säule fließenden Lösungen kann man einfach mit der Schwerkraft heraustropfen lassen, oder man bedient sich des *spin column*-Verfahrens, bei dem die Säulen in einer niedertourig laufenden Zentrifuge angebracht sind (Bildrechte T. A. Brown)

3.1.4 Das Anreichern der DNA-Proben

Bei der organischen Extraktion erhält man häufig eine sehr dickflüssige DNA-Lösung, die nicht weiter konzentriert werden muss. Andere Reinigungsverfahren liefern aber eine stärker verdünnte Lösung, und deshalb ist es wichtig, sich mit den Methoden zur Erhöhung der DNA-Konzentration zu befassen.

Die am häufigsten benutzte Anreicherungsmethode ist die **Ethanolpräzipitation**. In Gegenwart von Salzen (genauer gesagt von einwertigen Kationen wie Na^+) und bei Temperaturen unter $-20\,°C$ fällt absolutes Ethanol die Nucleinsäurepolymere sehr wirksam aus. Ist die DNA-Lösung schon

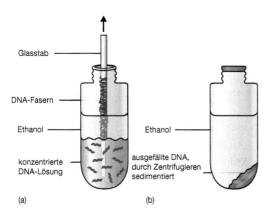

Abb. 3.8 Die Gewinnung der DNA durch Ethanolpräzipitation. a) Die konzentrierte DNA-Lösung wird mit absolutem Ethanol überschichtet. Mit einem Glasstab kann man die DNA-Fasern herausziehen. b) Bei weniger konzentrierten Lösungen setzt man Ethanol im Verhältnis 2,5 Volumeneinheiten Ethanol auf eine Volumeneinheit DNA-Lösung zu und gewinnt die ausgefällte DNA durch Zentrifugieren (Bildrechte T. A. Brown)

dickflüssig, kann man sie mit dem Ethanol überschichten, sodass die Moleküle an der Grenzfläche ausfallen. Spektakulär ist der Kunstgriff mit dem Glasstab, den man durch das Ethanol in die DNA-Lösung taucht: Wenn man ihn wieder herauszieht, kleben die DNA-Moleküle daran fest, sodass man sie als lange Fasern aus der Lösung ziehen kann (Abb. 3.8a). Mischt man das Ethanol dagegen mit einer verdünnten DNA-Lösung, kann man den Niederschlag durch Zentrifugieren abtrennen (Abb. 3.8b) und dann in einer geeigneten Menge Wasser wieder auflösen. Die Ethanolpräzipitation hat darüber hinaus den Vorteil, dass kurze Ketten und monomere Bausteine der Nucleinsäuren in Lösung bleiben. Die Ribonucleotide, die durch die Ribonucleasebehandlung entstehen, werden also ibei diesem Schritt abgetrennt.

3.1.5 Die Messung der DNA-Konzentration

Für jedes Klonierungsexperiment ist es entscheidend, dass man genau weiß, wie viel DNA eine Lösung enthält. Glücklicherweise kann man DNA-Konzentrationen mit der **Ultraviolett-(UV-)Absorptionsspektrometrie** sehr exakt messen. Die Menge der ultravioletten Strahlung, die von einer DNA-Lösung absorbiert wird, ist ihrem DNA-Gehalt direkt proportional. Gewöhnlich misst man die Absorption bei 260 nm (A_{260}); bei dieser Wellenlänge entspricht ein Absorptionswert von 1,0 einer Konzentration von 50 µg/ml doppelsträngiger DNA. Mit Spektralphotometern, die speziell für diesem Zweck gedacht sind, kann man solche Messungen noch an geringsten Lösungsmengen bis hinunter zu 1 µl vornehmen.

Anhand der Ultraviolettabsorption kann man auch die Reinheit einer DNA-Präparation überprüfen. Bei einer reinen DNA-Probe liegt das Verhältnis der Absorption bei 260 und 280 nm (A_{260}/A_{280}) bei 1,8. Geringere Werte weisen auf eine Verunreinigung mit Protein oder Phenol hin.

3.1.6 Andere Methoden zur Präparation der gesamten Zell-DNA

Bakterien sind nicht die einzigen Organismen, deren DNA man sich beschaffen möchte. So braucht man beispielsweise die gesamte Zell-DNA von Pflanzen oder Tieren, wenn man Gene dieser Organismen klonieren will. Die grundlegenden Reinigungsschritte für die DNA sind bei allen Organismen die gleichen; manchmal muss man jedoch Abwandlungen vornehmen, um den besonderen Eigenschaften der jeweils verwendeten Zellen Rechnung zu tragen.

Offensichtlich ist die Zucht der Zellen in Flüssigmedium nicht immer eine geeignete Methode, auch wenn Kulturen von pflanzlichen und tierischen Zellen in der Biologie immer wichtiger werden. Die größten Abwandlungen sind jedoch beim Aufbrechen der Zellen erforderlich. Die Chemikalien, mit denen man die Zellwände von Bakterien auflöst, wirken bei anderen Organismen gewöhnlich nicht; Lysozym hat beispielsweise bei Pflanzenzellen keinen Effekt. Für die meisten Zellwandtypen sind spezifische Abbauenzyme verfügbar, aber oft eignen sich physikalische Methoden besser, zum Beispiel das Zerstoßen des gefrorenen Materials mit Mörser und Pistill. Die meisten tierischen Zellen hingegen haben überhaupt keine Zellwand, sodass man sie einfach mit einem Detergens auflösen kann.

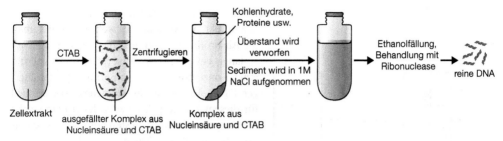

◘ Abb. 3.9 Die CTAB-Methode zur Reinigung von Pflanzen-DNA (Bildrechte T. A. Brown)

Eine weitere wichtige Überlegung betrifft die Inhaltsstoffe der Zellen, aus denen man die DNA extrahiert. Handelt es sich um Bakterien, sind die wichtigsten biochemischen Substanzen in dem Zellextrakt Protein, DNA und RNA; durch Phenolextraktion und/oder Proteasebehandlung und anschließendes Entfernen der RNA mit Ribonuclease erhält man deshalb eine Probe mit ausreichend reiner DNA. Enthalten die Zellen jedoch nennenswerte Mengen anderer Stoffe, führt das Verfahren unter Umständen nicht zu DNA von ausreichender Reinheit. Besonders problematisch ist in dieser Hinsicht Pflanzengewebe: Es enthält oft große Mengen von Kohlenhydraten, die durch die Phenolextraktion nicht entfernt werden. In solchen Fällen muss man anders vorgehen. In einem Verfahren bedient man sich eines Detergens namens Cetyltrimethylammoniumbromid (CTAB), das mit Nucleinsäuren einen unlöslichen Komplex bildet. Setzt man einem Pflanzenzellextrakt CTAB zu, fällt der Komplex aus Detergens und Nucleinsäure aus, während Kohlenhydrate, Proteine und andere Verunreinigungen im Überstand bleiben (◘ Abb. 3.9). Man trennt den Niederschlag durch Zentrifugieren ab und löst ihn in 1 M NaCl, das den Komplex zerfallen lässt. Jetzt kann man die Nucleinsäuren durch Ethanolpräzipitation anreichern und die RNA mit Ribonuclease entfernen.

Die Notwendigkeit, die Methoden zur organischen Extraktion je nach den biochemischen Inhaltsstoffen verschiedener Ausgangsmaterialien abzuwandeln, gab den Anlass zur Entwicklung von Verfahren, die man bei Zellen aller biologischen Arten anwenden kann. Dies war einer der Gründe, warum die Ionenaustauscherchromatographie sich so schnell durchsetzte. Eine ähnliche Methode macht sich die Verbindung Guanidiniumthiocyanat zunutze; diese hat zwei Eigenschaften, die für die DNA-Reinigung besonders nützlich sind. Erstens denaturiert und löst sie alle biochemischen Substanzen mit Ausnahme der Nucleinsäuren, sodass man mit ihrer Hilfe die DNA aus praktisch jedem beliebigen Gewebe freisetzen kann. Und zweitens bindet DNA in Gegenwart von Guanidiniumthiocyanat eng an Silicapartikel (◘ Abb. 3.10a). Damit eröffnet sich ein einfacher Weg, um die DNA aus der Mischung denaturierter Biomoleküle zu isolieren. Man kann das Silica direkt dem Zellextrakt zusetzen, aber einfacher ist auch hier die Verwendung einer Chromatographiesäule. Man füllt sie mit dem Silica und gibt den Zellextrakt zu (◘ Abb. 3.10b). Die Nucleinsäuren heften sich an das Silica und werden in der Säule festgehalten, während die denaturierten Verunreinigungen hindurchlaufen. Nach dem Auswaschen der letzten unerwünschten Substanzen mit einer Guanidiniumthiocyanatlösung gewinnt man die DNA durch Zusatz von Wasser wieder, das die Wechselwirkungen zwischen den DNA-Molekülen und dem Silica destabilisiert.

3.2 Die Präparation von Plasmid-DNA

Die Reinigung von Plasmid-DNA aus einer Bakterienkultur verläuft nach dem gleichen allgemeinen Schema wie die Präparation der gesamten Zell-DNA. Man züchtet eine Kultur der plasmidhaltigen Bakterien in Flüssigmedium, erntet die Zellen und stellt daraus einen Zellextrakt her. Dann entfernt man Proteine und RNA und reichert die DNA meist durch Ethanolpräzipitation an. Einen wichtigen Unterschied zwischen der Reinigung von

3.2 • Die Präparation von Plasmid-DNA

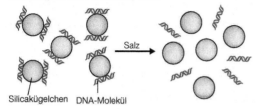

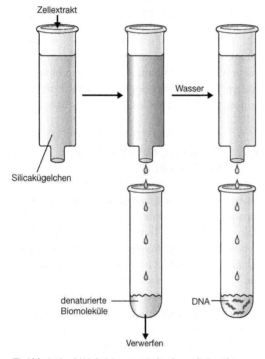

Abb. 3.10 DNA-Reinigung mit der Guanidiniumthiocyanat- und Silica-Methode. a) In Gegenwart von Guanidiniumthiocyanat bindet die DNA an Silicakügelchen. b) Reinigung der DNA durch Säulenchromatographie (Bildrechte T. A. Brown)

Plasmid-DNA und der Präparation der gesamten Zell-DNA gibt es aber: Bei der Plasmidreinigung muss man das Plasmid immer von der Hauptmenge der chromosomalen Bakterien-DNA abtrennen, die in den Zellen ebenfalls vorhanden ist.

Zwei Arten von DNA zu trennen, kann sehr schwierig sein; eine solche Trennung ist dennoch unverzichtbar, will man die Plasmide als Klonierungsvektoren verwenden. Wenn in einem Klonierungsexperiment auch nur eine geringfügige Verunreinigung mit Bakterien-DNA vorliegt, erhält man leicht unerwünschte Ergebnisse. Glücklicherweise gibt es mehrere Methoden, um die bakterielle DNA bei der Plasmidreinigung zu entfernen; wendet man sie einzeln oder kombiniert an, kann man sehr reine Plasmid-DNA gewinnen.

Die Verfahren gründen sich auf die unterschiedlichen physikalischen Eigenschaften von Plasmid- und Bakterien-DNA; der offenkundigste dieser Unterschiede ist die Größe. Die größten Plasmide erreichen nur 8 % der Länge eines *E. coli*-Chromosoms, und die meisten sind noch wesentlich kleiner. Methoden, die zwischen kleinen und großen DNA-Molekülen unterscheiden, sollten also zu einer sehr wirksamen Reinigung der Plasmid-DNA führen.

Außer in ihrer Größe unterscheiden sich Plasmide und Bakterien-DNA auch in ihrer **Konformation**. Auf Polymere wie DNA angewandt, bezeichnet dieser Begriff das gesamte räumliche Erscheinungsbild des Moleküls; die beiden einfachsten Konformationen sind die Ring- und die gestreckte Form. Sowohl Plasmide als auch Bakterienchromosomen sind ringförmig, aber bei der Präparation wird das Chromosom immer zerbrochen, sodass gestreckte Fragmente entstehen. Deshalb erhält man mit einer Methode, die ringförmige und gestreckte Moleküle unterscheidet, sehr reine Plasmide.

3.2.1 Trennung aufgrund der Größe

Die Fraktionierung nach der Größe nimmt man gewöhnlich während der Herstellung des Zellextrakts vor. Löst man die Zellen unter sorgfältig kontrollierten Bedingungen auf, so kommt es nur in sehr geringem Umfang zu Brüchen in der chromosomalen DNA. Die dabei entstehenden DNA-Fragmente sind immer noch sehr lang, viel größer als die Plasmide. Sie werden zusammen mit den Zelltrümmern beim Zentrifugieren entfernt. Zu diesem Vorgang trägt auch die Tatsache bei, dass das Bakterienchromosom an die Zellmembran geheftet ist, und solange diese Verbindung nicht aufgelöst wird, setzen sich die Fragmente fast immer zusammen mit den Bruchstücken der Zellen ab.

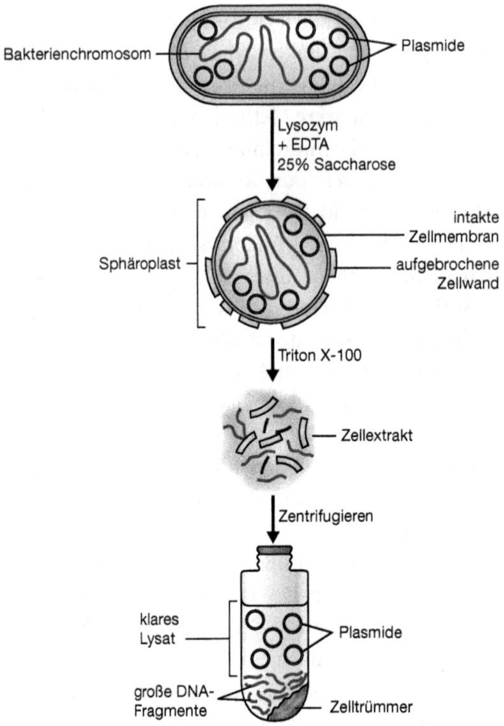

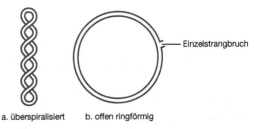

a. überspiralisiert   b. offen ringförmig

Abb. 3.12 Zwei Konformationen einer ringförmigen, doppelsträngigen DNA. a) Überspiralisierung: Beide Stränge sind unversehrt. b) Offener Ring: In einem Strang oder in beiden gibt es Einzelstrangbrüche (Bildrechte T. A. Brown)

Abb. 3.11 Die Herstellung eines klaren Lysats (Bildrechte T. A. Brown)

Beim Aufbrechen der Zellen muss man also sehr vorsichtig vorgehen, damit die Bakterien-DNA nicht ganz und gar zerstückelt wird. Wie eine solche kontrollierte Lyse bei *E. coli* und verwandten Arten abläuft, ist in Abbildung 3.11 dargestellt. Die Behandlung mit Lysozym und EDTA erfolgt in Gegenwart von Saccharose. Das verhindert, dass die Zellen sofort platzen. Es bilden sich vielmehr **Sphäroplasten**, teilweise wandlose Zellen, deren Cytoplasmamembran aber noch intakt ist. Anschließend lysiert man die Zellen, indem man ein nichtionisches Detergens wie Triton-X-100 zusetzt. (Ionische Detergenzien wie SDS erzeugen Chromosomenbrüche.) Bei dieser Methode zerbricht die Bakterien-DNA nur in sehr geringem Umfang, und nach dem Zentrifugieren erhält man ein **klares Lysat**, das fast ausschließlich die Plasmid-DNA enthält.

Ein geringer Anteil der chromosomalen DNA ist aber in dem klaren Lysat stets noch vorhanden. Und wenn die Plasmide selbst große Moleküle sind, können sie ebenfalls mit den Zelltrümmern sedi-

mentieren. Die Größenfraktionierung reicht also allein meistens nicht aus, sondern man muss sich andere Verfahren überlegen, um die Verunreinigungen durch bakterielle DNA zu beseitigen.

3.2.2 Trennung aufgrund der Konformation

Bevor man sich damit beschäftigen kann, wie Konformationsunterschiede zwischen Plasmiden und Bakterien-DNA zur Trennung dieser beiden DNA-Typen dienen können, muss man die Gesamtstruktur der Plasmid-DNA noch etwas genauer betrachten. Die Aussage, dass Plasmide eine ringförmige Konformation haben, trifft genau genommen nicht ganz zu, denn doppelsträngige DNA-Ringe können in Wirklichkeit zwei ganz unterschiedliche Konfigurationen annehmen. Die meisten Plasmide liegen in der Zelle als **überspiralisierte** Moleküle (*supercoils*) vor (Abb. 3.12a). Zu der Überspiralisierung kommt es, weil die Doppelhelix der Plasmid-DNA während ihrer Replikation von Enzymen, die man als Topoisomerasen bezeichnet (Abschnitt 4.1.5), teilweise entwunden wird. Die überspiralisierte Konformation bleibt nur erhalten, solange beide Polynucleotidstränge unversehrt sind. Deshalb spricht man auch mit einem eher technischen Begriff von **kovalent geschlossenen DNA-Ringen** (*covalently closed-circular DNA, ccc DNA*). Tritt in einem der beiden Polynucleotidstränge ein Bruch auf, so kehrt die Doppelhelix in den normalen, **entspannten** Zustand zurück, und das Plasmid nimmt die zweite mögliche Konformation an, die man als

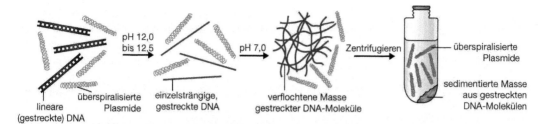

Abb. 3.13 Plasmidreinigung durch alkalische Denaturierung (Bildrechte T. A. Brown)

offen-ringförmig (*open-circular, oc*) bezeichnet (◻ Abb. 3.12b).

Die Überspiralisierung ist für die Plasmidpräparation wichtig, denn Moleküle mit einer solchen Konformation lassen sich von nichtüberspiralisierten Molekülen leicht trennen. Zu diesem Zweck gibt es zwei verbreitete Methoden. Mit beiden kann man Plasmid-DNA aus Zellrohextrakten reinigen, aber in der Praxis erhält man die besten Ergebnisse, wenn man zunächst ein klares Lysat herstellt.

Alkalische Denaturierung

Diese Methode beruht darauf, dass es einen kleinen pH-Bereich gibt, in dem nichtüberspiralisierte DNA **denaturiert** wird, überspiralisierte Plasmide hingegen nicht. Fügt man zu einem Zellextrakt oder einem klaren Lysat Natriumhydroxid (NaOH) hinzu, sodass sich ein pH-Wert von 12,0 bis 12,5 einstellt, lösen sich die Wasserstoffbrücken in nichtüberspiralisierten DNA-Molekülen auf: Die Doppelhelix wird entwunden, und die beiden Polynucleotidstränge trennen sich (◻ Abb. 3.13). Setzt man anschließend Säure zu, lagern sich die denaturierten Stränge der Bakterien-DNA zu einer verworrenen Masse zusammen, die unlöslich ist und sich durch Zentrifugieren leicht entfernen lässt; im Überstand bleiben dann nur die Plasmide zurück. Das Verfahren hat noch einen weiteren Vorteil: Unter bestimmten Voraussetzungen, besonders wenn man die Zellen mit Natriumdodecylsulfat lysiert und die Reaktion anschließend mit Natriumacetat neutralisiert, werden auch Proteine und RNA zum größten Teil unlöslich, sodass man sie ebenfalls beim Zentrifugieren beseitigt. Wenn man die alkalische Denaturierung einsetzt, sind deshalb Phenolextraktion und Ribonucleasebehandlung in vielen Fällen überflüssig.

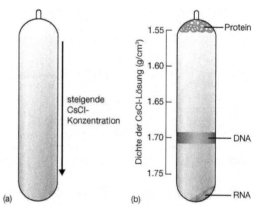

Abb. 3.14 CsCl-Dichtegradientenzentrifugation. a) Ein CsCl-Dichtegradient, wie er durch Hochgeschwindigkeitszentrifugation entsteht. b) Die Trennung von Protein, DNA und RNA im Dichtegradienten (Bildrechte T. A. Brown)

Ethidiumbromid-Cäsiumchlorid-Dichtegradientenzentrifugation

Hier handelt es sich um eine besondere Form der Gleichgewichts- oder **Dichtegradientenzentrifugation**. Ein Dichtegradient entsteht, wenn man eine Lösung des Salzes Cäsiumchlorid (CsCl) bei sehr hoher Geschwindigkeit zentrifugiert (◻ Abb. 3.14a). Makromoleküle, die sich bei der Zentrifugation in der CsCl-Lösung befinden, bilden an bestimmten Stellen des Gradienten Banden (◻ Abb. 3.14b). Wo die jeweiligen Moleküle sich genau sammeln, hängt von ihrer **Schwimmdichte** ab. Für DNA liegt die Schwimmdichte bei etwa 1,7 g/cm^3; deshalb wandert sie in dem Gradienten an die Stelle, wo die Dichte der CsCl-Lösung ebenfalls diesen Wert erreicht. Proteinmoleküle haben dagegen eine wesentlich geringere Schwimmdichte und schwimmen deshalb oben im Röhrchen;

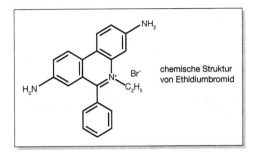

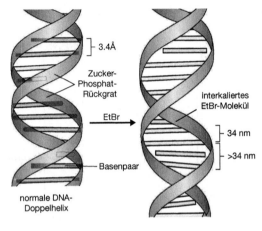

Abb. 3.15 Partielle Entwindung der DNA-Doppelhelix durch EtBr, das sich zwischen benachbarte Basenpaare schiebt (Interkalation). Das normale DNA-Molekül links wird teilweise entwunden, wenn es EtBr-Moleküle aufnimmt; es entsteht eine »gedehnte« Struktur (rechts) (Bildrechte T. A. Brown)

RNA setzt sich am Boden ab (◘ Abb. 3.14b). Mit der Dichtegradientenzentrifugation kann man also DNA, RNA und Proteine voneinander trennen; sie ist bei der DNA-Reinigung eine Alternative zur Phenolextraktion und Ribonucleasebehandlung.

Noch wichtiger ist aber etwas anderes: Die Dichtegradientenzentrifugation in Gegenwart von **Ethidiumbromid (EtBr)** kann man dazu benutzen, um überspiralisierte DNA von entspannten Molekülen zu trennen. EtBr bindet an die DNA-Moleküle, indem es sich zwischen benachbarte Basenpaare schiebt (interkaliert), sodass die Doppelhelix teilweise entwunden wird (◘ Abb. 3.15). Diese Entwindung führt bei gestreckter DNA zu einem Rückgang der Schwimmdichte um bis zu 0,125 g/cm^3. Überspiralisierte DNA dagegen, die ja keine freien Enden besitzt, hat nur wenig Spielraum für eine solche Entwindung und kann deshalb nur eine begrenzte Menge von EtBr binden. Bei überspiralisierten Molekülen ist deshalb der Rückgang der Schwimmdichte wesentlich geringer, nämlich nur 0,085 g/cm^3. Infolgedessen bilden überspiralisierte Moleküle in einem CsCl-EtBr-Gradienten an einer anderen Stelle eine Bande als gestreckte und offen-ringförmige DNA (◘ Abb. 3.16a).

Die EtBr-CsCl-Dichtegradientenzentrifugation ist eine sehr wirksame Methode zur Herstellung reiner Plasmid-DNA. Unterwirft man das klare Lysat diesem Verfahren, bilden die Plasmidmoleküle an einer bestimmten Stelle eine Bande, abgetrennt von der gestreckten Bakterien-DNA; die Proteine schwimmen oben im Zentrifugenröhrchen, und die RNA setzt sich am Boden ab. Die Positionen der DNA-Banden kann man erkennen, wenn man das Röhrchen mit ultraviolettem Licht beleuchtet, denn dann fluoresziert das EtBr. Um die gereinigte Plasmid-DNA zu entnehmen, sticht man das Röhrchen seitlich an und saugt die Lösung mit einer Spritze ab (◘ Abb. 3.16b). Das EtBr, das an die Plasmid-DNA gebunden ist, extrahiert man mit n-Butanol (◘ Abb. 3.16), und das CsCl entfernt man durch Dialyse (◘ Abb. 3.16d). Die so gewonnene Plasmidpräparation ist praktisch hundertprozentig rein und eignet sich zur Verwendung als Klonierungsvektor.

3.2.3 Plasmidamplifikation

Wenn die Plasmide nur einen kleinen Teil der gesamten Zell-DNA bilden, kann dies die Präparation der Plasmid-DNA erschweren. Die DNA-Ausbeute einer Bakterienkultur ist dann oft zu gering. Eine Möglichkeit, sie zu steigern, ist die **Plasmidamplifikation**.

Die Amplifikation hat das Ziel, die Kopienzahl eines Plasmids zu steigern. Manche **Viel-Kopien-Plasmide** (*multicopy plasmids*; solche mit Kopienzahlen von 20 und mehr) haben die nützliche Eigenschaft, dass sie sich auch ohne Proteinsynthese replizieren können. Im Gegensatz dazu vermehrt sich das Hauptchromosom der Bakterien unter solchen Bedingungen nicht. Diesen Unterschied macht man sich zunutze, wenn man eine Bakterienkultur züchtet, aus der man Plasmide gewinnen möchte. Ist die Zelldichte ausreichend hoch, setzt

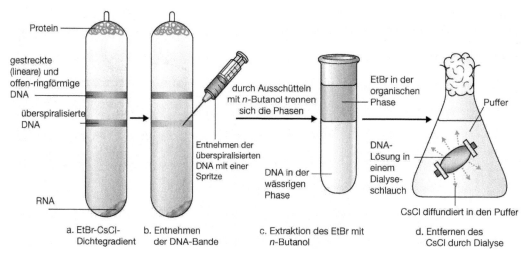

Abb. 3.16 Die Reinigung von Plasmid-DNA durch EtBr-CsCl-Dichtegradientenzentrifugation (Bildrechte T. A. Brown)

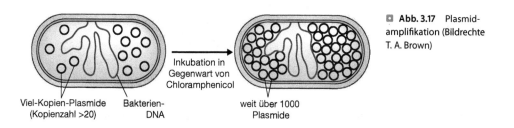

Abb. 3.17 Plasmidamplifikation (Bildrechte T. A. Brown)

man einen Proteinsynthesehemmer wie zum Beispiel Chloramphenicol zu und inkubiert die Kultur für weitere zwölf Stunden. In dieser Zeit replizieren sich die Plasmidmoleküle weiter, obwohl die Vermehrung der Chromosomen und die Zellteilung blockiert sind (Abb. 3.17). Das hat zur Folge, dass die Kopienzahl der Plasmide auf mehrere tausend steigen kann. Die Amplifikation ist also ein sehr wirksames Verfahren, um die Ausbeute bei Viel-Kopien-Plasmiden zu steigern.

3.3 Die Präparation von Bakteriophagen-DNA

Der wichtigste Unterschied zwischen der Reinigung von Phagen-DNA und der Präparation von Plasmid- oder gesamter Zell-DNA besteht darin, dass man bei den Phagen normalerweise nicht von einem Zellextrakt ausgeht. Der Grund: Man kann Phagenpartikel in großen Mengen aus dem Medium einer infizierten Bakterienkultur gewinnen. Wenn man eine solche Kultur zentrifugiert, setzen sich die Bakterienzellen ab, während die Phagenpartikel in Lösung bleiben (Abb. 3.18). Anschließend trennt man die Phagen aus dem Kulturmedium ab und extrahiert ihre DNA in einem einzigen Schritt, bei dem die Proteine des Phagencapsids entfernt werden.

Dieser Prozess ist insgesamt fast noch einfacher als das Verfahren zur Präparation von Plasmid- oder gesamter Zell-DNA. Dennoch gibt es bei der Reinigung ausreichender Mengen von Phagen-DNA einige Stolpersteine. Die Hauptschwierigkeit,

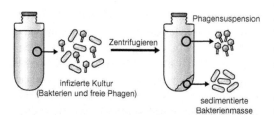

Abb. 3.18 Die Herstellung einer Phagensuspension aus einer infizierten Bakterienkultur (Bildrechte T. A. Brown)

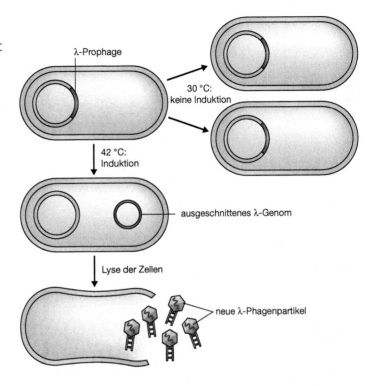

Abb. 3.19 Die Induktion des lysogenen Phagen λcIts durch Erhöhung der Temperatur von 30 auf 42 °C (Bildrechte T. A. Brown)

insbesondere bei λ, besteht darin, die infizierte Kultur so zu züchten, dass der Phagentiter (das heißt die Zahl der Phagen je Milliliter Kulturmedium) außerhalb der Zellen hoch genug ist. In der Praxis liegt der höchste Titer, den man vernünftigerweise erwarten kann, für λ bei 10^{10} pro Milliliter. Aber 10^{10} λ-Phagenpartikel liefern nur etwa 500 ng (10^{-9} g) DNA. Deshalb braucht man großvolumige Kulturen in der Größenordnung von 500 bis 1 000 Millilitern, wenn man λ-DNA in nennenswerten Mengen gewinnen will.

3.3.1 Die Zucht von Kulturen mit hohem λ-Titer

Eine großvolumige Kultur heranzuzüchten, ist kein Problem: Bakterienkulturen von 100 Litern und mehr sind in der Biotechnologie gebräuchlich. Es erfordert aber einige Geschicklichkeit, den höchstmöglichen λ-Titer zu erreichen. Der natürlich vorkommende λ-Phage ist lysogen (Abschnitt 2.2.2), und deshalb besteht eine infizierte Kultur zum größten Teil aus Zellen, bei denen der Prophage in die Bakterien-DNA integriert ist (◘ Abb. 2.7). Unter solchen Bedingungen ist der Titer der λ-Partikel außerhalb der Zellen äußerst niedrig.

Um λ außerhalb der Zellen mit hoher Ausbeute zu gewinnen, muss man die Kultur **induzieren**, sodass alle Zellen in die lytische Phase des Infektionszyklus eintreten; dann sterben die Zellen ab, und die λ-Partikel werden in das Medium freigesetzt. Die Induktion lässt sich normalerweise nur schwer steuern, aber die meisten Laborstämme von λ tragen in dem Gen cI eine **temperatursensitive Mutation** (ts). cI gehört zu den Genen, die dafür sorgen, dass der Phage im integrierten Zustand erhalten bleibt. Ist es durch eine Mutation inaktiviert, so funktioniert es nicht mehr ordnungsgemäß, und λ geht zur lytischen Vermehrung über. Bei einer cIts-Mutation ist cI bei 30 °C funktionsfähig, sodass λ bei dieser Temperatur im lysogenen Zustand vorliegt. Bei 42 °C dagegen funktioniert das Genprodukt von cIts nicht mehr richtig, und deshalb bleibt auch der lysogene Zustand nicht erhalten. Eine Kultur von *E. coli*-Zellen, die mit λcIts infiziert sind, kann man deshalb zur Produktion freier Phagenpartikel anregen, indem man ihre Temperatur von 30 auf 42 °C steigert (◘ Abb. 3.19).

a. Dichte der Kultur ist zu niedrig

b. Dichte der Kultur ist zu hoch

c. Dichte der Kultur ist genau richtig

Abb. 3.20 Die Herstellung des richtigen Gleichgewichts zwischen Alter der Kultur und Größe des Inokulums bei der Präparation einer Probe nichtlysogener Phagen (Bildrechte T. A. Brown)

3.3.2 Präparation nichtlysogener λ-Phagen

Zwar sind die meisten Stämme von λ lysogen, aber viele der von diesen Phagen abgeleiteten Klonierungsvektoren sind durch Deletionen von cI und anderen Genen so abgewandelt, dass der lysogene Zustand nie eintritt. Diese Phagen können sich nicht in das Bakteriengenom integrieren, sondern die Zellen nur im lytischen Zyklus infizieren (Abschnitt 2.2.1).

Bei derartigen Phagen hängt die Höhe des Titers von der Art und Weise ab, wie man die Kultur heranzüchtet, und insbesondere von dem Stadium, in dem man die Zellen durch Zusetzen der Phagenpartikel infiziert. Fügt man die Phagen hinzu, bevor die Bakterien ihre maximale Vermehrungsgeschwindigkeit erreicht haben, werden alle Zellen sehr schnell lysiert, sodass sich nur ein niedriger Titer ergibt (Abb. 3.20a). Ist die Zelldichte dagegen schon zu hoch, wenn man die Phagen zusetzt, wird die Kultur nie vollständig lysiert, und der Phagentiter bleibt ebenfalls niedrig (Abb. 3.20b).

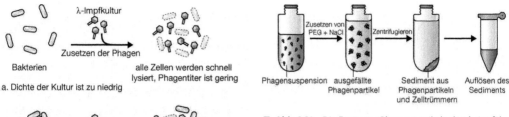

Abb. 3.21 Die Ernte von Phagenpartikeln durch Ausfällen mit Polyethylenglykol (PEG) (Bildrechte T. A. Brown)

Im Idealfall sind das Alter der Kultur und die Menge des Phagenimpfguts so aufeinander abgestimmt, dass die Kultur weiterhin wächst, wobei aber schließlich alle Zellen infiziert und lysiert werden (Abb. 3.20c). Wie man sich leicht vorstellen kann, sind Geschicklichkeit und Erfahrung nötig, um hier die Verhältnisse richtig einzuschätzen.

3.3.3 Die Ernte der Phagen aus einer infizierten Kultur

Überreste der lysierten Bakterienzellen und intakte Zellen, die immer in einem gewissen Umfang übrig bleiben, kann man durch Zentrifugieren aus der infizierten Kultur entfernen; die Phagenpartikel verbleiben dabei in der Lösung (Abb. 3.18). Die Schwierigkeit besteht nun darin, eine solche Suspension auf ein Volumen von fünf Millilitern oder weniger zu bringen, also auf eine Größe, die sich bei der DNA-Extraktion handhaben lässt.

Phagenpartikel sind so klein, dass sie in der Zentrifuge nur bei sehr hohen Drehzahlen sedimentieren. Um sie zu ernten, verwendet man deshalb gewöhnlich die Ausfällung mit **Polyethylenglykol (PEG)**. Diese Verbindung, ein langkettiges Polymer, absorbiert in Gegenwart von Salzen Wasser und sorgt deshalb dafür, dass makromolekulare Gebilde wie die Phagenpartikel ausfallen. Den Niederschlag kann man dann durch Zentrifugieren abtrennen und in einem geeigneten kleinen Volumen wieder auflösen (Abb. 3.21).

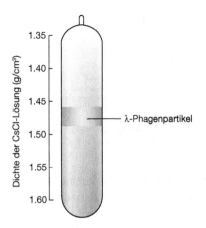

☐ **Abb. 3.22** Die Reinigung von λ-Phagenpartikeln durch CsCl-Dichtegradientenzentrifugation (Bildrechte T. A. Brown)

3.3.4 Die Reinigung von DNA aus λ-Phagenpartikeln

Manchmal reicht es bei der Extraktion der reinen Phagen-DNA aus, die Proteine aus dem wieder aufgelösten PEG-Präzipitat zu entfernen; meist muss man die λ-Phagen aber noch einem Zwischenschritt zur Reinigung unterwerfen. Dieser ist erforderlich, weil das PEG-Präzipitat gewöhnlich eine bestimmte Menge an Zelltrümmern enthält, in der sich möglicherweise unerwünschte Zell-DNA befindet. Solche Verunreinigungen kann man durch CsCl-Dichtegradientenzentrifugation von den λ-Phagenpartikeln abtrennen. Die λ-Partikel bilden im CsCl-Gradienten bei 1,45 bis 1,5 g/cm³ eine Bande (☐ Abb. 3.22), und man kann sie dann aus dem Zentrifugenröhrchen genauso entnehmen, wie es zuvor für die DNA-Banden beschrieben wurde (☐ Abb. 3.16). Entfernt man anschließend das CsCl durch Dialyse, so bleibt eine reine Präparation von λ-Phagen übrig, die man mit Phenol oder Protease behandeln kann, um die Proteinhülle der Partikel abzubauen und die reine DNA zu gewinnen.

3.3.5 M13-DNA lässt sich leicht reinigen

Die Unterschiede im Infektionszyklus zwischen den Bakteriophagen M13 und λ sind für den Molekularbiologen, der die M13-DNA präparieren will, überwiegend von Vorteil. Zunächst einmal lässt sich die doppelsträngige replikative Form von M13 (Abschnitt 2.2.2), die sich wie ein Viel-Kopien-Plasmid verhält, sehr leicht nach dem Standardverfahren für die Plasmidreinigung isolieren. Man stellt aus M13-infizierten Zellen einen Zellextrakt her und trennt die replikative Form beispielsweise durch EtBr-CsCl-Dichtegradientenzentrifugation von der Bakterien-DNA ab.

Häufig benötigt man jedoch das einzelsträngige M13-Genom in extrazellulären Phagenpartikeln. Hier hat M13 gegenüber λ den großen Vorteil, dass man sehr leicht einen hohen Phagentiter erhält. Da die infizierten Zellen ständig M13-Partikel in das umgebende Medium entlassen (☐ Abb. 2.8), wobei es nie zur Lyse der Zellen kommt, entsteht ein hoher M13-Titer einfach dadurch, dass man die Kultur bis zu einer hohen Zelldichte heranwachsen lässt. In der Praxis gelangt man leicht zu Konzentrationen von 10^{12} und mehr Phagenpartikeln je Milliliter, ohne dass man besondere Kunstgriffe anwenden müsste. Bei einem derart hohen Titer kann man schon aus kleinvolumigen Kulturen von 5 ml oder weniger nennenswerte Mengen der einzelsträngige M13-DNA gewinnen. Und da die infizierten Zellen nicht lysiert werden, ergibt sich außerdem auch kein Problem mit Zelltrümmern, welche die Phagensuspension verunreinigen könnten. Die Reinigung über CsCl-Gradienten, die bei der Präparation von λ-Phagen unumgänglich ist, wird deshalb bei M13 nur selten gebraucht.

Kurz gesagt, muss man zur Präparation einzelsträngiger M13-DNA ein kleines Volumen einer infizierten Bakterienkultur heranzüchten, die Bakterien durch Zentrifugieren abtrennen, die Phagenpartikel mit PEG ausfällen, die Proteinhülle der Phagen durch Phenolextraktion entfernen und die dabei freigesetzte DNA durch Ethanolpräzipitation anreichern (☐ Abb. 3.23).

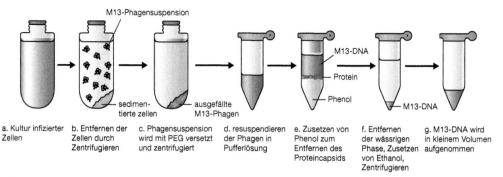

Abb. 3.23 Die Gewinnung von M13-DNA aus einer infizierten Bakterienkultur (Bildrechte T. A. Brown)

Weiterführende Literatur

Birnboim HC, Doly J (1979) A rapid alkaline extraction procedure for screening recombinant plasmid DNA. *Nucleic Acids Research* 7: 1513–1523. [Eine Methode zur Präparation von Plasmid-DNA.]

Boom R, Sol CJA, Salimans MMM, Jansen CL, Wertheim van Dillen PME, van der Noordaa J (1990) Rapid and simple method for purification of nucleic acids. *Journal of Clinical Microbiology* 28: 495–503. [Die Guanidiniumthiocyanat- und Silica-Methode zur Reinigung von DNA.]

Clewell DB (1972) Nature of ColEI plasmid replication in *Escherichia coli* in the presence of chloramphenicol. *Journal of Bacteriology* 110: 667–676. [Die biologischen Grundlagen der Plasmidamplifikation.]

Marmur J (1961) A procedure for the isolation of deoxyribonucleic acid from microorganisms. *Journal of Molecular Biology* 3: 208–218. [Präparation der gesamten Zell-DNA.]

Radloff R, Bauer W, Vinograd J (1967) A dye-buoyant-density method for the detection and isolation of closed-circular duplex DNA. *Proceedings of the National Academy of Sciences of the USA* 57: 1514–1521. [Die erste Beschreibung der Ethidiumbromid-Dichtegradientenzentrifugation.]

Rogers SO, Bendich AJ (1985) Extraction of DNA from milligram amounts of fresh, herbarium and mummified plant tissues. *Plant Molecular Biology* 5: 69–76. [Die CTAB-Methode.]

Yamamoto KR, Alberts BM, Benzinger R, Lawhorne L, Trieber G (1970) Rapid bacteriophage sedimentation in the presence of polyethylene glycol and its application to large scale virus preparation. *Virology*: 40: 734–744. [Präparation der λ-DNA.]

Zinder ND, Boeke JD (1982) The filamentous phage (Ff) as vectors for recombinant DNA. *Gene* 19: 1–10. [Methoden zur Zucht von Phagen und zur Präparation ihrer DNA.]

Die Manipulation der gereinigten DNA

4.1 Das Spektrum der Enzyme zur DNA-Manipulation – 42
4.1.1 Nucleasen – 43
4.1.2 Ligasen – 44
4.1.3 Polymerasen – 44
4.1.4 DNA-Modifikationsenzyme – 45

4.2 Enzyme zum Schneiden der DNA: Restriktionsendonucleasen – 46
4.2.1 Entdeckung und Wirkungsweise der Restriktionsendonucleasen – 47
4.2.2 Die Restriktionsendonucleasen des Typs II schneiden die DNA an ganz bestimmten Nucleotidsequenzen – 48
4.2.3 Glatte Enden und klebrige Enden – 49
4.2.4 Die Zahl der Restriktionserkennungsstellen in einem DNA-Molekül – 49
4.2.5 Der Ablauf einer Restriktionsspaltung im Labor – 50
4.2.6 Die Analyse des Ergebnisses einer Restriktionsspaltung – 52
4.2.7 Größenabschätzung bei DNA-Molekülen – 53
4.2.8 Die Kartierung der Restriktionsschnittstellen auf einem DNA-Molekül – 54
4.2.9 Besondere Elektrophoreseverfahren zur Trennung größerer Moleküle – 56

4.3 Ligation: Das Verbinden von DNA-Molekülen – 57
4.3.1 Die Wirkungsweise der DNA-Ligase – 57
4.3.2 Klebrige Enden erhöhen die Effizienz der Ligation – 57
4.3.3 Das Anfügen klebriger Enden an ein Molekül mit glatten Enden – 58
4.3.4 Ligation glatter Enden mit einer DNA-Topoisomerase – 62

Weiterführende Literatur – 63

Wenn man reine DNA-Proben präpariert hat, folgt der nächste Schritt des Klonierungsexperiments: die Konstruktion des rekombinierten DNA-Moleküls (◘ Abb. 1.1). Damit dieses zusammengesetzte Molekül entsteht, müssen sowohl der Vektor als auch die DNA, die man klonieren möchte, an bestimmten Stellen geschnitten und dann in vorherbestimmter Weise verbunden werden. Schneiden und Verbinden sind zwei Beispiele für Methoden zur DNA-Manipulation; in den letzten Jahren wurde ein breites Spektrum solcher Verfahren entwickelt. Man kann die DNA-Moleküle nicht nur schneiden und verknüpfen, sondern auch verkürzen, verlängern, in RNA- oder andere DNA-Moleküle umkopieren und durch Anfügen oder Entfernen bestimmter chemischer Gruppen abwandeln. Alle diese Manipulationen lassen sich im Reagenzglas ausführen, und sie bilden die Grundlage nicht nur für die Klonierung, sondern auch für grundlegende Untersuchungen zur Biochemie der DNA, der Genstruktur und der Expressionssteuerung von Genen.

Bei fast allen Methoden zur Manipulation von DNA bedient man sich gereinigter Enzyme. In der Zelle sind diese Enzyme an lebenswichtigen Vorgängen beteiligt, unter anderem an der Replikation und Transkription der DNA, am Abbau unerwünschter oder zellfremder DNA (zum Beispiel Virus-DNA), an der Reparatur mutierter DNA und an der **Rekombination** zwischen verschiedenen DNA-Molekülen. Viele derartige Enzyme kann man auch dann, wenn man sie aus Zellextrakten gereinigt hat, dazu bringen, dass sie ihre natürlichen Funktionen oder sehr ähnliche Vorgänge unter künstlichen Bedingungen ausführen. Die Enzymreaktionen sind oft recht einfach, dennoch lassen sich die meisten von ihnen mit rein chemischen Standardmethoden nicht bewerkstelligen. Deshalb sind gereinigte Enzyme für die Gentechnik unverzichtbar, und ihre Produktion, Charakterisierung und Vermarktung ist die Aufgabe eines wichtigen neuen Industriezweiges. Kommerzielle Hersteller hochgereinigter Enzyme bieten den Molekularbiologen eine wichtige Dienstleistung.

Die Manipulationen des Schneidens und Verknüpfens, die das Kernstück der Klonierung bilden, werden von zwei Arten von Enzymen ausgeführt: den **Restriktionsendonucleasen** (für das Schneiden) und den **Ligasen** (für das Verbinden). Das vorliegende Kapitel beschäftigt sich zum größten Teil mit der Art und Weise, wie man die Enzyme dieser beiden Gruppen benutzt. Zunächst soll aber das ganze Spektrum der Enzyme zur DNA-Manipulation beschrieben werden, damit klar wird, welche Reaktionen man im Einzelnen ausführen kann. Viele dieser Enzyme werden in späteren Kapiteln wieder auftauchen, wenn von den Verfahren die Rede ist, bei denen man sie verwendet.

4.1 Das Spektrum der Enzyme zur DNA-Manipulation

Man kann diese Enzyme nach den Reaktionen, die sie katalysieren, in fünf große Klassen einteilen:
1. **Nucleasen** schneiden Nucleinsäuremoleküle, verkürzen sie oder bauen sie ab.
2. **Ligasen** verknüpfen Nucleinsäuremoleküle.
3. **Polymerasen** stellen Kopien von Nucleinsäuremolekülen her.
4. **Modifikationsenzyme** entfernen chemische Gruppen oder fügen sie an.

Bevor diese Enzymklassen im Einzelnen beschrieben werden, soll auf zwei Punkte hingewiesen werden. Erstens kann man zwar die meisten Enzyme einer dieser Klassen zuordnen, einige von ihnen haben aber mehrere Aktivitäten, die zu zwei oder mehr Klassen gehören. Am wichtigsten sind in diesem Zusammenhang die Eigenschaften der Polymerasen: Sie können neue DNA-Moleküle aufbauen und besitzen gleichzeitig eine DNA-abbauende Nucleaseaktivität.

Zweitens gilt es zu beachten, dass man neben den Enzymen zur DNA-Manipulation auch viele ähnliche Enzyme kennt, die auf RNA wirken. Eines davon ist beispielsweise die Ribonuclease, mit der man RNA-Verunreinigungen aus DNA-Präparationen entfernt (Abschnitt 3.1.3). Manche Enzyme zur Manipulation von RNA werden ebenfalls bei der DNA-Klonierung eingesetzt und sind deshalb in späteren Kapiteln erwähnt; hier soll jedoch vor allem von denjenigen Enzymen die Rede sein, die auf DNA wirken.

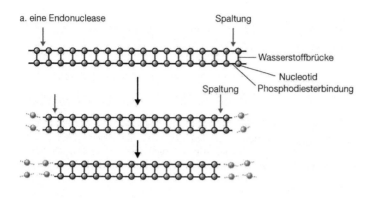

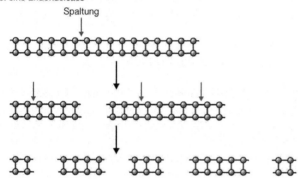

Abb. 4.1 Die von den beiden Nucleasetypen katalysierten Reaktionen. a) Exonucleasen entfernen Nucleotide von den Enden des DNA-Moleküls. b) Endonucleasen spalten interne Phosphodiesterbindungen (Bildrechte T. A. Brown)

4.1.1 Nucleasen

Nucleasen bauen DNA-Moleküle ab, indem sie die Phosphodiesterbindungen zwischen den Nucleotiden eines DNA-Stranges spalten. Es gibt zwei verschiedene Arten von Nucleasen (◘ Abb. 4.1):
1. **Exonucleasen** entfernen ein Nucleotid nach dem anderen vom Ende eines DNA-Moleküls.
2. **Endonucleasen** können Phosphodiesterbindungen im Innern eines DNA-Moleküls spalten.

Der Hauptunterschied zwischen den einzelnen Exonucleasen liegt in der Zahl der Stränge, die sie abbauen, wenn sie ein doppelsträngiges Molekül angreifen. Das Enzym Bal31 (es wird aus dem Bakterium *Alteromonas espejiana* gewonnen) ist beispielsweise eine Exonuclease, die Nucleotide von beiden Strängen eines doppelsträngigen Moleküls entfernt (◘ Abb. 4.2a). Je länger man Bal31 auf eine Ansammlung von DNA-Molekülen einwirken lässt, desto kürzer sind die entstehenden DNA-Fragmen-

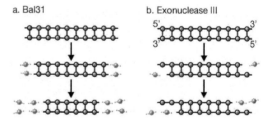

katalysierten Reaktionen. a) Bal31 entfernt Nucleotide von beiden Ketten eines DNA-Doppelstranges. b) Exonuclease III spaltet Nucleotide nur am 3'-Ende ab. (Abb. 4.24 zeigt den Unterschied zwischen 3'- und 5'-Ende eines Polynucleotids.) (Bildrechte T. A. Brown)

te. Dagegen bauen Enzyme wie die Exonuclease III von *E. coli* nur einen Strang des doppelsträngigen Moleküls ab, sodass als Produkt eine einzelsträngige DNA übrig bleibt (◘ Abb. 4.2b).

Nach dem gleichen Kriterium kann man auch die Endonucleasen einteilen. Die Endonuclease S1 (aus dem Pilz *Aspergillus oryzae*) spaltet nur einzelne Stränge (◘ Abb. 4.3a), während die Desoxyribonuclease I (DNase I), die man aus Rinderpankreas

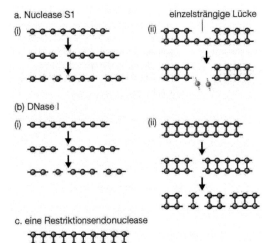

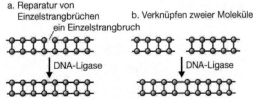

☐ **Abb. 4.4** Die beiden Reaktionen, die von der DNA-Ligase katalysiert werden. a) Reparatur einer fehlenden Phosphodiesterbindung in einer Kette eines doppelsträngigen Moleküls. b) Verbindung von zwei Molekülen (Bildrechte T. A. Brown)

☐ **Abb. 4.3** Die Reaktionen, die von den verschiedenen Endonucleasetypen katalysiert werden. a) Die Nuclease S1 schneidet nur einzelsträngige DNA einschließlich einzelsträngiger Lücken (»Nicks«) in ansonsten doppelsträngigen Molekülen. b) Die DNase I spaltet einzel- und doppelsträngige DNA. c) Eine Restriktionsendonuclease spaltet doppelsträngige DNA nur an einer begrenzten Zahl von Stellen (Bildrechte T. A. Brown)

gewinnt, sowohl einzel- als auch doppelsträngige Moleküle schneidet (☐ Abb. 4.3b). DNase I ist unspezifisch, das heißt, sie greift die DNA an allen internen Phosphodiesterbindungen an; bei längerer Behandlung mit DNase I entsteht also ein Gemisch aus Mononucleotiden und sehr kurzen Oligonucleotiden. Im Gegensatz dazu steht eine besondere Gruppe von Enzymen, die man als Restriktionsendonucleasen bezeichnet: Sie schneiden doppelsträngige DNA nur an einer begrenzten Zahl von Stellen (☐ Abb. 4.3c). Diese wichtigen Enzyme werden in Abschnitt 4.2 im Einzelnen beschrieben.

4.1.2 Ligasen

Die DNA-Ligase hat in den Zellen die Aufgabe, in doppelsträngigen DNA-Molekülen die Einzelstrangbrüche zu reparieren, die beispielsweise während der DNA-Replikation auftreten. Die DNA-Ligasen der meisten Organismen können darüber hinaus auch zwei getrennte, doppelsträngige DNA-Fragmente verbinden (☐ Abb. 4.4). Die Funktion dieser Enzyme bei der Konstruktion rekombinierter DNA-Moleküle wird in Abschnitt 4.3 erläutert.

4.1.3 Polymerasen

DNA-Polymerasen sind Enzyme, die einen neuen DNA-Strang anhand eines komplementären DNA- oder RNA-**Matrizenstranges** (englisch *template*) synthetisieren (☐ Abb. 4.5a). Die meisten Polymerasen funktionieren nur dann, wenn es in der Matrize einen doppelsträngigen Abschnitt gibt, der als **Primer** für den Beginn der Polymerisation dient.

Vier Arten von DNA-Polymerasen werden in der Gentechnik routinemäßig eingesetzt. Die erste ist die DNA-Polymerase I, die man gewöhnlich aus *E. coli* isoliert. Das Enzym heftet sich an einen kurzen Einzelstrangabschnitt (»**Nick**«) eines ansonsten doppelsträngigen DNA-Moleküls und synthetisiert dann einen völlig neuen Strang, indem es den vorhandenen Strang immer weiter abbaut (☐ Abb. 4.5b). Die DNA-Polymerase I ist also ein Beispiel für ein Enzym mit einer Doppelaktivität: Sie polymerisiert DNA und baut DNA ab.

Die Polymerase- und die Nucleaseaktivität der DNA-Polymerase I werden von verschiedenen Teilen des Enzymmoleküls gesteuert. Die Nucleaseaktivität liegt in den ersten 323 Aminosäuren des Polypeptids; entfernt man diesen Abschnitt, bleibt ein verändertes Enzym zurück, das die Polymerasefunktion noch besitzt, aber keine DNA mehr abbauen kann. Dieses abgewandelte Enzym, **Klenow-Fragment** genannt, kann an einem einzelsträngigen DNA-Molekül den Komplementärstrang aufbauen, setzt die Synthese aber nicht mehr mithilfe der Nucleaseaktivität fort, wenn die einzelsträngige Stelle

4.1 · Das Spektrum der Enzyme zur DNA-Manipulation

a. Grundreaktion

```
    Primer
5'    |    3'              5'              |              3'
   -A-T-G-                    -A-T-G-C-A-T-T-G-C-A-T-
   -T-A-C-G-T-A-A-C-G-T-A-    -T-A-C-G-T-A-A-C-G-T-A-
3'                       5'  3'                         5'
        Matrize
```

neusynthetisierter Strang

b. DNA-Polymerase I

```
    einzelsträngige Lücke                vorhandene Nucleotide
                                         werden ausgetauscht
   -A-T-G-         G-C-A-T-           -A-T-G-C-A-T-T-G-C-A-T-
   -T-A-C-G-T-A-A-C-G-T-A-            -T-A-C-G-T-A-A-C-G-T-A-
```

c. Klenow-Fragment

```
                                                       vorhandene
                                         nur die Lücke  Nucleotide werden
                                         wird aufgefüllt  nicht ausgetauscht
   -A-T-G-         G-C-A-T-           -A-T-G-C-A-T-T    G-C-A-T-
   -T-A-C-G-T-A-A-C-G-T-A-            -T-A-C-G-T-A-A-C-G-T-A-
```

d. Reverse Transkriptase

```
                                           neuer DNA-Strang
                                                |
   -A-T-G-                              -A-T-G-C-A-T-T-G-C-A-T-
   -u-a-c-g-u-a-a-c-g-u-a-              -u-a-c-g-u-a-a-c-g-u-a-
         |
     RNA-Matrize
```

Abb. 4.5 Die Reaktionen, die von den DNA-Polymerasen katalysiert werden. a) Die Grundreaktion: Ein neuer DNA-Strang wird in 5'→3'-Richtung synthetisiert. b) Die DNA-Polymerase I füllt zunächst Einzelstranglücken auf und synthetisiert dann weiter einen neuen Strang, wobei sie den alten abbaut. c) Das Klenow-Fragment füllt nur die Lücken auf. d) Die Reverse Transkriptase benutzt RNA als Matrize (Bildrechte T. A. Brown)

aufgefüllt ist (◘ Abb. 4.5c). Die gleiche Funktion erfüllen auch mehrere andere Enzyme, teils natürliche Polymerasen, teils auch abgewandelte Formen. Ihre wichtigste Anwendung finden solche Polymerasen bei der DNA-Sequenzierung (Abschnitt 10.1).

Die in der Polymerasekettenreaktion (PCR) verwendete *Taq*-DNA-Polymerase (◘ Abb. 1.2) ist die DNA-Polymerase I des Bakteriums *Thermus aquaticus*. Diese Mikroorganismenart ist in heißen Quellen zu Hause, und viele ihrer Enzyme, darunter auch die *Taq*-DNA-Polymerase, sind hitzestabil, das heißt, sie werden bei hohen Temperaturen nicht denaturiert. Wegen dieser besonderen Eigenschaft eignet sich die *Taq*-DNA-Polymerase hervorragend für die PCR: Wäre sie nicht hitzestabil, würde sie ihre Aktivität verlieren, wenn man das Reaktionsgemisch zur Denaturierung der DNA auf 94 °C erwärmt.

Der letzte für die Gentechnik wichtige Typ der DNA-Polymerasen ist die **Reverse Transkriptase**, ein Enzym, das an der Replikation mehrerer Viren beteiligt ist. Sie hat die einzigartige Eigenschaft, dass sie nicht DNA, sondern RNA als Matrize benutzt (◘ Abb. 4.5d). Die Fähigkeit dieses Enzyms, einen zu einer RNA-Matrize komplementären DNA-Strang aufzubauen, ist von zentraler Bedeutung für die Technik der cDNA-Klonierung (Abschnitt 8.3.3).

4.1.4 DNA-Modifikationsenzyme

Es gibt zahlreiche Enzyme, welche die DNA modifizieren, indem sie chemische Gruppen anfügen oder entfernen. Am wichtigsten sind die Folgenden:

1. Die **Alkalische Phosphatase** (aus *E. coli*, Kälberdarm oder arktischen Kleinkrebsen) entfernt die Phosphatgruppe vom **5'-Ende** der DNA-Moleküle (◘ Abb. 4.6a).
2. Die **Polynucleotidkinase** (aus *E. coli*-Zellen, die mit dem Phagen T4 infiziert sind) hat die umgekehrte Wirkung wie die Alkalische Phosphatase: Sie fügt Phosphatgruppen an freie 5'-Enden an (◘ Abb. 4.6b).

◘ **Abb. 4.6** Die Reaktionen, die von DNA-Modifikationsenzymen katalysiert werden. a) Die Alkalische Phosphatase entfernt 5'-Phosphatgruppen. b) Die Polynucleotidkinase heftet 5'-Phosphatgruppen an. c) Die Terminale Desoxyribonucleotidyltransferase heftet Nucleotide an die 3'-Enden von Polynucleotiden an, und zwar entweder an einzelsträngige (1) oder an doppelsträngige (2) Moleküle (Bildrechte T. A. Brown)

a. Alkalische Phosphatase

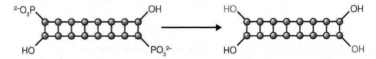

b. Polynucleotidkinase

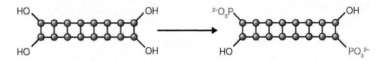

c. Terminale Desoxynucleotidyltransferase

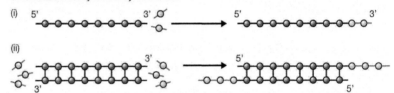

a. Vektormoleküle

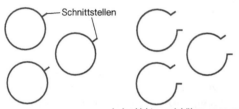

jedes Vektormolekül muss genau einmal geschnitten werden, die Schnittstelle ist immer die gleiche

b. DNA-Molekül mit dem Gen, das man klonieren möchte

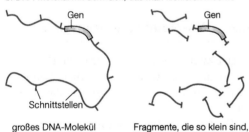

großes DNA-Molekül

Fragmente, die so klein sind, dass man sie klonieren kann

◘ **Abb. 4.7** Warum man bei einem DNA-Klonierungsexperiment sehr genau schneiden muss (Bildrechte T. A. Brown)

3. Die **Terminale Desoxynucleotidyltransferase** (aus Kalbsthymusgewebe) fügt ein oder auch mehrere Desoxynucleotide an das **3'-Ende** von DNA-Molekülen an (◘ Abb. 4.6c).

4.2 Enzyme zum Schneiden der DNA: Restriktionsendonucleasen

Beim Klonieren ist es unabdingbar, dass man die DNA-Moleküle sehr genau und in immer gleicher Weise schneiden kann. Das zeigt sich an der Art und Weise, wie man den Vektor bei den Konstruktion eines rekombinierten DNA-Moleküls spaltet (◘ Abb. 4.7a). Jedes Molekül des Vektors muss an einer einzigen Position geschnitten werden, sodass der Ring geöffnet wird und ein neues DNA-Fragment aufnehmen kann. Ein Molekül, das mehrmals geschnitten wird, zerfällt in mehrere Einzelfragmente und ist als Klonierungsvektor nicht zu gebrauchen. Außerdem muss jedes Molekül des Vektors an genau der gleichen Stelle des Rings geschnitten werden – wie in späteren Kapiteln deutlich werden wird, reicht eine zufällige Spaltung nicht aus. Es leuchtet daher ein, dass man ganz besondere Nucleasen braucht, die derartige Manipulationen ausführen.

Oft muss man auch die DNA schneiden, die man klonieren möchte (◘ Abb. 4.7b). Dafür gibt es zwei Gründe. Zunächst einmal besteht das Ziel ja häufig darin, ein einzelnes Gen zu klonieren, das vielleicht 2 bis 3 kb DNA umfasst; diesen Abschnitt muss man aus den großen (oft über 80 kb umfassenden) DNA-Molekülen heraustrennen, die man bei sorgfältiger Anwendung der in Kapitel 3

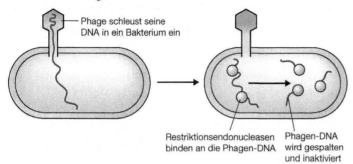

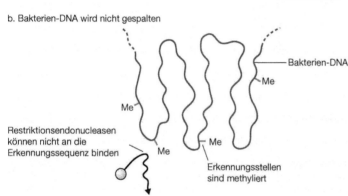

Abb. 4.8 Die Funktion von Restriktionsendonucleasen in einer Bakterienzelle. Die Phagen-DNA (a) wird abgebaut, die Bakterien-DNA (b) dagegen nicht (Bildrechte T. A. Brown)

beschriebenen Präparationsmethoden erhält. Und zweitens muss man die großen DNA-Moleküle vielleicht auch einfach nur in Fragmente zerlegen, die so klein sind, dass der Vektor sie aufnehmen kann. Die meisten Klonierungsvektoren zeigen eine Vorliebe für DNA-Fragmente aus einem bestimmten Größenspektrum. Vektoren auf der Basis von Plasmiden sind beispielsweise sehr ineffizient, wenn man Moleküle von mehr als 8 kb klonieren möchte.

Mit gereinigten Restriktionsendonucleasen kann man DNA-Moleküle so präzise und reproduzierbar schneiden, wie es für die Klonierung erforderlich ist. Die Entdeckung dieser Enzyme, für die W. Arber, H. Smith und D. Nathans 1978 den Nobelpreis erhielten, war eine der wichtigsten Voraussetzungen für die Entwicklung der Gentechnik.

4.2.1 Entdeckung und Wirkungsweise der Restriktionsendonucleasen

Die erste Beobachtung, die später zur Entdeckung der Restriktionsendonucleasen führte, stammte aus den frühen Fünfzigerjahren: Wie man schon damals zeigen konnte, sind manche Bakterienstämme gegen die Infektion mit einem Bakteriophagen immun, ein Phänomen, das man als **wirtskontrollierte Restriktion** bezeichnete.

Der Mechanismus der Restriktion ist nicht sehr kompliziert; dennoch dauerte es über 20 Jahre, bis man ihn völlig verstand. Ursache der Restriktion ist ein von den Bakterien produziertes Enzym, das die Phagen-DNA abbaut, bevor sie sich replizieren und die Synthese neuer Phagenpartikel in Gang setzen kann (Abb. 4.8a). Die eigene DNA der Bakterien, deren Abbau natürlich tödlich wäre, ist gegen den Angriff geschützt, denn sie trägt zusätzliche Methylgruppen, welche die Wirkung des abbauenden Enzyms blockieren (Abb. 4.8b).

Die Abbauenzyme bezeichnet man als Restriktionsendonucleasen; sie werden von vielen, vielleicht sogar von allen Bakterienarten produziert: Über 2 500 solche Enzyme wurden bisher isoliert, und mehr als 300 davon stehen für die Anwendung im Labor zur Verfügung. Man kennt drei Klassen von Restriktionsendonucleasen, die sich in ihrer Wirkungsweise geringfügig unterscheiden. Die Ty-

Tab. 4.1 Erkennungssequenzen für einige der am häufigsten benutzten Restriktionsendonucleasen

Enzym	Organismus	Erkennungssequenz*	glatte oder klebrige Enden
EcoRI	Escherichia coli	GAATTC	klebrig
BamHI	Bacillus amyloliquefaciens	GGATCC	klebrig
BglII	Bacillus globigii	AGATCT	klebrig
PvuI	Proteus vulgaris	CGATCG	klebrig
PvuII	Proteus vulgaris	CAGCTG	glatt
HindIII	Haemophilus influenzae R_d	AAGCTT	klebrig
HinfI	Haemophilus influenzae R_f	GANTC	klebrig
Sau3A	Staphylococcus aureus	GATC	klebrig
AluI	Arthrobacter luteus	AGCT	glatt
TaqI	Thermus aquaticus	TCGA	klebrig
HaeIII	Haemophilus aegyptius	GGCC	glatt
NotI	Nocardia otitidis-caviarum	GCGGCCGC	klebrig
SfiI	Streptomyces fimbriatus	GGCCNNNNNGGCC	klebrig

* Angegeben ist jeweils die Sequenz eines Stranges in 5'→3'-Richtung. N kann jedes beliebige Nucleotid sein. Man beachte, dass fast alle Erkennungssequenzen Palindrome sind: Wenn man beide Stränge betrachtet, ergibt sich in beiden Leserichtungen die gleiche Sequenz, zum Beispiel:

```
          5'- G A A T T C -3'
EcoRI:        | | | | | |
          3'- C T T A A G -5'
```

pen I und III sind ziemlich kompliziert und für die Gentechnik nur von sehr begrenzter Bedeutung. Dagegen handelt es sich bei den Restriktionsendonucleasen des Typs II um Schneideenzyme, die für die DNA-Klonierung sehr wichtig sind.

4.2.2 Die Restriktionsendonucleasen des Typs II schneiden die DNA an ganz bestimmten Nucleotidsequenzen

Das wichtigste Merkmal der Restriktionsendonucleasen des Typs II (die von jetzt an einfach als »Restriktionsendonucleasen« bezeichnet werden) besteht darin, dass es für jedes Enzym eine bestimmte Erkennungssequenz gibt, an der es die DNA spaltet. Ein einzelnes Enzym schneidet die DNA nur an seiner Erkennungssequenz und nirgendwo anders. So spaltet beispielsweise die Restriktionsendonuclease mit der Bezeichnung PvuI (isoliert aus Proteus vulgaris) die DNA nur an dem Hexanucleotid CGATCG. PvuII, ein zweites Enzym aus demselben Bakterium, schneidet dagegen an einem anderen Hexanucleotid mit der Sequenz CAGCTG.

Viele Restriktionsendonucleasen erkennen Sechsersequenzen, aber es gibt auch andere, die auf Gruppen von vier, fünf oder auch acht und mehr Nucleotiden ansprechen. Sau3A (aus Staphylococcus aureus Stamm 3A) erkennt die Kombination GATC, und AluI (aus Arthrobacter luteus) schneidet die Sequenz AGCT. Es gibt auch Restriktionsendonucleasen mit degenerierten Erkennungssequenzen, das heißt, sie schneiden die DNA an mehreren ähnlichen Sequenzen. HinfI beispielsweise (aus Haemophilus influenzae Stamm R_f) erkennt GANTC und schneidet dementsprechend an den Sequenzen GAATC, GATTC, GAGTC und GACTC. Die Erkennungssequenzen für einige besonders häufig verwendete Restriktionsendonucleasen sind in ◘ Tab. 4.1 aufgeführt.

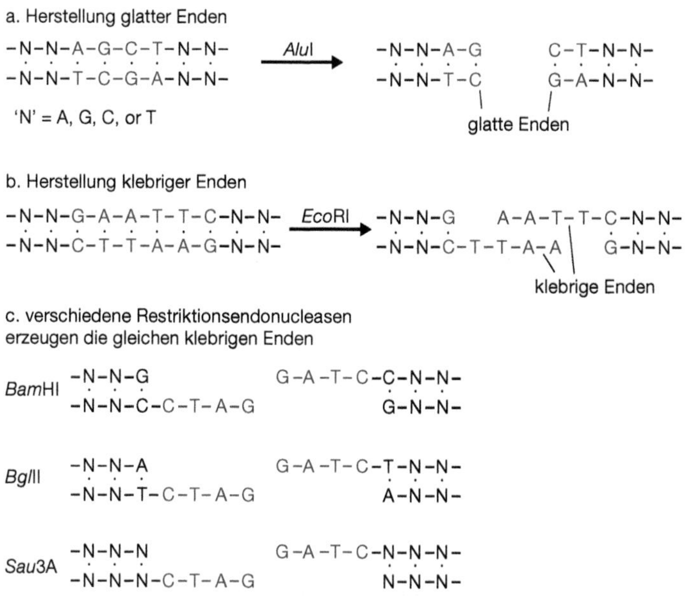

4.2 · Enzyme zum Schneiden der DNA: Restriktionsendonucleasen

a. Herstellung glatter Enden

```
-N-N-A-G-C-T-N-N-      AluI      -N-N-A-G     C-T-N-N-
-N-N-T-C-G-A-N-N-      ──→       -N-N-T-C     G-A-N-N-
                                         \   /
'N' = A, G, C, or T                       glatte Enden
```

b. Herstellung klebriger Enden

```
-N-N-G-A-A-T-T-C-N-N-   EcoRI    -N-N-G        A-A-T-T-C-N-N-
-N-N-C-T-T-A-A-G-N-N-   ────→    -N-N-C-T-T-A-A        G-N-N-
                                             \
                                           klebrige Enden
```

c. verschiedene Restriktionsendonucleasen erzeugen die gleichen klebrigen Enden

```
BamHI   -N-N-G              G-A-T-C-C-N-N-
        -N-N-C-C-T-A-G              G-N-N-

BglII   -N-N-A              G-A-T-C-T-N-N-
        -N-N-T-C-T-A-G              A-N-N-

Sau3A   -N-N-N              G-A-T-C-N-N-N-
        -N-N-N-C-T-A-G              N-N-N-
```

Abb. 4.9 Die Enden, die durch Spaltung der DNA mit verschiedenen Restriktionsendonucleasen entstehen. a) Ein glattes Ende, erzeugt von *Alu* I. b) Ein klebriges Ende nach Spaltung mit *Eco*RI. c) Gleiche klebrige Enden, erzeugt von *Bam*HI, *Bgl*II und *Sau*3A (Bildrechte T. A. Brown)

4.2.3 Glatte Enden und klebrige Enden

Für Klonierungsexperimente ist es von erheblicher Bedeutung, wie der Schnitt, den eine Restriktionsendonuclease ausführt, im Einzelnen aussieht. Viele derartige Enzyme spalten einfach beide DNA-Stränge in der Mitte der Erkennungssequenz (◻ Abb. 4.9a), sodass **glatte Enden** (*blunt ends*) entstehen. Beispiele für solche Enzyme sind *Pvu*II und *Alu*I.

Zahlreiche Restriktionsendonucleasen schneiden die DNA jedoch auf eine etwas andere Weise: Sie durchtrennen die beiden DNA-Stränge nicht genau an derselben Stelle. Die Schnitte sind vielmehr versetzt, gewöhnlich um zwei oder vier Nucleotide, sodass die entstehenden DNA-Fragmente an ihren Enden kurze überstehende Einzelstrangabschnitte besitzen (◻ Abb. 4.9b). Diese Stücke bezeichnet man als klebrige oder kohäsive Enden (*sticky ends*), denn durch Basenpaarungen zwischen ihnen können die Molekülfragmente wieder zusammenkleben. (Von klebrigen Enden war bereits in Abschnitt 2.2.2 bei der Beschreibung der λ-Replikation die Rede.) Wichtig ist auch, dass Restriktionsendonucleasen mit unterschiedlichen Erkennungssequenzen die gleichen klebrigen Enden erzeugen können. Das gilt beispielsweise für *Bam*HI (Erkennungssequenz GGATCC) und *Bgl*II (Erkennungssequenz AGATCT): Beide lassen klebrige Enden mit der Sequenz GATC entstehen (◻ Abb. 4.9c). Das gleiche klebrige Ende erzeugt auch *Sau*3A, welches das Tetranucleotid GATC erkennt. DNA-Fragmente, die durch Spaltung mit einem dieser Enzyme entstanden sind, lassen sich verbinden, denn jedes davon trägt ein komplementäres klebriges Ende.

4.2.4 Die Zahl der Restriktionserkennungsstellen in einem DNA-Molekül

Wie viele Erkennungssequenzen für eine bestimmte Restriktionsendonuclease ein DNA-Molekül bekannter Länge enthält, kann man mathematisch berechnen. Eine Tetranucleotidsequenz (zum Beispiel GATC) sollte alle $4^4 = 256$ Nucleotide vorkommen, und bei einem Hexanucleotid (zum Beispiel GGATCC) sollte der Abstand $4^6 = 4096$ Nucleotide betragen. Solche Berechnungen gehen von der Annahme aus, dass die Nucleotide nach dem Zufallsprinzip angeordnet sind und dass der Anteil aller vier Nucleotide in der DNA gleich ist (das heißt, dass der GC-Gehalt 50 % beträgt). In der Praxis treffen beide Annahmen nicht genau zu. So sollte beispielsweise die λ-DNA mit ihren 49 kb ungefähr

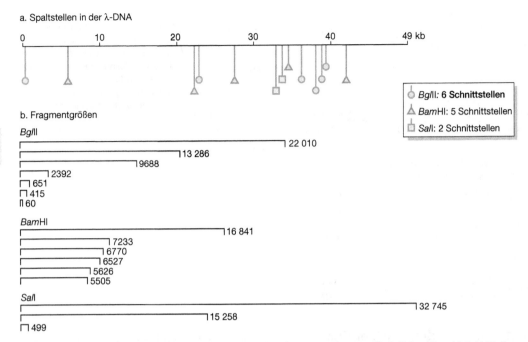

Abb. 4.10 Restriktionsspaltung der λ-DNA. a) Die Lage der Erkennungssequenzen für *Bgl*II, *Bam*HI und *Sal*I. b) Die Fragmente, die durch Spaltung mit diesen Restriktionsendonucleasen entstehen. Die Zahlen bezeichnen die Fragmentgröße in Basenpaaren (Bildrechte T. A. Brown)

zwölf Schnittstellen für eine Restriktionsendonuclease mit einer Sechser-Erkennungssequenz enthalten. In Wirklichkeit sind solche Stellen aber seltener (zum Beispiel sechs für *Bgl*II, fünf für *Bam*HI und nur zwei für *Sal*I). Darin spiegelt sich die Tatsache wider, dass der GC-Gehalt der λ- DNA deutlich unter 50 % liegt (Abb. 4.10a).

Außerdem sind die Restriktionsstellen auf einem DNA-Molekül in der Regel nicht gleichmäßig verteilt. Wäre das der Fall, dann hätten die Fragmente, die man durch die Spaltung mit einer bestimmten Restriktionsendonuclease erhält, ungefähr die gleiche Größe. Abbildung 4.10b zeigt die Abschnitte, die man erhält, wenn man die λ-DNA mit *Bgl*II, *Bam*HI und *Sal*I schneidet. In allen Fällen sind die Fragmentgrößen recht breit gestreut. Das zeigt, dass die Nucleotide in der λ-DNA nicht zufällig angeordnet sind.

Wie aus Abbildung 4.10 deutlich wird, kann man sich mit mathematischen Methoden zwar eine Vorstellung davon verschaffen, wie viele Restriktionsstellen man in einem bestimmten DNA-Molekül erwarten kann, aber ein realistisches Bild liefert nur die experimentelle Analyse. Deshalb soll als Nächstes davon die Rede sein, wie man die Restriktionsendonucleasen im Labor anwendet.

4.2.5 Der Ablauf einer Restriktionsspaltung im Labor

Als Beispiel soll hier die Spaltung einer Probe der λ-DNA (Konzentration 125 µg/ml) mit *Bgl*II dienen.

Zunächst wird die erforderliche DNA-Menge in ein Reaktionsgefäß pipettiert. Wie viel DNA man verwendet, hängt von der Art des Experiments ab; in dem Beispiel sollen 2 µg der λ-DNA geschnitten werden, die in 16 µl der Probe enthalten sind (Abb. 4.11a). Man braucht hierfür also sehr genaue Mikropipetten.

Der zweite Hauptbestandteil ist natürlich die Restriktionsendonuclease, die man als reine Lösung mit bekannter Konzentration von einem Hersteller bezogen hat. Bevor man aber das Enzym zusetzt, muss man die Lösung so einstellen, dass die richtigen Bedingungen für eine optimale Aktivität

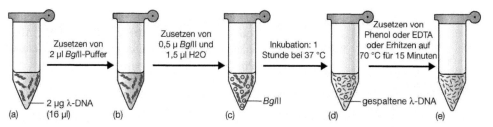

Abb. 4.11 Der Ablauf der Restriktionsspaltung im Labor. Einzelheiten im Text (Bildrechte T. A. Brown)

des Enzyms gewährleistet sind. Die meisten Restriktionsendonucleasen arbeiten gut bei pH 7,4, aber die einzelnen Enzyme benötigen unterschiedliche Ionenstärken (die gewöhnlich durch NaCl hergestellt werden) und Mg^{2+}-Konzentrationen. (Alle Restriktionsendonucleasen des Typs II benötigen Mg^{2+} für ihre Funktion.) Ratsam ist außerdem, ein reduzierendes Agens wie Dithiothreitol (DTT) zuzusetzen, welches das Enzym stabilisiert und seine Inaktivierung verhindert. Es ist sehr wichtig, dass man die richtigen Reaktionsbedingungen für das jeweilige Enzym herstellt: Eine falsche NaCl- oder Mg^{2+}-Konzentration kann nicht nur zu einem Aktivitätsrückgang der Restriktionsendonuclease führen, sondern auch zu Veränderungen in der Spezifität des Enzyms; dann wird die DNA auch an zusätzlichen, normalerweise nicht erkannten Sequenzen gespalten.

Die Zusammensetzung eines geeigneten Puffers für *Bgl*II zeigt ■ Tab. 4.2. Er ist zehnmal so konzentriert wie bei der endgültigen Reaktion und wird verdünnt, indem man ihn dem Reaktionsgemisch zusetzt. In dem genannten Beispiel ist das Endvolumen des Reaktionsgemischs 20 μl, das heißt, man fügt zu den 16 μl der DNA-Lösung 2 μl des zehnfach konzentrierten *Bgl*II-Puffers hinzu (■ Abb. 4.11b).

Jetzt kann man die Restriktionsendonuclease zusetzen. Nach allgemeiner Übereinkunft ist eine Einheit des Enzyms als die Menge definiert, die 1 μg DNA in einer Stunde spaltet; demnach braucht man zwei Einheiten von *Bgl*II, um die 2 μg λ-DNA zu schneiden. Gewöhnlich wird *Bgl*II in einer Konzentration von 4 Einheiten je Mikroliter geliefert; 0,5 μl der Enzymlösung reichen also zur Spaltung der DNA aus. Die übrigen Bestandteile, die man dem Reaktionsgemisch zusetzt, sind dann 0,5 μl *Bgl*II und 1,5 μl Wasser, sodass sich ein Endvolumen von 20 μl ergibt (■ Abb. 4.11c).

Tab. 4.2 Ein zehnfach konzentrierter (10×-) Puffer für die Restriktionsspaltung von DNA mit *Bgl*II

Bestandteil	Konzentration (mM)
Tris-HCl, pH 7,4	500
$MgCl_2$	100
NaCl	500
Dithiothreitol	10

Der letzte Faktor, den man beachten muss, ist die Inkubationstemperatur. Die meisten Restriktionsendonucleasen, auch *Bgl*II, wirken bei 37 °C am besten, aber manche haben ein anderes Temperaturoptimum. *Taq*I wird beispielsweise aus dem Bakterium *Thermus aquaticus* gewonnen und wirkt wie die *Taq*-DNA-Polymerase bei hoher Temperatur. Bei einer Restriktionsspaltung mit *Taq*I muss man das Gemisch deshalb bei 65 °C inkubieren, damit das Enzym seine maximale Aktivität erreicht.

Nach einer Stunde sollte die Spaltungsreaktion vollständig abgelaufen sein (■ Abb. 4.11d). Wenn man die entstandenen DNA-Fragmente in Klonierungsexperimenten verwenden will, muss man nun das Enzym auf irgendeine Weise zerstören, damit es nicht andere DNA-Moleküle angreift, die man in einem späteren Schritt zusetzt. Es gibt mehrere Methoden, um das Enzym zu inaktivieren. In vielen Fällen reicht eine kurze Inkubation bei 70 °C aus, aber manchmal nimmt man auch eine Phenolextraktion vor, oder man setzt Ethylendiamintetraacetat (EDTA) zu, das Mg^{2+}-Ionen bindet und so die Restriktionsendonuclease unwirksam macht (■ Abb. 4.11e).

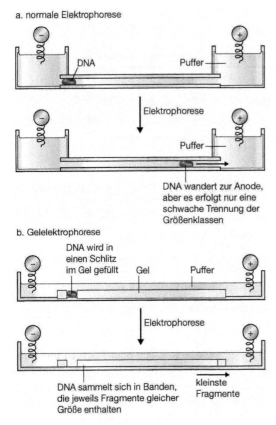

● **Abb. 4.12** Die herkömmliche Elektrophorese (a) trennt unterschiedlich große DNA-Fragmente nicht; die Gelelektrophorese (b) ist dazu in der Lage (Bildrechte T. A. Brown)

4.2.6 Die Analyse des Ergebnisses einer Restriktionsspaltung

Die Restriktionsspaltung lässt eine Anzahl von DNA-Fragmenten entstehen, deren Größe sich nach der genauen Lage der Erkennungsstellen der Restriktionsendonuclease in dem ursprünglichen Molekül richtet (● Abb. 4.10). Wenn die Restriktionsendonucleasen beim Klonieren von Nutzen sein sollen, braucht man ein Verfahren, um Zahl und Größe der Fragmente zu bestimmen. Ob ein DNA-Molekül überhaupt geschnitten wurde, kann man leicht feststellen, indem man die Viskosität der Lösung bestimmt. Große DNA-Moleküle lassen die Lösung zähflüssiger werden als kleinere, und deshalb führt die Spaltung zu einer Abnahme der Viskosität. Zahl und Größe der Spaltprodukte genau zu bestimmen, ist jedoch schwieriger, und einige

Jahre lang war das sogar eine der zeitaufwendigsten Arbeiten bei den Experimenten mit DNA. Aber dann, Anfang der Siebzigerjahre, wurde dieses Problem gelöst: Man entwickelte die Technik der Gelelektrophorese.

Die Trennung der Moleküle durch Gelelektrophorese

Die **Elektrophorese** ist wie die Ionenaustauscherchromatographie (Abschnitt 3.1.3) ein Verfahren, bei dem man sich die unterschiedliche elektrische Ladung zunutze macht, um die Moleküle in einem Gemisch zu trennen. DNA-Moleküle sind negativ geladen. Deshalb wandern sie, wenn man sie in ein elektrisches Feld bringt, in Richtung des positiven Pols (● Abb. 4.12a). Die Wanderungsgeschwindigkeit eines Moleküls hängt von zwei Eigenschaften ab: von seiner Form und dem Verhältnis von elektrischer Ladung und Masse. Leider haben aber die meisten DNA-Moleküle die gleiche Form und im Verhältnis zu ihrer Masse annähernd die gleiche Ladung. Durch einfache Elektrophorese kann man deshalb Fragmente unterschiedlicher Größe nicht voneinander trennen.

Die Größe der DNA-Moleküle wird aber zu einem wichtigen Faktor, wenn man die Elektrophorese in einem Gel ablaufen lässt. Ein solches Gel, das gewöhnlich aus Agarose, Polyacrylamid oder einer Mischung dieser beiden Substanzen besteht, enthält ein kompliziertes System von Poren, und durch diese Öffnungen müssen die DNA-Moleküle wandern, um die positive Elektrode zu erreichen. Je kleiner ein DNA-Fragment ist, desto schneller kann es sich durch das Gel bewegen. Deshalb werden DNA-Moleküle in der **Gelelektrophorese** nach ihrer Größe aufgetrennt (● Abb. 4.12b).

In der Praxis bestimmt die Zusammensetzung des Gels über die Größe der DNA-Moleküle, die sich damit trennen lassen. So benutzt man beispielsweise ein 0,5 cm dickes Gel aus 0,5 % Agarose, das relativ große Poren besitzt, für die Trennung von Molekülen im Größenbereich zwischen 1 und 30 kb; damit lassen sich Moleküle von 10 und 12 kb deutlich unterscheiden. Am anderen Ende der Skala stehen sehr dünne (0,3 mm) Gele aus 40 % Polyacrylamid, die mit ihren sehr viel kleineren Poren die Auftrennung wesentlich kürzerer DNA-Moleküle von einem bis 300 Basenpaaren ermöglichen;

solche Gele erlauben noch die Unterscheidung von Molekülen, die sich in ihrer Länge nur um ein einziges Nucleotid unterscheiden.

Das Sichtbarmachen der DNA-Moleküle in einem Agarosegel

Die einfachste Methode, um das Ergebnis eines Gelelektrophoreseexperiments sichtbar zu machen, ist die Färbung des Gels mit einer Verbindung, welche die DNA anfärbt. Das Ethidiumbromid (EtBr), das bereits in Abschnitt 3.2.2 als Mittel zum Nachweis der DNA in CsCl-Gradienten beschrieben wurde, setzt man routinemäßig auch zum Färben der DNA in Agarose- und Polyacrylamidgelen ein (Abb. 4.13). Nach der EtBr-Färbung erkennt man unter UV-Licht Banden an den Positionen, die den verschiedenen Größenklassen der DNA-Fragmente entsprechen; Voraussetzung ist nur, dass eine ausreichende Menge DNA vorliegt.

Leider ist die Methode aber sehr gefährlich: Ethidiumbromid ist ein starkes Mutagen. Außerdem ist die EtBr-Färbung nur von begrenzter Empfindlichkeit: Enthält eine Bande weniger als etwa 10 ng DNA, ist sie nach der Färbung unter Umständen nicht zu sehen.

Aus diesem Grund werden heute in vielen Labors nichtmutagene Farbstoffe verwendet, welche die DNA grün, rot oder blau färben. Die meisten von ihnen können entweder nach der Elektrophorese angewendet werden, wie es in Abb. 4.13 für EtBr gezeigt wurde, oder aber man setzt sie – da sie ja ungefährlich sind – bereits der Pufferlösung zu, in der man die Agarose oder das Polyacrylamid bei der Herstellung des Gels auflöst. Mit manchen derartigen Farbstoffen muss man die Banden mit ultraviolettem Licht sichtbar machen, andere erfordern die Beleuchtung mit Licht anderer Wellenlängen, beispielsweise mit blauem Licht. Damit beseitigt man eine zweite Gefahrenquelle, denn UV-Strahlung kann schwere Verbrennungen verursachen. Mit den empfindlichsten Farbstoffen lassen sich noch Banden nachweisen, die weniger als 1 ng DNA enthalten.

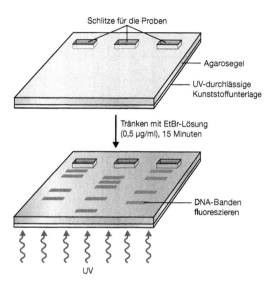

Abb. 4.13 Der Nachweis von DNA-Banden in einem Agarosegel mit EtBr-Färbung und ultraviolettem Licht (Bildrechte T. A. Brown)

4.2.7 Größenabschätzung bei DNA-Molekülen

In der Gelelektrophorese werden die DNA-Moleküle nach ihrer Größe getrennt: Die kleinsten unter ihnen wandern am schnellsten und die größten am langsamsten zur positiven Elektrode. Liegen mehrere unterschiedlich große DNA-Fragmente vor (zum Beispiel nach einer erfolgreichen Restriktionsspaltung), dann tauchen in dem Gel zahlreiche Banden auf. Wie kann man die Größe dieser Fragmente ermitteln?

Am genauesten gelingt das mithilfe der mathematischen Beziehung zwischen Wanderungsgeschwindigkeit und molarer Masse; die entscheidende Formel lautet

$$D = a - b (\log M)$$

Dabei ist D die Wanderungsstrecke, M ist die molare Masse, und a und b sind Konstanten, die von den Elektrophoresebedingungen abhängen.

Da eine extrem genaue Abschätzung der DNA-Fragmentgrößen nicht immer notwendig ist, verwendet man jedoch im Allgemeinen eine viel einfachere, allerdings auch weniger genaue Methode. Man lässt in jedem Elektrophoresegel einen Satz von Restriktionsfragmenten bekannter Größe mitlaufen. Als einen solchen Größenmarker benutzt

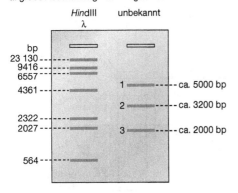

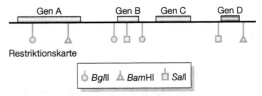

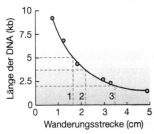

 Abb. 4.14 Abschätzung der Größe von DNA-Fragmenten in einem Agarosegel. a) Grobe Abschätzung mit bloßem Auge. b) Genauere Messung der Fragmentgröße mit einer Eichkurve, die aus der Beweglichkeit der *Hind*III-Fragmente gewonnen wurde. Die Größe der unbekannten Fragmente kann man dann aus ihrer Wanderungsstrecke bestimmen (Bildrechte T. A. Brown)

 Abb. 4.15 Mit einer Restriktionskarte kann man die Restriktionsendonucleasen auswählen, mit denen man DNA-Fragmente mit einzelnen Genen erhält (Bildrechte T. A. Brown)

man häufig λ-DNA, die mit einer Restriktionsendonuclease gespalten wurde. So spaltet *Hind*III die λ-DNA beispielsweise in acht Fragmente, von denen das kleinste 125 bp und das größte über 23 kb lang ist. Da man die Größe der Fragmente in diesem Reaktionsansatz kennt, kann man die Fragmentgrößen in dem experimentellen Ansatz abschätzen, indem man ihre Positionen in den beiden Spuren des Gels vergleicht (Abb. 4.14). Diese Methode ist zwar nicht sehr genau, aber die Abweichungen liegen immerhin unter 5 %, und das reicht für die meisten Zwecke aus.

4.2.8 Die Kartierung der Restriktionsschnittstellen auf einem DNA-Molekül

Bisher war davon die Rede, wie man Zahl und Größe der durch die Restriktionsspaltung entstandenen DNA-Fragmente bestimmt. Der nächste Schritt in der **Restriktionsanalyse** ist die Konstruktion einer Karte, welche die relativen Positionen der Erkennungssequenzen für mehrere Enzyme auf einem DNA-Molekül zeigt. Nur wenn eine solche **Restriktionskarte** zur Verfügung steht, kann man die geeigneten Restriktionsendonucleasen für die gewünschte Schneidereaktion auswählen (Abb. 4.15).

Um eine derartige Karte zu konstruieren, muss man eine Reihe von Restriktionsspaltungen durchführen. Zuerst ermittelt man durch Gelelektrophorese und Vergleich mit Größenmarkern die Zahl und Länge der Fragmente, die von den einzelnen Restriktionsendonucleasen produziert werden (Abb. 4.16). Zusätzlich zu diesen Befunden braucht man dann eine Reihe von **Doppelspaltungen**, bei denen die DNA gleichzeitig mit zwei Restriktionsendonucleasen geschnitten wird. Wenn beide Enzyme ähnliche Anforderungen an pH, Mg^{2+}-Konzentration und ähnliche Bedingungen stellen, kann man die Doppelspaltung in einem Schritt ablaufen lassen. Manchmal muss man die beiden Reaktionen aber auch nacheinander durch-

4.2 · Enzyme zum Schneiden der DNA: Restriktionsendonucleasen

Einzel- und Doppelspaltungen

Enzym(e)	Zahl der Fragmente	Größen (kb)
XbaI	2	24,0 24,5
XhoI	2	15,0 33,5
KpnI	3	1,5 17,0 30,0
XbaI + XhoI	3	9,0 15,0 24,5
XbaI + KpnI	4	1,5 6,0 17,0 24,0

Schlussfolgerungen:

1. Da die λ-DNA gestreckt ist, gibt es *für XbaI* und *XhoI* je eine und für *KpnI* zwei Erkennungsstellen.

2. Die Erkennungsstellen für *XbaI* und *XhoI* lassen sich kartieren:

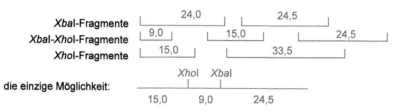

3. Alle *KpnI*-Stellen liegen in dem *XbaI*-Fragment von 24,5 kb, denn das Fragment von 24,0 kb bleibt nach der Doppelspaltung mit *XbaI* und *KpnI* erhalten. Die Reihenfolge der *KpnI*-Fragmente lässt sich nur durch partielle Spaltung ermitteln.

partielle Spaltung

Enzym	Fragmentgrößen (kb)
KpnI, limitierende Bedingungen	1,5, 17,0, 18,5, 30,0, 31,5, 48,5

Schlussfolgerungen:
Fragment von 48,5 kb ist ungeschnittene λ-DNA.
Fragmente von 1,5, 17,0 und 30,0 kb sind die Produkte des vollständigen Abbaus.
Fragmente von 18,5 und 31,5 kb sind die Produkte des partiellen Abbaus.

die *KpnI*-Karte muss so aussehen:

```
                   KpnIs
           _____|_|_____
           30,0    1,5  17,0
```

die vollständige Karte:

```
      XhoI   XbaI KpnIs
      __|_____|___|_|____
      15,0  9,0  6,0 1,5 17,0
```

Abb. 4.16 Restriktionskartierung. Das Beispiel zeigt, wie man die Lage der Erkennungsstellen für *XbaI*, *XhoI* und *KpnI* auf der λ-DNA bestimmt (Bildrechte T. A. Brown)

führen, wobei das Reaktionsgemisch nach der ersten Spaltung so verändert wird, dass geeignete Reaktionsbedingungen für das zweite Enzym vorliegen.

Durch Vergleich der Ergebnisse von Einzel- und Doppelspaltung kann man viele oder sogar alle Restriktionsstellen kartieren (Abb. 4.16). Zweifelsfälle lassen sich durch eine **partielle Spaltung** entscheiden, bei der man die Bedingungen so wählt, dass in jedem DNA-Molekül nur ein Teil der Restriktionsstellen geschnitten wird. Eine partielle Spaltung erreicht man normalerweise durch eine kurze Inkubationszeit, in der das Enzym nicht alle Erkennungsstellen schneidet, oder durch Inkuba-

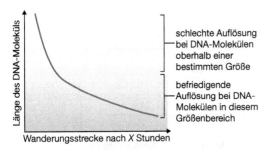

Abb. 4.17 Der Zusammenhang zwischen DNA-Größe und Wanderungsgeschwindigkeit bei der konventionellen Gelelektrophorese (Bildrechte T. A. Brown)

tion bei niedriger Temperatur (zum Beispiel 4 °C statt 37 °C), die zu einem Rückgang der Enzymaktivität führt.

Das Ergebnis einer partiellen Spaltung ist ein kompliziertes Bandenmuster im Elektrophoresegel. Neben den normalen Fragmenten, die man bei vollständiger Spaltung erhält, tauchen zusätzliche Größenklassen auf. Bei ihnen handelt es sich um die Moleküle, die zwei benachbarte, nicht auseinander geschnittene Restriktionsfragmente umfassen. An ihrer Größe kann man erkennen, welche Restriktionsfragmente im ungeschnittenen Molekül benachbart sind (Abb. 4.16).

4.2.9 Besondere Elektrophoreseverfahren zur Trennung größerer Moleküle

Die Wanderungsgeschwindigkeit eines DNA-Fragments in der Gelelektrophorese ist proportional zu seiner Größe, aber dabei handelt es sich nicht um einen linearen Zusammenhang. Die Formel für die Beziehung zwischen Wanderungsgeschwindigkeit und molarer Masse hat eine logarithmische Komponente (Abschnitt 4.2.1), das heißt, die Unterschiede in der Wanderungsgeschwindigkeit werden bei großen Molekülen immer kleiner (Abb. 4.17). In der Praxis lassen sich Moleküle von mehr als etwa 50 kb mit der normalen Gelelektrophorese nicht effizient trennen.

Diese Größenbeschränkung stellt in der Regel kein Problem dar, wenn man die zu untersuchenden DNA-Fragmente durch Spaltung mit einer Restriktionsendonuclease gewonnen hat, deren Erkennungsstelle aus vier oder sechs Nucleotiden besteht. Solche Fragmente haben in ihrer Mehrzahl oder sogar ausschließlich Längen von weniger als 30 kb und lassen sich durch eine Agarosegelelektrophorese leicht trennen. Schwierigkeiten können sich aber ergeben, wenn man ein Enzym mit einer längeren Erkennungssequenz benutzt, beispielsweise *Not*I, das eine Sequenz von acht Nucleotiden spaltet (siehe Tabelle 4.1). Hier rechnet man damit, dass *Not*I das DNA-Molekül im Durchschnitt nur alle $4^8 = 65\,536$ bp spaltet. Deshalb ist es unwahrscheinlich, dass sich *Not*I-Fragmente mit der Standard-Gelelektrophorese auftrennen lassen.

Überwinden lassen sich die Beschränkungen der konventionellen Gelelektrophorese mit Hilfe eines komplizierteren elektrischen Feldes. Zu diesem Zweck wurden mehrere Systeme konstruiert, am besten erkennt man das Prinzip aber am Beispiel der **rechtwinkligen Pulsfeld-Gelelektrophorese** (*orthogonal field alternation gel electrophoresis*, **OFAGE**). Hier legt man das elektrische Feld nicht wie bei dem Standardverfahren unmittelbar über die Länge des Gels an (Abb. 4.18a), sondern es wechselt zwischen zwei Elektrodenpaaren, die jeweils in einem Winkel von 45 ° zur Länge des Gels angeordnet sind (Abb. 4.18b). Auf diese Weise ergibt sich ein Pulsfeld, in dem die DNA-Moleküle mit jedem Wechsel des elektrischen Feldes ihre Wanderungsrichtung ändern müssen. Da die beiden Felder sich regelmäßig abwechseln, wandern die DNA-Moleküle insgesamt immer noch in mehr oder weniger gerader Linie von einem Ende des Gels zum anderen. Mit jedem Wechsel des Feldes muss sich aber jedes einzelne DNA-Molekül in einem Winkel von 90 ° neu anordnen, bevor es die Wanderung fortsetzen kann. Das ist der entscheidende Faktor: Da sich ein kurzes Molekül schneller neu orientiert als ein langes, wandern kürzere Moleküle schneller zum unteren Ende des Gels. Durch die zusätzliche Dimension steigt das Auflösungsvermögen des Gels erheblich an, so dass man Moleküle mit Längen von bis zu mehreren Tausend Kilobasen trennen kann.

In diesen Größenbereich gehören nicht nur Restriktionsfragmente, sondern auch die vollständigen Chromosomenmoleküle vieler niederer Eukaryoten, darunter die Hefe, mehrere wichtige Fadenpilze und Protozoen wie der Malariaparasit

a. Herkömmliche Agarosegelelektrophores

b. OFAGE

c. Trennung von Hefechromosomen durch OFAGE

■ **Abb. 4.18** Der Unterschied zwischen konventioneller Gelelektrophorese und rechtwinkliger Pulsfeld-Gelelektrophorese (Bildrechte T. A. Brown)

Plasmodium falciparum. Mit der OFAGE und verwandten Methoden wie **CHEF** (*contour clamped homogeneous electric fields*) oder **FIGE** (*field inversion gel electrophoresis*) kann man also Gele herstellen, in denen die getrennten Chromosomen solcher Organismen zu erkennen sind (■ Abb. 4.18c), so dass man die DNA der einzelnen Chromosomen reinigen kann.

4.3 Ligation: Das Verbinden von DNA-Molekülen

Der letzte Schritt bei der Konstruktion eines rekombinierten DNA-Moleküls ist die Verknüpfung des Vektormoleküls mit der DNA, die man klonieren möchte (■ Abb. 4.19). Diesen Vorgang bezeichnet man als Ligation, und das Enzym, das ihn katalysiert, heißt DNA-Ligase.

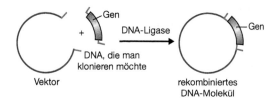

■ **Abb. 4.19** Ligation: der letzte Schritt bei der Konstruktion eines rekombinierten DNA-Moleküls (Bildrechte T. A. Brown)

4.3.1 Die Wirkungsweise der DNA-Ligase

Alle lebenden Zellen produzieren DNA-Ligasen, aber das Enzym, das man in der Gentechnik gewöhnlich verwendet, wird aus *E. coli*-Bakterien gereinigt, die mit dem Bakteriophagen T4 infiziert sind. In den Zellen erfüllt das Enzym eine sehr wichtige Funktion: Es repariert alle Brüche, die in einem Strang eines doppelsträngigen DNA-Moleküls auftreten können (■ Abb. 4.4a). Ein solcher Bruch ist eine Stelle, an der die Phosphodiesterbindung zwischen zwei benachbarten Nucleotiden aufgelöst ist (im Gegensatz zur einzelsträngigen Lücke, an der ein Nucleotid oder auch mehrere fehlen). Brüche können durch zufällige Spaltung der zelleigenen DNA-Moleküle entstehen, aber sie sind auch das natürliche Ergebnis von Vorgängen wie DNA-Replikation und -Rekombination. Deshalb haben die Ligasen in den Zellen mehrere lebenswichtige Aufgaben.

Im Reagenzglas können gereinigte DNA-Ligasen nicht nur Einzelstrangbrüche reparieren, sondern auch verschiedene DNA-Moleküle oder die beiden Enden eines Moleküls verbinden. Die chemische Reaktion bei einer solchen Verknüpfung ist die gleiche wie bei der Reparatur von Brüchen, nur mit dem Unterschied, dass für die beiden Stränge zwei Phosphodiesterbindungen geknüpft werden müssen (■ Abb. 4.20a).

4.3.2 Klebrige Enden erhöhen die Effizienz der Ligation

Bei der Ligationsreaktion in Abbildung 4.20a werden zwei Fragmente miteinander verknüpft, die glatte Enden besitzen. Diese Reaktion kann man

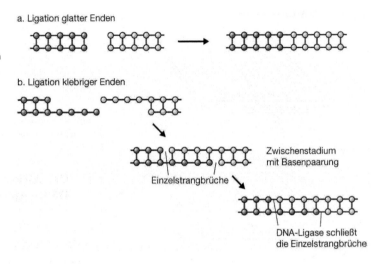

Abb. 4.20 Die verschiedenen von der DNA-Ligase katalysierten Verknüpfungsreaktionen. a) Ligation von Molekülen mit glatten Enden. b) Ligation von Molekülen mit klebrigen Enden (Bildrechte T. A. Brown)

zwar im Reagenzglas ablaufen lassen, aber sie ist nicht sehr effizient. Das liegt daran, dass die Ligase die Moleküle nicht »festhalten« kann, die sie verknüpfen soll; sie muss stattdessen darauf warten, dass die Enden zufällig miteinander in Kontakt geraten. Wenn möglich, sollte man eine solche Ligation glatter Enden bei hoher DNA-Konzentration durchführen; dann ist es wahrscheinlicher, dass die Molekülenden in der richtigen Weise zusammentreffen.

Um einiges wirksamer lassen sich dagegen klebrige Enden ligieren. Solche zueinander passenden Enden können sich nämlich über die Wasserstoffbrücken der Basenpaarungen verbinden (◘ Abb. 4.20b), sodass sich eine relativ stabile Struktur ausbildet, auf die das Enzym einwirken kann. Wenn die Phosphodiesterbindungen nicht umgehend gebildet werden, fallen die klebrigen Enden zwar wieder auseinander; dennoch steigern diese vergänglichen, durch Basenpaarungen verbundenen Strukturen die Effizienz der Ligation, weil sie dafür sorgen, dass die Enden über längere Zeit miteinander im Kontakt bleiben.

4.3.3 Das Anfügen klebriger Enden an ein Molekül mit glatten Enden

Aus den im vorigen Abschnitt genannten Gründen sollten die DNA-Moleküle, die man in einem Klonierungsexperiment zusammenfügen möchte, klebrige Enden besitzen. Oft entstehen diese Enden, wenn man Vektor und zu klonierende DNA mit der gleichen Restriktionsendonuclease spaltet oder verschiedene Enzyme benutzt, welche die gleichen Enden erzeugen. Ein solches Vorgehen ist aber nicht immer möglich. Es kommt zum Beispiel häufig vor, dass der Vektor klebrige Enden besitzt, während die DNA, die man klonieren möchte, glatt abgeschnitten ist. Für solche Fälle gibt es drei Methoden, mit denen man geeignete klebrige Ende an die DNA-Fragmente anfügen kann.

Linker

Die erste Methode bedient sich der **Linker**, kleiner doppelsträngiger DNA-Stücke mit bekannter Sequenz, die man im Reagenzglas synthetisiert hat. Einen typischen Linker zeigt Abbildung 4.21a. Er hat zwar glatte Enden, enthält aber in dem gezeigten Beispiel eine Restriktionsstelle für das Enzym *Bam*HI. Mit DNA-Ligase kann man den Linker an größere, glatt endende DNA-Moleküle anfügen. Obwohl es sich auch hier um eine Verbindung glatter Enden handelt, läuft diese Reaktion sehr effizient ab, weil man die Linker – wie alle synthetischen Oligonucleotide – in großen Mengen herstellen und der Ligationsreaktion in hoher Konzentration zusetzen kann.

An die Enden jedes DNA-Moleküls lagern sich mehrere Linkermoleküle an, sodass die in Abbildung 4.21 gezeigte Kettenstruktur entsteht. Durch Behandlung mit *Bam*HI werden diese Ketten aber an den Erkennungsstellen geschnitten; dabei entstehen eine große Zahl gespaltener Linker und die ursprünglichen DNA-Fragmente, die aber nun klebrige *Bam*HI-Enden tragen. Diese abge-

4.3 · Ligation: Das Verbinden von DNA-Molekülen

a. ein typischer Linker

```
C-G-A-T-G-G-A-T-C-C-A-T-C-C
| | | | | | | | | | | | | |
G-C-T-A-C-C-T-A-G-G-T-A-G-G
          └─────────┘
        BamHI-Erkennungsstelle
```

b. der Einsatz von Linkern

Abb. 4.21 Linker und ihre Verwendung. a) Struktur eines typischen Linkers. b) Das Anheften eines Linkers an ein Molekül mit glatten Enden. (Bildrechte T. A. Brown)

wandelten Fragmente eignen sich zum Einbau in einen Vektor, der ebenfalls mit *Bam*HI geschnitten wurde.

Adapter

Die Verwendung von Linkern hat unter Umständen einen Nachteil. Man stelle sich vor, was geschieht, wenn das in Abbildung 4.21b gezeigte, glatt abgeschnittene Molekül eine oder mehrere Erkennungsstellen für *Bam*HI enthält. Dann wird bei der Restriktionsspaltung, die zum Zerlegen der Linker notwendig ist, auch das Molekül mit den glatten Enden geschnitten (Abb. 4.22). Die dabei entstehenden Fragmente haben zwar die gewünschten klebrigen Enden, was aber nichts nützt, weil das in dem Fragment gelegene Gen zerstückelt wurde.

Die zweite Methode, um einem glatt abgeschnittenen Molekül klebrige Enden anzufügen, wurde zur Umgehung dieses Problems entwickelt.

Sie bedient sich der **Adapter**. Wie die Linker, so sind auch die Adapter kurze, synthetische Oligonucleotide, die man aber von vornherein so synthetisiert, dass sie ein glattes und ein klebriges Ende besitzen (Abb. 4.23a). Damit verfolgt man

a. ein typischer Adapter

```
G-A-T-C-C-C-G-G
        | | | |
        G-G-C-C
└──────┘
klebriges Ende (BamHI)
```

b. Adapter können sich untereinander verbinden

```
C-C-G-G   G-A-T-C-C-C-G-G
| | | |           | | | |
G-G-C-C-C-T-A-G   G-G-C-C
```

c. das neue DNA-Molekül hat immer noch glatte Enden

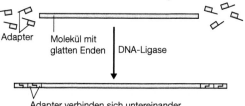

Abb. 4.23 Adapter und die Probleme bei ihrer Verwendung. a) Ein typischer Adapter. b) Adapter können sich untereinander zu Molekülen verbinden, die Linkern ähneln. c) In einem solchen Fall hat ein Molekül mit glatten Enden nach dem Anfügen des Adapters immer noch glatte Enden, und es ist wiederum eine Restriktionsspaltung notwendig (Bildrechte T. A. Brown)

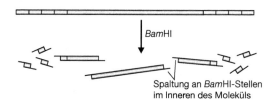

Abb. 4.22 Ein mögliches Problem bei der Verwendung von Linkern. Man vergleiche die hier gezeigte Situation mit dem in Abbildung 4.21b gezeigten erwünschten Ergebnis der Restriktionsspaltung mit *Bam*HI (Bildrechte T. A. Brown)

Abb. 4.24 Der Unterschied zwischen dem 3'-Ende und dem 5'-Ende eines Polynucleotids (Bildrechte T. A. Brown)

a. die Struktur des Polynucleotidstranges; man erkennt den chemischen Unterschied zwischen 5'-Phosphat- und 3'-OH-Ende

b. in der Doppelhelix liegen die Polynucleotidstränge antiparallel

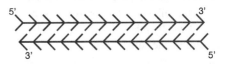

c. die Ligation erfolgt zwischen dem 5'-Phosphat- und dem 3'-OH-Ende

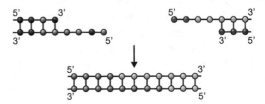

das Ziel, das glatte Ende des Adapters mit den Enden des DNA-Fragments zu verbinden, sodass ein neues Molekül mit klebrigen Enden entsteht. Die Methode erscheint zunächst vielleicht einfach, aber sie wirft eine neue Schwierigkeit auf: Die klebrigen Enden der einzelnen Adaptermoleküle reagieren durch Basenpaarungen miteinander, sodass sich Dimere bilden (◘ Abb. 4.23b); dann hat das neu gebildete DNA-Molekül immer noch glatte Enden (◘ Abb. 4.23c). Die klebrigen Enden kann man zwar, wie bei den Linkern, durch Behandlung mit einer Restriktionsendonuclease wiederherstellen; dann wäre der Zweck, Adapter mit klebrigen Enden zu synthetisieren, jedoch verfehlt.

Die Lösung dieses Problems liegt in der genauen chemischen Struktur an den Enden des

Adaptermoleküls. Normalerweise sind die beiden Enden eines Polynucleotidstranges chemisch unterschiedlich aufgebaut, wie man bei sorgfältiger Betrachtung der Polymerstruktur deutlich erkennt (◘ Abb. 4.24a). Das eine Ende, das man auch als 5′-Terminus bezeichnet, trägt eine Phosphatgruppe (5′-P), während das andere, das so genannte 3′-Ende, eine Hydroxylgruppe (3′-OH) besitzt. In der Doppelhelix liegen die beiden Stränge antiparallel (◘ Abb. 4.24b), sodass sich an jedem Ende des Doppelstrangmoleküls ein 5′- und ein 3′-Terminus befindet. Die Ligation findet normalerweise zwischen dem 5′-P und dem 3′-OH statt (◘ Abb. 4.24c).

Die Adaptermoleküle synthetisiert man so, dass das glatte Ende genauso aufgebaut ist wie bei den natürlichen Molekülen, während sich das klebrige Ende von diesen unterscheidet: Der 3′-OH-Terminus des klebrigen Endes hat die normale Struktur, aber dem 5′-Terminus fehlt die Phosphatgruppe – es handelt sich also um ein 5′-OH-Ende (◘ Abb. 4.25a). Zwischen einer 3′-OH- und einer 5′-OH- Gruppe kann die Ligase aber keine Phosphodiesterbindung herstellen. Infolgedessen kommt es zwischen den klebrigen Enden der Adaptermoleküle zwar zur Basenpaarung, die Verbindung wird jedoch nie durch Ligation stabilisiert (◘ Abb. 4.25b).

Die Adapter können sich also durch Ligation mit den glatten Enden von DNA-Molekülen verbinden, aber nicht untereinander. Nach der Verknüpfung wandelt man die anomalen 5′-OH-Enden durch Behandlung mit dem Enzym Polynucleotidkinase (Abschnitt 4.1.4) in die natürliche 5′-P-Form um; dabei entsteht ein Fragment mit klebrigen Enden, das man in einen geeigneten Vektor einfügen kann.

Herstellung klebriger Enden durch Anhängen von Homopolymerschwänzen

Ein ganz anderes Verfahren zur Herstellung klebriger Enden an einem glatt abgeschnittenen DNA-Molekül ist das Anhängen von **Homopolymerschwänzen** (*tailing*). Ein Homopolymer ist eine Polymerkette aus gleichartigen Untereinheiten. So ist beispielsweise ein DNA-Strang, der ausschließlich aus Desoxyguanosin besteht, ein Homopolymer, das man als Polydesoxyguanosin oder Poly(dG) bezeichnen würde.

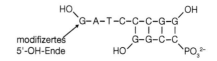

a. genaue Struktur eines Adapters

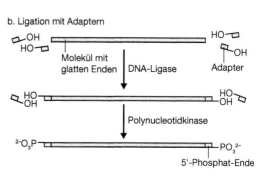

b. Ligation mit Adaptern

◘ **Abb. 4.25** Die Verwendung von Adaptern. a) Die wirkliche Struktur eines Adapters mit modifiziertem 5′- Ende. b) Die Umwandlung von glatten in klebrige Enden durch das Anheften der Adapter (Bildrechte T. A. Brown)

Beim *tailing* fügt man gewöhnlich mithilfe des Enzyms Terminale Desoxynucleotidyltransferase (Abschnitt 4.1.4) eine Kette von Nucleotiden an die 3′- OH-Enden eines doppelsträngigen DNA-Moleküls an. Lässt man diese Reaktion in Gegenwart nur eines Desoxynucleotids ablaufen, entsteht ein Homopolymerschwanz (◘ Abb. 4.26a).

Damit sich die beiden mit Schwänzen versehenen Moleküle verbinden können, müssen die Homopolymere natürlich komplementär sein. Häufig fügt man an den Vektor Poly(dG)-Schwänze und an die zu klonierende DNA Poly(dC)-Schwänze an. Mischt man anschließend die DNA-Moleküle, finden zwischen den Homopolymeren Basenpaarungen statt (◘ Abb. 4.26b).

In der Praxis sind die Poly(dG)- und Poly(dC)-Schwänze gewöhnlich nicht genau gleich lang, sodass die durch Basenpaarung verbundenen Moleküle Einzelstranglücken und -brüche aufweisen (◘ Abb. 4.26c). Das endgültige Verbinden verläuft deshalb in zwei Schritten: Mit Klenow-Polymerase füllt man die Lücken auf, und anschließend synthetisiert die DNA-Ligase die letzten Phosphodiesterbindungen. Diese Reparaturvorgänge müssen nicht immer im Reagenzglas ablaufen. Wenn die komplementären Homopolymerschwänze länger als 20 Nucleotide sind, bilden sich recht sta-

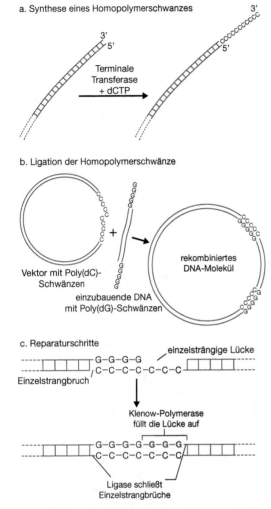

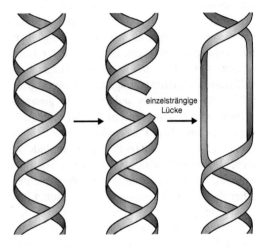

Abb. 4.27 Die Wirkungsweise einer DNA-Topoisomerase des Typs I. Das Enzym erzeugt vorübergehend einen Bruch in einem der beiden Stränge und schafft so die Möglichkeit, Windungen in der Doppelhelix zu entfernen oder hinzuzufügen (Bildrechte T. A. Brown)

Abb. 4.26 Das Anhängen von Homopolymerschwänzen (*tailing*). a) Synthese des Homopolymerschwanzes. b) Konstruktion eines rekombinierten DNA-Moleküls aus einem Vektor mit Schwanz und der eingebauten DNA. c) Reparatur des rekombinierten DNA-Moleküls. dCTP = 2′-Desoxycytosintriphosphat (Bildrechte T. A. Brown)

bile Basenpaarverbindungen. Ein rekombiniertes Molekül, das auf diese Weise verbunden ist und noch nicht abschließend ligiert wurde, ist oft so stabil, dass man es im nächsten Schritt des Klonierungsexperiments in eine Wirtszelle einschleusen kann (Abb. 1.1). Dort reparieren die zelleigenen DNA-Polymerasen und -Ligasen das rekombinierte DNA-Molekül, sodass die Konstruktion, die im Reagenzglas begonnen hatte, abgeschlossen wird.

4.3.4 Ligation glatter Enden mit einer DNA-Topoisomerase

Ein raffinierteres, aber auch einfacheres und in der Regel effizienteres Verfahren zur Ligation glatter Enden bedient sich eines besonderen Enzyms namens **DNA-Topoisomerase**. In der Zelle wirken DNA-Topoisomerasen an Vorgängen mit, die in einem doppelsträngigen DNA-Moleküle das Entfernen oder Hinzufügen von Doppelhelixwindungen erfordern. So werden Windungen bei der DNA-Replikation entfernt, damit die Doppelhelix auseinander gewunden werden kann, was eine Voraussetzung für die Verdoppelung der beiden Polynucleotide darstellt. Hinzugefügt werden sie bei neu synthetisierten ringförmigen Molekülen, die dadurch ihre Überspiralisierung erhalten. DNA-Topoisomerasen können die beiden Stränge eines DNA-Moleküls trennen, ohne dass die Doppelhelix rotieren muss. Zu diesem Zweck erzeugen sie im Rückgrat der DNA vorübergehend Einzel- oder Doppelstrangbrüche (Abb. 4.27). DNA-Topoisomerasen haben also sowohl eine Nuclease- als auch eine Ligaseaktivität.

Um mit einer Topoisomerase eine Ligation glatter Enden vorzunehmen, braucht man Klonie-

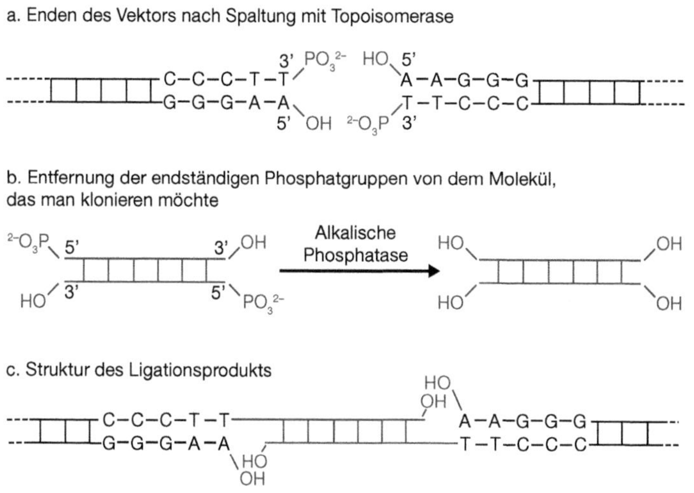

Abb. 4.28 Ligation glatter Enden mit einer DNA-Topoisomerase. a) Durch Spaltung des Vektors mit der Topoisomerase entstehen glatte Enden mit 5'-OH- und 3'-P-Termini. b) Deshalb muss man die 5'-P-Enden des zu klonierenden Moleküls mit alkalischer Phosphatase in 5'-OH-Enden umwandeln. c. Die Topoisomerase ligiert die 3'-P- und 5'-OH-Enden und erzeugt so ein doppelsträngiges Molekül mit zwei Einzelstrangbrüchen, die von zelleigenen Enzymen nach dem Einschleusen in die Wirtsbakterien repariert werden (Bildrechte T. A. Brown).

rungsvektoren eines besonderen Typs: Plasmide, die durch die Nucleaseaktivität der Topoisomerase aus dem Vaccinia-Virus in eine gestreckte Form gebracht wurden. Die Vaccinia-Topoisomerase schneidet die DNA an der Sequenz CCCTT, die in dem Plasmid nur einmal vorkommt. Nach der Spaltung des Plasmids bleiben die Enzymmoleküle an die neu entstandenen glatten Enden gebunden. An dieser Stelle kann man die Reaktion zum Stillstand bringen und den Vektor aufbewahren, bis er gebraucht wird.

Bei der Topoisomerasespaltung entstehen 5'-OH- und 3'-P-Enden (Abb. 4.28a). Wurden die zu klonierenden Moleküle mit ihren glatten Enden durch Restriktionsspaltung eines größeren Moleküls gewonnen, tragen sie 5'-P- und 3'-OH-Enden. Bevor man diese Moleküle mit dem Vektor mischt, muss man durch Entfernen der endständigen Phosphatgruppen 5'-OH-Enden erzeugen, die mit den 3'-P-Enden des Vektors ligiert werden können. Zu diesem Zweck behandelt man die Moleküle mit Alkalischer Phosphatase (Abb. 4.28b).

Durch die Anheftung der phosphatasebehandelten Moleküle an den Vektor wird die gebundene Topoisomerase wieder aktiviert, sodass nun die Ligationsphase ihrer Reaktion abläuft. Die Ligation erfolgt zwischen den 3'-P-Enden des Vektors und den 5'-OH-Enden der phosphatasebehandelten Moleküle. Auf diese Weise werden die Moleküle mit ihren glatten Enden in die Vektormoleküle eingebaut. An jeder Verbindungsstelle wird nur ein Strang ligiert (Abb. 4.28c), aber das ist kein Problem: Nachdem man die rekombinierten Moleküle in Wirtsbakterien eingeschleust hat, werden die verbliebenen Einzelstrangbrüche von zelleigenen Enzymen repariert.

Weiterführende Literatur

Deng G, Wu R (1981) An improved procedure for utilizing terminal transferase to add homopolymers to the 3' termini of DNA. *Nucleic Acids Research* 9: 4173–4188.

Helling RB., Goodman HM, Boyer HW (1974) Analysis of endonuclease R EcoRI fragments of DNA from lambdoid bacteriophages and other viruses by agarose-gel electrophoresis. *Journal of Virology* 14: 1235–1244.

Heyman JA, Cornthwaite J, Foncerrada L et al. (1999) Genome-scale cloning and expression of individual open reading frames using topoisomerase I-mediated ligation. *Genome Research* 9: 383–392. [Eine Beschreibung der Ligation mit Topoisomerase.]

Jacobsen H, Klenow H, Overgaard-Hansen K (1974) The N-terminal amino acid sequences of DNA polymerase I from *Escherichia coli* and of the large and small fragments obtained by a limited proteolysis. *European Journal of Biochemistry* 45: 623–627. [Herstellung des Klenow-Fragments der DNA-Polymerase I.]

Lehnman IR (1974) DNA ligase: structure, mechanism, and function. *Science* 186: 790–797.

REBASE: http://rebase.neb.com/rebase/ [Eine umfassende Liste aller bekannten Restriktionsendonucleasen und ihrer Erkennungssequenzen.]

Rothstein RJ, Lau LF, Bahl CP, Narang NA, Wu R (1979) Synthetic adaptors for cloning DNA. *Methods in Enzymology* 68: 98–109.

Schwartz DC, Cantor CR (1984) Separation of yeast chromosome-sized DNAs by pulsed field gradient gel electrophoresis. *Cell* 37: 67–75.

Smith HO, Wilcox KW (1970) A restriction enzyme from *Haemophilus influenzae. Journal of Molecular Biology* 51: 379–391. [Eine der ersten vollständigen Beschreibungen einer Restriktionsendonuclease.]

Zipper H, Brunner H, Bernhagen J, Vitzthum F (2004) Investigations an DNA intercalation and surface binding by SYBR Green I, its structure determination and methodological implications. *Nucleic Acids Research* 32: e103. [Einzelheiten über einen Farbstoff für DNA, der heute als Alternative zum Ethidiumbromid zur Färbung von Agarosegelen benutzt wird.]

Das Einführen von DNA in lebende Zellen

5.1 Transformation: Die Aufnahme von DNA durch Bakterienzellen – 67
5.1.1 Nicht alle Bakterienarten nehmen DNA mit der gleichen Effizienz auf – 67
5.1.2 Die Herstellung kompetenter *E. coli*-Zellen – 68
5.1.3 Die Selektion transformierter Zellen – 68

5.2 Die Identifizierung von Rekombinanten – 69
5.2.1 Selektion von Rekombinanten mit pBR322: Inaktivierung durch Einbau eines Antibiotika-Resistenzgens – 70
5.2.2 Die Inaktivierung durch Einbau von DNA betrifft nicht immer Antibiotikaresistenzen – 71

5.3 Das Einführen von Phagen-DNA in Bakterienzellen – 72
5.3.1 Transfektion – 72
5.3.2 *In vitro*-Verpackung – 72
5.3.3 Die Phageninfektion wird in Form von Plaques auf einem Agarmedium sichtbar – 74

5.4 Die Identifizierung rekombinierter Phagen – 75
5.4.1 Inaktivierung eines *lacZ'*-Gens im Phagenvektor durch die eingebaute DNA – 75
5.4.2 Inaktivierung des cI-Gens von λ – 75
5.4.3 Selektion mit Hilfe des Phänotyps Spi – 75
5.4.4 Selektion anhand der Genomgröße von λ – 76

5.5 Einschleusen von DNA in eukaryotische Zellen – 76
5.5.1 Transformation einzelner Zellen – 77
5.5.2 Transformation ganzer Organismen – 78

Weiterführende Literatur – 78

Mit den Methoden, die in Kapitel 4 beschrieben wurden, kann man neue rekombinierte DNA-Moleküle herstellen. Der nächste Schritt in einem Klonierungsexperiment besteht nun darin, diese Moleküle in lebende Zellen einzuschleusen; meist handelt es sich dabei um Bakterien, die nach dem DNA-Transfer wachsen und sich teilen, sodass Klone entstehen (◘ Abb. 1.1). Streng genommen bezeichnet das Wort »Klonieren« nur die späteren Stadien des Verfahrens und nicht die Konstruktion des rekombinierten DNA-Moleküls als solche.

Die Klonierung hat vor allem zwei Ziele. Zum einen kann man auf diese Weise aus einer begrenzten Menge an Ausgangsmaterial eine große Zahl rekombinierter DNA-Moleküle erzeugen. Anfangs sind vielleicht nur ein paar Nanogramm der rekombinierten DNA verfügbar, aber jede Bakterienzelle, die ein Plasmid aufnimmt, teilt sich viele Male; es entsteht eine Kolonie, in der jede Zelle das Molekül in mehreren Kopien enthält. Gewöhnlich kann man aus einer einzigen Bakterienkolonie mehrere Mikrogramm der rekombinierten DNA gewinnen; das ist eine tausendfache Vermehrung der Ausgangsmenge (◘ Abb. 5.1). Wenn man die Kolonie aber nicht als DNA-Lieferanten benutzt, sondern als Inoculum für eine Flüssigkultur, kann man aus den darin wachsenden Zellen sogar mehrere Milligramm DNA isolieren, eine millionenfache Steigerung der Ausbeute. Auf diese Weise liefert die Klonierung die großen DNA-Mengen, die man für molekularbiologische Untersuchungen zur Struktur und Expression von Genen benötigt (Kapitel 10 und 11).

Die zweite wichtige Funktion der Klonierung kann man als Reinigung bezeichnen. Die Manipulationen, die zur Entstehung eines rekombinierten DNA-Moleküls führen, lassen sich nur selten so genau steuern, dass am Ende des ganzen Vorgangs nicht auch noch andere DNA-Moleküle vorliegen. Neben dem gewünschten rekombinierten Molekül kann die Ligationsmischung in beliebigen Mengen auch folgende Moleküle enthalten (◘ Abb. 5.2a):

1. unligierte Vektormoleküle;
2. unligierte DNA-Fragmente;
3. Vektormoleküle, die sich wieder zum Ring geschlossen haben, ohne neue DNA aufgenommen zu haben (Selbstligation);
4. rekombinierte DNA-Moleküle, die ein falsches DNA-Fragment eingebaut haben.

Unligierte Moleküle verursachen meist keine Probleme, weil sie sich selbst dann, wenn sie von den Bakterienzellen aufgenommen werden, nur in Ausnahmefällen replizieren. Viel wahrscheinlicher ist, dass solche DNA-Stücke von den Enzymen der Wirtszelle abgebaut werden. Dagegen vermehren sich selbstligierte Vektormoleküle und falsch rekombinierte Plasmide genauso wirksam wie das gewünschte Molekül (◘ Abb. 5.2b). Dennoch wird das erwünschte Molekül gereinigt, denn es ist äußerst unwahrscheinlich, dass eine Zelle mehr als ein DNA-Molekül aufnimmt. Jede Zelle lässt eine eigene Kolonie entstehen, und deshalb besteht jeder Klon aus Zellen, die alle das gleiche Molekül enthalten. Verschiedene Kolonien enthalten natürlich unterschiedliche Moleküle: Manche tragen das gewünschte Molekül, manche besitzen andere rekombinierte Moleküle, und einige beherbergen den selbstligierten Vektor. Das Problem besteht nun also darin, die Kolonien mit den richtigen rekombinierten Plasmiden zu identifizieren.

Gegenstand dieses Kapitels sind die Methoden, mit denen man Plasmid- und Phagenvektoren

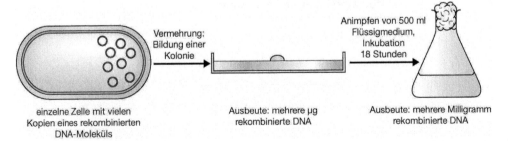

◘ **Abb. 5.1** Durch Klonierung kann man rekombinierte DNA in großer Menge gewinnen (Bildrechte T. A. Brown)

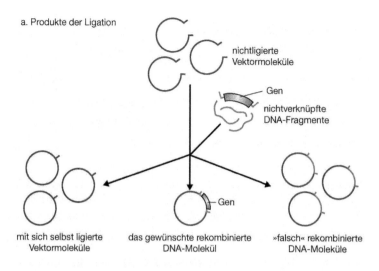

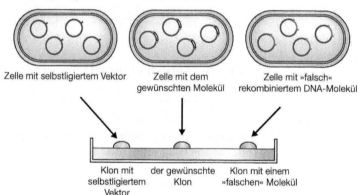

Abb. 5.2 Die Klonierung ist ein Reinigungsprozess. Aus einer Mischung verschiedener Moleküle kann man Klone gewinnen, die jeweils nur ein einziges Molekül in vielen Kopien enthalten (Bildrechte T. A. Brown)

sowie die von ihnen abgeleiteten rekombinierten Moleküle in Bakterienzellen einschleust. Wie im Verlauf des Kapitels deutlich werden wird, ist es relativ einfach, Kolonien mit rekombinierten Molekülen von solchen mit dem selbstligierten Vektor zu unterscheiden. Die schwierigere Frage, wie man Klone mit dem richtigen rekombinierten Molekül und solche mit anderen, ebenfalls rekombinierten DNA-Strukturen auseinander hält, wird in Kapitel 8 behandelt.

5.1 Transformation: Die Aufnahme von DNA durch Bakterienzellen

Die meisten Bakterienarten können DNA-Moleküle aus ihrem Kulturmedium aufnehmen. Oft werden solche DNA-Moleküle in den Zellen abgebaut, aber manchmal können sie auch überleben und sich in der Wirtszelle replizieren. Das geschieht vor allem dann, wenn es sich bei dem DNA-Molekül um ein Plasmid handelt, dessen Replikationsstartpunkt von der Wirtszelle erkannt wird.

5.1.1 Nicht alle Bakterienarten nehmen DNA mit der gleichen Effizienz auf

In der Natur ist die Transformation wahrscheinlich kein wichtiger Weg, auf dem Bakterien genetische Information hinzugewinnen. Das zeigt sich daran, dass sich im Labor nur wenige Arten (besonders aus den Gattungen *Bacillus* und *Streptococcus*) leicht transformieren lassen. Wie sich bei eingehen-

Abb. 5.3 Bindung und Aufnahme von DNA durch eine kompetente Bakterienzelle (Bildrechte T. A. Brown)

der Untersuchung herausgestellt hat, besitzen diese Organismen raffinierte Mechanismen zur Bindung und Aufnahme von DNA.

Die meisten Bakterienarten, darunter auch E. coli, nehmen DNA unter normalen Bedingungen nur in begrenztem Umfang auf. Um solche Arten wirksam zu transformieren, muss man die Zellen einer physikalischen und/oder chemischen Behandlung unterziehen, die ihre Fähigkeit, DNA in ihr Inneres aufzunehmen, verstärkt. Zellen, die eine solche Behandlung durchlaufen haben, bezeichnet man als **kompetent**.

5.1.2 Die Herstellung kompetenter E. coli-Zellen

Wie viele wichtige Fortschritte der DNA-Rekombinationstechnik, so vollzog sich auch die entscheidende Entwicklung im Zusammenhang mit der Transformation Anfang der Siebzigerjahre. Damals beobachtete man, dass E. coli-Zellen, die man in eine eisgekühlte Salzlösung bringt, DNA wesentlich wirksamer aufnehmen als Zellen, die keine solche Behandlung durchlaufen haben. Herkömmlicherweise benutzt man eine Lösung von 50 mM Calciumchlorid, aber auch andere Salze, besonders Rubidiumchlorid, haben die gleiche Wirkung.

Warum diese Behandlung wirkt, ist nicht genau bekannt. Möglicherweise sorgt das $CaCl_2$ dafür, dass die DNA an der Außenseite der Zellen ausfällt, oder vielleicht ist das Salz auch die Ursache irgendeiner Veränderung der Zellwand, die eine bessere Anheftung der DNA herbeiführt. Jedenfalls beeinflusst die $CaCl_2$-Behandlung nur die DNA-Bindung und nicht die eigentliche Aufnahme in die Bakterienzelle. DNA, die man zu den derart behandelten Zellen hinzufügt, bleibt an deren Außenseite haften; sie wird in diesem Transformations-Stadium noch nicht in das Cytoplasma transportiert (Abb. 5.3). Die eigentliche Wanderung der DNA in die kompetenten Zellen hinein wird durch eine kurzzeitige Temperaturerhöhung auf 42 °C in Gang gesetzt. Auch hier weiß man nicht genau, warum der Hitzeschock diese Wirkung nach sich zieht.

5.1.3 Die Selektion transformierter Zellen

Die Transformation kompetenter Zellen ist ein ineffektiver Vorgang, auch wenn man die Zellen noch so sorgfältig vorbereitet. Zwar kann ein Nanogramm pUC8 (Abschnitt 6.1.4) 1 000 bis 10 000 transformierte Zellen (Transformanten) entstehen lassen, aber selbst das bedeutet, dass nur 0,1% aller zur Verfügung stehenden Moleküle in die Zellen aufgenommen wurden. Die 10 000 Transformanten stellen auch nur einen sehr geringen Anteil der Zellen in einer kompetenten Kultur dar. Man muss also einen Weg finden, um eine Zelle, die ein Plasmid aufgenommen hat, von ihren vielen tausend nichttransformierten Vettern zu unterscheiden.

Ob ein Plasmid aufgenommen wurde und stabil in der Zelle vorliegt, stellt man gewöhnlich dadurch fest, dass man die Expression der auf dem Plasmid liegenden Gene nachweist. E. coli-Zellen reagieren zum Beispiel normalerweise empfindlich auf die wachstumshemmende Wirkung der Antibiotika Ampicillin und Tetracyclin. Dagegen sind Zellen, die das Plasmid pBR322 (Abschnitt 6.1.2) enthalten – einen der ersten Klonierungsvektoren, die man in

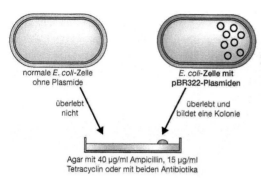

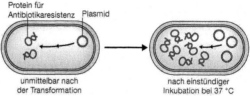

Abb. 5.4 Selektion von Zellen, die das Plasmid pBR322 enthalten, durch Plattieren auf Agarmedium mit Ampicillin und/oder Tetracyclin (Bildrechte T. A. Brown)

den 1970er Jahren entwickelte – gegen diese Antibiotika resistent. Der Grund: pBR322 trägt zwei Gengruppen; ein Gen codiert eine β-Lactamase, die das Ampicillin in eine für das Bakterium ungiftige Form umwandelt, eine zweite Gengruppe codiert Enzyme, die Tetracyclin unschädlich machen. Nach einem Transformationsexperiment mit pBR322 sind nur diejenigen *E. coli*-Zellen, die das Plasmid aufgenommen haben, $amp^R tet^R$, sodass sie auf einem Agarnährboden mit Ampicillin und Tetracyclin Kolonien bilden können (Abb. 5.4); nichttransformierte Zellen sind weiterhin $amp^S tet^S$ und bilden auf dem Selektionsmedium keine Kolonien. Auf diese Weise lassen sich transformierte und nichttransformierte Zellen leicht unterscheiden.

Die meisten Plasmid-Klonierungsvektoren tragen mindestens ein Gen, das den Wirtszellen eine Antibiotikaresistenz verleiht. Zur Selektion der Transformanten plattiert man die Zellen dann einfach auf einem Nährmedium, welches das betreffende Antibiotikum enthält. Man sollte aber bedenken, dass die Resistenz nicht einfach durch die Gegenwart des Plasmids in den Zellen entsteht. Das Resistenzgen muss auch exprimiert werden, sodass das Enzym synthetisiert wird, welches das Antibiotikum unschädlich macht. Die Expression des Resistenzgens beginnt unmittelbar nach der Transformation, aber die Zellen enthalten erst nach einigen Minuten so viel von dem Enzym, dass sie gegen die Giftwirkung des Antibiotikums unempfindlich werden. Deshalb sollte man die Bakterien nicht sofort nach dem Hitzeschock auf dem Selektions-

Abb. 5.5 Phänotypische Expression. Die Transformanten überleben besser, wenn man sie eine Stunde bei 37 °C inkubiert, bevor man sie auf dem Selektionsmedium ausplattiert, denn dann können die Bakterien bereits mit der Synthese der Resistenzenzyme beginnen (Bildrechte T. A. Brown)

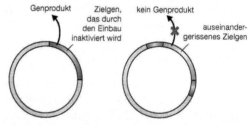

Abb. 5.6 Inaktivierung durch Einbau der Fremd-DNA. a) Das normale, nicht rekombinierte Vektormolekül enthält ein Gen, das der Wirtszelle eine selektier- oder identifizierbare Eigenschaft verleiht. b) Durch den Einbau der neuen DNA wird dieses Gen auseinander gerissen; deshalb besitzt die Wirtszelle mit dem rekombinierten Plasmid das betreffende Merkmal nicht mehr (Bildrechte T. A. Brown)

medium ausplattieren; man belässt sie zunächst in einem kleinen Volumen des Flüssigmediums ohne das Antibiotikum und inkubiert für kurze Zeit. Auf diese Weise können Plasmidreplikation und Genexpression anlaufen, und wenn man die Zellen anschließend durch Ausplattieren mit dem Antibiotikum in Kontakt bringt, haben sie bereits genügend Enzym gebildet, um zu überleben (Abb. 5.5).

5.2 Die Identifizierung von Rekombinanten

Durch das Ausplattieren auf einem Selektionsmedium kann man transformierte und nichttransformierte Zellen unterscheiden. Als Nächstes muss man feststellen, welche der transformierten Zellen rekombinierte DNA-Moleküle aufgenommen ha-

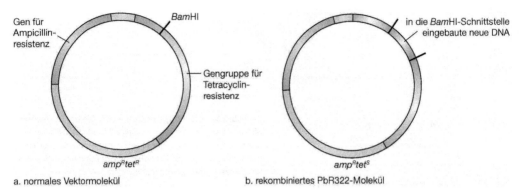

Abb. 5.7 Der Klonierungsvektor pBR322. a) Das normale Vektormolekül. b) Ein rekombiniertes Molekül, bei dem in die BamHI-Stelle ein zusätzlicher DNA-Abschnitt eingefügt wurde. Eine genauere Karte von pBR322 ist in Abbildung 6.1 dargestellt (Bildrechte T. A. Brown)

ben und welche nur selbstligierte Vektormoleküle enthalten (siehe ■ Abb. 5.2). Bei den meisten Klonierungsvektoren reißt das eingebaute DNA-Fragment eines der Gene in dem Molekül auseinander. **Rekombinanten** lassen sich also identifizieren, weil die Wirtszellen das von dem zerstörten Gen codierte Merkmal nicht mehr besitzen (■ Abb. 5.6). Die allgemeinen Prinzipien dieser **Inaktivierung durch Einbau** lassen sich gut an den beiden im vorigen Abschnitt erwähnten Klonierungsvektoren – pBR322 und pUC8 – und den bei ihnen verwendeten unterschiedlichen Methoden verdeutlichen.

5.2.1 Selektion von Rekombinanten mit pBR322: Inaktivierung durch Einbau eines Antibiotika-Resistenzgens

Das Plasmid pBR322 besitzt mehrere jeweils nur einmal vorhandene Restriktionsstellen, an denen man den Vektor zum Einfügen eines neuen DNA-Fragments aufschneiden kann (■ Abb. 5.7a). So schneidet zum Beispiel *Bam*HI das Plasmid nur an einer Stelle, und zwar innerhalb der Gengruppe, welche die Resistenz gegen Tetracyclin codiert. Ein rekombiniertes pBR322-Molekül, bei dem das zusätzliche DNA-Stück an der *Bam*HI-Schnittstelle eingebaut wurde (■ Abb. 5.7b), verleiht seiner Wirtszelle also keine Tetracyclinresistenz mehr, weil eines der dafür erforderlichen Gene durch die eingebaute DNA auseinander gerissen wurde. Zellen, die ein solches rekombiniertes Plasmid enthalten, sind also noch resistent gegen Ampicillin, aber sensitiv gegenüber Tetracyclin ($amp^R tet^S$).

Die Suche nach pBR322-Rekombinanten verläuft folgendermaßen: Nach der Transformation plattiert man die Zellen auf ampicillinhaltigem Medium und inkubiert sie so lange, bis Kolonien auftauchen (■ Abb. 5.8a). Alle diese Kolonien bestehen aus Transformanten (die nichttransformierten Zellen sind, wie erwähnt, amp^S und bilden deshalb keine Kolonien), aber nur ein paar von ihnen enthalten rekombinierte pBR322-Moleküle, während alle anderen das unveränderte Plasmid tragen. Um die Rekombinanten zu identifizieren, führt man eine **Replikaplattierung** auf tetracyclinhaltigem Agarmedium durch (■ Abb. 5.8b). Dabei wachsen nach dem Inkubieren einige der ursprünglichen Kolonien, andere aber nicht (■ Abb. 5.8c). Die Kolonien, die wachsen, enthalten das normale pBR322 ohne zusätzliche DNA, denn bei ihnen ist die Gengruppe für die Tetracyclinresistenz noch intakt ($amp^R tet^R$). Dagegen bestehen Kolonien, die auf dem Tetracyclinmedium nicht wachsen, aus Rekombinantenzellen ($amp^R tet^S$), und da man nun ihre Position auf der ampicillinhaltigen Platte kennt, kann man sie leicht entnehmen und weiter verwenden.

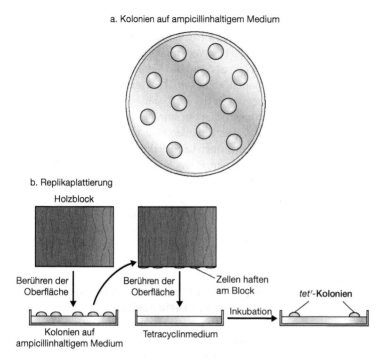

Abb. 5.8 Die Suche nach pBR322-Rekombinanten, bei denen das Gen für die Tetracyclinresistenz durch den eingebauten Abschnitt inaktiviert wurde. a) Die Zellen werden auf ampicillinhaltigem Agar ausplattiert: Alle Transformanten bilden Kolonien. b) Durch Replikaplattierung werden die Kolonien auf tetracyclinhaltiges Medium übertragen. c) Kolonien, die auf dem tetracyclinhaltigen Medium wachsen, sind $amp^R tet^R$ und demnach keine Rekombinanten. Die Rekombinanten ($amp^R tet^S$) wachsen nicht, aber man kennt nun ihre Position auf der ampicillinhaltigen Platte (Bildrechte T. A. Brown)

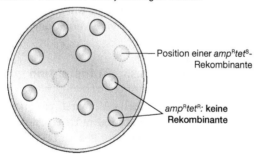

5.2.2 Die Inaktivierung durch Einbau von DNA betrifft nicht immer Antibiotikaresistenzen

Gene für Antibiotikaresistenzen sind zwar ein effizientes Mittel zur Identifizierung von Rekombinanten, aber die Methode ist unbequem, weil man zweimal selektieren muss: zuerst mit einem Antibiotikum, auf dem alle Transformanten wachsen, und dann nach der Replikaplattierung mit einem zweiten Antibiotikum zur Erkennung der Rekombinanten. Die meisten modernen Plasmidvektoren funktionieren deshalb etwas anders. Ein Beispiel ist pUC8 (Abb. 5.9a); es trägt das Gen für Ampicillinresistenz und ein Gen namens $lacZ'$, das einen Teil des Enzyms β-Galactosidase codiert. Beim Klonieren mit pUC8 wird das Gen $lacZ'$ inaktiviert; die Rekombinanten erkennt man dann daran, dass sie keine β-Galactosidase mehr synthetisieren können (Abb. 5.9b).

Die β-Galactosidase gehört zu einer Reihe von Enzymen, die am Abbau der Lactose zu Glucose und Galactose beteiligt sind. Sie wird normalerweise von dem Gen $lacZ$ codiert, das im Chromosom von E. coli liegt. Manche E. coli-Stämme besitzen ein verändertes $lacZ$-Gen, dem ein großer Abschnitt namens $lacZ'$ fehlt und das nur den α-Peptidanteil der β-Galactosidase codiert (Abb. 5.10a). Solche

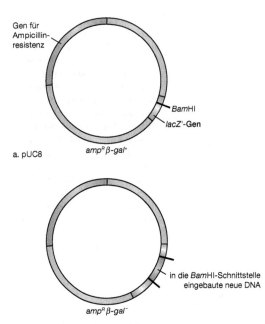

Abb. 5.9 Der Klonierungsvektor pUC8. a) Das normale Vektormolekül. b) Ein rekombiniertes Molekül, bei dem ein zusätzliches DNA-Stück in die *Bam*HI-Stelle eingebaut wurde. Eine genauere Karte von pUC8 findet sich in Abb. 6.3 (Bildrechte T. A. Brown)

Mutanten können das Enzym nur dann bilden, wenn sie ein Plasmid wie beispielsweise pUC8 tragen, das den fehlenden *lacZ'*-Teil des Gens enthält.

Bei einem Klonierungsexperiment mit pUC8 selektiert man die Transformanten auf ampicillinhaltigem Agar und mustert sie dann auf β-Galactosidase-Aktivität durch, um die Rekombinanten zu identifizieren (Screening). Zellen, die ein normales pUC8-Plasmid tragen, sind ampicillinresistent und können β-Galactosidase synthetisieren (Abb. 5.9a); Rekombinanten sind ebenfalls ampicillinresistent, aber sie bilden keine β-Galactosidase (Abb. 5.9b).

Die Untersuchung auf An- oder Abwesenheit von β-Galactosidase ist sehr einfach. Man überprüft dabei nicht, ob Lactose zu Glucose und Galactose gespalten wird, sondern man testet auf eine etwas andere Reaktion, die ebenfalls von dem Enzym katalysiert wird. Dabei bedient man sich eines Lactoseanalogons namens X-Gal (5-Brom-4-chlor-3-indolyl-β-d-galactopyranosid), das von der β-Galactosidase zu einem dunkelblauen Reak-

tionsprodukt abgebaut wird. Setzt man dem Agar X-Gal und einen Induktor für das Enzym (zum Beispiel Isopropylthiogalactosid, IPTG) sowie Ampicillin zu, sind die Kolonien, die keine Rekombinanten enthalten, blau gefärbt; Rekombinanten, bei denen das *lacZ'*-Gen auseinander gerissen ist, können dagegen keine β-Galactosidase herstellen, und ihre Kolonien sind weiß. Das Prinzip dieser so genannten **Lac-Selektion** ist in Abbildung 5.10b zusammengefasst. Wichtig ist dabei, dass Ampicillinresistenz und β-Galactosidase auf einer einzigen Agarplatte nachgewiesen werden. Beide Vorgänge werden also gemeinsam ausgeführt, und man spart sich die zeitaufwendige Replikaplattierung, die bei pBR322 und ähnlichen Plasmiden notwendig ist.

5.3 Das Einführen von Phagen-DNA in Bakterienzellen

Es gibt zwei verschiedene Methoden, mit denen man ein rekombiniertes DNA-Molekül, das man mit einem Phagenvektor konstruiert hat, in Bakterienzellen einbringen kann: die Transfektion und die *in vitro*-Verpackung.

5.3.1 Transfektion

Dieses Verfahren entspricht der Transformation, nur mit dem Unterschied, dass man kein Plasmid, sondern Phagen-DNA verwendet. Wie bei der Transformation mischt man die gereinigte Phagen-DNA oder die rekombinierten Phagenmoleküle mit kompetenten *E. coli*-Zellen, die man dann durch einen Hitzeschock veranlasst, die DNA aufzunehmen. Transfektion ist das Standardverfahren, wenn man die doppelsträngige RF-Form eines M13-Klonierungsvektors in *E. coli* einschleusen will.

5.3.2 *In vitro*-Verpackung

Die Transfektion mit λ-DNA-Molekülen ist, verglichen mit der Infektion einer Bakterienkultur durch reife λ-Phagenpartikel, nicht sehr effizient. Es wäre deshalb von großem Nutzen, wenn man die

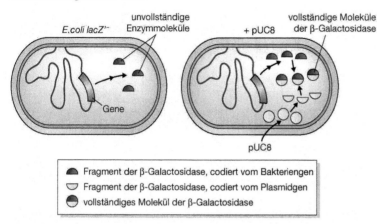

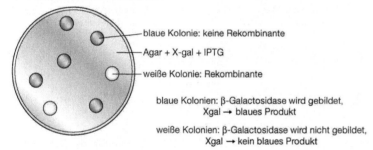

Abb. 5.10 Das Prinzip der Inaktivierung des *lacZ'*-Gens von pUC8 durch die eingebaute DNA. a) Bakterien- und Plasmidgen komplementieren sich gegenseitig, sodass eine funktionsfähige β-Galactosidase entsteht. b) Zur Suche nach Rekombinanten plattiert man die Zellen auf Agar mit X-Gal und IPTG aus (Bildrechte T. A. Brown)

λ-Moleküle im Reagenzglas in die Kopf-Schwanz-Struktur des Phagen verpacken könnte.

Das mag sich schwierig anhören, in Wirklichkeit ist es jedoch relativ einfach. Zur Verpackung sind zahlreiche Proteine erforderlich, die im λ-Genom codiert sind. Diese kann man in hoher Konzentration aus Zellen gewinnen, die mit defekten Stämmen des Phagen λ infiziert sind. Gebräuchlich sind zwei verschiedene Systeme. Beim Einzelstammsystem trägt der defekte λ-Phage eine Mutation an den *cos*-Stellen: Diese werden nicht mehr von der Endonuclease erkannt, die normalerweise während der Phagenvermehrung die λ-Concatemere spaltet (Abschnitt 2.2.2). Der defekte Phage kann sich also nicht mehr vermehren, aber er sorgt noch für die Synthese aller Proteine, die für seine Verpackung gebraucht werden. Die Proteine sammeln sich in den Bakterien an und können aus *E. coli*-Kulturen, die mit dem mutierten Phagen infiziert sind, gereinigt werden; anschließend kann man sie zur *in vitro*-Verpackung rekombinierter λ-Moleküle verwenden (Abb. 5.11a).

Bei dem zweiten System braucht man zwei defekte λ-Stämme, die jeweils eine Mutation in dem Gen für einen Bestandteil der Phagenhülle besitzen. Bei dem ersten befindet sich die Mutation im Gen *D*, beim zweiten im Gen *E* (Abb. 2.9). Keiner der beiden Stämme kann den Infektionszyklus in *E. coli* vollständig durchlaufen, weil das Produkt des mutierten Gens fehlt, sodass nicht die vollständige Capsidstruktur entsteht. Stattdessen sammeln sich die Produkte der Gene für alle anderen Capsidproteine an (Abb. 5.11b). Ein Gemisch für die *in vitro*-Verpackung kann man herstellen, indem man die Lysate von zwei Bakterienkulturen mischt, wobei die eine den D^--λ-Stamm enthält, während die andere mit dem E^--Stamm infiziert war. Das Gemisch enthält dann alle erforderlichen Bestandteile, sodass man damit rekombinierte λ-Moleküle in reife Phagenpartikel verpacken kann.

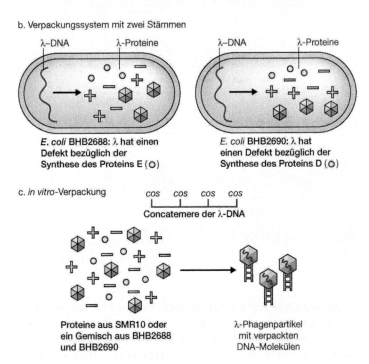

Abb. 5.11 *In vitro*-Verpackung. a) Synthese der Capsidproteine von λ durch den *E. coli*-Stamm SMR10, der einen λ-Phagen mit defekten *cos*-Stellen enthält. b) Synthese unvollständiger Gruppen von λ-Capsidproteinen durch die *E. coli*-Stämme BHB2688 und BHB2690. c) Ein Gemisch der Zelllysate enthält alle Capsidproteine und kann die λ-DNA im Reagenzglas verpacken (Bildrechte T. A. Brown)

Phagenpartikel entstehen in beiden Systemen einfach dadurch, dass man die Verpackungsproteine mit λ-DNA mischt – die Partikel lagern sich dann im Reagenzglas von selbst zusammen (◘ Abb. 5.1c). Um die verpackte λ-DNA in *E. coli*-Zellen einzuschleusen, gibt man dann einfach die fertigen Phagen zur Bakterienkultur, sodass der normale λ-Infektionsprozess ablaufen kann.

5.3.3 Die Phageninfektion wird in Form von Plaques auf einem Agarmedium sichtbar

Das letzte Stadium des Phageninfektionszyklus ist die Zelllyse (Abschnitt 2.2.1). Wenn man die infizierten Zellen unmittelbar nach Zusetzen der Phagen oder nach Transfektion mit Phagen-DNA auf einem festen Agarmedium verteilt, kann man die Lyse der Zellen in Form von **Plaques** auf einem Bakterienrasen sichtbar machen (◘ Abb. 5.12a). Jeder Plaque ist eine klare Zone; sie entsteht, weil die Phagen die Zellen auflösen und dann benachbarte Zellen infizieren, die sie wiederum lysieren (◘ Abb. 5.12b).

Sowohl λ als auch M13 bilden Plaques. Bei λ handelt es sich um echte Plaques, die durch die Lyse der Zellen entstehen. Die M13-Plaques haben jedoch einen etwas anderen Charakter, denn der Phage M13 lysiert die Zellen nicht (Abschnitt 2.2.2). Er setzt jedoch ihre Wachstumsgeschwindigkeit herab, sodass auf einem Bakterienrasen eine stärker

5.4 · Die Identifizierung rekombinierter Phagen

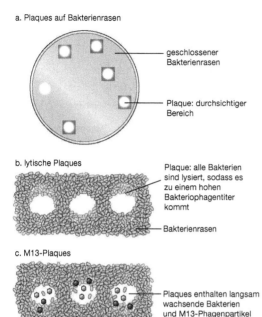

◘ **Abb. 5.12** Bakteriophagenplaques. a) Plaques auf einem Bakterienrasen. b) Plaques eines Phagen, der die Wirtszellen lysiert (zum Beispiel λ im lytischen Zyklus); die Plaques enthalten lysierte Zellen und viele Phagenpartikel. c) M13-Plaques; diese Plaques enthalten langsam wachsende Bakterien und viele M13-Partikel (Bildrechte T. A. Brown)

durchsichtige Zone entsteht. Diese Bereiche sind zwar keine echten Plaques, aber mit bloßem Auge sehen sie genauso aus (◘ Abb. 5.12c).

Das Ergebnis eines Klonierungsexperiments mit λ oder M13 als Vektoren ist also eine Agarplatte mit Phagenplaques, die alle auf eine einzelne transfizierte oder infizierte Zelle zurückgehen und deshalb gleichartige Phagenpartikel enthalten. Dabei kann es sich entweder um selbstligierte Vektormoleküle oder um Rekombinanten handeln.

5.4 Die Identifizierung rekombinierter Phagen

Man hat mehrere Verfahren entwickelt, um rekombinierte Phagen zu unterscheiden. Die wichtigsten werden im Folgenden vorgestellt.

5.4.1 Inaktivierung eines *lacZ'*-Gens im Phagenvektor durch die eingebaute DNA

Alle M13- (Abschnitt 6.2 und einige λ-Klonierungsvektoren tragen eine Kopie des Gens *lacZ'*. Wird dort ein neuer DNA-Abschnitt eingebaut, kommt die Synthese der β-Galactosidase zum Erliegen, genau wie bei dem Plasmidvektor pUC8. Rekombinanten kann man erkennen, wenn man die Zellen auf Agar mit X-gal plattiert: Dann sind Plaques, die normale Phagen enthalten, blau, und Rekombinantenplaques sind durchsichtig (◘ Abb. 5.13a; man spricht hier oft von »Blau-Weiß-Screening«).

5.4.2 Inaktivierung des *cI*-Gens von λ

Mehrere λ-Klonierungsvektoren besitzen einfach vorhandene Restriktionsschnittstellen in dem Gen *cI* (Kartenposition 38 in ◘ Abb. 2.9). Wird dort die Fremd-DNA eingebaut, kommt es zu einer Veränderung der Plaquemorphologie. Normale Plaques sind trübe, solche mit Rekombinanten, deren *cI*-Gen auseinander gerissen ist, sehen dagegen klar aus (◘ Abb. 5.13b). Dieser Unterschied ist für ein geübtes Auge leicht zu erkennen.

5.4.3 Selektion mit Hilfe des Phänotyps Spi

Normalerweise können λ-Phagen keine *E. coli*-Zellen infizieren, die bereits einen verwandten Phagen namens P2 in integrierter Form beherbergen. Man bezeichnet λ deshalb als Spi⁺ (Abkürzung für »**s**ensitiv gegenüber der **P**2-Prophagen-**I**nhibition«). Manche λ-Klonierungsvektoren sind aber so gestaltet, dass der Einbau neuer DNA den Übergang von Spi⁺ nach Spi⁻ bewirkt; die Rekombinanten können also Zellen, die P2-Prophagen tragen, infizieren. Solche Zellen verwendet man dann bei Klonierungsexperimenten mit derartigen Vektoren als Wirtszellen. Da lediglich die Rekombinanten Spi⁻ sind, bilden nur sie die Plaques (◘ Abb. 5.13c).

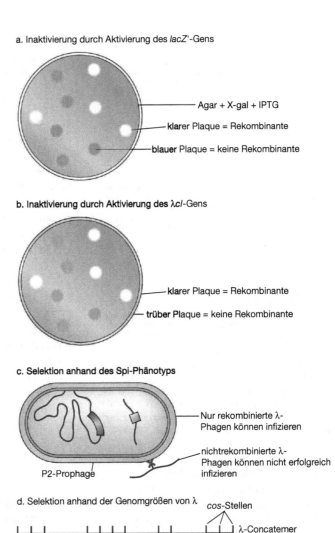

Abb. 5.13 Die Vorgehensweisen bei der Selektion rekombinanter Phagen (Bildrechte T. A. Brown)

5.4.4 Selektion anhand der Genomgröße von λ

Das λ-Verpackungssystem, das die reifen Phagenpartikel zusammensetzt, kann nur solche DNA-Moleküle in die Kopfstruktur befördern, deren Länge zwischen 37 und 52 kb liegt. Moleküle, die kürzer als 37 kb sind, werden nicht verpackt. Viele λ-Vektoren wurden konstruiert, indem man große Teile der λ-DNA entfernte (Abschnitt 6.3.1), sodass ihre Länge unter 37 kb liegt. Solche Vektoren werden nur dann in reife Phagenpartikel verpackt, wenn sie mit einer Fremd-DNA verknüpft wurden, sodass die Gesamtgröße des Genoms über dem kritischen Wert liegt (Abb. 5.13d). Bei derartigen Vektoren können sich also nur rekombinierte Phagen vermehren.

5.5 Einschleusen von DNA in eukaryotische Zellen

Will man Hefe, andere Pilze, Tiere oder Pflanzen als Wirte für die Klonierung benutzen, braucht

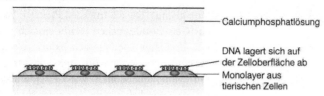
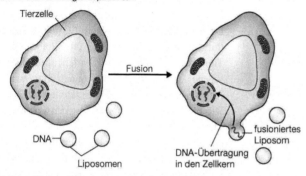
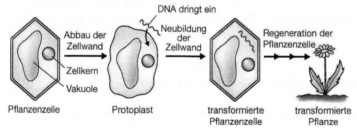

Abb. 5.14 Methoden zum Einschleusen neuer DNA in Tier- und Pflanzenzellen. a) Ausfällen der DNA auf Tierzellen; b) Einschleusen der DNA in Tierzellen durch Liposomenfusion; c) Transformation von Pflanzenprotoplasten (Bildrechte T. A. Brown)

man Methoden, um DNA auch in die Zellen dieser Organismen einzuschleusen. Genau genommen handelt es sich bei diesen Vorgängen nicht um eine »Transformation«, denn dieser Begriff bezeichnet spezifisch die Aufnahme von DNA durch Bakterien. Dies haben die Molekularbiologen aber im Laufe der Jahre vergessen, und heute bezeichnet man die Aufnahme von DNA in alle Organismen als »Transformation«.

Allgemein betrachtet ist die Behandlung der Zellen mit Salzlösung nur bei einigen Bakterienarten von Nutzen; der Kontakt mit Lithiumchlorid oder Lithiumacetat fördert allerdings auch die Aufnahme von DNA durch Hefezellen, und daher setzt man dieses Verfahren bei der Transformation von *Saccharomyces cerevisiae* häufig ein. Für die meisten höheren Organismen sind jedoch raffiniertere Methoden erforderlich.

5.5.1 Transformation einzelner Zellen

Das wichtigste Hindernis bei der Aufnahme von DNA ist bei den meisten Organismen die Zellwand. Tierische Zellen besitzen keine solche Hülle. In Kultur genommen, lassen sie sich leicht transformieren, besonders wenn die DNA durch Ausfällen mit Calciumphosphat an der Zelloberfläche haftet (Abb. 5.14a) oder in **Liposomen** eingeschlossen ist, die mit der Zellmembran verschmelzen (Abb. 5.14b). Bei Zellen anderer Typen besteht die Lösung oft darin, dass man die Zellwand entfernt. Man kennt Enzyme, welche die Zellwände von Hefen, anderen Pilzen und Pflanzenzellen abbauen, und unter geeigneten Bedingungen kann man intakte **Protoplasten** herstellen (Abb. 5.14c). Protoplasten nehmen die DNA im Allgemeinen leicht auf; man kann die Transformation aber auch mit besonderen Methoden anregen, zum Beispiel

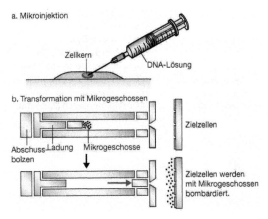

Abb. 5.15 Zwei physikalische Methoden zum Einschleusen von DNA in Zellen (Bildrechte T. A. Brown)

durch die **Elektroporation**: Dabei werden die Zellen einem kurzen elektrischen Impuls ausgesetzt, der vermutlich vorübergehend Poren in der Zellmembran entstehen lässt, sodass die DNA-Moleküle in das Zellinnere gelangen können. Wenn man die Protoplasten nach der Transformation wäscht und so die Abbauenzyme entfernt, bildet sich die Zellwand spontan neu.

Neben den bisher beschriebenen Transformationsverfahren gibt es zwei physikalische Methoden, mit denen sich DNA in die Zellen einschleusen lässt. Die erste ist die **Mikroinjektion**: Mit einer sehr feinen Pipette injiziert man die DNA-Moleküle unmittelbar in den Kern der Zelle, die man transformieren möchte (Abb. 5.15a). Die Methode wurde ursprünglich nur auf tierische Zellen angewandt, aber inzwischen hatte man damit auch bei Pflanzenzellen Erfolg. Bei dem zweiten Verfahren »bombardiert« man die Zellen mit stark beschleunigten, winzigen Projektilen, gewöhnlich Gold- oder Wolframpartikel, die mit der DNA überzogen wurden und aus einer Partikelkanone auf die Zellen geschossen werden (Abb. 5.15b). Diese ungewöhnliche Methode, die man auch als **Biolistik** bezeichnet, wurde bei verschiedenen Zelltypen erfolgreich eingesetzt.

5.5.2 Transformation ganzer Organismen

Bei Tieren und Pflanzen strebt man als Endprodukt häufig keine transformierten Zellen an, sondern einen vollständig transformierten (**transgenen**) Organismus. Die allermeisten Pflanzen lassen sich aus Gewebekulturzellen relativ einfach regenerieren; Probleme ergaben sich jedoch, als man Regenerationsmethoden für einkeimblättrige Pflanzen (Monokotyledonen) wie Getreide und andere Gräser entwickeln wollte. Aus einer einzigen transformierten Pflanzenzelle kann also eine transgene Pflanze hervorgehen, die in jeder Zelle die klonierte DNA trägt und sie auch nach Blüte und Samenbildung an ihre Nachkommen weitergibt (Abb. 7.13). Tiere lassen sich bekanntlich nicht aus Zellkulturen regenerieren, und deshalb braucht man zur Transformation von Tieren ein ausgefeilteres Verfahren. Die Standardmethode bei Säugern (zum Beispiel Mäusen) besteht darin, befruchtete Eizellen aus dem Eileiter zu entnehmen, durch Mikroinjektion die DNA einzuschleusen und die transformierte Zelle dann wieder in den Fortpflanzungstrakt der Mutter zu implantieren (Abschnitt 7.3.2). Mit solchen Methoden zur Erzeugung transgener Tiere werden wir uns in Kapitel 13 genauer befassen.

Weiterführende Literatur

Calvin NM, Hanawalt PC (1988) High efficiency transformation of bacterial cells by electroporation. *Journal of Bacteriology* 170: 2796–2801

Capecchi MR (1980) High efficiency transformation by direct microinjection of DNA into cultured mammalian cells. *Cell* 22: 479–488

Hammer RE, Pursel VG, Rexroad CE et al. (1985) Production of transgenic rabbits, sheep and pigs by microinjection. *Nature* 315: 680–683

Hohn B (1979) *in vitro* packaging of lambda and cosmid DNA. *Methods in Enzymology* 68: 299–309.

Klein TM, Wolf ED, Wu R, Sanford JC (1987) High velocity microprojectiles for delivering nucleic acids into living cells. *Nature* 327: 70–73 [Biolistik.]

Lederberg J, Lederberg EM (1952) Replica plating and indirect selection of bacterial mutants. *Journal of Bacteriology* 63: 399–406.

Mandel M, Higa A (1970) Calcium-dependent bacteriophage DNA infection. *Journal of Molecular Biology* 53: 159–162. [Der erste Bericht über die Verwendung von Calcium zur Herstellung kompetenter *E. coli*-Zellen.]

Klonierungsvektoren für *E. coli*

6.1 Klonierungsvektoren auf der Grundlage von
E. coli-Plasmiden – 80
6.1.1 Die Nomenklatur von Plasmid-Klonierungsvektoren – 80
6.1.2 Die nützlichen Eigenschaften von pBR322 – 81
6.1.3 Der Stammbaum von pBR322 – 81
6.1.4 Weiterentwickelte *E. coli*-Plasmid-Klonierungsvektoren – 82

6.2 Klonierungsvektoren auf der Grundlage des
Bakteriophagen M13 – 85
6.2.1 Die Konstruktion eines Phagen-Klonierungsvektors – 85
6.2.2 Hybridvektoren aus Plasmiden und M13 – 86

6.3 Klonierungsvektoren auf der Grundlage des
Bakteriophagen λ – 87
6.3.1 Aus dem λ-Genom kann man Stücke entfernen, ohne die
Funktionsfähigkeit zu beeinträchtigen – 88
6.3.2 Durch natürliche Selektion kann man λ-Phagen isolieren, denen
bestimmte Restriktionsstellen fehlen – 88
6.3.3 Insertions- und Substitutionsvektoren – 89
6.3.4 Klonierungsexperimente mit λ-Insertions- oder
λ-Substitutionsvektoren – 90
6.3.5 Sehr große DNA-Fragmente kann man in Cosmiden klonieren – 91

6.4 Mit λ- und anderen Vektoren mit hoher Kapazität kann
man genomische Bibliotheken konstruieren – 92

6.5 Vektoren für andere Bakterien – 93

Weiterführende Literatur – 94

Bisher wurden die grundlegenden experimentellen Verfahren zur DNA-Klonierung beschrieben. In den Kapiteln 3, 4 und 5 war davon die Rede, wie man DNA aus Zellextrakten reinigen kann, wie man im Reagenzglas rekombinierte DNA-Moleküle herstellt, wie man diese Moleküle wieder in lebende Zellen bringt und woran man rekombinierte Klone erkennt. Jetzt müssen die Vektoren genauer erörtert werden, damit deutlich wird, welche Palette dieser Hilfsmittel dem Molekularbiologen zur Verfügung steht und welche Eigenschaften und Einsatzgebiete für die einzelnen Vektortypen charakteristisch sind.

Am größten ist die Vielfalt der Vektoren für Experimente mit *E. coli* als Wirtsorganismus. Das ist nicht verwunderlich angesichts der zentralen Bedeutung, die dieses Bakterium während der letzten 50 Jahre in der Grundlagenforschung erlangt hat. Die gewaltige Fülle der Kenntnisse über die Mikrobiologie, Biochemie und Genetik von *E. coli* hat dazu geführt, dass man sich anfangs für praktisch alle grundlegenden Untersuchungen zur Struktur und Funktion von Genen dieses Bakteriums als Modellorganismus bediente. Selbst wenn man Eukaryoten untersucht, dient *E. coli* als »Arbeitstier« zur Präparation der klonierten DNA für die Sequenzierung und zur Konstruktion rekombinierter Gene, die man später wieder in den eukaryotischen Wirt bringt, um ihre Funktion und Expression zu untersuchen. In den vergangenen Jahren haben DNA-Klonierung und molekularbiologische Forschung sich gegenseitig befruchtet: Neue Möglichkeiten beim Klonieren waren Anreize für die Forschung, und deren Anforderungen führten andererseits zur Entwicklung neuer, raffinierterer Klonierungsvektoren.

In diesem Kapitel werden die wichtigsten Gruppen der Klonierungsvektoren für *E. coli* beschrieben und ihre Einsatzmöglichkeiten skizziert. Das Kapitel 7 beschäftigt sich dann mit Klonierungsvektoren für Hefe, andere Pilze, Pflanzen und Tiere.

6.1 Klonierungsvektoren auf der Grundlage von *E. coli*-Plasmiden

Die einfachsten Klonierungsvektoren, die bei der DNA-Klonierung auch am häufigsten angewandt werden, leiten sich von kleinen Bakterienplasmiden ab. Für den Gebrauch mit *E. coli* sind zahlreiche verschiedene Plasmidvektoren verfügbar, und viele davon kann man auch von kommerziellen Anbietern beziehen. Sie vereinigen in sich mehrere nützliche Eigenschaften: So sind sie leicht zu reinigen, die Transformation verläuft mit hoher Effizienz, sie besitzen geeignete Marker für die Selektion von Transformanten und Rekombinanten, und man kann mit ihnen recht große DNA-Stücke (bis zu 8 kb) klonieren. Bei den meisten »Routineklonierungsexperimenten« bedient man sich solcher Plasmidvektoren.

Einer der ersten Vektoren, die man entwickelte, war pBR322. Dieses Plasmid wurde schon in Kapitel 5 vorgestellt, als von den allgemeinen Prinzipien zur Selektion von Transformanten und zur Identifizierung von Rekombinanten die Rede war (Abschnitt 5.2). pBR322 besitzt zwar nicht die raffinierten Eigenschaften der neuesten Klonierungsvektoren und wird deshalb in der Forschung heute nicht mehr in größerem Umfang verwendet, es verdeutlicht aber nach wie vor die wichtigen, grundlegenden Merkmale aller Klonierungsvektoren. Deshalb beginnen wir unsere Beschreibung dieser Vektoren mit einem genaueren Blick auf pBR322.

6.1.1 Die Nomenklatur von Plasmid-Klonierungsvektoren

Der Name »pBR322« entspricht den Standardkonventionen für die Nomenklatur von Vektoren.
- »p« zeigt an, dass es sich um ein Plasmid handelt.
- »BR« weist auf das Labor hin, in dem der Vektor ursprünglich konstruiert wurde (BR bedeutet Bolivar und Rodriguez; diese beiden Wissenschaftler entwickelten pBR322).
- »322« unterscheidet das Plasmid von anderen, die in demselben Labor entwickelt wurden (es gibt auch Plasmide namens pBR325, pBR327, pBR328 und so weiter).

6.1.2 Die nützlichen Eigenschaften von pBR322

Die genetische und physikalische Karte von pBR322 (◘ Abb. 6.1) gibt Hinweise darauf, warum dieses Plasmid zu einem so beliebten Klonierungsvektor wurde.

Die erste nützliche Eigenschaft von pBR322 ist seine Größe. Wie in Kapitel 2 festgestellt wurde, soll die Länge eines Klonierungsvektors unter 10 kb liegen, damit sich keine Probleme beispielsweise durch das Brechen der DNA während der Reinigung ergeben. pBR322 ist 4 363 bp groß, und das bedeutet, dass man nicht nur den Vektor selbst leicht isolieren kann, sondern auch die rekombinierten DNA-Moleküle, die man mit ihm konstruiert hat. Selbst wenn die zusätzlich eingebaute DNA 6 kb lang ist, hat das rekombinierte pBR322-Molekül noch eine handhabbare Größe.

Ein zweites Merkmal von pBR322 wurde schon in Kapitel 5 beschrieben: Es trägt zwei Gengruppen für Antibiotikaresistenzen. Man kann entweder die Ampicillin- oder die Tetracyclinresistenz als Marker für Zellen benutzen, die das Plasmid enthalten; in beiden Genen liegen nur einmal vorhandene Restriktionsstellen, die man für Klonierungsexperimente verwenden kann. Baut man einen neuen DNA-Abschnitt ein, nachdem man pBR322 mit den Restriktionsendonucleasen *Pst*I, *Pvu*I oder *Sca*I gespalten hat, wird das amp^R- Gen inaktiviert, und wenn man eines von acht weiteren Enzymen benutzt (insbesondere *Bam*HI oder *Hin*dIII), verschwindet die Tetracyclinresistenz. Da man auf diese Weise viele verschiedene Restriktionsstellen für Einbau und Geninaktivierung verwenden kann, lassen sich in pBR322 DNA-Fragmente mit unterschiedlichen klebrigen Enden klonieren.

Ein dritter Vorteil von pBR322 ist seine recht hohe Kopienzahl. Es liegt in einer transformierten *E. coli*-Zelle im Allgemeinen mit etwa 15 Molekülen vor, aber diese Zahl kann man durch Plasmidamplifikation mit einem Proteinsynthesehemmer wie Chloramphenicol (Abschnitt 3.2.2) auf etwa 1 000 bis 3 000 steigern. Eine Kultur von *E. coli* liefert also die rekombinierten pBR322-Moleküle mit hoher Ausbeute.

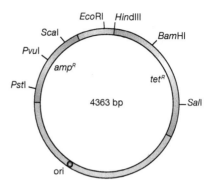

◘ **Abb. 6.1** Die Karte von pBR322 mit den Positionen der Resistenzgene für Ampicillin (amp^R) und Tetracyclin (tet^R), des Replikationsstartpunkts (ori) und einer Auswahl der wichtigsten Restriktionsstellen (Bildrechte T. A. Brown)

6.1.3 Der Stammbaum von pBR322

Die praktischen Eigenschaften des Klonierungsvektors pBR322 entstanden nicht zufällig. Das Plasmid wurde vielmehr gezielt so konstruiert, dass es schließlich alle diese nützlichen Merkmale besaß. Die Konstruktion von pBR322 ist in Abbildung 6.2a umrissen. Wie man leicht erkennt, war seine Gestaltung ein zeitaufwendiges Unterfangen, bei dem man sich der in Kapitel 4 beschriebenen DNA-Manipulationstechnik in vollem Umfang und mit großem Geschick bedienen musste. Das Ergebnis dieser Bemühungen ist in Abbildung 6.2b zusammenfassend dargestellt; wie dort ersichtlich ist, enthält pBR322 tatsächlich DNA-Abschnitte aus drei verschiedenen, natürlich vorkommenden Plasmiden. Das Gen amp^R befand sich ursprünglich in dem Plasmid R1, einem typischen Antibiotikaresistenz-Plasmid, das in natürlichen Populationen von *E. coli* vorkommt (Abschnitt 2.1.3). Das Gen tet^R stammt aus R6-5, einem zweiten Antibiotikaresistenz-Plasmid. Der Replikationsstartpunkt von pBR322, der die Vermehrung des Vektors in den Wirtszellen in Gang setzt, gehörte ursprünglich zu pMB1, einem engen Verwandten des colicinproduzierenden Plasmids ColE1 (Abschnitt 2.1.3).

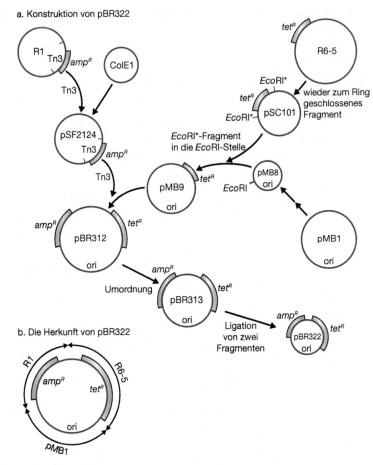

Abb. 6.2 Der Stammbaum von pBR322. a) Die Schritte bei der Konstruktion des Plasmids. b) Die Herkunft seiner einzelnen Teile (Bildrechte T. A. Brown)

6.1.4 Weiterentwickelte *E. coli*-Plasmid-Klonierungsvektoren

pBR322 wurde Ende der Siebzigerjahre entwickelt; der erste Forschungsbericht, in dem seine Verwendung beschrieben wurde, erschien 1977. Seit jener Zeit hat man viele weitere Plasmid-Klonierungsvektoren konstruiert, die sich in ihrer Mehrzahl durch ähnliche Verfahren, wie sie in Abbildung 6.2a zusammengefasst sind, von pBR322 ableiten. Eines der ersten war pBR327. Zu seiner Konstruktion entfernte man aus pBR322 einen Abschnitt von 1 089 Basenpaaren. Die Gene *amp*^{R} und *tet*^{R} blieben trotz dieser Deletion erhalten, aber das so entstandene Plasmid hatte andere Replikations- und Konjugationseigenschaften. Deshalb unterscheidet sich pBR327 in zwei wichtigen Punkten von pBR322:

1. Die Kopienzahl von pBR327 ist höher als die von pBR322: Es liegt in jeder *E. coli*-Zelle mit 30 bis 45 Molekülen vor. Das ist hinsichtlich der Plasmidausbeute nicht besonders wichtig, denn man kann beide Plasmide auf Kopienzahlen von über 1 000 amplifizieren. pBR327 eignet sich mit seiner hohen Kopienzahl in normalen Zellen aber besser, wenn es bei dem Experiment darum geht, die Funktion des klonierten Gens zu untersuchen. In solchen Fällen ist die Gendosis von Bedeutung, denn je mehr Kopien des klonierten Gens vorhanden sind, desto größer ist die Wahrscheinlichkeit, dass man die Wirkung dieses Gens auf die Wirtszelle nachweisen kann. Für solche Arbeiten ist pBR327 deshalb die bessere Wahl.

2. Außerdem fehlt wegen der Deletion die konjugative Mobilisierbarkeit von pBR322. pBR327

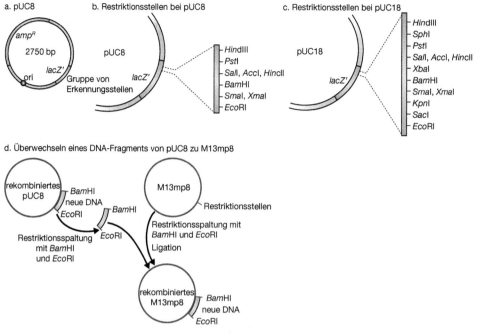

• **Abb. 6.3** Die pUC-Plasmide. a) Die Struktur von pUC8. b) Die Gruppe von Restriktionsschnittstellen im *lacZ'*-Gen von pUC8. c) Die Restriktionsschnittstellen in pUC18. d) Der Wechsel eines DNA-Fragments von pUC8 nach M13mp8 (Bildrechte T. A. Brown)

ist also ein nichtkonjugatives Plasmid, das nicht selbst für seinen Transport in andere *E. coli*-Zellen sorgt. Das ist wichtig für die **biologische Sicherheit**, denn es verhindert, dass rekombinierte pBR327-Moleküle aus dem Reagenzglas entkommen und beispielsweise die Bakterien im Darm eines unvorsichtigen Molekularbiologen besiedeln. pBR322 könnte dagegen theoretisch durch Konjugation auf Wildpopulationen von *E. coli* übergehen; in Wirklichkeit besteht aber auch bei diesem Plasmid wegen seiner (allerdings weniger raffinierten) Sicherheitsmechanismen nur eine sehr geringe Gefahr, dass so etwas geschieht. Dennoch ist pBR327 vorzuziehen, wenn das klonierte Gen bei einem Unfall Schaden anrichten könnte.

pBR327 wird zwar wie pBR322 heute nicht mehr in größerem Umfang benutzt, aber die meisten modernen Plasmidvektoren haben seine Eigenschaften geerbt. Solche Vektoren gibt es in großer Zahl, und sie alle im Einzelnen zu beschreiben, wäre sinnlos. Ihre wichtigsten Eigenschaften kann man sich an zwei weiteren Beispielen vor Augen führen.

pUC8: Ein Plasmid für die Lac-Selektion

Dieser Vektor wurde schon in Abschnitt 5.2.2 im Zusammenhang mit der Identifizierung von Rekombinanten erwähnt, bei denen der eingebaute DNA-Abschnitt das Gen für β-Galactosidase inaktiviert. pUC8 (• Abb. 6.3a) stammt ebenfalls von pBR322 ab, von dem es allerdings nur noch den Replikationsursprung und das Gen *amp*^R enthält. Die Nucleotidsequenz von *amp*^R wurde so verändert, dass die Restriktionsschnittstellen nicht mehr vorhanden sind; sämtliche Einbaustellen befinden sich bei pUC8 in einem kurzen Abschnitt des *lacZ'*-Gens.

pUC8 hat drei wichtige Vorteile, die es zu einem der beliebtesten Klonierungsvektoren für *E. coli* gemacht haben. Der erste ergab sich zufällig: Bei den Arbeiten zur Konstruktion des Plasmids trat im Replikationsursprung spontan eine Mutation auf, durch die das Plasmid auch ohne Amplifikation bereits eine Kopienzahl von 500 bis 700 erreicht. Das hatte deutliche Auswirkungen auf die Ausbeute der

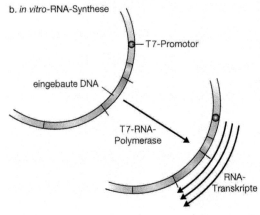

Abb. 6.4 pGEM3Z. a) Karte des Vektors. b) *In vitro*-RNA-Synthese. Abkürzung: R, Gruppe von Restriktionsschnittstellen für *Eco*RI, *Sac*I, *Kpn*I, *Ava*I, *Sma*I, *Bam*HI, *Xba*I, *Sal*I, *Acc*I, *Hinc*II, *Pst*I, *Sph*I und *Hind*III (Bildrechte T. A. Brown)

klonierten DNA, die man aus *E. coli*-Zellen nach einer Transformation mit rekombiniertem pUC8 erhält.

Der zweite Vorteil besteht darin, dass man die rekombinierten Zellen in einem einzigen Schritt identifizieren kann: Man plattiert sie einfach auf einem Agarnährboden, der X-Gal enthält (Abschnitt 5.2.2). Bei pBR322 und pBR327 dagegen ist die Identifizierung der Rekombinanten ein Zwei-Schritt-Verfahren mit einer Replikaplattierung von einem antibiotikahaltigen Medium auf ein anderes (Abschnitt 5.2.1). Ein Klonierungsexperiment dauert also mit pUC8 nur halb so lange wie mit pBR322 oder pBR327.

Der dritte Vorteil von pUC8 liegt in der Häufung der Restriktionsschnittstellen. Man kann auf diese Weise ein DNA-Fragment mit zwei verschiedenen kohäsiven Enden (zum Beispiel *Eco*RI und *Bam*HI) klonieren, ohne dass man zusätzliche Manipulationen wie das Anheften von Linkern vornehmen muss (◘ Abb. 6.3b). Andere pUC-Vektoren enthalten abweichende Kombinationen von Restriktionsstellen und bieten damit, was die Art der klonierten DNA-Fragmente angeht, eine nochmals erweiterte Vielseitigkeit (◘ Abb. 6.3c). Außerdem enthalten diese Vektoren die gleiche Kombination von Restriktionsschnittstellen wie die Vektorserie M13mp (Abschnitt 6.2.1). Man kann also DNA nach der Klonierung in einem pUC-Vektor unmittelbar in den entsprechenden Vektor der M13mp-Serie einbauen und das klonierte Gen in einzelsträngiger Form gewinnen (◘ Abb. 6.3d).

pGEM3Z: *in vitro*-Transkription der klonierten DNA

pGEM3Z (◘ Abb. 6.4a) ähnelt stark einem pUC-Vektor: Es enthält die Gene amp^R und *lacZ'*, das Letztere mit einer Gruppe von Restriktionsschnittstellen, und hat fast die gleiche Größe. Im Unterschied zu den pUC-Plasmiden enthält pGEM3Z aber zusätzlich zwei kurze DNA-Stücke, die als Erkennungs- und Anheftungsstellen für die RNA-Polymerase dienen. Diese beiden **Promotor**sequenzen liegen beiderseits der gehäuften Restriktionsschnittstellen, an denen man neue DNA-Stücke in den Vektor einfügt. Bringt man also im Reagenzglas rekombinierte pGEM3Z-Moleküle und gereinigte RNA-Polymerase zusammen, findet die Transkription statt, und es entstehen RNA-Kopien des klonierten Fragments (◘ Abb. 6.4b). Die so synthetisierte RNA kann man als Hybridisierungssonde verwenden (Abschnitt 8.4) oder in Experimenten zur Untersuchung des RNA-Processing (zum Beispiel des Entfernens von Introns) und der Proteinsynthese einsetzen.

Bei den Promotoren von pGEM3Z und ähnlichen Vektoren handelt es sich nicht um die üblichen Sequenzen, die von der *E. coli*-Polymerase erkannt werden. Einer von ihnen ist vielmehr spezifisch für die im Bakteriophagen T7 codierte RNA-Polymerase, der andere für das entsprechende Enzym des Phagen SP6. Diese RNA-Polymerasen werden nach der Infektion der *E. coli*-Zellen mit einem der beiden Phagen produziert und sorgen für die Transkription der Phagengene. Man wählt sie für die *in vitro*-Transkription, weil sie sehr aktiv sind (der gesamte lytische Zyklus dauert nur 20 Minuten, siehe Abschnitt 2.2.1 – die Phagengene müssen also sehr schnell transkribiert werden) und 1–2 µg RNA in der Minute herstellen können, deutlich mehr als das normale Enzym von *E. coli*.

6.2 Klonierungsvektoren auf der Grundlage des Bakteriophagen M13

Eine entscheidende Anforderung muss jeder Klonierungsvektor erfüllen: Er muss in der Lage sein, sich in der Wirtszelle zu replizieren. Bei Plasmidvektoren ist es einfach, dieser Voraussetzung gerecht zu werden, denn bei ihnen können relativ kurze DNA-Sequenzen als Replikationsstartpunkte wirken, und die meisten oder sogar alle für die Replikation erforderlichen Enzyme liefert die Wirtszelle. Auch umfangreiche Veränderungen, wie sie zum Beispiel zur Konstruktion von pBR322 führten (◘ Abb. 6.2a), sind also ohne weiteres möglich, solange das fertige Konstrukt einen intakten, funktionsfähigen Replikationsstartpunkt enthält.

Bei Bakteriophagen wie M13 und λ sind die Verhältnisse in Zusammenhang mit der Replikation komplizierter. Die DNA-Moleküle von Phagen tragen im Allgemeinen mehrere Gene, die für die Replikation unentbehrlich sind, darunter solche für die Proteinhüllbestandteile des Phagen und für phagenspezifische Replikationsenzyme. Veränderungen oder Deletionen in einem dieser Gene behindern oder zerstören die Replikationsfähigkeit des so entstandenen Moleküls. Deshalb hat man bei der Abwandlung von Phagen-DNA-Molekülen wesentlich weniger Spielraum, und Phagen-Klonierungsvektoren unterscheiden sich im Allgemeinen nur geringfügig von dem Ausgangsmolekül.

6.2.1 Die Konstruktion eines Phagen-Klonierungsvektors

Die Probleme bei der Konstruktion eines Phagen-Klonierungsvektors werden deutlich, wenn man M13 betrachtet. Das normale M13-Genom ist 6,4 kb lang, aber den größten Teil davon nehmen zehn dicht beieinander liegende Gene ein (◘ Abb. 6.5), die sämtlich für die Replikation des Phagen unentbehrlich sind. Es gibt nur eine einzige intergene Sequenz von 507 Nucleotiden, in die man neue DNA

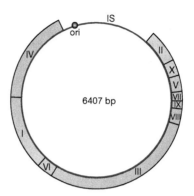

◘ Abb. 6.5 Das M13-Genom mit den Positionen der Gene I bis X. (Bildrechte T. A. Brown)

einbauen könnte, ohne eines der Gene auseinander zu reißen, und in diesem Bereich liegt auch noch der Replikationsstartpunkt, der selbst ebenfalls intakt bleiben muss. Ganz offensichtlich gibt es also nur begrenzte Möglichkeiten, wie das M13-Genom verändert werden kann.

Im ersten Schritt bei der Konstruktion eines M13-Klonierungsvektors fügte man das Gen *lacZ'* in die intergene Sequenz ein. So entstand M13mp1, der auf X-Gal-Agar blaue Plaques bildet (◘ Abb. 6.6a). M13mp1 besitzt im *lacZ'*-Gen keine nur einfach vorhandenen Restriktionsstellen, aber er enthält nahe beim Startpunkt des Gens das Hexanucleotid GGATTC; durch Austausch eines einzigen Nucleotids würde daraus die Sequenz GAATTC, eine *Eco*RI-Schnittstelle. Diese Veränderung nahm man mithilfe der *in vitro*-Mutagenese vor (Abschnitt 11.3.2), und das Ergebnis war der Vektor M13mp2 (◘ Abb. 6.6b). Das *lacZ'*-Gen von M13mp2 ist geringfügig verändert (sein sechstes Codon steht nun für Asparagin statt für Asparaginsäure), aber die β-Galactosidase, welche die mit M13mp2 infizierten Zellen produzieren, ist dennoch voll funktionsfähig.

Beim nächsten Schritt der Entwicklung von M13-Vektoren fügte man in das *lacZ'*-Gen zusätzliche Restriktionsstellen ein. Zu diesem Zweck synthetisierte man im Reagenzglas einen so genannten **Polylinker**, ein kurzes Oligonucleotid, das aus einer Reihe von Restriktionsstellen besteht und klebrige Enden für *Eco*RI besitzt (◘ Abb. 6.7a). Diesen Polylinker baute man in die *Eco*RI-Stelle von M13mp2 ein, und es entstand M13mp7 (◘ Abb. 6.7b), ein

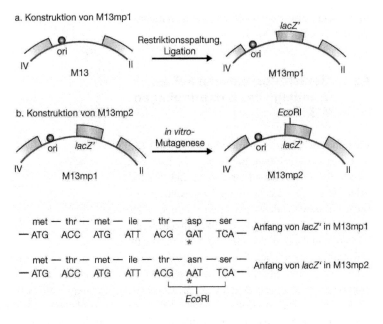

Abb. 6.6 Die Konstruktion von M13mp1 (a) und M13mp2 (b) aus dem Wildtypgenom von M13 (Bildrechte T. A. Brown)

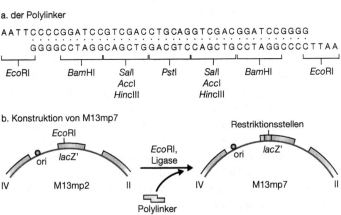

Abb. 6.7 Die Konstruktion von M13mp7. a) Der Polylinker und b) sein Einbau in die EcoRI-Stelle von M13mp2. Die SalI-Restriktionsstellen werden auch von AccI und HincII erkannt (Bildrechte T. A. Brown)

komplizierterer Vektor mit vier möglichen Klonierungsstellen (*Eco*RI, *Bam*HI, *Sal*I und *Pst*I). Der Polylinker ist so gestaltet, dass er das *lacZ'*-Gen nicht völlig auseinander reißt; ein Leseraster läuft durch seine gesamte Sequenz hindurch, sodass nach wie vor eine funktionsfähige, allerdings veränderte β-Galactosidase entsteht.

Bei den neuesten M13-Vektoren sind in das *lacZ'*-Gen noch komplexere Polylinker eingebaut. Ein Beispiel ist M13mp8, der die gleiche Reihe von Restriktionsschnittstellen enthält wie das Plasmid pUC8 (Abschnitt 6.1.4). Wie der Plasmidvektor hat auch M13mp8 den Vorteil, dass er DNA-Fragmente mit zwei verschiedenen klebrigen Enden aufnehmen kann.

6.2.2 Hybridvektoren aus Plasmiden und M13

M13-Vektoren sind zwar nützlich, wenn man klonierte Gene in einzelsträngiger Form herstellen will, aber sie haben auch einen Nachteil: Die Größe der Fragmente, die sich in einem M13-Vektor klonieren lassen, ist begrenzt; als Obergrenze gelten gewöhnlich 1 500 bp, gelegentlich ist aller-

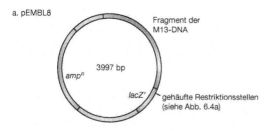

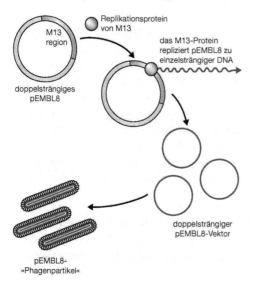

○ **Abb. 6.8** pEMBL8: ein Hybridvektor aus Plasmid und M13, den man in die einzelsträngige Form überführen kann (Bildrechte T. A. Brown)

dings auch die Klonierung von Fragmenten bis zu 3 000 bp gelungen. Um dieses Problem zu umgehen, hat man einige neuartige Vektoren (»**Phagmide**«) konstruiert, bei denen ein Teil des M13-Genoms mit Plasmidabschnitten kombiniert ist.

Ein Beispiel ist der Vektor pEMBL8 (○ Abb. 6.8a), der durch Übertragung eines 1 300 bp langen Genomfragments von M13 in das Plasmid pUC8 entstand. Dieses Stück der M13-DNA enthält die Signalsequenzen für die Enzyme, die das doppelsträngige M13-Molekül vor der Freisetzung neuer Phagenpartikel in die einzelsträngige Form überführen. Die Signalsequenz ist nach wie vor wirksam, auch wenn sie vom Rest des M13-Genoms getrennt ist, und deshalb werden die Moleküle von pEMBL8 ebenfalls in DNA-Einzelstränge umgewandelt und als defekte Phagenpartikel ausgeschieden (○ Abb. 6.8b). Man muss die *E. coli*-Zellen, die in einem Klonierungsexperiment mit pEMBL8 als Wirtszellen dienen, lediglich anschließend mit einem normalen M13-Phagen infizieren, der als **Helferphage** fungiert und die erforderlichen Replikationsenzyme sowie die Proteine der Phagenhülle liefert. Da pEMBL8 von pUC8 abstammt, besitzt es ebenfalls die Polylinker-Klonierungsstellen im *lacZ'*-Gen, sodass man die rekombinierten Phagen in der üblichen Weise auf X-Gal-haltigem Agar identifizieren kann. Mit pEMBL8 kann man klonierte DNA-Fragmente von bis zu 10 kb in einzelsträngiger Form gewinnen, und damit hat sich die Spannbreite des M13-Klonierungssystems erheblich erweitert.

6.3 Klonierungsvektoren auf der Grundlage des Bakteriophagen λ

Bevor man Klonierungsvektoren entwickeln konnte, die sich vom Bakteriophagen λ ableiten, musste man zwei Probleme lösen:

1. Die Molekülgröße der λ-DNA kann nur um 5 % überschritten werden; das entspricht einer zusätzlich eingebauten DNA von 3 kb. Moleküle, deren Gesamtlänge 52 kb übersteigt, werden nicht in die λ-Kopfstruktur verpackt, sodass keine infektiösen Phagenpartikel entstehen. Damit unterliegt die Größe der DNA-Fragmente, die man in einen unveränderten λ-Vektor einfügen kann, engen Begrenzungen (○ Abb. 6.9a).
2. Das λ-Genom ist so groß, dass es praktisch für jede Restriktionsendonuclease mehrere Erkennungsstellen enthält. Durch Restriktionsspaltung kann man die normale λ-DNA also nicht so zerschneiden, dass neue DNA eingebaut werden könnte, denn das Molekül würde dabei in mehrere kleine Fragmente zerfallen, aus denen sich bei erneuter Ligation höchstwahrscheinlich kein voll funktionsfähiges λ-Genom mehr bildet (○ Abb. 6.9b).

Angesichts dieser Schwierigkeiten erscheint es vielleicht überraschend, dass man ein derart breites Spektrum von λ-Klonierungsvektoren entwickelt hat; ihr wichtigstes Anwendungsgebiet ist die Klo-

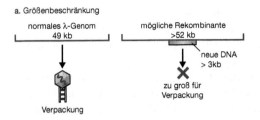

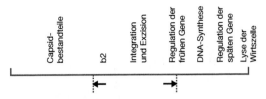

◼ **Abb. 6.10** Die Genkarte von λ mit der Position der nichtlebenswichtigen Region; diesen Abschnitt kann man entfernen, ohne dass die Fähigkeiten des Phagen, den lytischen Infektionszyklus zu durch laufen, beeinträchtigt wird (Bildrechte T. A. Brown)

◼ **Abb. 6.9** Die beiden Probleme, die gelöst werden mussten, bevor man λ-Klonierungsvektoren entwickeln konnte. a) Die Größenbeschränkung beim λ-Genom, die sich durch die Notwendigkeit der Verpackung in Phagenköpfe ergibt. b) Die λ-DNA hat für fast alle Restriktionsendonucleasen mehrere Erkennungsstellen (Bildrechte T. A. Brown)

nierung großer DNA-Abschnitte mit Längen zwischen fünf und 25 kb; solche Moleküle sind viel zu lang, als dass Plasmid- oder M13-Vektoren sie aufnehmen könnten.

6.3.1 Aus dem λ-Genom kann man Stücke entfernen, ohne die Funktionsfähigkeit zu beeinträchtigen

Den Weg zur Entwicklung von λ-Klonierungsvektoren wies die Entdeckung, dass man einen großen Abschnitt in der Mitte der λ-DNA herausnehmen kann, ohne die Fähigkeit des Phagen zur Infektion von *E. coli*-Zellen zu beeinträchtigen. Entfernt man diesen nicht lebenswichtigen Bereich – er liegt auf der Karte in Abbildung 2.9 zwischen den Positionen 20 und 35 – ganz oder teilweise, so nimmt die Länge der λ-DNA um bis zu 15 kb ab. Das bedeutet, dass man nun bis zu 18 kb neue DNA einfügen kann, bevor der für die Verpackung kritische Wert erreicht ist (◼ Abb. 6.10).

Der »nichtlebenswichtige« Bereich enthält den größten Teil der Gene, die an der Integration und dem Ausschneiden des λ-Prophagen aus dem *E. coli*-Chromosom beteiligt sind. Ein derart verkürztes λ-Genom ist deshalb nicht mehr lysogen, sondern es kann nur noch den lytischen Zyklus durchlaufen. Das allein ist schon eine wünschenswerte Eigenschaft für einen Klonierungsvektor, denn auf diese Weise bilden sich die Plaques, ohne dass man die Phagen induzieren müsste (Abschnitt 3.3.1).

6.3.2 Durch natürliche Selektion kann man λ-Phagen isolieren, denen bestimmte Restriktionsstellen fehlen

Auch ein verkürztes λ-Genom, dessen verzichtbare Region entfernt wurde, besitzt für die meisten Restriktionsendonucleasen mehrere Erkennungsstellen. Auf dieses Problem stößt man häufig, wenn man einen neuen Vektor entwickelt. Muss man nur eine oder zwei solche Stellen beseitigen, kann man die Technik der *in vitro*-Mutagenese (Abschnitt 11.3.2) anwenden. Mit ihr lässt sich beispielsweise aus der *Eco*RI-Schnittstelle GAATTC die Sequenz GGATTC erzeugen, die von dem Enzym nicht erkannt wird. Als die Entwicklung der ersten λ-Vektoren begann, steckte die *in vitro*-Mutagenese aber noch in den Kinderschuhen, und auch heute ist sie kein wirksames Mittel, wenn man mehr als nur ein paar Stellen in einem einzelnen Molekül verändern möchte.

6.3 · Klonierungsvektoren auf der Grundlage des Bakteriophagen λ

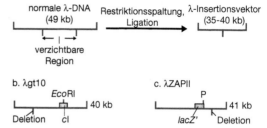

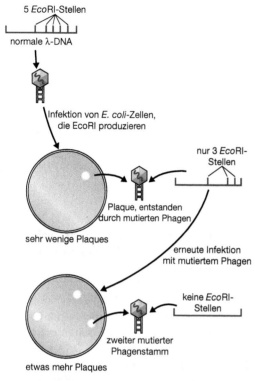

◘ **Abb. 6.12** λ-Insertionsvektoren. P ist ein Polylinker im *lacZ'*-Gen von λZAPII, der die einzigen Restriktionsschnittstellen für *Sac*I, *Not*I, *Spe*I, *Eco*RI und *Xho*I enthält (Bildrechte T. A. Brown)

◘ **Abb. 6.11** Die Isolierung von λ-Phagen, denen *Eco*RI-Restriktionsstellen fehlen, mithilfe der natürlichen Selektion (Bildrechte T. A. Brown)

Um λ-Stämme zu gewinnen, denen die unerwünschten Restriktionsstellen fehlen, bediente man sich vielmehr der natürlichen Selektion. Zu diesem Zweck kann man als Wirt einen *E. coli*-Stamm benutzen, der *Eco*RI produziert. Dann werden die meisten Moleküle der λ-DNA, die in solche Zellen eindringen, von der Restriktionsendonuclease zerstört; ein paar bleiben jedoch übrig und lassen Plaques entstehen. Bei diesen Phagen handelt es sich um Mutanten, bei denen eine *Eco*RI-Schnittstelle (oder auch mehrere) spontan verloren gegangen ist (◘ Abb. 6.11). Mehrere derartige Infektionszyklen führen schließlich zu λ-Molekülen, denen die meisten oder alle *Eco*RI-Erkennungsstellen fehlen.

6.3.3 Insertions- und Substitutionsvektoren

Nachdem man die Probleme der begrenzten verpackbaren DNA-Menge und der mehrfachen Restriktionsstellen gelöst hatte, war der Weg frei zur Entwicklung verschiedenartiger Klonierungsvektoren auf λ-Basis. Die ersten beiden Gruppen von Vektoren, die man herstellte, waren die λ-**Insertions-** und die λ-**Substitutionsvektoren**.

Insertionsvektoren

Bei einem Insertionsvektor (◘ Abb. 6.12a) deletiert man ein langes Stück der verzichtbaren Region und fügt die beiden Arme des λ-Moleküls wieder zusammen. Jeder derartige Vektor besitzt mindestens eine nur einfach vorhandene Restriktionsschnittstelle, in die man neue DNA einfügen kann. Die Größe des DNA-Fragments, das ein solches Molekül aufnehmen kann, hängt natürlich davon ab, in welchem Umfang die verzichtbare Region deletiert ist. Zwei Insertionsvektoren sind besonders beliebt:

- **λgt10** (◘ Abb. 6.12b) kann bis zu 8 kb neue DNA aufnehmen, eingebaut in die einzige *Eco*RI-Schnittstelle im *cI*-Gen. Da dieses Gen durch die eingefügte DNA inaktiviert wird, heben sich Rekombinanten mit ihren klaren Plaques von den ansonsten trüben Plaques ab (Abschnitt 5.4.2).
- **λZAPII** (◘ Abb. 6.12c) erlaubt den Einbau von bis zu 10 kb neuer DNA an einer von sechs Restriktionsstellen in einem Polylinker. Die zusätzliche DNA inaktiviert das *lacZ'*-Gen im

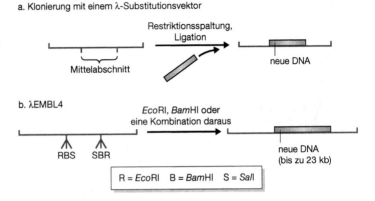

Abb. 6.13 λ-Substitutionsvektoren. a) Klonierung mit einem λ-Substitutionsvektor. b) Klonierung mit λEMBL4 (Bildrechte T. A. Brown)

Vektor, sodass Rekombinanten auf X-Gal-Agar keine blauen, sondern klare Plaques bilden.

Substitutionsvektoren

λ-Substitutionsvektoren besitzen zwei Erkennungsstellen für die Restriktionsendonuclease, die man zum Klonieren benutzt. Diese Stellen liegen beiderseits eines DNA-Abschnitts, der durch das zu klonierende Fragment ersetzt wird (■ Abb. 6.13a). Das ausgetauschte Segment (im Laborjargon oft »Stuffer-Fragment« genannt) trägt häufig weitere Restriktionsstellen, an denen man es in kleine Stücke schneiden kann, sodass sein Wiedereinbau in einem Klonierungsexperiment sehr unwahrscheinlich wird. Substitutionsvektoren sind im Allgemeinen so gestaltet, dass sie größere DNA-Stücke aufnehmen können als Insertionsvektoren. Die Selektion der Rekombinanten erfolgt oft aufgrund der Größe, denn nichtrekombinierte Vektoren sind so klein, dass sie nicht in die λ-Phagenköpfe verpackt werden (Abschnitt 5.5.4).

Ein Beispiel für einen Substitutionsvektor ist:
- λEMBL4 (■ Abb. 6.13b) kann DNA-Stücke bis zu 20 kb aufnehmen; ausgetauscht wird ein Fragment, das von jeweils zwei EcoRI-, BamHI- und SalI-Schnittstellen eingerahmt ist. Mit jeder dieser Restriktionsendonucleasen kann man das Mittelstück herausschneiden, sodass die Klonierung von DNA-Fragmenten mit verschiedenen klebrigen Enden möglich ist. Rekombinanten von λEMBL4 kann man entweder aufgrund der Größe selektieren oder aber anhand des Spi-Phänotyps (Abschnitt 5.4.3).

6.3.4 Klonierungsexperimente mit λ-Insertions- oder λ-Substitutionsvektoren

Klonierungsexperimente mit λ-Vektoren verlaufen nach den gleichen Prinzipien wie die mit Plasmiden: Man spaltet die λ-Moleküle mit einer Restriktionsendonuclease, setzt die neue DNA zu, ligiert das Gemisch und transfiziert mit den so entstandenen Molekülen kompetente E. coli-Wirtszellen (■ Abb. 6.14a). Für derartige Experimente muss der Vektor in Ringform vorliegen, das heißt, seine cos-Stellen müssen über Wasserstoffbrücken verbunden sein.

Ein solches Verfahren, das sich der Transfektion bedient, ist für viele Zwecke ausreichend, aber besonders effektiv ist es nicht. Wesentlich mehr Rekombinanten erhält man, wenn man die Vorgehensweise in einem oder zwei Punkten abwandelt. Erstens kann man die gestreckte Form des Vektors benutzen. Behandelt man diese Form des Vektors mit der jeweiligen Restriktionsendonuclease, so entstehen zwei Fragmente, der linke und der rechte Arm (■ Abb. 6.14b). Zur Konstruktion des rekombinierten Moleküls mischt man dann die DNA, die man klonieren möchte, mit den Vektorarmen. Bei der Ligation entstehen mehrere Molekülanordnungen, darunter auch Concatemere, in denen sich die Reihenfolge linker Arm – zu klonierende DNA – rechter Arm viele Male wiederholt (■ Abb. 6.14b). Hat die eingebaute DNA eine geeignete Länge, so liegen die cos-Stellen, welche die betreffenden Strukturen trennen, im richtigen Abstand für die in vitro-Verpackung (Abschnitt 5.3.2).

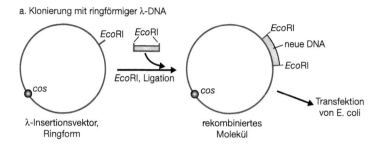

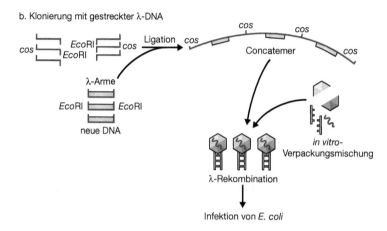

Abb. 6.14 Verschiedene Vorgehensweisen bei der Klonierung mit λ-Vektoren. a) Die Ringform der λ-DNA wird als Plasmid benutzt. b) Mit dem gereinigten linken und rechten Arm des λ-Genoms und der *in vitro*-Verpackung erhält man eine größere Zahl von Rekombinantenplaques (Bildrechte T. A. Brown)

Man kann also im Reagenzglas rekombinierte Phagen herstellen, mit denen man dann eine *E. coli*-Kultur infiziert. Mit diesem Verfahren und insbesondere mit der Methode der *in vitro*-Verpackung erhält man eine große Zahl von Rekombinantenplaques.

6.3.5 Sehr große DNA-Fragmente kann man in Cosmiden klonieren

Der letzte und raffinierteste Typ der von λ abgeleiteten Vektoren sind die **Cosmide**, eine Mischform aus Phagen-DNA und Bakterienplasmiden. Grundlage für ihre Konstruktion war die Erkenntnis, dass die Enzyme, die das λ-DNA-Molekül in die Proteinhülle des Phagen verpacken, für ihre Funktion nur die *cos*-Stellen benötigen (Abschnitt 2.2.2). Die *in vitro*-Verpackungsreaktion funktioniert deshalb nicht nur mit λ-Genomen, sondern mit jedem Molekül, das in einem Abstand von 37 bis 52 kb die beiden *cos*-Stellen enthält.

Ein Cosmid ist im Wesentlichen ein Plasmid, das eine *cos*-Stelle trägt (Abb. 6.15a). Außerdem muss es einen selektierbaren Marker enthalten, zum Beispiel ein Gen für Ampicillinresistenz, und einen Plasmidreplikationsstartpunkt, denn die Cosmide enthalten keinerlei λ-Gene mehr und bilden deshalb keine Plaques. Auf einem Selektionsmedium entstehen vielmehr Bakterienkolonien, genau wie bei einem Plasmidvektor.

Ein Klonierungsexperiment mit einem Cosmid läuft folgendermaßen ab (Abb. 6.15b): Man schneidet das Cosmid an seiner einzigen Restriktionsstelle und fügt die neuen DNA-Fragmente ein. Diese Fragmente erzeugt man normalerweise durch partielle Spaltung mit einer Restriktionsendonuclease, denn bei vollständigem Abbau würden unweigerlich Moleküle entstehen, die für die Klonierung in einem Cosmid zu klein sind. Die Ligation lässt man so ablaufen, dass Concatemere entstehen. Wenn die eingebaute DNA die richtige Länge hat, werden die *cos*-Stellen bei der *in vitro*-Verpackung geschnitten und die rekombinierten Cosmide in reife Phagenpartikel befördert. Mit

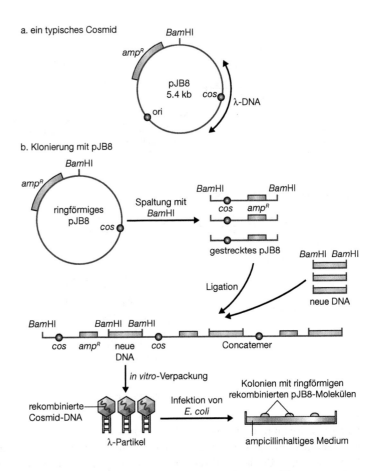

Abb. 6.15 Ein typisches Cosmid und seine Verwendung bei der Klonierung großer DNA-Fragmente (Bildrechte T. A. Brown)

diesen λ-Phagen infiziert man dann eine *E. coli*-Kultur, aber Plaques bilden sich daraus natürlich nicht. Man plattiert die infizierten Zellen vielmehr auf einem Selektionsmedium aus und lässt die antibiotikaresistenten Kolonien heranwachsen. Alle diese Kolonien sind Rekombinanten, denn nichtrekombinierte, gestreckte Cosmide sind so klein, dass sie nicht in die λ-Köpfe verpackt werden.

6.4 Mit λ- und anderen Vektoren mit hoher Kapazität kann man genomische Bibliotheken konstruieren

Das wichtigste Einsatzgebiet aller Vektoren auf λ-Basis ist die Klonierung von DNA-Fragmenten, die für Plasmid- oder M13-Vektoren zu groß sind. Ein Substitutionsvektor wie λEMBL4 kann bis zu 20 kb neue DNA aufnehmen, und die Kapazität einiger Cosmide liegt sogar bei bis zu 40 kb. Dagegen beträgt die Maximalgröße der eingebauten Fragmente bei den meisten Plasmiden etwa 8 kb und bei M13-Vektoren weniger als 3 kb.

Seit man solche großen DNA-Fragmente klonieren kann, eröffnet sich die Möglichkeit, **genomische Bibliotheken** herzustellen. Eine genomische Bibliothek ist eine Sammlung von Rekombinantenklonen, die zusammen die gesamte DNA eines einzigen Organismus repräsentieren. Eine genomische Bibliothek von *E. coli* würde beispielsweise alle Gene des Bakteriums enthalten, sodass man jedes einzelne davon aus der Sammlung entnehmen und gesondert untersuchen kann. Genomische Bibliotheken kann man über viele Jahre aufbewahren und immer wieder vermehren, sodass verschiedene Arbeitsgruppen sie untereinander austauschen können.

Die große Frage lautet: Wie viele Klone muss eine genomische Bibliothek mindestens umfassen?

Tab. 6.1 Zahl der Klone, die für genomische Bibliotheken verschiedener Organismen notwendig sind

Art	Genomgröße (bp)	Zahl der Klone* Fragmente von 17kb**	Art Fragmente von 35 kb***
Escherichia coli	$4{,}6 \times 10^6$	820	410
Saccharomyces cerevisiae	$1{,}8 \times 10^7$	3 225	1 500
Drosophila melanogaster	$1{,}2 \times 10^8$	21 500	10 000
Reis	$5{,}7 \times 10^8$	100 000	49 000
Mensch	$3{,}2 \times 10^9$	564 000	274 000
Frosch	$2{,}3 \times 10^{10}$	4 053 000	1 969 000

*Berechnet für eine Wahrscheinlichkeit (P) von 95 Prozent, dass jedes einzelne Gen in der Bibliothek enthalten ist.
**Fragmente, die sich für einen Substitutionsvektor wie λEMBL4 eignen.
***Fragmente, die sich für ein Cosmid eignen.

Die Antwort lässt sich errechnen, und zwar nach der Formel

$$N = \frac{\ln(1-P)}{\ln(1-a/b)}$$

Dabei ist N die Zahl der erforderlichen Klone, P die Wahrscheinlichkeit, dass jedes einzelne Gen vorhanden ist, a die Durchschnittslänge der in den Vektor eingebauten DNA-Fragmente und b die Gesamtgröße des Genoms.

Wie viele Klone man bei verschiedenen Organismen für eine genomische Bibliothek braucht, wenn man einen λ-Substitutionsvektor oder ein Cosmid verwendet, zeigt ◘ Tab. 6.1. Für Menschen und andere Säugetiere sind mehrere hunderttausend Klone notwendig. Eine solche Zahl von Klonen kann man ohne weiteres erzeugen, und auch die Methoden zur Identifizierung des gewünschten Gens (Kapitel 8) lassen sich so abwandeln, dass man derart viele Klone handhaben kann; deshalb sind genomische Bibliotheken dieses Umfangs durchaus nichts Unvernünftiges. Dennoch sucht man ständig nach Wegen, um die Zahl der für eine genomische Bibliothek erforderlichen Klone zu vermindern.

Eine Lösung besteht in der Entwicklung neuer Klonierungsvektoren, die größere DNA-Fragmente aufnehmen können. Die am häufigsten verwendeten Vektoren dieser Art sind die **künstlichen Bakterienchromosomen** (*bacterial artificial chromosomes*, **BACs**) auf der Grundlage des F-Plasmids (Abschnitt 2.1.3). Das F-Plasmid ist relativ groß, und die von ihm abgeleiteten Vektoren haben eine höhere Kapazität als andere Plasmidvektoren. Sie verkraften DNA-Abschnitte mit Längen bis zu 300 kb, sodass sich die Größe einer menschlichen genomischen Bibliothek auf 30 000 Klone verringert. Andere Vektoren mit hoher Kapazität konstruierte man aus dem Bakteriophagen **P1**, der gegenüber λ den Vorteil hat, dass sich DNA-Moleküle von bis zu 110 kb in sein Capsid »quetschen« lassen. Man hat auf der Grundlage von P1 cosmidähnliche Vektoren konstruiert und mit ihnen DNA-Fragmente von 75 bis 100 kb kloniert. Vektoren, die Merkmale der P1- und BAC-Vektoren in sich vereinigen, werden als **P1-abgeleitete künstliche Chromosomen**(*P1-derived artificial chromosomes,* **PACs**) bezeichnet; auch sie haben eine Kapazität von bis zu 300 kb.

6.5 Vektoren für andere Bakterien

Auch für mehrere andere Bakterienarten hat man Klonierungsvektoren entwickelt, so für *Streptomyces*, *Bacillus* und *Pseudomonas*. Manche dieser Vektoren leiten sich von Plasmiden ab, die für den jeweiligen Wirtsorganismus spezifisch sind; andere gehen auf **Plasmide mit breitem Wirtsspektrum** zurück, die sich in vielen verschiedenen Bakterien vermehren. Ein paar stammen auch von Bakteriophagen, die zu den jeweiligen Arten gehören. Als selektierbare Marker dienen auch hier meist Antibiotikaresistenzgene. Die meisten derartigen Vektoren ähneln bezüglich ihres allgemeinen Verwendungszweckes und ihres Einsatzgebiets den entsprechenden Molekülen von *E. coli*.

Weiterführende Literatur

Bolivar F, Rodriguez RL, Green PJ et al. (1977) Construction and characterization of new cloning vectors. II. A multipurpose cloning system. *Gene* 2: 95–113. [pBR322.]

Frischauf A-M, Lehrach H, Poustka A, Murray N (1983) Lambda replacement vectors carrying polylinker sequences. *Journal of Molecular Biology* 170: 827–42. [Die λEMBL-Vektoren.]

Ioannou PA, Amemiya CT, Garnes J et al. (1994) P1-derived vector for the propagation of large human DNA fragments. *Nature Genetics* 6: 84–89.

Melton DA, Krieg PA, Rebagliati MR, Maniatis T, Zinn K, Green MR (1984) Efficient *in vitro* synthesis of biologically active RNA and RNA hybridization probes from plasmids containing a bacteriophage SP6 promoter. *Nucleic Acids Research* 12: 7035–7056. [RNA-Synthese an DNA, die in einem Plasmid wie pGEM3Z kloniert ist.]

Sanger F, Coulson AR, Barrell BG, Smith AJM, Roe BA (1980) Cloning in single-stranded bacteriophage as an aid to rapid DNA sequencing. *Journal of Molecular Biology* 143: 161–178. [M13-Vektoren.]

Shiyuza H, Birren B, Kim UJ et al. (1992) Cloning and stable maintenance of 300 kilobase-pair fragments of human DNA in *Escherichia coli* using an F-factor-based vector. *Proceedings of the National Academy of Sciences of the USA* 89: 8794–8797. [Die erste Beschreibung eines BAC.]

Sternberg N (1992) Cloning high molecular weight DNA Fragments by the bacteriophage P1 system. *Trends in Genetics* 8: 11-16.

Yanisch-Perron C, Vieira J, Messing, J (1985) Improved M13 phage cloning vectors and host strains: nucleotide sequences of the M13mp18 and pUC19 vectors. *Gene* 33: 103–119.

Klonierungsvektoren für Eukaryoten

7.1	Vektoren für Hefe und andere Pilze – 96	
7.1.1	Selektierbare Marker für das 2-Mikron-Plasmid – 96	
7.1.2	Vektoren auf der Grundlage des 2-Mikron-Ringes: Episomale Plasmide der Hefe – 97	
7.1.3	Ein YEp kann sich in die chromosomale DNA der Hefe integrieren – 98	
7.1.4	Andere Hefe-Klonierungsvektoren – 98	
7.1.5	Mit künstlichen Chromosomen kann man riesige DNA-Stücke in Hefe klonieren – 99	
7.1.6	Vektoren für weitere Hefearten und andere Pilze – 101	
7.2	Klonierungsvektoren für höhere Pflanzen – 102	
7.2.1	*Agrobacterium tumefaciens:* Der kleinste »natürliche Gentechniker« – 102	
7.2.2	DNA-Klonierung in Pflanzen durch direkte Genübertragung – 106	
7.2.3	Versuche zum Einsatz von Pflanzenviren als Vektoren – 108	
7.3	Klonierungsvektoren für Tiere – 109	
7.3.1	Klonierungsvektoren für Insekten – 109	
7.3.2	Klonierung in Säugetieren – 110	
	Weiterführende Literatur – 112	

Bei den meisten Klonierungsexperimenten dient *E. coli* als Wirt, und deshalb gibt es für diesen Organismus auch das breiteste Spektrum an Klonierungsvektoren. Besonders beliebt ist *E. coli*, wenn man mit dem Klonierungsexperiment die Absicht verfolgt, grundlegende molekularbiologische Fragestellungen zu untersuchen, beispielsweise im Zusammenhang mit Struktur und Funktion von Genen. Unter manchen Umständen kann es aber von Vorteil sein, einen anderen Wirtsorganismus für die Klonierung zu verwenden. Das gilt besonders für die Biotechnologie (Kapitel 13), wenn es nicht um die Untersuchung von Genen geht, sondern um die Synthese oder Produktionssteigerung eines pharmazeutisch wichtigen Proteins (zum Beispiel eines Hormons wie Insulin), oder wenn man die Eigenschaften eines Organismus verändern möchte (beispielsweise indem man eine Nutzpflanze resistent gegen Unkrautvernichtungsmittel macht). Deshalb müssen auch Klonierungsvektoren für andere Organismen als *E. coli* erörtert werden.

7.1 Vektoren für Hefe und andere Pilze

Die Bäckerhefe *Saccharomyces cerevisiae* ist einer der wichtigsten Organismen in der Biotechnologie. Neben ihrer herkömmlichen Funktion beim Bierbrauen und Brotbacken dient die Hefe heute auch als Wirtsorganismus für die Herstellung wichtiger Arzneistoffe mithilfe klonierter Gene (Abschnitt 13.3.1). Ein wichtiger Anreiz für die Entwicklung von Hefe-Klonierungsvektoren war die Entdeckung eines Plasmids, das in den meisten Stämmen von *S. cerevisiae* vorkommt (Abb. 7.1). Dieser so genannte 2-Mikron-Ring ist eines der wenigen Plasmide aus eukaryotischen Zellen.

7.1.1 Selektierbare Marker für das 2-Mikron-Plasmid

Der 2-Mikron-Ring ist tatsächlich eine hervorragende Ausgangsbasis für die Entwicklung von Klonierungsvektoren. Er hat mit 6 kb die ideale Größe, und er kommt in den Hefezellen in 70 bis 200 Kopien vor. Zu seiner Replikation dienen ein Startpunkt auf dem Plasmid, mehrere Enzyme der Wirtszelle und die Proteine, die von den Genen *REP1* und *REP2* auf dem Plasmid codiert werden.

Dennoch ist es nicht ganz einfach, das 2-Mikron-Plasmid als Klonierungsvektor zu benutzen. Zunächst stellt sich die Frage nach einem selektierbaren Marker. Manche Hefeklonierungsvektoren tragen Gene für die Resistenz gegen Hemmstoffe wie Methotrexat und Kupfer, aber die meisten verbreiteten Hefevektoren bedienen sich eines völlig anderen Selektionssystems. In der Praxis benutzt man ein normales Hefegen, und zwar im Allgemeinen eines, das ein Enzym der Aminosäurebiosynthese codiert. Ein Beispiel ist das Gen *LEU2*: Es codiert die β-Isopropyl-Malatdehydrogenase, ein Enzym, das an der Umwandlung von Brenztraubensäure in Leucin beteiligt ist.

Um *LEU2* als selektierbaren Marker verwenden zu können, braucht man Wirtsorganismen eines bestimmten Typs. Es muss sich um eine **auxotrophe** Mutante handeln, deren eigenes *LEU2*-Gen nicht funktionsfähig ist. Eine derartige *leu2*⁻-Hefe kann kein Leucin synthetisieren und überlebt normalerweise nur, wenn man dem Nährmedium diese Aminosäure zusetzt (Abb. 7.2a). Die Selektion ist möglich, weil Transformanten auf dem Plasmid eine Kopie des Gens *LEU2* besitzen und deshalb auch ohne diese Aminosäure wachsen können. In einem Klonierungsexperiment plattiert man die Zellen also auf **Minimalmedium** (ohne Zusatz von Aminosäuren). Dann können nur die trans-

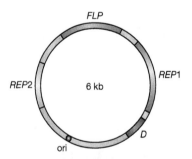

Abb. 7.1 Der 2-Mikron-Ring der Hefe. Die Gene *REP1* und *REP2* sind an der Replikation des Plasmids beteiligt, und *FLP* codiert ein Protein, das die A-Form des Plasmids (hier gezeigt) in die B-Form umwandeln kann; in dieser zweiten Form sind die Gene durch intramolekulare Rekombination umgeordnet. Die Funktion von *D* kennt man nicht genau (Bildrechte T. A. Brown)

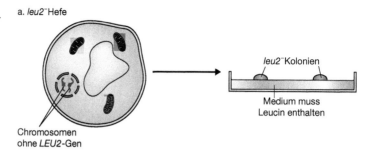

○ **Abb. 7.2** Das Gen *LEU2* als selektierbarer Marker in einem Hefeklonierungsexperiment (Bildrechte T. A. Brown)

7.1.2 Vektoren auf der Grundlage des 2-Mikron-Ringes: Episomale Plasmide der Hefe

Vektoren, die sich vom 2-Mikron-Ring ableiten, bezeichnet man als **episomale Hefeplasmide** oder **YEps** (*yeast episomal plasmids*). Manche von ihnen enthalten das gesamte 2-Mikron-Plasmid, andere nur dessen Replikationsstartpunkt. Ein typisches Beispiel für den zweiten Typ ist der Vektor mit der Bezeichnung YEp13 (○ Abb. 7.3).

An YEp13 werden mehrere allgemeine Merkmale von Hefeklonierungsvektoren deutlich. Zunächst einmal handelt es sich um einen Pendel- oder **Schaukelvektor** (*shuttlevector*): Er enthält neben dem 2-Mikron-Ring und dem selektierbaren Gen *LEU2* auch die gesamte Sequenz von pBR322, sodass seine Vermehrung und Selektion sowohl in Hefe als auch in *E. coli* möglich ist. Der Einsatz von Schaukelvektoren gründet sich auf mehrere Überlegungen. So kann es schwierig sein, ein rekombiniertes DNA-Molekül aus einer transformierten Hefekolonie wiederzugewinnen. Dieses Problem

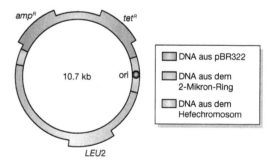

○ **Abb. 7.3** Das episomale Hefeplasmid YEp13 (Bildrechte T. A. Brown)

stellt sich nicht so stark bei den YEps, die in den Hefezellen vorwiegend als Plasmide vorliegen, aber bei anderen Hefevektoren, die sich in eines der Hefechromosomen integrieren können (Abschnitt 7.1.3), ist die Reinigung manchmal unmöglich. Das ist ein Nachteil: In vielen Klonierungsexperimenten muss man die rekombinierte DNA unbedingt in reiner Form gewinnen, um das richtige Molekül – zum Beispiel durch DNA-Sequenzierung – zu identifizieren.

Beim Klonieren in Hefe sieht das Standardverfahren deshalb so aus, dass man das anfängliche Klonierungsexperiment mit *E. coli* vornimmt und in diesem Organismus auch die Rekombinanten

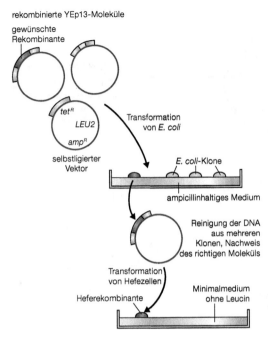

Abb. 7.4 Klonierung mit einem *E. coli*-Hefe-Schaukelvektor wie YEp13 (Bildrechte T. A. Brown)

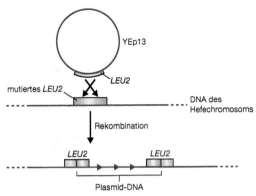

Abb. 7.5 Durch Rekombination zwischen den *LEU2*-Genen in Plasmid und Chromosom kann YEp13 in die chromosomale DNA der Hefe integriert werden. Nach dem Einbau ist das Gen *LEU2* in zwei Kopien vorhanden, von denen gewöhnlich die eine funktionsfähig und die andere mutiert ist (Bildrechte T. A. Brown)

selektiert. Dann kann man die rekombinierten Plasmide reinigen und charakterisieren, und anschließend bringt man das gewünschte Molekül in Hefezellen (◘ Abb. 7.4).

7.1.3 Ein YEp kann sich in die chromosomale DNA der Hefe integrieren

Wie das Wort »episomal« schon andeutet, kann sich ein YEp als unabhängiges Plasmid vermehren; es kann sich aber auch in eines der Hefechromosomen integrieren (siehe die Definition von »Episomen«, Abschnitt 2.1.1). Zur Integration kommt es, weil das Gen, das als selektierbarer Marker auf dem Vektor liegt, seinem mutierten Gegenstück in der chromosomalen DNA der Hefe stark ähnelt. Bei YEp13 kann beispielsweise zwischen dem *LEU2*-Gen des Plasmids und dem mutierten zelleigenen *LEU2*-Gen eine **homologe Rekombination** stattfinden, sodass das gesamte Plasmid in eines der Hefechromosomen aufgenommen wird (◘ Abb. 7.5). Es kann dann entweder integriert bleiben, oder es wird durch ein späteres Rekombinationsereignis wieder ausgeschnitten.

7.1.4 Andere Hefe-Klonierungsvektoren

Neben den YEps gibt es noch mehrere andere Klonierungsvektoren, die man mit *S. cerevisiae* benutzen kann. Am wichtigsten sind die beiden folgenden Typen:

1. **Integrierende Hefevektoren** (*yeast integrative plasmids*, **YIps**) sind im Wesentlichen Bakterienplasmide mit einem Hefegen. Ein Beispiel ist YIp5, ein pBR322-Plasmid mit einem eingebauten *URA3*-Gen (◘ Abb. 7.6a). Dieses Gen codiert die Orotidin-5′-Phosphat-Decarboxylase, ein Enzym, das einen Schritt im Biosyntheseweg der Pyrimidinnucleotide katalysiert; es dient in genau der gleichen Weise als selektierbarer Marker wie *LEU2*. Ein YIp enthält keinerlei Teile des 2-Mikron-Ringes und kann sich deshalb nicht als Plasmid replizieren; es ist für seine Vermehrung vielmehr auf die Integration in die chromosomale DNA der Hefe angewiesen. Der Einbau läuft genauso ab, wie es für die YEps beschrieben wurde (◘ Abb. 7.5).

2. **Replizierende Hefevektoren** (*yeast replicative plasmids*, **YRps**) können sich als unabhängige

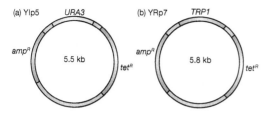

◘ **Abb. 7.6** Ein YIp- und ein YRp-Klonierungsvektor (Bildrechte T. A. Brown)

Plasmide vermehren, denn sie enthalten eine chromosomale DNA-Sequenz, die einen Replikationsstartpunkt einschließt. Solche Replikationsstartpunkte liegen bekanntermaßen sehr dicht neben mehreren Hefegenen, und unter diesen sind auch eines oder zwei, die man als selektierbare Marker benutzen kann. Ein Beispiel für einen replizierenden Vektor ist YRp7 (◘ Abb. 7.6b). Er besteht aus pBR322 und dem Hefegen *TRP1*. Dieses Gen, das an der Biosynthese von Tryptophan beteiligt ist, liegt im Chromosom neben einem Replikationsstartpunkt. Der DNA-Abschnitt von YRp7, der aus der Hefe stammt, enthält sowohl *TRP1* als auch diesen Replikationsstartpunkt.

Für die Entscheidung, welcher Hefevektor sich für ein bestimmtes Klonierungsexperiment am besten eignet, sind drei Gesichtspunkte ausschlaggebend. Der erste betrifft die **Transformationshäufigkeit**, das heißt die Zahl der Transformanten, die man mit einem Mikrogramm Plasmid-DNA erhält. Eine hohe Transformationshäufigkeit ist erforderlich, wenn man eine große Zahl von Rekombinanten braucht oder die Ausgangs-DNA knapp ist. Die höchste Transformationshäufigkeit, nämlich 10 000 bis 100 000 Transformanten je Mikrogramm, erzielt man mit den YEps. YRps sind mit 1 000 bis 10 000 Transformanten je Mikrogramm ebenfalls recht effizient. Mit YIps erhält man jedoch weniger als 1 000 Transformanten je Mikrogramm DNA, und wenn man keine besonderen Verfahren anwendet, sinkt die Zahl sogar auf eine bis zehn. In der geringen Transformationshäufigkeit der YIp-Vektoren spiegelt sich die Tatsache wider, dass sie nur dann in der Hefezelle erhalten bleiben, wenn das relativ seltene Ereignis einer Integration in die Chromosomen stattfindet.

Der zweite wichtige Faktor ist die Kopienzahl. Sie liegt für YEps und YRps mit 20 bis 50 beziehungsweise 5 bis 100 ebenfalls am höchsten; ein YIp liegt dagegen in der Zelle normalerweise nur mit einem Exemplar vor. Diese Zahlen sind von Bedeutung, wenn man mit dem klonierten Gen ein Protein erzeugen will, denn je mehr Kopien des Plasmids vorhanden sind, desto größer ist die wahrscheinliche Ausbeute.

Warum verwendet man also überhaupt die YIps? Diese Vektoren bilden sehr stabile Rekombinanten: Ist ein YIp in ein Chromosom integriert, geht es nur sehr selten wieder verloren. YRp-Rekombinanten sind dagegen äußerst instabil, denn wenn sich von der Hefezelle eine Tochterzelle abschnürt, neigen die Plasmide dazu, sich in der Ausgangszelle anzureichern, sodass die Tochterzelle keine Rekombinante mehr ist. Ähnliche Probleme gibt es bei YEp-Rekombinanten, aber mithilfe neuer Erkenntnisse über die biologischen Eigenschaften des 2-Mikron-Ringes gelang in den letzten Jahren auch die Herstellung stabilerer YEps. Dennoch bleibt das YIp der Vektor der Wahl, wenn es für das Experiment erforderlich ist, dass die rekombinierten Hefezellen in der Kultur das klonierte Gen sehr lange behalten.

7.1.5 Mit künstlichen Chromosomen kann man riesige DNA-Stücke in Hefe klonieren

Der letzte Typ von Hefe-Klonierungsvektoren, der hier erörtert werden soll, sind die **künstlichen Hefechromosomen** (*yeast artificial chromosomes*, **YACs**). Sie stellen einen völlig neuen Ansatz der DNA-Klonierung dar. Ihre Entwicklung war ein Nebenprodukt der Grundlagenforschung, die sich mit der Struktur von Eukaryotenchromosomen beschäftigte; diese Arbeiten führten zum Nachweis der drei entscheidenden Merkmale eines Chromosoms (◘ Abb. 7.7):

1. Das Centromer ist erforderlich, damit das verdoppelte Chromosom bei der Zellteilung korrekt an die Tochterzellen weitergegeben wird.
2. Zwei Telomere, Strukturen an den Enden des Chromosoms, werden für eine ordnungsgemäße Verdoppelung der Enden gebraucht;

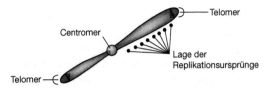

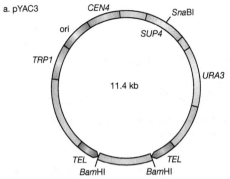

Abb. 7.7 Die Struktur eines Chromosoms. (Bildrechte T. A. Brown)

außerdem schützen sie das Chromosom gegen den Abbau durch Exonucleasen.
3. Die Replikationsstartpunkte sind die Stellen auf dem Chromosom, an denen die DNA-Verdoppelung beginnt, ähnlich wie beim Replikationsstartpunkt eines Plasmids.

Nachdem die Chromosomenstruktur derart definiert war, eröffnete sich die Möglichkeit, die einzelnen Bestandteile durch die DNA-Rekombinationstechnik zu isolieren und dann im Reagenzglas wieder zusammenzufügen, sodass ein künstliches Chromosom entstand. Da die DNA-Moleküle in den natürlichen Hefechromosomen mehrere hundert Kilobasen lang sind, sollte es mit solchen künstlichen Chromosomen möglich sein, größere DNA-Stücke zu klonieren als mit jedem anderen Vektorsystem.

Struktur und Anwendung eines YAC-Vektors

Man hat inzwischen mehrere YAC-Vektoren entwickelt; ihre Konstruktion erfolgte immer nach den gleichen Prinzipien. Ein typisches Beispiel ist pYAC3 (Abb. 7.8a). Auf den ersten Blick sieht pYAC3 nicht unbedingt wie ein künstliches Chromosom aus, aber bei näherem Hinsehen erkennt man seine einzigartigen Eigenschaften. pYAC3 ist im Wesentlichen das Plasmid pBR322, in das mehrere Hefegene eingebaut wurden. Von zwei dieser Gene, nämlich von *URA3* und *TRP1*, war bereits die Rede: Sie dienen bei YIp5 beziehungsweise YRp7 als selektierbare Marker. Wie bei YRp7 liegt in dem DNA-Fragment, welches das Gen *TRP1* trägt, auch ein Replikationsstartpunkt, aber bei pYAC3 ist dieser Abschnitt noch umfangreicher: Er umfasst zusätzlich eine Sequenz namens *CEN4*, die zur Centromerregion des Chromosoms 4 gehört. Das Fragment *TRP1* – Replikationsstartpunkt – *CEN4*

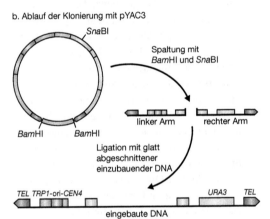

Abb. 7.8 Ein YAC-Vektor und seine Verwendung bei der Klonierung großer DNA-Stücke (Bildrechte T. A. Brown)

enthält also zwei der drei Bestandteile, die ein künstliches Chromosom besitzen muss.

Den dritten Baustein, die Telomere, steuern zwei Sequenzen namens *TEL* bei. Sie sind selbst keine vollständigen Telomersequenzen, aber wenn sie sich im Kern einer Hefezelle befinden, dienen sie als Anknüpfungssequenzen zum Aufbau von Telomeren. Damit ist nur noch ein Bestandteil von pYAC3 übrig, der bisher nicht erwähnt wurde: *SUP4* ist der selektierbare Marker, in den bei einem Klonierungsexperiment die neue DNA eingefügt wird.

Die Klonierung mit pYAC3 läuft folgendermaßen ab (Abb. 7.8b): Zunächst wird der Vektor durch kombinierte Behandlung mit *Bam* HI und *Sna*BI gespalten, sodass das Molekül in drei Fragmente zerfällt. Das *Bam* HI-Fragment wird entfernt, und es bleiben die beiden Arme übrig, die jeweils in einer *TEL*-Sequenz und einer *Sna*BI-Erkennungsstelle enden. Die DNA, die man klonieren möchte, muss glatte Enden haben (*Sna*BI erkennt die Sequenz TACGTA und macht glatte Schnitte); sie wird durch Ligation mit den Armen verknüpft. Das so entstandene künstliche Chromosom bringt man durch Protoplastentransformation (Abschnitt 5.5.1) in *S. cerevisiae*. Der Hefestamm, den man dazu benutzt, ist eine doppelt auxotrophe Mutante (*trp1⁻ura3⁻*), die durch die beiden Marker auf dem künstlichen Chromosom den Phänotyp *trp1⁺ura3⁺* erhält. Die Transformanten selektiert man durch Plattieren auf Minimalmedium, denn dabei wachsen nur Zellen, die ein richtig zusammengebautes künstliches Chromosom enthalten. Alle Zellen mit anderen Kombinationen, zum Beispiel mit zwei rechten oder linken Armen, können sich auf dem Minimalmedium nicht vermehren, weil ihnen einer der beiden Marker fehlt. Ob Fremd-DNA in den Vektor eingebaut ist, kann man überprüfen, indem man die Inaktivierung von *SUP4* nachweist; zu diesem Zweck gibt es einen einfachen Farbtest: Weiße Kolonien sind Rekombinanten, rote Kolonien sind keine.

Einsatzgebiete für YAC-Vektoren

Die ersten Anregungen zur Entwicklung künstlicher Chromosomen stammten von Genetikern, die sich mit Hefe beschäftigten und mithilfe solcher Konstruktionen die Struktur und Verhaltensweisen von Chromosomen untersuchen wollten, zum Beispiel ihre Trennung während der Meiose. Bei diesen Experimenten stellte man fest, dass sich künstliche Chromosomen in Hefezellen dauerhaft vermehren können; damit eröffnete sich die Möglichkeit, sie als Vehikel für Gene zu verwenden, die für die Klonierung als zusammenhängende Fragmente in *E. coli* zu lang sind. Mehrere wichtige Säugergene erstrecken sich über mehr als 100 kb der DNA (das menschliche Gen für Cystische Fibrose ist beispielsweise 250 kb lang); das liegt – von den raffiniertesten Klonierungssystemen abgesehen – jenseits der Möglichkeiten von *E. coli*-Vektoren (Abschnitt 6.4), aber durchaus im Kapazitätsbereich der YAC-Vektoren. Die YACs ebneten also den Weg zur Untersuchung der Funktion und Expression von Genen, die der Analyse mit der DNA-Rekombinationstechnik bis dahin nicht zugänglich waren. Eine neue Dimension erhielten solche Experimente durch die Entdeckung, dass YACs sich unter bestimmten Voraussetzungen auch in Säugerzellen fortpflanzen. Somit kann man die Genfunktion in Zellen des Organismus, in dem das Gen normalerweise zu Hause ist, untersuchen.

Ebenso wichtig sind YACs für die Herstellung von Genbibliotheken. Wie bereits erwähnt, braucht man bei einer Fragmentlänge von 300 kb, die für die *E. coli*-Vektoren mit der größten Kapazität die Obergrenze darstellt, etwa 30 000 Klone für eine menschliche Genbibliothek (Abschnitt 6.4). Mit YAC-Vektoren dagegen kloniert man routinemäßig Fragmente von bis zu 600 kb, und bestimmte Typen können sogar Abschnitte von bis zu 1 400 kb aufnehmen; auf diese Weise »schrumpft« die menschliche Genbibliothek auf nur noch 6 500 Klone. Leider gibt es bei diesen »Mega-YACs« Probleme mit der Stabilität des eingebauten Abschnitts: Manchmal wird die klonierte DNA durch Rekombination innerhalb des Moleküls umgeordnet. Dennoch erweisen sich die YACs mittlerweile als höchst wertvoll, denn sie liefern lange klonierte DNA-Stücke, die man in Großvorhaben wie dem Human-Genomprojekt einsetzen kann.

7.1.6 Vektoren für weitere Hefearten und andere Pilze

Klonierungsvektoren für weitere Hefearten und sonstige Pilze braucht man zur grundlegenden molekularbiologischen Erforschung dieser Organismen und zur Erweiterung ihrer Einsatzmöglichkeiten in der Biotechnologie. Episomale Plasmide auf der Grundlage des 2-Mikron-Ringes von *S. cerevisiae* vermehren sich auch in einigen anderen Hefearten, aber das Artenspektrum ist nicht so breit, dass solche Vektoren allgemein von großem Wert wären. Ohnehin entsprechen Integrationsplasmide, die den YIps vergleichbar sind, besser den Erfordernissen der Biotechnologie, denn sie führen zur Bildung stabiler Rekombinanten, die man in Bioreaktoren über lange Zeit hinweg züchten kann (Kapitel 13). Effiziente Integrationsvektoren gibt es mittlerweile für eine ganze Reihe von Wirtsorganismen, beispielsweise für die Hefen *Pichia pastoris* und *Kluveromyces lactis* sowie für die Fadenpilze *Aspergillus nidulans* und *Neurospora crassa*.

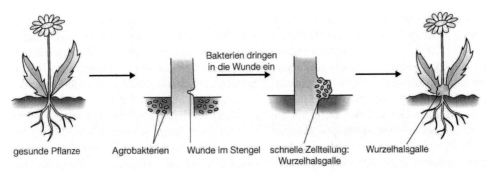

 Abb. 7.9 Die Wurzelhalsgallenkrankheit (Bildrechte T. A. Brown)

7.2 Klonierungsvektoren für höhere Pflanzen

Klonierungsvektoren für höhere Pflanzen wurden in den Achtzigerjahren des 20. Jahrhunderts entwickelt. Ihr Einsatz führte zu **gentechnisch veränderten Pflanzen**, die heute immer wieder Schlagzeilen machen. Mit der gentechnischen Abwandlung von Getreide und anderen Pflanzen werden wir uns in Kapitel 15 genauer befassen. Hier beschäftigen wir uns zunächst mit den Klonierungsvektoren und ihrer Anwendung.

Bei höheren Pflanzen hat man drei Arten von Vektorsystemen mit unterschiedlichem Erfolg verwendet:
1. Vektoren auf der Grundlage natürlich vorkommender Plasmide von *Agrobacterium*;
2. direkte Genübertragung mit Plasmid-DNA verschiedener Typen;
3. Vektoren auf der Grundlage von Pflanzenviren.

7.2.1 Agrobacterium tumefaciens: Der kleinste »natürliche Gentechniker«

Zwar kennt man bei höheren Pflanzen keine natürlich vorkommenden Plasmide, aber ein solches Molekül aus Bakterien, nämlich das Ti-Plasmid von *Agrobacterium tumefaciens*, ist von großer Bedeutung.

A. tumefaciens ist ein im Boden lebender Mikroorganismus, der bei vielen Arten zweikeimblättriger Pflanzen (Dikotyledonen) die Wurzelhalsgallenkrankheit hervorruft. Eine Wurzelhalsgalle entsteht, wenn die *A. tumefaciens*-Bakterien durch eine Wunde des Stammes in die Pflanze eindringen können. Nach der Infektion setzen die Bakterien im Stammgewebe im Bereich des Wurzelhalses eine krebsartige Zellvermehrung in Gang (Abb. 7.9).

Die Fähigkeit, die Wurzelhalsgallenkrankheit auszulösen, ist an die Gegenwart des Ti-Plasmids in den Bakterienzellen gekoppelt. (Ti bedeutet *tumorinducing*, »tumorauslösend«). Es handelt sich um ein großes Plasmid (über 200 kb), das zahlreiche an dem Infektionsvorgang beteiligte Gene trägt (Abb. 7.10a). Das Ti-Plasmid hat eine bemerkenswerte Eigenschaft: Ein Teil von ihm wird nach der Infektion in die chromosomale DNA der Pflanze integriert (Abb. 7.10b). Dieser Abschnitt, die so genannte **T-DNA**, ist 15 bis 30 kb groß, je nach dem Bakterienstamm. Sie bleibt in der Pflanzenzelle stabil erhalten und wird als integraler Bestandteil der Chromosomen an die Tochterzellen weitergegeben. Am bedeutsamsten ist jedoch, dass die T-DNA etwa acht Gene trägt, die in den Pflanzenzellen exprimiert werden und ihnen die krebsartigen Eigenschaften verleihen. Außerdem sorgen diese Gene in den Zellen für die Synthese der Opine, ungewöhnlicher Verbindungen, welche die Bakterien als Nährstoffe verwerten (Abb. 7.10c). Kurz gesagt programmiert *A. tumefaciens* die Pflanzenzellen gentechnisch zu seinem eigenen Nutzen um.

Das Einführen neuer Gene in eine Pflanzenzelle mithilfe des Ti-Plasmids

Sehr schnell wurde klar, dass man mithilfe des Ti-Plasmids neue Gene in Pflanzenzellen bringen kann. Dazu braucht man diese Gene nur in

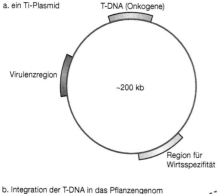

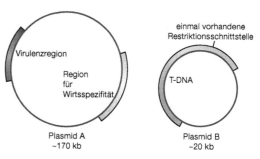

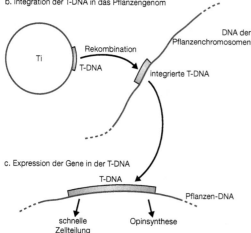

Abb. 7.10 Das Ti-Plasmid und sein Einbau in die chromosomale DNA der Pflanze nach einer Infektion mit *Agrobacterium tumefaciens* (Bildrechte T. A. Brown)

die T-DNA einzufügen, und dann kann man dem Bakterium die schwierige Aufgabe überlassen, sie in die chromosomale DNA der Pflanze einzubauen. In der Praxis hat sich diese Idee dennoch als recht problematisch erwiesen, besonders weil das Ti-Plasmid aufgrund seiner Größe nur schwer zu handhaben ist.

Das Hauptproblem besteht natürlich darin, dass eine nur einmal vorhandene Restriktionsstelle in einem Plasmid von 200 kb ein Ding der Unmöglichkeit ist. Man musste neue Verfahren entwickeln, um die Fremd-DNA in das Plasmid einzubauen. Zwei solche Methoden sind heute allgemein verbreitet:

1. Das **Zwei-Vektor-Verfahren** (Abb. 7.11) gründet sich auf die Beobachtung, dass die T-DNA physisch nicht mit dem Rest des Ti-Plasmids verbunden sein muss. Ein System mit zwei Plasmiden, bei dem die T-DNA als relativ kleines Molekül und der Rest des Plasmids in seiner normalen Form vorliegt, ist bei der Transformation von Pflanzenzellen ebenso wirksam. Manche Stämme von *A. tumefaciens* und verwandten *Agrobacterium*-Arten besitzen sogar von Natur aus solche Zwei-Plasmid-Systeme. Das T-DNA-Plasmid ist so klein, dass es mindestens eine Restriktionsstelle nur einmal enthält und sich deshalb mit den Standardmethoden manipulieren lässt.

Abb. 7.11 Das Zwei-Vektor-Verfahren. Wenn die Plasmide A und B in derselben Zelle von *Agrobacterium tumefaciens* vorhanden sind, komplementieren sie einander. Die T-DNA im Plasmid B wird auf die Pflanzen-DNA übertragen, und zwar durch Proteine, die von Genen im Plasmid A codiert werden (Bildrechte T. A. Brown)

2. Das **Verfahren der gemeinsamen Integration (Cointegration,** Abb. 7.12) bedient sich eines ganz neuen Plasmids, das sich von pBR322 oder einem ähnlichen *E. coli*-Vektor ableitet und einen kleinen Abschnitt der T-DNA umfasst. Wenn dieses neue Molekül und das Ti-Plasmid in derselben *A. tumefaciens*-Zelle vorhanden sind, dann können sie aufgrund der Homologie rekombinieren, sodass das pBR-Plasmid in den Bereich der T-DNA eingebaut wird. Das Gen, das man klonieren möchte, fügt man also in eine nur einmal vorhandene Restriktionsstelle des kleinen pBR-Plasmids ein, bringt das so veränderte Molekül in *A. tumefaciens*-Zellen mit dem Ti-Plasmid, und überlässt der natürlichen Rekombination die Aufgabe, das neue Gen in die T-DNA zu integrieren. Die Infektion einer Pflanze führt

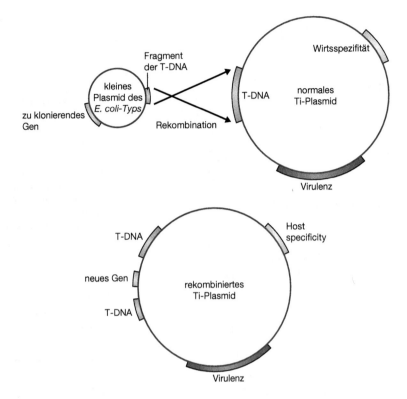

Abb. 7.12 Das Cointegrationsverfahren. (Bildrechte T. A. Brown)

dann zum Einbau der T-DNA einschließlich des neuen Gens in die Chromosomen der Pflanzenzellen

Die Herstellung transformierter Pflanzen mit dem Ti-Plasmid

Wenn man *A. tumefaciens*-Bakterien, die ein gentechnisch verändertes Ti-Plasmid enthalten, auf dem natürlichen Weg in die Pflanze bringt, indem man eine Wunde des Stammes infiziert, findet man das klonierte Gen nur in den Zellen der daraufhin entstehenden Wurzelhalsgalle (◘ Abb. 7.13a). Das aber ist, wie man sich leicht vorstellen kann, für die Zwecke der Biotechnologie zu wenig. Man braucht einen Weg, um das Gen in jede Zelle der Pflanze zu bringen.

Für dieses Problem gibt es mehrere Lösungen. Am einfachsten infiziert man nicht die ausgewachsene Pflanze, sondern eine Pflanzenzellen- oder Protoplastenkultur (Abschnitt 5.5.1) in Flüssigmedium (◘ Abb. 7.13b). Pflanzenzellen oder Protoplasten mit regenerierten Zellwänden kann man genauso behandeln wie Mikroorganismen, das heißt, man kann sie beispielsweise zur Isolierung von Transformanten auf einem Selektionsmedium ausplattieren. Eine reife Pflanze, die man aus transformierten Zellen regeneriert, enthält das klonierte Gen in allen Zellen und gibt es an ihre Nachkommen weiter. Die Regeneration einer transformierten Pflanze kann allerdings nur stattfinden, wenn man einen »**entwaffneten**« Ti-Vektor verwendet, der den transformierten Zellen keine krebsartigen Eigenschaften verleiht. Die Entwaffnung ist möglich, weil die krebserzeugenden Gene, die ausnahmslos in der T-DNA liegen, für die Infektion nicht erforderlich sind; für diesen Vorgang ist vielmehr die Virulenzregion des Plasmids verantwortlich. Die einzigen Teile der T-DNA, die an der Infektion mitwirken, sind zwei Sequenzwiederholungen von jeweils 25 bp am linken und rechten Ende des Abschnitts, der in die Pflanzen-DNA eingebaut wird. Jede DNA, die sich zwischen den Sequenzwiederholungen befindet, wird als »T-DNA« behandelt und in die Pflanze transportiert. Man kann also aus der normalen T-DNA alle krebserzeugen-

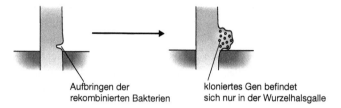
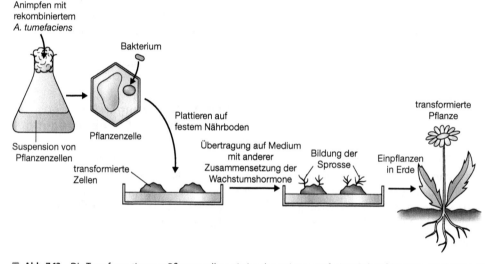

◼ **Abb. 7.13** Die Transformation von Pflanzenzellen mit *Agrobacterium tumefaciens*-Rekombinanten. a) Infektion einer Verletzung: Nur die Wurzelhalsgalle enthält transformierte Zellen. b) Transformation einer Zellsuspension: Alle Zellen der daraus entstehenden Pflanze sind transformiert (Bildrechte T. A. Brown)

den Gene entfernen und an ihrer Stelle eine völlig neue Gengruppe einfügen, ohne den Infektionsprozess zu stören.

Heute stehen mehrere entwaffnete Ti-Vektoren zur Verfügung; ein typisches Beispiel ist der Doppelvektor pBIN19 (◼ Abb. 7.14). Die in ihm vorhandenen Enden der T-DNA liegen beiderseits des *lacZ'*-Gens mit einer Reihe von Restriktionsstellen und eines Gens für Kanamycinresistenz, das seine Wirkung nach der Integration der Vektorsequenzen in das Pflanzenchromosom entfaltet. Wie bei den Hefe-Schaukelvektoren (Abschnitt 7.1.2) nimmt man die ersten Manipulationen, mit denen das zu klonierende Gen in pBIN19 eingefügt wird, in *E. coli* vor, und anschließend überträgt man das richtig rekombinierte Molekül in *A. tumefaciens* und mit diesem in die Pflanze. Die transformierten Pflanzenzellen selektiert man durch Plattieren auf einem kanamycinhaltigen Nährboden.

Das Ri-Plasmid

In den letzten Jahren wuchs auch das Interesse an Pflanzen-Klonierungsvektoren, die sich vom **Ri-Plasmid** von *Agrobacterium rhizogenes* ableiten. Das Ri- und das Ti-Plasmid sind sich sehr ähnlich. Der wichtigste Unterschied besteht darin, dass die Übertragung der T-DNA eines Ri-Plasmids in eine Pflanzenzelle nicht zur Entstehung einer Wurzelhalsgalle führt, sondern zu stark bewurzelten Zellwucherungen (*hairy root disease*), die das Wurzelsystem der Pflanze enorm anwachsen lassen. In der Biotechnologie befasst man sich damit, transformierte Wurzeln mit hoher Dichte in Flüssigkulturen heranzuzüchten, um damit möglicherweise große Mengen der Proteine herzustellen, die durch

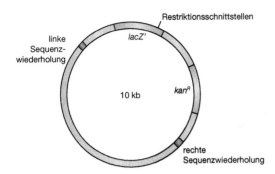

◘ **Abb. 7.14** Der binäre Ti-Vektor pBin19. kan^R = Gen für Kanamycinresistenz (Bildrechte T. A. Brown)

das in den Pflanzenzellen klonierte Gen gebildet werden (Abschnitt 13.3.3).

Beschränkungen für die Klonierung mit *Agrobacterium*-Plasmiden

Die höheren Pflanzen lassen sich in zwei große Kategorien einteilen: Einkeimblättrige (Monokotyledonen) und Zweikeimblättrige (Dikotyledonen). Aus einer ganzen Reihe von Gründen ist die Klonierung von Genen in Dikotyledonen wie Tomate, Tabak, Kartoffel, Erbse und Bohne relativ einfach, während man bei Monokotyledonen nur unter Schwierigkeiten zu den gleichen Ergebnissen gelangt. Das war ernüchternd, denn zu den Monokotyledonen gehören die weltweit wichtigsten Nutzpflanzen Weizen, Gerste, Reis und Mais, die natürlich besonders lohnende Objekte gentechnischer Projekte darstellen.

Die wichtigste Schwierigkeit liegt in der Tatsache, dass *A. tumefaciens* und *A. rhizogenes* in der Natur nur Dikotyledonen infizieren. Die Monokotyledonen gehören nicht zu ihrem normalen Wirtsspektrum. Eine Zeit lang glaubte man, diese natürliche Schranke sei unüberwindlich und Monokotyledonen seien gegenüber der Transformation mit Ti- und Ri-Vektoren völlig resistent; schließlich entwickelte man allerdings Verfahren, mit denen man die T-DNA künstlich übertragen konnte. Damit war die Geschichte aber noch nicht zu Ende. Zur Transformation mit einem *Agrobacterium*-Vektor gehört normalerweise die Regeneration einer vollständigen Pflanze aus einem transformierten Protoplasten, einer Zelle oder einer Kalluskultur. Wie leicht sich eine Pflanze regenerieren lässt, hängt stark von der jeweiligen Spezies ab, und auch hier sind die Schwierigkeiten bei den Monokotyledonen größer. Bei den Versuchen, dieses Problem zu umgehen, stand die Biolistik im Mittelpunkt, das Beschießen der Pflanzenzellen mit winzigen Projektilen (siehe Abschnitt 5.5.1), mit denen man die Plasmid-DNA unmittelbar in die Pflanzenembryonen einbringt. Obwohl diese Transformationsmethode recht gewalttätig erscheint, schädigt sie die Embryonen offenbar nicht übermäßig stark, denn diese setzen ihr normales Entwicklungsprogramm fort und reifen zu vollständigen Pflanzen heran. Das Verfahren war bei Mais und mehreren anderen wichtigen Monokotyledonen erfolgreich.

7.2.2 DNA-Klonierung in Pflanzen durch direkte Genübertragung

Mit der Biolistik umgeht man die Notwendigkeit, die DNA mithilfe von *Agrobacterium* in die Pflanzenzellen einzuschleusen. Beim **direkten Gentransfer** treibt man das Prinzip noch einen Schritt weiter: Hier ist auch das Ti-Plasmid entbehrlich.

Direkter Gentransfer in den Zellkern

Die direkte Genübertragung gründet sich auf ein Phänomen, das man 1984 zum ersten Mal beobachtete: Ein überspiralisiertes Bakterienplasmid, das sich in einer Pflanzenzelle allein nicht vermehren kann, wird unter Umständen dennoch durch Rekombination in ein Chromosom der Pflanze eingebaut. Der Rekombinationsvorgang selbst ist im Einzelnen nicht geklärt, aber er unterscheidet sich mit ziemlicher Sicherheit von der Integration der T-DNA. Er ist auch nicht mit der Integration der Hefevektoren in die Chromosomen (Abschnitt 7.1.3) vergleichbar, da er keine Sequenzähnlichkeit zwischen Bakterienplasmid und Pflanzen-DNA erfordert. Die Integration erfolgt offenbar zufällig an einer beliebigen Stelle in einem beliebigen Chromosom der Pflanze (◘ Abb. 7.15).

Für den direkten Gentransfer bedient man sich deshalb superspiralisierter Plasmid-DNA, möglichst eines einfachen Bakterienplasmids, in das man einen geeigneten selektierbaren Marker (zum Beispiel ein Gen für Kanamycinresistenz) und das zu klonierende Gen eingefügt hat. Häufig wird die

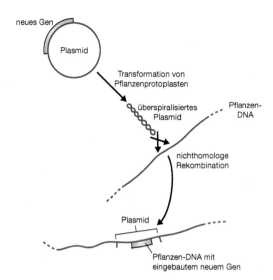

Abb. 7.15 Direkte Genübertragung (Bildrechte T. A. Brown)

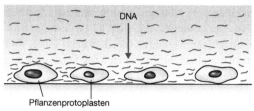

Abb. 7.16 Direkte Genübertragung durch Ausfällen der DNA an der Oberfläche von Protoplasten (Bildrechte T. A. Brown)

Plasmid-DNA durch Biolistik in die Pflanzenembryonen eingebracht, aber wenn man die Spezies, die man gentechnisch verändern möchte, aus Protoplasten oder einzelnen Zellen regenerieren kann, lassen sich auch andere Strategien anwenden, die möglicherweise effizienter sind als das Beschießen.

Bei einer dieser Methoden resuspendiert man die Protoplasten in einer dickflüssigen Lösung von Polyethylenglycol (PEG), einer polymeren, negativ geladenen Verbindung, die vermutlich die DNA auf der Oberfläche der Protoplasten ausfällt und ihre Aufnahme durch Endocytose in Gang setzt (◘ Abb. 7.16). Manchmal steigert man die Transformationshäufigkeit auch durch Elektroporation (Abschnitt 5.5.1).

Nach der Behandlung belässt man die Protoplasten einige Tage in der Lösung, damit sich neue Zellwände bilden können, und plattiert sie dann auf Selektionsmedium; nun kann man Transformanten identifizieren und Kalluskulturen herstellen, aus denen wieder ganze Pflanzen heranwachsen, wie es für das *Agrobacterium*-System beschrieben wurde (siehe ◘ Abb. 7.13b).

Genübertragung ins Chloroplastengenom

Wenn man DNA durch Biolistik in einen Pflanzenembryo bringt, dringen manchmal auch Teilchen in einen oder mehrere Chloroplasten der Zelle ein. Chloroplasten besitzen ihr eigenes Genom, das sich von den DNA-Molekülen im Zellkern unterscheidet (und viel kleiner ist). Unter besonderen Voraussetzungen kann die Plasmid-DNA auch in dieses Chloroplastengenom integriert werden. Anders als die DNA-Integration in Pflanzenchromosomen erfolgt der Einbau in das Chloroplastengenom nicht nach dem Zufallsprinzip: Die DNA, die kloniert werden soll, muss an ihren Enden Sequenzen tragen, die dem Abschnitt des Chloroplastengenoms, in den sie eingebaut werden soll, ähneln; nur dann kann durch homologe Rekombination (Abschnitt 7.1.3) der Einbau stattfinden. Jede dieser flankierenden Sequenzen muss rund 500 bp lang sein. In geringem Umfang lässt sich eine solche Transformation von Chloroplasten auch durch PEG-vermitteltes Einschleusen in Protoplasten erreichen; Voraussetzung ist auch hier, dass das aufgenommene Plasmid die flankierenden Sequenzen beinhaltet.

Eine Pflanzenzelle enthält mehrere Dutzend Chloroplasten, von denen in der Regel jeweils nur einer transformiert wird; die eingebaute DNA muss also einen selektierbaren Marker – beispielsweise ein Gen für Kanamycinresistenz – enthalten und man muss den Embryo über längere Zeit dem Antibiotikum aussetzen, damit sich in der Zelle nur die transformierten Genome fortpflanzen. Das bedeutet zwar, dass die Chloroplastentransformation in der Praxis schwierig ist, sie gewinnt aber in der Herstellung gentechnisch veränderter Nutzpflanzen als Ergänzung zu den eher traditionellen Methoden immer stärker an Bedeutung. Da jede Zelle viele Chloroplasten und nur einen Zellkern besitzt, wird ein in Chloroplasten eingebautes Gen häufig stärker exprimiert als eines, das sich in der Zellkern-DNA befindet. Das ist insbesondere dann von Bedeutung, wenn man mithilfe der gentechnisch veränderten Pflanzen pharmazeutisch wichtige Proteine gewinnen will (Kapitel 13). Erfolge hatte man mit dem Verfahren vor allem beim Tabak, aber auch bei nützlicheren Pflanzen wie Sojabohne und Baumwolle ist es bereits gelungen.

7.2.3 Versuche zum Einsatz von Pflanzenviren als Vektoren

Für *E. coli* sind λ und M13 in abgewandelter Form wichtige Klonierungsvektoren (Kapitel 6). Die meisten Pflanzen werden ebenfalls von Viren befallen; könnte man diese nicht auch zur DNA-Klonierung in Pflanzen benutzen? Wenn dies gelänge, wären die Viren viel bequemer anzuwenden als andere Vektoren, denn bei vielen Viren ist die Transformation schon dadurch zu erreichen, dass man die DNA auf die Blattoberfläche streicht. Durch den natürlichen Infektionsvorgang verbreitet sich das Virus dann in der ganzen Pflanze.

Die Frage, ob Pflanzenviren als Vektoren zu verwenden sind, wird schon seit etlichen Jahren untersucht, aber lange Zeit blieben Erfolge weitgehend aus. Zunächst stellt sich nämlich das Problem, dass das Genom der allermeisten Pflanzenviren nicht aus DNA, sondern aus RNA besteht. RNA-Viren sind aber als Klonierungsvektoren nicht sehr nützlich, weil sich RNA viel schwerer handhaben lässt als DNA. Man kennt nur zwei Klassen von DNA-Viren, die höhere Pflanzen infizieren: die **Caulimoviren** und die **Geminiviren**; beide eignen sich für die DNA-Klonierung nicht besonders gut.

Caulimovirusvektoren

Mit einem Caulimovirusvektor gelang zwar schon 1984 die Klonierung eines neuen Gens in Rübenpflanzen und damit eines der ersten gentechnischen Experimente an Pflanzen überhaupt, aber zwei Hauptschwierigkeiten schränken die Verwendbarkeit dieser Viren bisher ein.

Zunächst einmal ist die Gesamtgröße eines Caulimovirusgenoms wie bei λ beschränkt, weil es in die Proteine verpackt werden muss. Auch wenn man nicht-lebensnotwendige Abschnitte des Virusgenoms entfernt, ist seine Aufnahmekapazität für fremde DNA sehr begrenzt. Wie Forschungsarbeiten in jüngster Zeit gezeigt haben, lässt sich dieses Problem möglicherweise mit einem Helfervirus umgehen; die Strategie ist dabei ganz ähnlich wie bei den Phagmiden (Abschnitt 6.2.2). Der Klonierungsvektor ist dabei ein Genom des **Blumenkohl-Mosaikvirus** (*cauliflower mosaic virus*, **CaMV**), dem mehrere lebenswichtige Gene fehlen, sodass er zwar ein großes eingebautes Gen aufnehmen, selbst aber keine Infektion in Gang setzen kann. Zusammen mit dieser Vektor-DNA bringt man ein normales CaMV-Genom in die Pflanzen. Dieses normale Virusgenom stellt die Gene zur Verfügung, mit deren Hilfe der Klonierungsvektor in Virusproteine verpackt wird und sich über die Pflanze ausbreiten kann.

In dem Verfahren stecken erhebliche Möglichkeiten, aber die zweite Schwierigkeit, das äußerst enge Wirtsspektrum der Caulimoviren, ist damit nicht beseitigt. Es bedeutet, dass Klonierungsexperimente sich auf wenige Pflanzenarten beschränken müssen, vorwiegend auf Kreuzblütler wie Rüben, Weißkohl und Blumenkohl. Dennoch haben die Caulimoviren in der Gentechnik erhebliche Bedeutung erlangt, denn aus ihnen stammen sehr aktive Promotoren, die in allen Pflanzen wirksam sind; mit diesen Promotoren setzt man die Expression von Genen in Gang, die man mit dem Ti-Plasmid kloniert oder durch direkten Gentransfer in die Pflanzen eingeschleust hat.

Geminivirusvektoren

Wie steht es mit den Geminiviren? Diese Gruppe ist besonders interessant, denn zu ihren natürlichen Wirtsorganismen gehören Pflanzen wie Weizen und Mais, sodass sie für diese und andere Monokotyledonen als Vektoren infrage kommen. Sie bergen aber wieder eigene Probleme; unter anderem macht das Genom mancher Geminiviren während des Infektionszyklus Umordnungen und Deletionen durch, und dabei würde auch jede eingebaute DNA durcheinander gewürfelt – für einen Klonierungsvektor natürlich ein bedeutender Nachteil. Die Forschung hat sich über Jahre hinweg mit diesem Problem befasst, Und mittlerweile gibt es bei der Klonierung von Pflanzengenen erste spezialisierte Anwendungsbereiche. Einer davon ist das **virusinduzierte Gen-Silencing** (*virus induced gene silencing*, **VIGS**), eine Methode, mit der man die Funktionen einzelner Pflanzengene untersuchen kann.

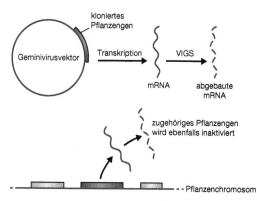

◻ **Abb. 7.17** Inaktivierung eines Pflanzengens durch virusinduziertes Gen-Silencing mit einem Geminivirusvektor (Bildrechte T. A. Brown)

Dabei nutzt man die natürlichen Abwehrmechanismen, mit denen Pflanzen sich vor Viren schützen. Das Verfahren, RNA-Silencing genannt, führt zum Abbau der Virus-RNA. Wird eine solche DNA an einem klonierten Gen im Geminivirusgenom transkribiert, werden nicht nur die Virus-Transkripte abgebaut, sondern auch die zelleigene mRNA, die an dem in der Pflanze vorhandenen Exemplar des Gens entsteht (◻ Abb. 7.17). Das Pflanzengen wird also »stumm«, und man kann die Auswirkungen der Inaktivierung auf den Phänotyp untersuchen.

7.3 Klonierungsvektoren für Tiere

Man hat beträchtliche Anstrengungen darauf verwendet, um Vektorsysteme zur Klonierung von Genen in Tierzellen zu entwickeln. Solche Vektoren braucht man in der Biotechnologie für die Synthese **rekombinanter Proteine** von Genen, die nach der Klonierung in E. coli oder Hefe nicht richtig exprimiert werden (Kapitel 13). Außerdem benötigt man in der klinischen Molekularbiologie Methoden zur Klonierung in Menschen, um Verfahren zur **Gentherapie** (Abschnitt 14.3) zu entwickeln, das heißt zur Behandlung von Krankheiten durch Einschleusen eines klonierten Gens in den Patienten.

Wegen der klinischen Aspekte haben Klonierungssysteme für Säugetiere viel Aufmerksamkeit auf sich gezogen, wichtige Fortschritte hat man aber auch bei Insekten gemacht. Die Klonierung in Insekten ist interessant, weil man sich dabei neuartiger Vektoren bedient, die uns bisher noch nicht begegnet sind. Wir wollen deshalb zunächst die Insektenvektoren betrachten und das Kapitel dann mit einem Überblick über Klonierungsverfahren für Säugetiere abschließen.

7.3.1 Klonierungsvektoren für Insekten

Die Taufliege *Drosophila melanogaster* war und ist bis heute einer der wichtigsten Modellorganismen der Biologen. Welche Möglichkeiten sie birgt, erkannte als Erster der berühmte Genetiker Thomas Hunt Morgan, der seit 1910 genetische Kreuzungen zwischen Taufliegen mit unterschiedlicher Augenfarbe, Körperform und anderen erblichen Eigenschaften durchführte. Seine Experimente führten zu den Verfahren, die man noch heute zur Kartierung von Genen bei Insekten und anderen Tieren verwendet. In jüngerer Zeit entdeckte man, dass die homöotischen Gene von *Drosophila* – das heißt die Gene, die den gesamten Körperbauplan der Fliege steuern – eng verwandt mit entsprechenden Genen der Säugetiere sind; das führte dazu, dass *D. melanogaster* heute auch als Modell für die Aufklärung von Entwicklungsvorgängen beim Menschen dient. Da die Taufliege in der modernen Biologie eine so große Bedeutung hat, ist es unumgänglich, dass Vektoren zur Klonierung von Genen in dieser Spezies zur Verfügung stehen.

P-Elemente als Klonierungsvektoren für *Drosophila*

Die Entwicklung von Klonierungsvektoren für *Drosophila* verlief auf anderen Wegen als bei Bakterien, Hefe, Pflanzen und Säugetieren. In Taufliegen gibt es, so weit man weiß, keine Plasmide, und obwohl sie wie alle Lebewesen anfällig für eine Infektion durch Viren sind, hat man diese nicht zum Ausgangspunkt für Klonierungsvektoren benutzt. Stattdessen bedient man sich zur Klonierung in *Drosophila* eines **Transposons**, das als **P-Element** bezeichnet wird.

Transposons sind bei allen Lebewesen weit verbreitet. Sie sind kurze DNA-Stücke (in der Regel weniger als 10 kb), die sich in den Chromosomen einer Zelle von einer Stelle zu anderen bewegen können. Die P-Elemente, einer von mehreren

a. Die Struktur eines P-Elements

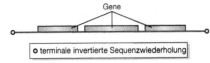

b. Transposition des P-Elements

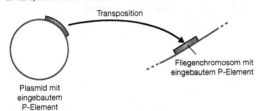

c. Die Struktur eines vom P-Element abgeleiteten Klonierungsvektors

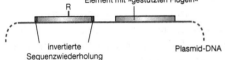

Abb. 7.18 Klonierung in *Drosophila* mit einem Vektor auf der Grundlage des P-Elements. a) Struktur eines P-Elements. b) Transposition eines P-Elements von einem Plasmid auf ein Chromosom der Fliege. c) Struktur des vom P-Element abgeleiteten Klonierungsvektors. Das linke P-Element enthält eine Klonierungsstelle (R), die sein Transposasegen auseinander reißt. Das rechte P-Element hat ein intaktes Transposasegen, kann aber selbst nicht transponieren, weil man ihm die »Flügel gestutzt« hat – ihm fehlen an den Enden die invertierten Sequenzwiederholungen (Bildrechte T. A. Brown)

Transposontypen bei *Drosophila*, sind 2,9 kb lang und enthalten drei Gene, die an beiden Enden des Elements von kurzen invertierten Sequenzwiederholungen eingerahmt sind (Abb. 7.18a). Die Gene codieren die Transposase, das Enzym, das die Transposition ausführt, und die invertierten Sequenzwiederholungen bilden die Erkennungssequenzen, mit deren Hilfe das Enzym die Enden des eingebauten Transposons identifiziert.

Die P-Elemente können sich nicht nur innerhalb eines einzigen Chromosoms von einer Position zu anderen bewegen, sondern sie springen auch zwischen den Chromosomen oder zwischen einem Plasmid, das ein P-Element enthält, und einem Chromosom der Fliege (Abbildung 7.18b). Der zuletzt genannte Vorgang ist entscheidend, wenn man die P-Elemente als Klonierungsvektoren verwenden will. Der Vektor ist ein Plasmid, das zwei P-Elemente trägt, und eines davon enthält die Einbaustelle für die DNA, die man klonieren möchte. Fügt man in dieses P-Element die neue DNA ein, wird das Gen für seine Transposase unterbrochen, sodass das Element nicht mehr aktiv ist. Dagegen besitzt das zweite in dem Plasmid vorhandene P-Element das Transposasegen in funktionsfähiger Form. Im Idealfall sollte dieses zweite Element selbst nicht in die *Drosophila*-Chromosomen gelangen, und deshalb hat man ihm die »Flügel gestutzt«: Seine invertierten Sequenzwiederholungen wurden entfernt, sodass die Transposase es nicht als echtes P-Element erkennt (Abb. 7.18c). Nachdem man das zu klonierende Gen in den Vektor eingefügt hat, bringt man die Plasmid-DNA durch Mikroinjektion in Taufliegenembryonen. Die Transposase aus dem P-Element mit den gestutzten Flügeln sorgt für die Übertragung des gentechnisch veränderten Elements in ein Chromosom der Taufliege. Spielt sich dieser Vorgang im Kern einer Keimbahnzelle ab, trägt die erwachsene Fliege, die sich aus dem Embryo entwickelt, in allen ihren Zellen Kopien des klonierten Gens. Die Klonierung mit P-Elementen wurde ursprünglich in den Achtzigerjahren des 20. Jahrhunderts entwickelt und führte zu einer Reihe wichtiger neuer Erkenntnisse in der *Drosophila*-Genetik.

Klonierungsvektoren auf der Grundlage von Insektenviren

Für die Klonierung in *Drosophila* hat man zwar keine Virusvektoren entwickelt, für andere Insekten jedoch spielt eine Gruppe von Viren, die **Baculoviren**, eine wichtige Rolle. Das wichtigste Anwendungsgebiet für Baculovirusvektoren ist die Herstellung rekombinanter Proteine; deshalb werden wir im Zusammenhang mit diesem Thema in Kapitel 13 auf sie zurückkommen.

7.3.2 Klonierung in Säugetieren

Gene in Säugetieren werden derzeit aus einem der folgenden drei Gründe kloniert:
1. Um ein Gen auszuschalten. Diese so genannte **Knockout-Technik** ist sehr wichtig, wenn man die Funktion eines nicht identifizierten Gens aufklären will (Abschnitt 12.1.2). Derartige

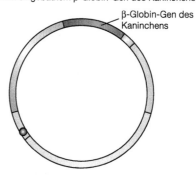

Abb. 7.19 SV40 und ein Beispiel für seine Verwendung als Klonierungsvektor. Zur Klonierung des β-Globin-Gens aus Kaninchen hat man das Restriktionsfragment zwischen der HindIII- und der BamHI-Stelle deletiert (sodass SVGT-5 entstand) und durch das Gen des Kaninchens ersetzt (Bildrechte T. A. Brown)

Experimente macht man in der Regel mit Nagetieren wie der Maus.
2. Um in Kulturen von Säugerzellen ein rekombinantes Protein herzustellen; eine verwandte Methode ist das **Pharming**, die gentechnische Veränderung eines Nutztieres, das dann – häufig mit seiner Milch – ein wichtiges Protein wie beispielsweise einen pharmazeutischen Wirkstoff synthetisiert (Abschnitt 13.3.3).
3. Um zum Zweck der **Gentherapie** menschliche Zellen so zu verändern, dass man mit ihnen eine Krankheit behandeln kann (Abschnitt 14.3).

Viren als Klonierungsvektoren für Säugetiere

Viele Jahre glaubte man, Viren würden sich als Schlüssel zur Klonierung in Säugetieren erweisen. Diese Erwartung hat sich nur teilweise erfüllt. Die ersten Klonierungsexperimente mit Säugerzellen führte man 1979 mit einem Vektor durch, der sich von dem Affenvirus 40 (*simian virus 40*, SV40) ableitete. Dieses Virus kann mehrere Säugerspezies infizieren, wobei es in manchen Organismen einen lytischen, in anderen einen lysogenen Zyklus durchmacht. Sein Genom ist 5,2 kb lang (Abb. 7.19a) und enthält zwei Gengruppen: die »frühen« Gene, die zu Beginn des Infektionszyklus exprimiert werden und die an der Replikation der Virus-DNA beteiligten Proteine codieren, und die »späten« Gene für die Capsidproteine des Virus. Bei SV40 stellt sich das gleiche Problem wie bei λ und den Caulimoviren der Pflanzen: Wegen des Verpackungsmechanismus kann nur eine beschränkte Menge an neuer DNA in das Genom eingefügt werden. Zur Klonierung mit SV40 ersetzt man deshalb eines oder mehrere der vorhandenen Gene durch die DNA, die man klonieren möchte. In dem ursprünglichen Experiment wurde ein Abschnitt aus dem Bereich der späten Gene ausgetauscht (Abb. 7.19b), aber man kann auch frühe Gene ersetzen.

In den Jahren seit 1979 hat man mehrere andere Virentypen verwendet, um Gene in Säugetieren zu klonieren:

- **Adenoviren** können größere DNA-Abschnitte aufnehmen als SV40-Vektoren, nämlich solche mit bis zu 8 kb; ihr Genom ist aber auch größer, sodass sie schwieriger zu handhaben sind.
- **Papillomviren** können ebenfalls relativ viel DNA aufnehmen. Besonders attraktiv ist das Rinder-Papillomvirus (*bovine papillomavirus*, BPV), das in Mauszellen einen ungewöhnlichen Infektionszyklus durchmacht: Es liegt dort in Form eines Viel-Kopien-Plasmids mit rund 100 Molekülen je Zelle vor, lässt aber die Mauszelle nicht absterben. Die BPV-Moleküle werden vielmehr bei der Zellteilung an die Tochterzellen weitergegeben, sodass eine dauerhaft transformierte Zelllinie entsteht. Mit Schaukelvektoren, die sowohl BPV- als auch

Abb. 7.20 Mehrere Kopien eines klonierten DNA-Moleküls, eingebaut als Tandemanordnung in der chromosomalen DNA (Bildrechte T. A. Brown)

E. coli-Sequenzen enthalten und sich in Maus- wie auch in Bakterienzellen replizieren, hat man in Maus-Zelllinien bereits rekombinante Proteine hergestellt. Das **Adeno-assoziierte Virus (AAV)** ist nicht mit den Adenoviren verwandt, man findet es aber häufig in den gleichen infizierten Geweben, denn AAV nutzt einige von Adenoviren produzierte Proteine, um seinen Replikationszyklus abzuschließen. Fehlt das Helfervirus, baut sich das AAV-Genom in die DNA der Wirtszelle ein. In den meisten Fällen von Virusintegration handelt es sich dabei um ein Zufallsereignis, AAV hat jedoch die ungewöhnliche Eigenschaft, dass es sich immer an der gleichen Stelle im Chromosom Nummer 19 des Menschen einbaut. Genau zu wissen, wo sich das klonierte Gen im Genom eines Wirtsorganismus befindet, ist von großer Bedeutung, wenn das Ergebnis des Klonierungsexperiments strengen Prüfungen standhalten muss wie in der Gentherapie und ähnlichen Anwendungsbereichen. Deshalb werden AAV-Vektoren auf ihr Potenzial in diesem Bereich untersucht.

— Am häufigsten verwendet man derzeit jedoch **Retroviren** als Vektoren für die Gentherapie. Sie werden zwar nach dem Zufallsprinzip integriert, die integrierte Form ist dann jedoch sehr stabil; auf diese Weise bleibt die therapeutische Wirkung des Gens über längere Zeit hinweg erhalten. Auf die Gentherapie werden wir in Kapitel 14 zurückkommen.

Genklonierung ohne Vektor

Dass Virusvektoren bei der Genklonierung in Säugerzellen nicht allgemein im Gebrauch sind, liegt unter anderem an einer Beobachtung, die man Anfang der Neunzigerjahre machte: Die wirksamste Methode, um neue Gene in Säugerzellen einzuschleusen, ist die Mikroinjektion. Sie ist in der Handhabung zwar schwierig, aber wenn man Bakterienplasmide oder die gestreckte DNA von Genen in die Kerne von Säugerzellen injiziert, wird die DNA in die Chromosomen eingebaut, und zwar vermutlich in mehreren, hintereinander angeordneten Kopien (Abb. 7.20). Dieses Verfahren ist meist zufrieden stellender als die Verwendung von Virusvektoren, denn man schließt damit aus, dass Virus-DNA die Zellen infiziert und alle möglichen Störungen verursacht.

Die Mikroinjektion von DNA ist die Voraussetzung für die Schaffung **transgener** Tiere; ein solches Tier enthält in allen seinen Zellen das klonierte Gen. Zur Erzeugung einer transgenen Maus mikroinjiziert man die DNA in eine befruchtete Eizelle, die anschließend über mehrere Zellteilungen hinweg *in vitro* weitergezüchtet und dann einer Ersatzmutter eingepflanzt wird. Alternativ kann man auch eine **embryonale Stammzelle (ES-Zelle)** verwenden. Solche Zellen, die man aus dem frühen Embryo gewinnen kann, sind im Gegensatz zu den meisten anderen Säugerzellen totipotent, das heißt, ihr weiterer Entwicklungsweg ist noch nicht festgelegt, sodass die von ihnen abstammenden Zellen in der erwachsenen Maus viele verschiedene Körperteile bilden können. Nach der Mikroinjektion bringt man die ES-Zelle wieder in einen Embryo, der dann der Ersatzmutter eingepflanzt wird. Die so entstehende Maus ist eine **Chimäre**: Sie enthält eine Mischung aus gentechnisch veränderten und unveränderten Zellen, denn der Embryo, der die ES-Zelle aufgenommen hat, enthielt auch mehrere normale Zellen, die ebenso zur Entstehung der erwachsenen Maus beigetragen haben. Mäuse, die keine Chimären sind und das klonierte Gen in sämtlichen Körperzellen enthalten, verschafft man sich durch Fortpflanzung der Chimäre; einige ihrer Nachkommen stammen von Eizellen ab, die das klonierte Gen enthalten.

Weiterführende Literatur

Brisson N, Paszkowski J, Penswick JR, Gromenborn B, Potrykus I, Hohn T (1984) Expression of a bacterial gene in plants by using a viral vector. *Nature* 310: 511–514 [Das erste Klonierungsexperiment mit einem Caulimovirus.]

Broach JR (1982) The yeast 2μm circle. *Cell* 28: 203–204

Weiterführende Literatur

Burke DT, Carle GE, Olson MV (1987) Cloning of large segments of exogenous DNA into yeast by means of artificial chromosome vectors. *Science* 236: 806–812

Carrillo-Tripp J, Shimada-Beltran H, Rivera-Bustamante R (2006) Use of gemioniviral vectors for functional genomics. *Current opinion in Plant Biology* 9: 209-215 [virusinduziertes Gen-Silencing]

Chilton MD (1983) Genmanipulation an Pflanzen: ein Schädling als Helfer. *Spektrum der Wissenschaft* 8: 36–47 [Das Ti-Plasmid.]

Colosimo A, Goncz KK, Holmes AR et al. (2000) Transfer and Expression of foreign genes in mammalian cells. *Biotechniques* 29: 314–321.

Daniel H, Kumar S, Dufourmantel N (2005) Breakthrough in chloroplast genetic engineering of agronomically important crops. *Trends in Biotechnology* 23: 238-245

Evans MJ, Carlton MBL, Russ AP (1997) Gene trapping and functional genomics. *Trends in Genetics* 13: 370–374 [Enthält eine Anleitung zur Verwendung von ES-Zellen.]

Graham FL (1990) Adenoviruses as expression vectors and recombinant vaccines. *Trends in Biotechnology* 8: 20–25

Guillon S, Trémouillaux-Guiller J, Pati PK, Rideau M, Gantet P (2006) Hairy root research: recent scenario and exciting prospects. *Current Opinion in Plant Biology* 9: 341-346 [Anwendungsbereiche für das Ri-Plasmid].

Hamer DH, Leder P (1979) Expression of the chromosomal mouse ß-maj-globin gene cloned in SV40. *Nature* 281: 35–40

Komori T, Imayama T, Kato N, Ishida Y, Ueki J, Komari T (2007) Current status of binary vectors and superbinary vectors. *Plant Physiology* 145: 1155-1160 [Die neuesten Versionen der Ti-Plasmidvektoren].

Maliga P (2004) Plastid transformation of higher plants. *Annual Reviews of Plant Biology* 55: 289-313

Parent SA et al. (1985) Vector systems for the expression, analysis and cloning of DNA sequences in *S.cerevisiae*. *Yeast* 1: 83–138 [Einzelheiten über verschiedene Hefe-Klonierungsvektoren.]

Paszkowski J, Shillito RD, Saul M et al. (1984) Direct gene transfer to plants. *EMBO Journal* 3: 2717–2722

Rubin GM, Spradling AC (1982) Genetic transformation of *Drosophila* with transposable element vectors. *Science* 218: 348–353 [Klonierungmit P-Elementen.]

Steinbiß H-H (1995) *Transgene Pflanzen*. Spektrum Akademischer Verlag, Heidelberg

Viaplana R, Turner DS, Covey SN (2001) Transient expression of a GUS reporter gene from cauliflower mosaic virus replacement vectors in the presence and absence of helper virus. *Journal of General Virology* 82: 59–65 [Das Helfervirus-Verfahren zur Klonierung mit CaMV.]

Die Gewinnung eines Klons von einem bestimmten Gen

8.1 Das Problem der Selektion – 116
8.1.1 Es gibt zwei grundlegende Wege, den gesuchten Klon ausfindig zu machen – 117

8.2 Direkte Selektion – 117
8.2.1 *Marker rescue* erweitert die Anwendungsmöglichkeiten der direkten Selektion – 118
8.2.2 Anwendungsbereich und Grenzen des *marker rescue*-Verfahrens – 118

8.3 Die Suche nach Klonen in einer Genbibliothek – 119
8.3.1 Genbibliotheken – 120
8.3.2 Nicht alle Gene werden zur gleichen Zeit exprimiert – 120
8.3.3 mRNA lässt sich als komplementäre DNA klonieren – 121

8.4 Methoden zur Identifizierung von Klonen – 122
8.4.1 Komplementäre Nucleinsäurestränge hybridisieren untereinander – 122
8.4.2 Kolonie- und Plaquehybridisierung – 122
8.4.3 Beispiele für den praktischen Einsatz der Nucleinsäurehybridisierung – 124
8.4.4 Methoden zur Identifizierung eines klonierten Gens durch den Nachweis seines Genprodukts – 130

Weiterführende Literatur – 131

In den vorangegangenen Kapiteln haben wir uns mit den grundlegenden Methoden zur Klonierung von Genen beschäftigt und uns einen Überblick über die Vektortypen verschafft, die man in Verbindung mit Bakterien, Hefe, Pflanzen und Tieren verwendet. Jetzt müssen wir uns ansehen, welche Vorgehensweisen zur Verfügung stehen, um einen Klon eines ganz bestimmten einzelnen Gens zu bekommen. Dies ist der entscheidende Prüfstein für ein Klonierungsexperiment: Erfolg oder Misslingen hängen häufig davon ab, ob man eine Strategie entwickeln kann, um Klone des gewünschten Gens entweder unmittelbar zu selektieren oder aber von anderen Rekombinanten zu unterscheiden. Wenn man dieses Problem gelöst und einen Klon gewonnen hat, kann man mit einem breiten Spektrum unterschiedlicher Methoden nähere Aufschlüsse über das Gen gewinnen. Die wichtigsten derartigen Verfahren werden in den Kapiteln 10 und 11 beschrieben.

8.1 Das Problem der Selektion

Welches Problem sich stellt, wenn man einen Klon von einem einzigen, bestimmten Gen gewinnen möchte, wurde in Abbildung 1.4 deutlich. Schon die einfachsten Organismen, zum Beispiel *E. coli*, enthalten mehrere tausend Gene, und wenn man die gesamte Zell-DNA mit einem Restriktionsenzym behandelt, entsteht nicht nur das Fragment mit dem gesuchten Gen, sondern auch viele andere Abschnitte mit allen anderen Genen (Abb. 8.1a). Bei der Ligationsreaktion findet natürlich keine Selektion eines bestimmten Fragments statt: Es entstehen vielmehr zahlreiche rekombinierte DNA-Moleküle, von denen jedes einen anderen DNA-Abschnitt enthält (Abb. 8.1b). Nach Transformation und Plattieren erhält man also eine breite Palette rekombinierter Klone (Abb. 8.1c). Irgendwie muss man nun den richtigen finden.

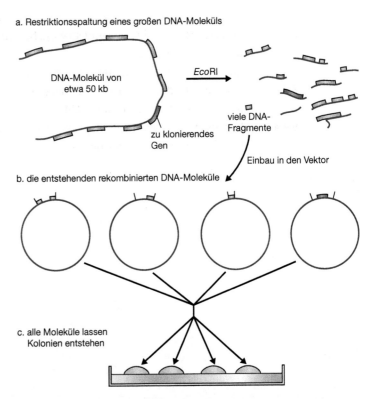

Abb. 8.1 Das Problem der Selektion (Bildrechte T. A. Brown)

8.2 · Direkte Selektion

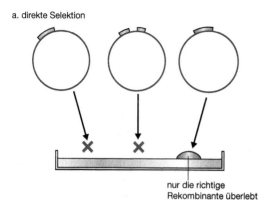

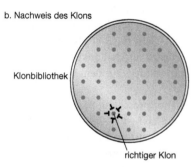

Abb. 8.2 Die grundsätzlichen Verfahren zur Gewinnung eines bestimmten Klons. a) Direkte Selektion b) Identifizierung der gesuchten Rekombinanten in einer Klonbibliothek (Bildrechte T. A. Brown)

8.1.1 Es gibt zwei grundlegende Wege, den gesuchten Klon ausfindig zu machen

Es gibt zwar zahlreiche unterschiedliche Verfahrensweisen, um den gewünschten Klon zu identifizieren, aber sie sind alle lediglich Abwandlungen zweier grundlegender Prinzipien:
1. **Direkte Selektion des gewünschten Gens** (Abb. 8.2a): Das Klonierungsexperiment ist so angelegt, dass alle entstehenden Klone das gesuchte Gen enthalten. Die Selektion findet dabei fast immer im Stadium des Ausplattierens statt.
2. **Identifizierung des Klons in einer Genbibliothek** (Abb. 8.2b): Man führt zunächst eine »Schrotschussklonierung« durch; dabei entsteht eine Klonbibliothek, die alle oder die meisten Gene der Zelle repräsentiert. Anschließend analysiert man die einzelnen Klone, um den richtigen zu identifizieren.

Im Allgemeinen ist die direkte Selektion die bevorzugte Methode, denn sie lässt sich schnell durchführen und liefert üblicherweise eindeutige Ergebnisse. Wie noch erläutert wird, lässt sie sich aber nicht auf alle Gene anwenden. Deshalb sind Verfahren zur Identifizierung von Klonen äußerst wichtig.

8.2 Direkte Selektion

Damit man nach einem klonierten Gen suchen kann, muss man die Transformanten zunächst auf einem Agarmedium plattieren, auf dem nur die gesuchten Rekombinanten und keine anderen Zellen wachsen können. Die Kolonien, die dann entstehen, setzen sich ausschließlich aus Zellen zusammen, die das gewünschte rekombinierte DNA-Molekül enthalten.

In dem einfachsten Beispiel für die direkte Selektion verleiht das gesuchte Gen die Resistenz gegen ein Antibiotikum. Der Ablauf soll an einem Experiment verdeutlicht werden, in dem das Gen für Kanamycinresistenz aus dem Plasmid R6-5 kloniert wird. Insgesamt trägt dieses Plasmid die Gene für Resistenzen gegen vier Antibiotika: Kanamycin, Chloramphenicol, Streptomycin und Sulfonamid. Das Gen für die Kanamycinresistenz liegt in einem der 13 *Eco*RI-Fragmente (Abb. 8.3a).

Um dieses Gen zu klonieren, baut man die *Eco*RI-Fragmente von R6-5 in die *Eco*RI-Schnittstelle eines Vektors wie pBR322 ein. Nach der Ligation enthält das Gemisch 13 verschiedene rekombinierte DNA-Moleküle, jedes in vielen Kopien; eine dieser Varianten trägt das Gen für die Kanamycinresistenz (Abb. 8.3b).

Wenn man die *Eco*RI-Stelle von pBR322 benutzt, wird durch den Einbau kein Gen des Plasmids inaktiviert, denn die Schnittstelle liegt weder im Ampicillin- noch im Tetracyclinresistenzgen (Abb. 6.1). Bei der Klonierung des Gens für Kanamycinresistenz ist das aber ohne Bedeutung, denn in diesem Fall kann man das klonierte Gen als selektierbaren Marker benutzen. Man plattiert die Transformanten auf kanamycinhaltigem Agar; dort können nur diejenigen Rekombinanten überleben und Kolonien bilden, die das klonierte Gen für die Kanamycinresistenz enthalten (Abb. 8.3c).

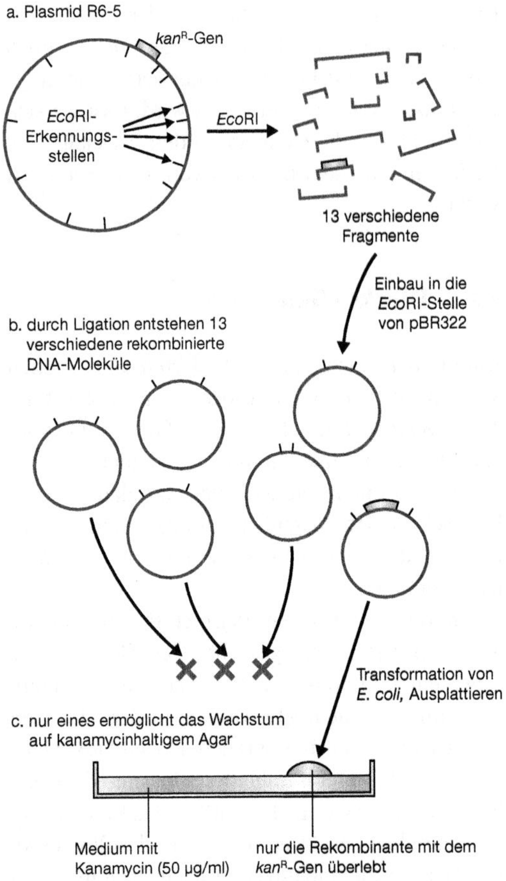

a. Plasmid R6-5

kan^R-Gen
EcoRI-Erkennungsstellen
EcoRI →
13 verschiedene Fragmente

Einbau in die EcoRI-Stelle von pBR322

b. durch Ligation entstehen 13 verschiedene rekombinierte DNA-Moleküle

Transformation von *E. coli*, Ausplattieren

c. nur eines ermöglicht das Wachstum auf kanamycinhaltigem Agar

Medium mit Kanamycin (50 μg/ml)
nur die Rekombinante mit dem kan^R-Gen überlebt

Abb. 8.3 Unmittelbare Selektion des klonierten Gens für Kanamycinresistenz (*kan*^R) im Plasmid R6-5 (Bildrechte T. A. Brown)

8.2.1 Marker rescue erweitert die Anwendungsmöglichkeiten der direkten Selektion

Die direkte Selektion wäre nur sehr beschränkt einsetzbar, wenn man sie nur bei Genen für Antibiotikaresistenzen benutzen könnte. Glücklicherweise lassen sich ihre Anwendungsmöglichkeiten aber erweitern, wenn man mutierte *E. coli*-Stämme als Wirte für die Transformation benutzt.

Als Beispiel soll ein Experiment dienen, in dem das Gen *trpA* aus *E. coli* kloniert wird. Es codiert das Enzym Tryptophansynthase, das an der Biosynthese der lebenswichtigen Aminosäure Tryptophan beteiligt ist. Ein mutierter *E. coli*-Stamm, dessen *trpA*-Gen nicht funktionsfähig ist, wird *trpA*⁻ genannt und kann nur überleben, wenn man dem Kulturmedium Tryptophan zusetzt. *E. coli-trpA*⁻ ist also ein weiteres Beispiel für eine auxotrophe Mutante (Abschnitt 7.1.1).

Mit einer solchen Mutante kann man das *trpA*-Gen in seiner funktionsfähigen Form klonieren. Zunächst reinigt man die DNA aus einem normalen (Wildtyp-) Stamm des Bakteriums. Durch Behandlung mit einer Restriktionsendonuclease und anschließende Ligation mit einem Vektor entstehen zahlreiche rekombinierte DNA-Moleküle, von denen eines, wenn man Glück hat, eine unversehrte Kopie des *trpA*-Gens trägt (◻ Abb. 8.4a). Dabei wird es sich natürlich um das funktionsfähige Gen handeln, denn es wurde ja aus dem Wildtypstamm gewonnen.

Mit der Ligationsmischung transformiert man die auxotrophen *E. coli-trpA*⁻-Zellen (◻ Abb. 8.4b). Die entstehenden Transformanten sind ganz überwiegend immer noch auxotroph, aber einige tragen die im Plasmid enthaltene Kopie des funktionsfähigen *trpA*-Gens. Solche Rekombinanten sind nicht auxotroph: Sie brauchen das zugesetzte Tryptophan nicht mehr, weil das klonierte Gen die Tryptophansyntheseproduktion in Gang setzt (◻ Abb. 8.4c). Zur direkten Selektion plattiert man die Transformanten also auf Minimalmedium ohne jeden Zusatz und insbesondere ohne Tryptophan (◻ Abb. 8.4d). Auxotrophe Zellen wachsen auf Minimalmedium nicht; die einzigen Kolonien, die auftauchen können, sind also diejenigen mit dem klonierten *trpA*-Gen.

8.2.2 Anwendungsbereich und Grenzen des *marker rescue*-Verfahrens

Mit dem Verfahren des *marker rescue* kann man Klone von vielen Genen gewinnen, aber die Methode unterliegt zwei Beschränkungen:
1. Es muss ein Mutantenstamm für das fragliche Gen verfügbar sein.
2. Man braucht ein Medium, auf dem nur der Wildtyp überlebt.

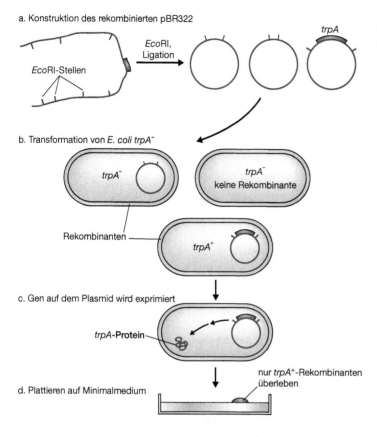

Abb. 8.4 Direkte Selektion des *trpA*-Gens, das in einem *trpA*⁻-Stamm von *E. coli* kloniert wurde (Bildrechte T. A. Brown)

Ganz allgemein lässt sich das Verfahren bei Genen anwenden, die Biosyntheseenzyme codieren, denn dann kann man auf Minimalmedium selektieren, wie es für *trpA* beschrieben wurde. Die Methode ist aber nicht auf *E. coli* oder überhaupt auf Bakterien beschränkt. Von der Hefe und von Fadenpilzen gibt es ebenfalls auxotrophe Stämme, und man hat mit dem *marker rescue*-Verfahren auch Gene selektiert, die in diesen Organismen kloniert wurden.

Außerdem kann man auxotrophe *E. coli*-Stämme für die Selektion einiger Gene aus anderen Organismen verwenden. Oft weisen die entsprechenden Enzyme aus anderen Bakterien oder sogar aus Hefe so viele Ähnlichkeiten auf, dass sie auch in *E. coli* funktionieren und die Wirtszellen zum Wildtyp transformieren können.

8.3 Die Suche nach Klonen in einer Genbibliothek

Das *marker rescue*-Verfahren ist zwar eine sehr wirkungsvolle Methode, aber es ist nicht allumfassend; zahlreiche wichtige Gene lassen sich auf diese Weise nicht isolieren. Viele Bakterienmutanten sind nicht auxotroph, sodass man Mutanten- und Wildtypstämme nicht durch Plattieren auf Minimal- oder einem anderen Spezialmedium auseinander halten kann. Außerdem ist weder das *marker rescue*-Verfahren noch irgendeine andere direkte Selektionsmethode von großem Nutzen, wenn man Bakterienklone mit Genen höherer Organismen (zum Beispiel aus Tieren oder Pflanzen) gewinnen will; in diesen Fällen sind die Unterschiede gewöhnlich so groß, dass das fremde Enzym in den Bakterienzellen nicht funktioniert.

Deshalb muss man sich einen anderen Weg überlegen. Er besteht darin, zunächst viele ver-

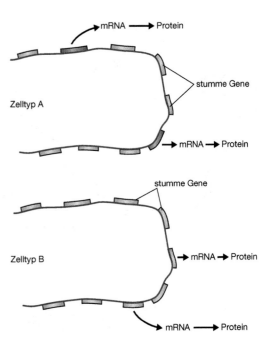

◻ **Abb. 8.5** Herstellung einer Genbibliothek mit einem Cosmidvektor (Bildrechte T. A. Brown)

◻ **Abb. 8.6** In den einzelnen Zelltypen werden unterschiedliche Gene exprimiert (Bildrechte T. A. Brown)

schiedene Klone zu erzeugen und unter ihnen dann irgendwie den gewünschten herauszusuchen.

8.3.1 Genbibliotheken

Bevor die Methoden erörtert werden, mit denen man einzelne Klone identifizieren kann, muss die Bibliothek selbst beschrieben werden. Eine genomische Bibliothek (Abschnitt 6.4) ist eine Sammlung von Klonen, deren Zahl so groß ist, dass in ihnen wahrscheinlich jedes Gen eines bestimmten Organismus vorhanden ist. Zur Herstellung einer genomischen Bibliothek reinigt man die gesamte Zell-DNA, baut sie mit einem Restriktionsenzym teilweise ab und kloniert die so entstandenen Fragmente in einem geeigneten Vektor (◻ Abb. 8.5), gewöhnlich einem λ-Substitutionsvektor, einem Cosmid oder vielleicht auch einem künstlichen Hefechromosom (YAC), einem künstlichen Bakterienchromosom (BAC) oder einem P1-Vektor.

Bei Bakterien, Hefe und anderen Pilzen braucht man für eine vollständige genomische Bibliothek nicht so viele Klone, als dass ihre Zahl nicht mehr handhabbar wäre (Tabelle 6.1). Bei Pflanzen und Tieren enthält eine solche Sammlung jedoch derart viele verschiedene Klone, dass die Identifizierung des einen, den man sucht, eine gewaltige Aufgabe sein kann. Nützlicher sind deshalb bei solchen Organismen häufig Bibliotheken eines anderen Typs, die nicht für den gesamten Organismus spezifisch sind, sondern für einen bestimmten Zelltyp.

8.3.2 Nicht alle Gene werden zur gleichen Zeit exprimiert

Ein charakteristisches Merkmal der meisten vielzelligen Organismen ist die Spezialisierung einzelner Zellen. Im menschlichen Organismus gibt es beispielsweise eine große Zahl verschiedener Zelltypen: Gehirnzellen, Blutzellen, Leberzellen und so weiter. Natürlich enthält jede Zelle die gleiche Ausstattung an Genen, aber in den einzelnen Typen werden unterschiedliche Gengruppen angeschaltet, während andere inaktiv oder »stumm« bleiben (◻ Abb. 8.6).

Die Tatsache, dass in den Zellen jedes einzelnen Typs immer nur eine vergleichsweise kleine Zahl aller Gene exprimiert wird, kann man sich bei der Herstellung einer Bibliothek zunutze machen, indem nicht die DNA der Zellen, sondern ihre **Messenger-RNA (mRNA)** als Ausgangsmaterial einer Klonierung dient. Nur die exprimierten Gene werden in mRNA transkribiert, und wenn man diese als Ausgangsmaterial verwendet, repräsentieren die entsprechenden Klone nur eine Auswahl aus der Gesamtzahl der Gene in der Zelle.

Besonders nützlich ist eine Klonierungsmethode, die sich der mRNA bedient, wenn das gesuchte Gen in Zellen eines bestimmten Typs stark exprimiert wird. Ein Beispiel ist das Gen für Gliadin, ein wichtiges Nahrungsprotein im Weizen: Es wird in den Zellen entstehender Weizensamen in sehr großem Umfang abgelesen. In diesen Zellen codieren über 30 % der mRNA das Gliadin. Könnte man also die mRNA aus Weizensamen klonieren, würde man natürlich viele Klone erhalten, die für Gliadin spezifisch sind.

8.3.3 mRNA lässt sich als komplementäre DNA klonieren

Die mRNA selbst lässt sich nicht mit einem Klonierungsvektor verknüpfen. Man kann sie aber in DNA umschreiben, indem man ihre **komplementäre DNA** (*complementary DNA*, **cDNA**) synthetisiert.

Das Schlüsselenzym für diesen Vorgang ist die Reverse Transkriptase (Abschnitt 4.1.3): Sie synthetisiert einen DNA-Polynucleotidstrang, der zu einem bereits vorhandenen RNA-Strang komplementär ist (◘ Abb. 8.7a). Wenn dieser cDNA-Strang fertig ist, kann man den RNA-Anteil des Hybridmoleküls durch Behandlung mit Ribonuclease H teilweise abbauen (◘ Abb. 8.7b). Die verbleibenden RNA-Fragmente dienen dann als Primer (Abschnitt 4.1.3) für die DNA-Polymerase I, die den zweiten Strang der cDNA aufbaut (◘ Abb. 8.7c). Als Produkt entsteht ein doppelsträngiges DNA-Fragment, das man durch Ligation mit einem Vektor verbinden und dann klonieren kann (◘ Abb. 8.7d).

Die so entstandenen cDNA-Klone entsprechen der mRNA, die ursprünglich in der Präparation vorhanden war. Im Fall der mRNA aus Weizensamen besteht die cDNA-Bibliothek zu einem großen

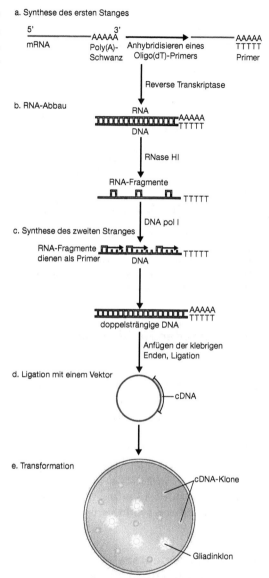

◘ **Abb. 8.7** Eine mögliche Vorgehensweise bei der cDNA-Klonierung. Poly(A) = Polyadenosin, Oligo(dT) = Oligodesoxythymidin (Bildrechte T. A. Brown)

Teil aus Klonen, welche die Gliadin-mRNA repräsentieren (◘ Abb. 8.7e). Daneben sind auch andere Klone vorhanden, aber das Aufspüren der Gliadin-cDNA ist auf diese Weise wesentlich einfacher, als wenn man das entsprechende Gen aus einer vollständigen genomischen Bibliothek des Weizens heraussuchen wollte.

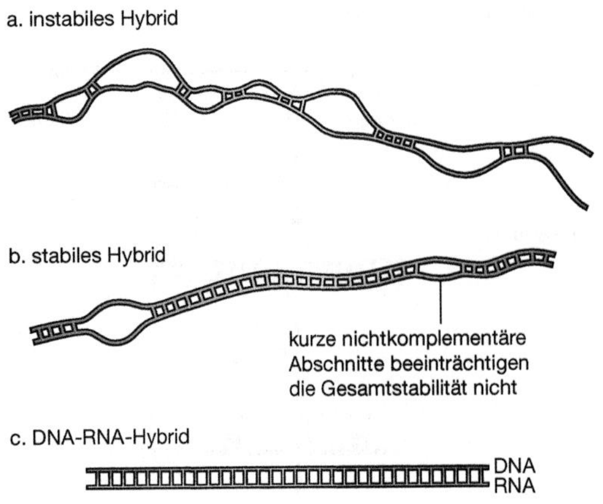

a. instabiles Hybrid

b. stabiles Hybrid

kurze nichtkomplementäre Abschnitte beeinträchtigen die Gesamtstabilität nicht

c. DNA-RNA-Hybrid

DNA
RNA

Abb. 8.8 Nucleinsäurehybridisierung. a) Ein instabiles Hybridmolekül aus zwei nichthomologen DNA-Strängen. b) Ein stabiles Hybrid aus zwei komplementären Strängen. c) Ein DNA-RNA-Hybrid, wie es sich zwischen einem Gen und seinem Transkript bilden kann (Bildrechte T. A. Brown)

8.4 Methoden zur Identifizierung von Klonen

Wenn man eine geeignete Bibliothek hergestellt hat, kann man mit mehreren Verfahren versuchen, den gewünschten Klon zu finden. Manche dieser Verfahren basieren auf dem Nachweis des Translationsprodukts dieses Gens, aber gewöhnlich ist es einfacher, unmittelbar nach dem richtigen rekombinierten DNA-Molekül zu suchen. Zu diesem Zweck kann man ein wichtiges Verfahren einsetzen: die **Nucleinsäurehybridisierung**.

8.4.1 Komplementäre Nucleinsäurestränge hybridisieren untereinander

Grundsätzlich ist es immer möglich, dass sich die Basen zweier beliebiger einzelsträngiger Nucleinsäuremoleküle miteinander paaren. Bei den meisten Molekülpaaren sind solche Hybridstrukturen instabil, weil sich zwischen den Strängen nur wenige Bindungen ausbilden (**Abb. 8.8a**). Sind die Polynucleotide jedoch komplementär, so kommt es zu umfangreichen Basenpaarungen, und es entsteht ein stabiler Doppelstrang (**Abb. 8.8b**). Das kann nicht nur zwischen einzelsträngigen DNA-Molekülen geschehen, die dann eine Doppelhelix bilden, sondern auch zwischen RNA-Einzelsträngen oder zwischen einem DNA- und einem RNA-Strang (**Abb. 8.8c**).

Mit der **Nucleinsäurehybridisierung** kann man also einen bestimmten rekombinierten Klon identifizieren, wenn man eine RNA- oder **DNA-Sonde** besitzt, die zu dem gesuchten Gen komplementär ist. Wie eine solche Sonde im Einzelnen aussieht, wird später in diesem Kapitel erörtert. Zuerst soll jedoch von der Methode als solcher die Rede sein.

8.4.2 Kolonie- und Plaquehybridisierung

Mit der Hybridisierung kann man rekombinierte DNA-Moleküle sowohl in Bakterienkolonien als auch in Bakteriophagenplaques nachweisen. Dazu überträgt man die Kolonien oder Plaques zunächst auf eine Membran aus Nitrocellulose oder Nylon (**Abb. 8.9a**) und behandelt sie so, dass alle Verunreinigungen entfernt werden und nur die DNA übrig bleibt (**Abb. 8.9b**). Eine solche Behandlung führt gewöhnlich auch zur Denaturierung der DNA-Moleküle, das heißt, die Wasserstoffbrücken zwischen den beiden Strängen der Doppelhelix werden aufgelöst. Diese einzelsträngigen Moleküle kann man dann fest an die Membran binden, bei Nitrocellulose durch kurzes Erhitzen auf 80 °C und bei Nylon durch Ultraviolettbestrahlung. Dabei werden die Moleküle mit ihrem Zucker-Phosphat-Rückgrat an die Membran geheftet, sodass die Basen frei bleiben und sich mit komplementären Nucleinsäuremolekülen paaren können.

Nun muss man die Sonde mit einem radioaktiven oder anderen Marker **markieren**, durch Erhitzen denaturieren und auf die Membran bringen, und zwar zusammen mit einer Lösung von Substanzen, welche die Nucleinsäurehybridisierung begünstigen (**Abb. 8.9c**). Nach einer gewissen Wartezeit, in der die Hybridisierung stattfindet, wäscht man den Filter, um die nichtgebundenen Moleküle der Sonde zu entfernen, und nach dem Trocknen kann man dann anhand der Markierung die Kolonien oder Plaques nachweisen, an die sich die Sonde angeheftet hat (**Abb. 8.9d**).

8.4 · Methoden zur Identifizierung von Klonen

a. Übertragung der Kolonien auf Nitrocellulose oder Nylon

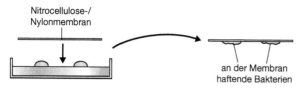

b. Abbau der Zellen, Reinigung der DNA

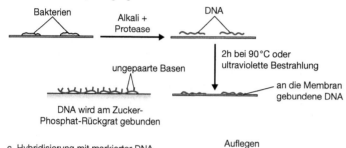

c. Hybridisierung mit markierter DNA

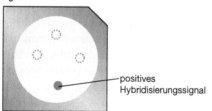

d. Endergebnis: das Autoradiogramm

Abb. 8.9 Koloniehybridisierung. In diesem Beispiel ist die Sonde radioaktiv markiert, und die Hybridisierung wird durch Autoradiographie nachgewiesen. Man kann aber auch andere Markierungs- und Nachweisverfahren benutzen (Bildrechte T. A. Brown)

Markierung mit einem radioaktiven Marker

DNA-Moleküle markiert man herkömmlicherweise durch den Einbau von Nucleotiden, die das radioaktive Phosphorisotop ^{32}P enthalten (Abb. 8.10). Dazu stehen mehrere Methoden zur Verfügung:

- **Nick Translation:** Die meisten gereinigten DNA-Proben enthalten Moleküle mit Einzelstrangbrüchen (»Nicks«), ganz gleich, wie vorsichtig man bei der Präparation vorgegangen ist. Deshalb kann die DNA-Polymerase I sich an die DNA anheften und eine Strangverdrängungsreaktion katalysieren (Abb. 8.11a). Diese Reaktion erfordert das Vorhandensein von Nucleotiden, und wenn eines davon radioaktiv markiert ist, wird auch die RNA markiert.

Abb. 8.10 Die Struktur von α-^{32}P-Desoxyadenosintriphosphat ([α-^{32}P]dATP) (Bildrechte T. A. Brown)

Mit der Nick Translation kann man beliebige DNA-Moleküle markieren, aber unter bestimmten Umständen führt sie auch zu einer Schädigung der DNA.

■ **Abb. 8.11** Methoden zur Markierung von DNA (Bildrechte T. A. Brown)

```
                                                                          15
GLY–SER–ALA– LYS– LYS– GLY– ALA–THR– LEU– PHE– LYS– THR– ARG– CYS– GLU–
                                                                          30
LEU–CYS– HIS–THR–VAL–GLU–LYS– GLY– GLY–PRO– HIS– LYS–  VAL– GLY–PRO–
                                                                          45
ASN–LEU– HIS– GLY– ILE– PHE–GLY– ARG– HIS– SER– GLY–GLN– ALA– GLN– GLY–
                                                                          60
TYR–SER–TYR–THR–ASP–ALA–ASN– ILE– LYS– LYS–ASN–VAL– LEU– TRP– ASP–
                                                                          75
GLU–ASN–ASN–MET–SER–GLU–TYR–LEU–THR–ASN–PRO–LYS– LYS– TYR– ILE–
                                                                          90
PRO–GLY–THR–LYS–MET–ALA–PHE–GLY– GLY– LEU– LYS– LYS– GLU– LYS– ASP–
                                                                          103
ARG–ASN–ASP–LEU– ILE– THR–TYR– LEU– LYS– LYS– ALA–CYS– GLU
```

— Das **Auffüllen von Enden** ist eine schonendere Methode als die Nick Translation und erzeugt nur selten Brüche der DNA. Leiden kann man auf diese Weise aber nur DNA-Moleküle mit klebrigen Enden markieren. Als Enzym verwendet man das Klenow-Fragment (Abschnitt 4.1.3), das klebrige Enden durch Synthese des Komplementärstranges »auffüllt« (■ Abb. 8.11b). Wie die Nick Translation, so lässt man auch die Auffüllungsreaktion in Gegenwart markierter Nucleotide ablaufen, so dass die DNA markiert wird.

— Die **Zufallsprimermethode** führt zu einer stärker radioaktiven Sonde, mit der man deshalb geringere Mengen der an die Membran gebundenen DNA nachweisen kann. Man mischt die denaturierte DNA mit einem Gemisch aus Hexanucleotiden mit Zufallssequenz. Unter diesen Zufallshexameren sind einige, die sich mit der Sonde paaren und als Primer die Synthese neuer DNA in Gang setzen. Als Enzym benutzt man das Klenow-Fragment, das nicht die Nucleaseaktivität der DNA-Polymerase I besitzt (Abschnitt 4.3.1) und deshalb nur die Lücken zwischen benachbarten Primern schließt (■ Abb. 8.11c). Während der Synthese werden markierte Nucleotide in die neue DNA eingebaut.

Nach der Hybridisierung weist man die Lage der gebundenen Sonde durch **Autoradiographie** nach. Zu diesem Zweck legt man einen Röntgenfilm auf die Membran. Die radioaktive DNA belichtet den Film, und nach dem Entwickeln erkennt man die Lage der Kolonien oder Plaques, an denen die Sonde hybridisiert hat (■ Abb. 8.9d).

Nichtradioaktive Markierung

Inzwischen werden solche radioaktiven Markierungsverfahren jedoch immer unbeliebter – zum einen wegen der Gefährdung der Wissenschaftler und zum anderen wegen der Probleme bei der Entsorgung radioaktiver Abfälle. Man kann die Hybridisierungssonde deshalb auch nichtradioaktiv markieren. Zu diesem Zweck wurden mehrere Methoden entwickelt, von denen zwei in Abbildung 8.12 dargestellt sind. Bei der ersten benutzt man Nucleotide mit Desoxyuridintriphosphat (dUTP), die durch eine Reaktion mit **Biotin** abgewandelt wurden. Biotin ist ein organisches Molekül, das eine sehr hohe Affinität für ein Protein namens **Avidin** besitzt. Nach der Hybridisierung kann man die Positionen der gebundenen, biotinmarkierten Sonde bestimmen, indem man den Filter mit Avidin wäscht, das mit einem fluoreszierenden Marker gekoppelt ist (■ Abb. 8.12a). Diese Methode ist ebenso empfindlich wie die radioaktive Markierung und erfreut sich wachsender Beliebtheit.

Das Gleiche gilt auch für das zweite Verfahren der nichtradioaktiven Hybridisierung, bei dem man die DNA-Sonde mit dem Enzym **Meerrettichperoxidase** koppelt; zum Nachweis bedient man sich der Fähigkeit des Enzyms, die chemische Substanz Luminol so umzusetzen, dass dabei Chemolumineszenz entsteht (■ Abb. 8.12b). Das Signal kann man, analog zur Autoradiographie, auf einem normalen fotografischen Film festhalten.

8.4.3 Beispiele für den praktischen Einsatz der Nucleinsäurehybridisierung

Ein bestimmter rekombinierter Klon lässt sich nur dann mit der Kolonie- oder Plaquehybridisierung identifizieren, wenn man eine geeignete DNA-Son-

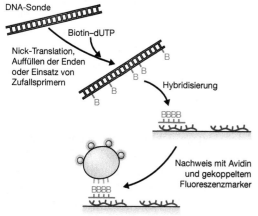

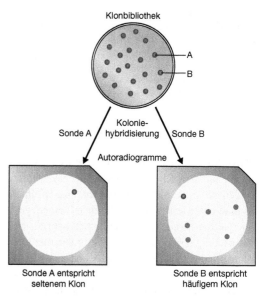

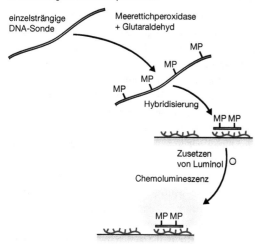

Abb. 8.12 Zwei Methoden für die nichtradioaktive Markierung von DNA-Sonden (Bildrechte T. A. Brown)

Abb. 8.13 Hybridisierung mit einer Bibliothek zur Identifizierung eines häufig vorkommenden Klons (Bildrechte T. A. Brown)

1. Das gesuchte Gen wird in großem Umfang in einem Zelltyp exprimiert, aus dem man eine cDNA-Bibliothek hergestellt hat.
2. Die Aminosäuresequenz des Proteins, das von dem gesuchten Gen codiert wird, ist ganz oder teilweise bekannt.
3. Das Gen gehört zu einer Familie verwandter Gene.

Häufigkeitsuntersuchungen zur Analyse einer cDNA-Bibliothek

Wie in diesem Kapitel bereits erläutert, stellt man eine cDNA häufig dann her, wenn das Gen, von dem man einen Klon gewinnen möchte, von Zellen eines bestimmten Typs in relativ großem Umfang exprimiert wird. In dem genannten Beispiel, der cDNA-Bibliothek aus sich entwickelnden Weizensamen, enthält ein großer Teil der Klone Kopien von den mRNA-Transkripten des Gliadingens (Abb. 8.7e).

Zum Nachweis der Gliadinklone benutzt man einfach cDNAs aus der Bibliothek als Sonden, mit denen man alle anderen Klone der Bibliothek untersucht (Abb. 8.13). Man wählt einen beliebigen Klon aus, reinigt daraus das rekombinierte

de hat. Diese muss in ihrer Sequenz zumindest mit einem Teil des klonierten Gens übereinstimmen. Ist das Gen selbst nicht verfügbar (was vermutlich der Normalfall ist, will man in dem Experiment einen Klon davon finden), muss man eine andere Sonde suchen.

Wie eine solche Sonde aussieht, hängt in der Praxis davon ab, was man über das gesuchte Gen bereits weiß. Drei Möglichkeiten sollen hier erörtert werden:

Abb. 8.14 Die Aminosäuresequenz des Cytochroms c aus Hefe. An dem rot hervorgehobenen Hexapeptid wurde beispielhaft gezeigt, wie man aus der Abfolge der Aminosäuren die Nucleotidsequenz vorhersagen kann (Bildrechte T. A. Brown)

GLY–SER–ALA–LYS–LYS–GLY–ALA–THR–LEU–PHE–LYS–THR–ARG–CYS–GLU^{15}–
LEU–CYS–HIS–THR–VAL–GLU–LYS–GLY–GLY–PRO–HIS–LYS–VAL–GLY–PRO^{30}–
ASN–LEU–HIS–GLY–ILE–PHE–GLY–ARG–HIS–SER–GLY–GLN–ALA–GLN–GLY^{45}–
TYR–SER–TYR–THR–ASP–ALA–ASN–ILE–LYS–LYS–ASN–VAL–LEU–TRP–ASP^{60}–
GLU–ASN–ASN–MET–SER–GLU–TYR–LEU–THR–ASN–PRO–LYS–LYS–TYR–ILE^{75}–
PRO–GLY–THR–LYS–MET–ALA–PHE–GLY–GLY–LEU–LYS–LYS–GLU–LYS–ASP^{90}–
ARG–ASN–ASP–LEU–ILE–THR–TYR–LEU–LYS–LYS–ALA–CYS–GLU^{103}

DNA-Molekül, markiert es und setzt es als Sonde für alle anderen Klone ein. Das gleiche Verfahren wiederholt man mit mehreren anderen Klonen, bis man einen findet, der als Sonde mit einem großen Teil der Klone aus der Bibliothek hybridisiert. Diese häufig vorkommende cDNA betrachtet man als möglichen Gliadinklon; durch weitere Untersuchungen (zum Beispiel DNA-Sequenzierung und Isolierung des Translationsprodukts) kann man dann den Befund bestätigen.

Oligonucleotidsonden für Gene charakterisierter Translationsprodukte

Oft codiert das Gen, das man klonieren möchte, ein Protein, das bereits eingehend untersucht wurde. Insbesondere ist die Aminosäuresequenz des Proteins vielleicht schon bekannt, denn die zu ihrer Analyse verwendeten Methoden sind bereits seit mehr als 50 Jahren in Gebrauch. Wenn man die Aminosäuresequenz eines Proteins kennt, kann man anhand des genetischen Codes die Nucleotidsequenz des zugehörigen Gens ableiten. Eine solche Sequenz wird allerdings immer nur eine Näherung darstellen, denn nur Methionin und Tryptophan lassen sich eindeutig einem bestimmten Nucleotidtriplett zuordnen; alle anderen Aminosäuren werden jeweils von mindestens zwei Codons bestimmt. In den meisten Fällen sind die verschiedenen Codons für eine Aminosäure jedoch verwandt. Alanin wird beispielsweise von GCA, GCT, GCG und GCC codiert, das heißt, man kann zwei der drei Nucleotide in einem Alanincodon mit Sicherheit vorhersagen.

Als Beispiel für die Art, wie man eine solche Voraussage macht, möge das Cytochrom c dienen, ein Protein, das in der Atmungskette aller aeroben Organismen eine wichtige Rolle spielt. Das Cytochrom-c-Protein aus Hefe wurde 1963 sequenziert; das Ergebnis dieser Analyse zeigt Abbildung 8.14. Seine Sequenz enthält von der Aminosäure Nummer 59 an ein Segment mit der Folge Trp-Asp-Glu-Asn-Asn-Met. Nach dem genetischen Code wird dieses Hexapeptid von der Sequenz TGG–GA^T_C–GA^A_G–AA^T_C–AA^T_C–ATG codiert. Damit sind zwar insgesamt 16 verschiedene Sequenzen möglich, aber 14 der 18 Nucleotide kann man mit Sicherheit vorhersagen.

Oligonucleotide von bis zu 150 Nucleotiden mit vorherbestimmter Sequenz lassen sich heute im Labor ohne weiteres synthetisieren (Abb. 8.15). Deshalb kann man nach einer derart vorausgesagten Nucleotidsequenz eine Oligonucleotidsonde konstruieren, mit der sich das Gen, welches das fragliche Protein codiert, möglicherweise identifizieren lässt. Im Fall des Cytochrom c aus Hefe würde man die 16 Oligonucleotide, welche die Sequenz Trp-Asp-Glu-Asn-Asn-Met codieren, entweder einzeln oder als Gemisch synthetisieren und dann mit ihnen als Sonden eine genomische oder cDNA-Bibliothek der Hefe durchmustern (Abb. 8.16). Eines der Oligonucleotide in der Sonde hat dann die richtige Sequenz für den fraglichen Abschnitt des Cytochrom-c-Gens, und sein Hybridisierungssignal zeigt an, welcher Klon dieses Gen enthält.

Um das Ergebnis zu überprüfen, kann man das Experiment mit einem Oligonucleotidgemisch wiederholen, das einem anderen Abschnitt des Cytochrom-c-Gens entspricht (Abb. 8.16). Den Abschnitt des Proteins, den man zur Ableitung der Nucleotidsequenz benutzt, muss man allerdings sehr sorgfältig auswählen: Das Hexapeptid Ser-Glu-Tyr-Leu-Thr-Asn, das sich unmittelbar an den beschriebenen Abschnitt anschließt, könnte von mehreren tausend Sequenzen aus je 18 Nucleotiden codiert werden und eignet sich deshalb nicht für die Herstellung einer synthetischen Sonde.

8.4 · Methoden zur Identifizierung von Klonen

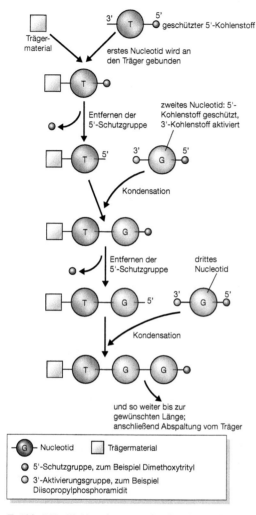

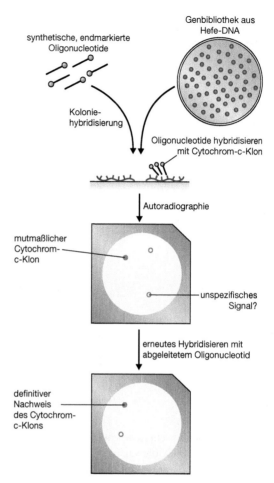

Abb. 8.15 Die Vorgehensweise bei der Oligonucleotidsynthese (vereinfacht). Jedes Nucleotid wird durch Anheftung einer Aktivierungsgruppe an den 3'-Kohlenstoff und einer Schutzgruppe an den 5'-Kohlenstoff modifiziert. Die Aktivierungsgruppe sorgt dafür, dass der normalerweise sehr ineffiziente Prozess der Nucleotidverknüpfung schneller abläuft. Die Schutzgruppe gewährleistet, dass sich einzelne Nucleotide nicht untereinander verbinden können, sondern nur mit der Gruppe am 5'-Ende des wachsenden Oligonucleotids reagieren. Dort wird die Schutzgruppe in jedem Synthesezyklus zum geeigneten Zeitpunkt durch chemische Behandlung entfernt (Bildrechte T. A. Brown)

Abb. 8.16 Die Identifizierung eines Klons mit dem Cytochrom-c-Gen der Hefe durch ein synthetisches, endmarkiertes Oligonucleotid (Bildrechte T. A. Brown)

Mit heterologen Sonden kann man verwandte Gene identifizieren

Beim Vergleich zweier Gene, die in verschiedenen Organismen das gleiche Protein codieren, erkennt man oft eine ausgeprägte Ähnlichkeit der Nucleotidsequenzen (**Sequenzhomologie**); in dieser Beobachtung spiegelt sich die Tatsache wider, dass die Genstruktur in der Evolution erhalten geblieben ist. Häufig sind Gene aus verwandten Organismen so stark homolog, dass eine einzelsträngige Sonde, die man aus einem Gen hergestellt hat, mit dem zweiten ein stabiles Hybrid bildet. Die beiden Moleküle sind dann zwar nicht vollständig komplementär, aber es bilden sich genügend Basenpaare für eine stabile Struktur (Abb. 8.17a).

Mit solchen **heterologen Sonden** macht man sich die Hybridisierung zwischen verwandten Genen zunutze, um Klone zu identifizieren. Das Hefegen für Cytochrom c beispielsweise, dessen Nach-

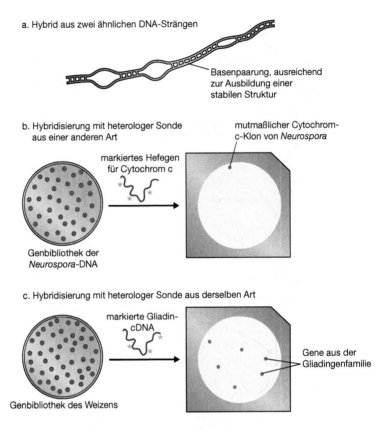

Abb. 8.17 Hybridisierung mit einer heterologen Sonde (Bildrechte T. A. Brown)

a. Hybrid aus zwei ähnlichen DNA-Strängen

Basenpaarung, ausreichend zur Ausbildung einer stabilen Struktur

b. Hybridisierung mit heterologer Sonde aus einer anderen Art

markiertes Hefegen für Cytochrom c

mutmaßlicher Cytochrom-c-Klon von *Neurospora*

Genbibliothek der *Neurospora*-DNA

c. Hybridisierung mit heterologer Sonde aus derselben Art

markierte Gliadin-cDNA

Gene aus der Gliadingenfamilie

Genbibliothek des Weizens

weis im vorigen Abschnitt beschrieben wurde, kann seinerseits als Sonde dienen, mit der man in Klonbibliotheken anderer Organismen nach Genen für Cytochrom c sucht. Eine solche Sonde, die man aus dem Hefegen hergestellt hat, wird beispielsweise zu dem Gen aus *Neurospora crassa* nicht vollständig komplementär sein, aber die Basenpaarung reicht aus, damit sich ein Hybrid bildet, das man durch Autoradiographie nachweisen kann (Abb. 8.17b). Mit heterologen Sonden kann man aber auch verwandte Gene in *demselben* Organismus aufspüren. Wenn man den cDNA-Klon für Gliadin, dessen Nachweis in diesem Kapitel beschrieben wurde, als Sonde in einer genomischen Bibliothek einsetzt, hybridisiert er nicht nur mit seinem eigenen Gen, sondern auch mit verschiedenen anderen Genen (Abb. 8.17c), die mit der Gliadin-cDNA verwandt sind, sich aber in ihren Nucleotidsequenzen geringfügig von ihr unterscheiden. Die Gliadine des Weizens bilden nämlich eine umfangreiche Gruppe verwandter Proteine, die von den Genen einer **Genfamilie** codiert werden. Wenn man ein Gen aus einer solchen Familie kloniert hat, kann man es als heterologe Sonde einsetzen und damit alle anderen Mitglieder der Familie ausfindig machen.

Mit der Southern-Hybridisierung kann man ein Restriktionsfragment identifizieren, das ein Gen enthält

Neben der Kolonie- und Plaquehybridisierung kann man DNA-Sonden in bestimmten Fällen auch verwenden um herauszufinden, welches aus einer Reihe von Restriktionsfragmenten ein Gen enthält, für das man sich interessiert. Wir wollen noch einmal auf das Beispiel des Hefegens für Cytochrom c zurückkommen, das wir durch Hybridisierung mit einer Oligonucleotidsonde identifiziert hatten. Stellen wir uns vor, wir hätten diese spezielle Bibliothek durch partiellen Abbau der Hefe-DNA mit *Bam*HI und anschließende Klonierung in dem Cosmidvektor pJB8 (Abschnitt 6.3.5) hergestellt. Das klonierte Fragment mit dem Cytochrom-c-Gen hat also eine Länge von etwa 40 kb und beinhaltet vermutlich etwa zehn *Bam*HI-Fragmente – wie gesagt: Die Er-

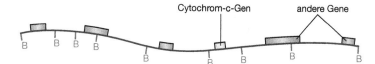

Abb. 8.18 Ein langes kloniertes DNA-Fragment kann neben dem Gen, für das man sich interessiert, noch mehrere weitere Gene enthalten. B = Restriktionsstelle für *Bam* HI (Bildrechte T. A. Brown)

kennungsstelle für dieses Enzym besteht aus sechs Nucleotiden und kommt deshalb im Durchschnitt alle $4^6 = 4096$ bp vor.

Das Cytochrom-c-Gen dagegen ist den Voraussagen zufolge nur 309 bp lang (wir wissen, dass das Protein aus 103 Aminosäuren besteht; ◘ Abb. 8.14). Es macht also weniger als ein Prozent des klonierten Fragments aus, und es ist durchaus möglich, dass der eingebaute Abschnitt außerdem noch andere Gene enthält, für die wir uns nicht interessieren (◘ Abb. 8.18). Das einzelne Restriktionsfragment, in dem sich das Cytochrom-c-Gen befindet, lässt sich durch die Methode der **Southern-Hybridisierung** identifizieren.

Im ersten Schritt einer solchen Southern-Hybridisierung würde man in unserem Fall den Klon mit *Bam*HI spalten und die Fragmente durch Elektrophorese in einem Agarosegel trennen (◘ Abb. 8.19a). Das Ziel ist, das Fragment mit dem Gen mittels der Oligonucleotidsonde zu identifizieren. Das kann man versuchen, wenn die Fragmente sich noch im Elektrophoresgel befinden, aber in der Regel erhält man dabei keine sonderlich guten Ergebnisse: Die Gelmatrix verursacht in großem Umfang eine zufällige »Hintergrundhybridisierung«, die das spezifische Hybridisierungssignal überlagert. Stattdessen überträgt man die DNA-Banden aus dem Agarosegel auf eine Nitrocellulose- oder Nylonmembran, die für das Hybridisierungsexperiment eine viel »reinere« Umgebung darstellt.

Zur Übertragung von DNA-Banden aus einem Agarosegel auf eine Membran bedient man sich einer Methode, die 1975 von Professor E. M. Southern vervollkommnet wurde und heute als **Southern-Transfer** bezeichnet wird. Man legt die Membran auf das Gel und saugt Puffer hindurch; dieser nimmt die DNA mit aus dem Gel zur Membran, wo die DNA gebunden wird. Zu diesem Zweck kann man komplizierte Apparaturen kaufen, viele Molekularbiologen bevorzugen aber nach wie vor eine selbst gebaute Anordnung, die größere Men-

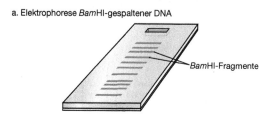

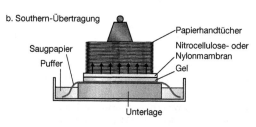

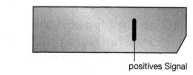

Abb. 8.19 Die Southern-Hybridisierung (Bildrechte T. A. Brown)

gen Papierhandtücher und einen beträchtlichen Sinn für Balance erfordert (◘ Abb. 8.19b). Die gleiche Methode eignet sich auch zur Übertragung von RNA-Molekülen (»**Northern Transfer**«) und Proteinen (»**Western Transfer**«). Nur einen »Eastern Transfer« hat bisher noch niemand erfunden.

Der Southern-Transfer liefert eine Membran, die einen »Abklatsch« der DNA-Banden aus dem Agarosegel trägt. Setzt man nun die markierte Sonde zu, kommt es zur Hybridisierung, und die Autoradiographie (oder ein entsprechendes Nachweisverfahren mit einer nicht-radioaktiven Sonde) zeigt, welches Restriktionsfragment das klonierte Gen enthält (◘ Abb. 8.19c).

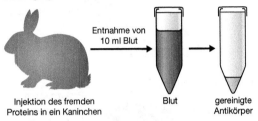
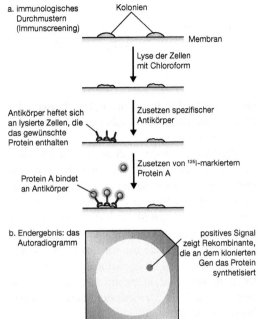

Abb. 8.20 Antikörper. a) Antikörper im Blut binden fremde Moleküle und tragen zu ihrem Abbau bei. b) Gereinigte Antikörper kann man aus einem kleinen Volumen Kaninchenblut gewinnen, wenn man dem Tier zuvor das fremde Protein injiziert hatte (Bildrechte T. A. Brown)

Abb. 8.21 Der Nachweis eines Proteins in Rekombinantenkolonien mithilfe gereinigter Antikörper. Statt des Proteins A kann man auch den Antikörper selbst markieren oder aber einen zweiten Antikörper, der spezifisch an den ersten bindet (Bildrechte T. A. Brown)

8.4.4 Methoden zur Identifizierung eines klonierten Gens durch den Nachweis seines Genprodukts

Im Allgemeinen ist die Nucleinsäurehybridisierung die bevorzugte Methode für den Nachweis einer bestimmten Rekombinante in einer Klonbibliothek. Die Methode ist einfach durchzuführen, und mit den in den letzten Jahren entwickelten Abwandlungen kann man damit 10 000 Rekombinanten in einem einzigen Experiment überprüfen, sodass sich auch relativ große genomische Bibliotheken in recht kurzer Zeit durchmustern lassen. Da man aber immer eine Sonde braucht, die zu dem gewünschten Gen wenigstens teilweise komplementär ist, lässt sich die Hybridisierung manchmal nicht zur Identifizierung von Klonen einsetzen. In solchen Fällen braucht man ein anderes Verfahren.

Die wichtigste Alternative zur Nucleinsäurehybridisierung ist das **immunologische Durchmustern (Immunscreening)**. Im Unterschied zur Hybridisierung, bei der man das klonierte DNA-Fragment selbst nachweist, spürt man mit der immunologischen Methode das Protein auf, das von dem klonierten Gen codiert wird. Immunologische Verfahren setzen also voraus, dass das klonierte Gen exprimiert wird, sodass das zugehörige Protein entsteht, und außerdem darf dieses Protein von Natur aus in den Wirtszellen nicht vorkommen.

Für immunologische Nachweismethoden braucht man Antikörper

Injiziert man die gereinigte Probe eines Proteins in das Blut eines Kaninchens, dann bildet das Immunsystem des Tieres Antikörper (Immunglobuline), die an das fremde Molekül binden und zu seinem Abbau beitragen (▸ Abb. 8.20a). Es handelt sich dabei eigentlich um einen natürlichen Abwehrmechanismus, mit dem sich das Tier gegen eindringende Bakterien, Viren und andere Erreger zur Wehr setzt.

Nach dem Kontakt mit dem Protein bleibt die Antikörperkonzentration im Blut des Tieres für einige Tage so hoch, dass man beträchtliche Immunglobulinmengen reinigen kann. Dazu braucht man das Kaninchen nicht zu töten, denn schon 10 ml Blut liefern eine erhebliche Menge des Antikörpers (◨ Abb. 8.20b). Der gereinigte Antikörper bindet ausschließlich an das Protein, das man dem Tier ursprünglich injiziert hatte.

Der Nachweis eines Proteins in Rekombinantenkolonien mit gereinigten Antikörpern

Es gibt mehrere Methoden für das immunologische Durchmustern; die nützlichste von ihnen ist der Koloniehybridisierung unmittelbar analog. Man bringt die Rekombinantenkolonien auf eine Polyvinyl- oder Nitrocellulosemembran; anschließend werden die Zellen lysiert, und man fügt die Lösung mit dem spezifischen Antikörper hinzu (◨ Abb. 8.21a). In dem ursprünglichen Verfahren ist entweder der Antikörper selbst markiert, oder man wäscht die Membran anschließend mit einer Lösung des **Proteins A**, eines speziellen Bakterienproteins, das spezifisch an Immunglobuline bindet (◨ Abb. 8.21a). Bei moderneren Methoden weist man den gebundenen **primären Antikörper** nach, indem man die Membran mit einem **sekundären Antikörper** wäscht, der spezifisch an den primären Antikörper bindet. Dabei können sich mehrere Moleküle des sekundären Antikörpers an einen einzigen primären Antikörper heften, was zu einem stärkeren Signal führt und damit einen eindeutigeren Nachweis der gesuchten Kolonie ermöglicht. In allen drei Methoden kann es sich um eine radioaktive Markierung handeln – dann wird die gebundene Markierung durch Autoradiographie nachgewiesen (◨ Abb. 8.21b) – oder nichtradioaktive Markierungssubstanzen lassen ein Fluoreszenz- oder Chemolumineszenz-Signal entstehen.

Das Problem der Genexpression

Voraussetzung für das immunologische Durchmustern ist natürlich, dass das klonierte Gen exprimiert wird, denn nur dann ist das Translationsprodukt in den Rekombinantenzellen vorhanden. In Kapitel 13 wird noch genauer erläutert, dass ein Gen aus einem bestimmten Organismus in einer anderen Art häufig nicht exprimiert wird. Insbesondere ist es höchst unwahrscheinlich, dass ein kloniertes Tier- oder Pflanzengen (abgesehen von Chloroplastengenen) in *E. coli*-Zellen abgelesen wird. Diese Schwierigkeit kann man umgehen, wenn man einen **Expressionsvektor** (Abschnitt 13.1) benutzt; die Vektoren dieses besonderen Typs sind so gestaltet, dass sie die Expression des klonierten Gens in Bakterienzellen in Gang setzen. Durch immunologisches Durchmustern rekombinanter *E. coli*-Zellen, in denen tierische Gene in Expressionsvektoren kloniert waren, hat man tatsächlich einige Gene für wichtige Hormone gewonnen.

Weiterführende Literatur

Benton WD, Davis RW (1977) Screening λgt recombinant clones by hybridization to single plaques in situ. *Science* 196: 180–182

Feinberg AP, Vogelstein B (1983) A technique for labelling DNA restriction fragments to high specific activity. *Analytical Biochemistry* 132: 6–13 [Zufallsprimer-Markierung.]

Grunstein M, Hogness DS (1975) Colony hybridization: a method for the isolation of cloned cDNAs that contain a specific gene. *Proceedings of the National Academy of Sciences of the USA* 72: 3961–3965

Gubler U, Hoffman BJ (1983) A simple and very efficient method for generating cDNA libraries. *Gene* 25: 263–269

Southern EM (2000) Blotting at 25. *Trends in Biochemical Science* 25: 585–588 [Die Anfänge der Southern-Hybridisierung.]

Thorpe GHG, Kricka LJ, Moseley SB, Whitehead TE (1985) Phenols as enhancers of the chemiluminescent horseradish peroxidase-luminol-hydrogen peroxide reaction: application in luminescence-monitored enzyme immunoassays. *Clinical Chemistry* 31: 1335–1341 [Beschreibung der Grundlagen eines nicht radioaktiven Markierungsverfahrens.]

Young RA, Davis RW (1983) Efficient isolation of genes by using antibody probes. *Proceedings of the National Academy of Sciences of the USA* 80: 1194–1198

Die Polymerasekettenreaktion (PCR)

9.1 Die Polymerasekettenreaktion im Überblick – 134

9.2 Die PCR: einige Einzelheiten – 136
9.2.1 Die Konstruktion der Oligonucleotidprimer für die PCR – 136
9.2.2 Die richtige Reaktionstemperatur – 137

9.3 Nach der PCR: Die Analyse der Produkte – 138
9.3.1 Gelelektrophorese der PCR-Produkte – 139
9.3.2 Klonierung von PCR-Produkten – 140
9.3.3 Probleme mit der Fehlerhäufigkeit der *Taq*-Polymerase – 141

9.4 Mit der Realtime-PCR kann man die Menge des Ausgangsmaterials quantitativ erfassen – 142
9.4.1 Der Ablauf eines Experiments mit quantitativer PCR – 143
9.4.2 Mit Realtime-PCR kann man auch RNA quantitativ erfassen – 144

Weiterführende Literatur – 145

In den letzten sieben Kapiteln haben wir uns nicht nur mit den Grundprinzipien der Klonierung vertraut gemacht, sondern auch mit grundlegenden molekularbiologischen Methoden wie Restriktionsanalyse, Gelelektrophorese, DNA-Markierung und DNA-DNA-Hybridisierung. Um den Grundlehrgang in DNA-Analyse abzuschließen, müssen wir jetzt zu der zweiten wichtigen Methode zur Untersuchung von Genen zurückkehren: der Polymerasekettenreaktion (PCR). Die PCR ist eine recht unkomplizierte Methode: Ein kurzer Abschnitt eines DNA-Moleküls wird schlicht und einfach viele Male von einer DNA-Polymerase kopiert (◘ Abb. 1.2). Das mag trivial erscheinen, aber das Verfahren lässt sich in der genetischen Forschung und anderen Bereichen der Biologie auf vielfältige Weise einsetzen.

Zu Beginn dieses Kapitels soll die Polymerasekettenreaktion in ihren Umrissen skizziert werden, um zu verdeutlichen, was sie leisten kann. Anschließend werden wir die einschlägigen Verfahren besprechen und dabei die einzelnen Schritte der PCR sowie die besonderen Methoden kennen lernen, die zur Untersuchung der auf diese Weise vervielfältigten DNA-Fragmente entwickelt wurden.

9.1 Die Polymerasekettenreaktion im Überblick

Die PCR bewirkt die selektive Vervielfältigung (Amplifikation) eines beliebigen Abschnitts in einem DNA-Molekül. Man kann dazu jeden DNA-Bereich auswählen, vorausgesetzt, die Sequenzen an seinen Enden sind bekannt. Dies ist notwendig, weil zu Beginn der PCR zwei kurze Oligonucleotide mit dem DNA-Molekül hybridisieren müssen, an jedem Strang der Doppelhelix eines (◘ Abb. 9.1). Diese Oligonucleotide dienen als Primer für die DNA-Synthesereaktionen und begrenzen den vervielfältigten Abschnitt.

Gewöhnlich benutzt man zur Vervielfältigung die DNA-Polymerase I von *Thermus aquaticus*; wie in Abschnitt 4.1.3 erwähnt wurde, lebt diese Mikroorganismenart in heißen Quellen, und viele ihrer Enzyme, so auch die *Taq*-Polymerase, sind hitzestabil, das heißt, sie werden bei hohen Temperaturen nicht denaturiert. Wie wir in Kürze sehen werden,

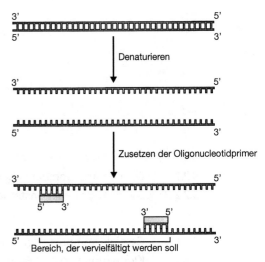

◘ Abb. 9.1 Das Anhybridisieren der Oligonucleotidprimer an die Matrizen-DNA zu Beginn der PCR

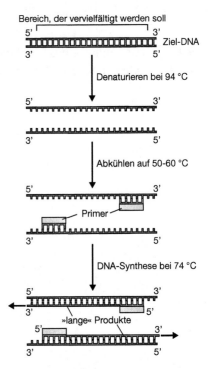

◘ Abb. 9.2 Das erste Stadium der PCR mit der Synthese langer Produkte (Bildrechte T. A. Brown)

ist die Hitzestabilität der *Taq*-Polymerase eine wesentliche Voraussetzung für die PCR.

Wenn man ein PCR-Experiment ausführen will, mischt man die gewünschte DNA mit der

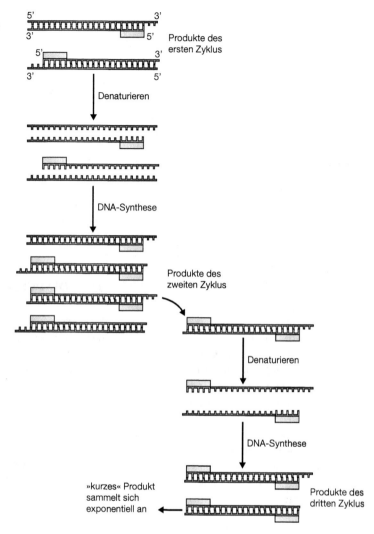

Abb. 9.3 Der zweite und dritte Zyklus der PCR: Jetzt werden die ersten kurzen Produkte synthetisiert (Bildrechte T. A. Brown)

Taq-Polymerase, den beiden Oligonucleotidprimern und freien Nucleotiden. Die Menge der zu vervielfältigenden DNA kann sehr klein sein: Die PCR ist sehr empfindlich und funktioniert sogar mit einem einzigen Ausgangsmolekül. Zu Beginn der Reaktion erhitzt man die Mischung auf 94 °C. Bei dieser Temperatur lösen sich die Wasserstoffbrücken zwischen den beiden Polynucleotiden der Doppelhelix, so dass die DNA zu einzelsträngigen Molekülen denaturiert (Abb. 9.2). Anschließend senkt man die Temperatur auf 50 bis 60 °C; jetzt verbinden sich die Einzelstränge teilweise wieder, gleichzeitig können aber auch die Primer an ihren Positionen anhybridisieren. Nun kann die DNA-Synthese beginnen: Man steigert die Temperatur auf 74 °C, das heißt bis knapp unter das Optimum für die *Taq*-Polymerase. In diesem ersten Stadium der PCR wird an jedem Strang der DNA eine Reihe »langer Produkte« synthetisiert, Polynucleotide mit gleichen 5′- und zufälligen 3′-Enden; Letztere stellen die Positionen dar, an denen die Synthese zufällig abgebrochen ist.

Nun wiederholt sich der Zyklus aus Denaturieren, Anhybridisieren und Synthese (Abb. 9.3). Die langen Produkte werden denaturiert, und die vier dabei entstehenden Stränge werden in der Phase der DNA-Synthese kopiert. Man erhält vier doppelsträngige Moleküle, von denen zwei mit den

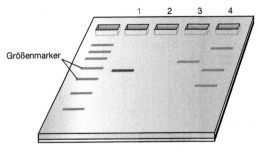

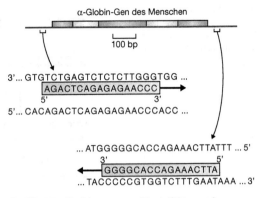

Abb. 9.4 Die Ergebnisse der PCR mit gut und schlecht gestalteten Primern. Spur 1 zeigt ein einziges vermehrtes Fragment der gewünschten Größe, wie es in einem gut gestalteten Experiment entsteht. In Spur 2 liegt kein Vervielfältigungsprodukt vor; hier konnten die Primer offenbar nicht mit der Matrizen-DNA hybridisieren. Die Spuren 3 und 4 enthalten ein Produkt der falschen Größe beziehungsweise ein Gemisch von Molekülen (das richtige und zwei falsche); beide Ergebnisse sind darauf zurückzuführen, dass die Primer an falschen Stellen mit der Matrizen-DNA hybridisiert haben (Bildrechte T. A. Brown)

Abb. 9.5 Ein Primerpaar zur Vervielfältigung des menschlichen $α_1$-Globin-Gens. Schwarze Balken stellen die Exons dar, weiße Balken sind die Introns (Bildrechte T. A. Brown)

langen Produkten aus dem ersten Zyklus identisch sind, während die beiden anderen aus völlig neuer DNA bestehen. An Letzteren entstehen im dritten Zyklus »kurze Produkte«, deren 5'- und 3'-Enden durch die Position der anhybridisierten Primer festgelegt werden. In den nachfolgenden Zyklen steigt die Zahl der kurzen Produkte exponentiell an (das heißt, sie verdoppelt sich in jedem Zyklus), bis ein Bestandteil der Reaktion zur Neige geht. Nach 30 Zyklen enthält der Ansatz mehr als 130 Millionen kurze Produkte je Ausgangsmolekül. Dies entspricht mehreren Mikrogramm des PCR-Produkts bei einer Ausgangsmenge von wenigen Nanogramm DNA oder noch weniger.

Am Ende der PCR analysiert man in der Regel eine Probe des Reaktionsgemischs mit einer Agarosegelelektrophorese. Die produzierte DNA reicht aus, dass man das amplifizierte Fragment nach Färbung mit Ethidiumbromid als eigenständige Bande erkennt. Schon daraus kann man unter Umständen nützliche Erkenntnisse über den amplifizierten DNA-Abschnitt gewinnen; man kann das PCR-Produkt aber auch mit Verfahren wie der DNA-Sequenzierung weiter untersuchen.

9.2 Die PCR: einige Einzelheiten

PCR-Experimente sind zwar im Prinzip einfach durchzuführen, aber um aussagekräftige Ergebnisse zu erzielen, bedarf es sorgfältiger Planung. Die Sequenzen der Primer sind für den Erfolg des Experiments ebenso entscheidend wie die genaue Einhaltung der Temperaturen in den einzelnen Stadien des Reaktionszyklus.

9.2.1 Die Konstruktion der Oligonucleotidprimer für die PCR

Die Primer entscheiden über Erfolg oder Misserfolg eines PCR-Experiments. Sind sie richtig gestaltet, kommt es zur Vervielfältigung eines einzigen Fragments, das der gewünschten Region des Matrizenmoleküls entspricht. Mit falsch konstruierten Primern schlägt das Experiment fehl, weil entweder überhaupt keine Synthese stattfindet oder weil das falsche Fragment oder sogar mehrere DNA-Abschnitte vervielfältigt werden (Abb. 9.4). Wie leicht zu erkennen ist, müssen hinsichtlich der Primer viele Überlegungen angestellt werden.

Die geeigneten Primersequenzen zu ermitteln, ist kein Problem: Sie müssen den Sequenzen beiderseits des gewünschten DNA-Abschnitts entsprechen. Natürlich muss jeder Primer nicht identisch, sondern komplementär zum Matrizenstrang sein, damit es zur Hybridisierung kommt, und die 3'-Enden der hybridisierten Primer sollten einander gegenüberstehen (Abb. 9.5). Das DNA-Fragment, das man vervielfältigen will, sollte nicht länger als 3 kb sein; im Idealfall liegt seine Größe unter 1 kb. Man kann zwar mit der üblichen PCR-Technik Stücke von bis zu 10 kb vervielfältigen, aber je länger der fragliche Abschnitt ist, desto geringer ist die Effizienz der Reaktion, und desto schwieriger wird es auch, einheitliche Ergebnisse zu erzielen. Die Vermehrung sehr langer Fragmente (bis zu 40 kb) ist ebenfalls möglich, aber dazu benötigt man besondere Verfahren.

Als erstes gilt es, die Frage der Länge der Primer zu klären. Sind sie zu kurz, hybridisieren sie auch an unerwünschten Stellen, sodass falsche Abschnitte vermehrt werden. Um diese Tatsache zu verstehen, stelle man sich ein PCR-Experiment vor, in dem die gesamte menschliche DNA mit zwei Primern von jeweils acht Nucleotiden (im Laborjargon oft *8-mers* genannt) verwendet wird. Das voraussichtliche Ergebnis zeigt Abbildung 9.6a: Es werden mehrere unterschiedliche Fragmente vervielfältigt, denn man kann damit rechnen, dass durchschnittlich alle $4^8 = 65\,536$ bp eine Anheftungsstelle für die Primer vorkommt; das sind insgesamt ungefähr 49 000 Stellen in den 3 200 000 kb des menschlichen Genoms. Es ist somit sehr unwahrscheinlich, dass ein Paar von Octanucleotiden mit menschlicher DNA als Matrize zu einem einheitlichen PCR-Produkt führt.

Wie sieht es aber aus, wenn man die in Abbildung 9.5 gezeigten Primer aus 17 Nucleotiden (*17-mers*) verwendet? Mit einer Sequenz aus 17 Basen rechnet man nur alle $4^{17} = 17\,179\,869\,184$ bp. Diese Zahl ist mehr als fünfmal so groß wie die der Basen im gesamten menschlichen Genom, sodass man in der DNA des Menschen höchstens eine Hybridisierungsstelle erwartet. Ein Primerpaar mit jeweils 17 Nucleotiden dürfte also ein einziges, spezifisches Vermehrungsprodukt entstehen lassen (Abb. 9.6b).

Warum macht man die Primer nicht einfach so lang wie möglich? Die Länge des Primers hat Auswirkungen darauf, wie schnell er mit der DNA-Matrize hybridisiert – bei langen Primern geht dieser Vorgang langsamer vonstatten. Die Effizienz der PCR, gemessen als Zahl der in einem Experiment entstehenden Molekülkopien, geht bei zu

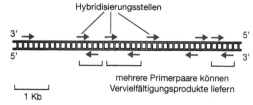

Abb. 9.6 Die Länge der Primer ist entscheidend für die Spezifität der PCR (Bildrechte T. A. Brown)

langen Primern zurück, weil in der während des Reaktionszyklus zur Verfügung stehenden Zeit keine vollständige Hybridisierung stattfinden kann. In der Praxis werden kaum Primer aus mehr als 30 Nucleotiden verwendet.

9.2.2 Die richtige Reaktionstemperatur

Die Temperatur des Reaktionsansatzes wechselt in jedem Zyklus zwischen drei Werten (Abb. 9.7):

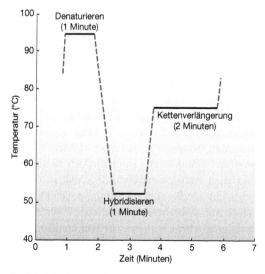

Abb. 9.7 Ein typischer Temperaturverlauf bei der PCR (Bildrechte T. A. Brown)

a. zu hohe Hybridisierungstemperatur

Primer und Matrize
bleiben getrennt

b. zu niedrige Hybridisierungstemperatur

Hybrid mit
Fehlpaarungen: nicht
alle Basenpaare sind
korrekt gebildet

c. richtige Hybridisierungstemperatur

Primer wirken nur an
den gewünschten Stellen

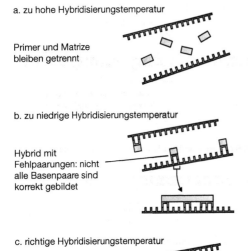

◘ **Abb. 9.8** Die Temperatur hat wichtige Auswirkungen auf die Hybridisierung zwischen den Primern und der Matrizen-DNA (Bildrechte T. A. Brown)

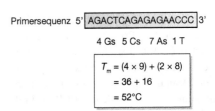

◘ **Abb. 9.9** Die Berechnung von T_m für einen Primer (Bildrechte T. A. Brown)

1. der Denaturierungstemperatur (in der Regel 94 °C), bei der durch Lösen der Basenpaarungen die DNA-Einzelstränge entstehen, die dann in der nächsten Syntheserunde als Matrize dienen;
2. der Hybridisierungstemperatur, bei der sich die Primer an die Matrize heften;
3. der Temperatur, bei der die DNA-Synthese stattfindet; sie liegt gewöhnlich bei 74 °C und damit knapp unterhalb des Temperaturoptimums der *Taq*- Polymerase.

Am wichtigsten ist die Hybridisierungstemperatur, denn sie kann die Spezifität der Reaktion beeinflussen. Ist sie zu hoch, findet keine Hybridisierung statt, sondern Primer und Matrize bleiben getrennt (◘ Abb. 9.8a). Liegt sie jedoch zu niedrig, sind auch fehlgepaarte Hybride stabil, in denen sich nicht alle Basenpaare richtig ausgebildet haben (◘ Abb. 9.8b). In einem solchen Fall werden die zuvor erörterten Überlegungen über die Länge der Primer bedeutungslos, denn sie gehen davon aus, dass nur vollständig gepaarte Hybride zwischen Primer und Matrize entstehen. Wenn Fehlpaarungen möglich sind, nimmt die Zahl der möglichen Hybridisierungsstellen für die Primer stark zu, und es kommt mit großer Wahrscheinlichkeit auch an unerwünschten Stellen zur Vervielfältigung des Matrizenmoleküls.

Die ideale Hybridisierungstemperatur muss einerseits so niedrig sein, dass es zur Hybridbildung zwischen Primer und Matrize kommt, und andererseits so hoch, dass sich keine fehlgepaarten Hybride bilden (◘ Abb. 9.8c). Diese Temperatur kann man abschätzen, indem man die **Schmelztemperatur** (T_m) des Hybrids aus Primer und Matrize ermittelt. Bei T_m dissoziiert (»schmilzt«) das vollständig gepaarte Hybrid; bei 1 bis 2 °C darunter können sich in der Regel die richtigen Hybride zwischen Primer und Matrize bilden, ohne dass fehlgepaarte Hybride stabil sind. Man kann T_m experimentell ermitteln, aber meist berechnet man sie nach der folgenden einfachen Formel (◘ Abb. 9.9):

$$T_m = 4 \times [G + C] + (2 \times [A + T])\ °C$$

Dabei ist [G+C] die Anzahl der G- und C-Nucleotide in der Primersequenz, und [A+T] ist die Zahl der As und Ts.

Um die Hybridisierungstemperatur für ein PCR-Experiment zu ermitteln, berechnet man also T_m für die beiden Primer und stellt die Temperatur dann auf 1 bis 2 °C unter diesem Wert ein. Die Primer sollten dabei so gestaltet sein, dass sie die gleiche T_m haben. Anderenfalls ist die Hybridisierungstemperatur unter Umständen für einen der beiden Primer zu hoch oder für den anderen zu niedrig.

9.3 Nach der PCR: Die Analyse der Produkte

Häufig steht die PCR am Beginn einer längeren Versuchsreihe, in deren Verlauf man das Verviel-

fältigungsprodukt auf unterschiedliche Art untersucht, um so Aufschlüsse über die ursprüngliche Matrizen-DNA zu gewinnen. Viele derartige Untersuchungsverfahren werden uns in den Teilen II und III dieses Buches begegnen, wenn wir uns mit der Anwendung der Klonierung und DNA-Analyse in Forschung und Biotechnologie befassen. Man hat ein breites Spektrum von Verfahren zur Untersuchung von PCR-Produkten entwickelt, besonders wichtig sind aber drei davon:
1. die Gelelektrophorese der PCR-Produkte;
2. die Klonierung der PCR-Produkte;
3. die Sequenzierung der PCR-Produkte.

Die ersten beiden Verfahren werden in diesem Kapitel behandelt. Das dritte sparen wir uns für Kapitel 10 auf, in dem alle Aspekte der DNA-Sequenzierung erörtert werden.

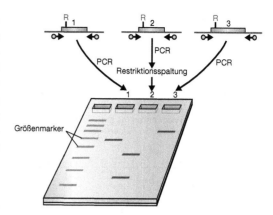

Abb. 9.10 Durch Gelelektrophorese des PCR-Produkts kann man Aufschlüsse über das Matrizenmolekül gewinnen. Spur 1 zeigt ein ungeschnittenes PCR-Produkt, in Spur 2 wurde das Produkt an der Stelle »R« mit einem Restriktionsenzym gespalten. Spur 3 zeigt das Ergebnis, wenn die Matrizen-DNA in dem vervielfältigten Bereich ein zusätzlich eingebautes Fragment enthält (Bildrechte T. A. Brown)

9.3.1 Gelelektrophorese der PCR-Produkte

Meist überprüft man die Ergebnisse eines PCR-Experiments, indem man einen Teil des Reaktionsansatzes nach der Vervielfältigung über ein Agarosegel laufen lässt. Nach der Färbung mit Ethidiumbromid erkennt man in der Regel eine Bande; ist die Ausbeute sehr gering, lässt sich das Produkt durch Southern-Hybridisierung nachweisen (Abschnitt 8.4.3). Fehlt die erwartete Bande oder sind weitere Banden vorhanden, ist etwas schief gegangen, und das Experiment muss wiederholt werden.

Manchmal nutzt man die Agarosegelelektrophorese nicht nur um festzustellen, ob das PCR-Experiment geklappt hat, sondern auch um daraus noch weitere Aufschlüsse zu gewinnen. So kann man beispielsweise feststellen, ob in dem vervielfältigten DNA-Abschnitt Restriktionsschnittstellen vorhanden sind; zu diesem Zweck wird das PCR-Produkt mit einem Restriktionsenzym behandelt und erst danach auf das Agarosegel gegeben (Abb. 9.10). Dies ist eine Form der **Analyse von Restriktionsfragment-Längenpolymorphismen (RFLP-Analyse)**, die sowohl für die Konstruktion von Genomkarten (Abschnitt 10.2.3) als auch für die Untersuchung genetisch bedingter Erkrankungen (Abschnitt 14.2.1) von großer Bedeutung ist.

Andererseits kann man mithilfe der genauen Größe des PCR-Produkts auch feststellen, ob die DNA-Matrize in dem vervielfältigten Abschnitt eine Insertions- oder Deletionsmutation enthält (Abb. 9.10). Solche Längenmutationen bilden die Grundlage der **DNA-Typisierung**, eines äußerst wichtigen kriminalistischen Verfahrens (Kapitel 16).

Bei manchen Experimenten ist schon das Vorhandensein oder Fehlen des PCR-Produkts das entscheidende Merkmal: Dies gilt beispielsweise wenn man ein gesuchtes Gen identifizieren möchte und dazu eine Bibliothek aus genomischer oder komplementärer DNA (cDNA) mit Hilfe der PCR durchmustert. Jeden einzelnen Klon einer genomischen Bibliothek der PCR zu unterwerfen, wäre wohl eine entsetzlich langwierige Arbeit, aber die PCR hat unter anderem den Vorteil, dass man die Einzelexperimente sehr schnell ansetzen und viele Reaktionen parallel laufen lassen kann. Auch durch **Kombinationsscreening** kann man den Arbeitsaufwand vermindern – ein Beispiel zeigt Abbildung 9.11.

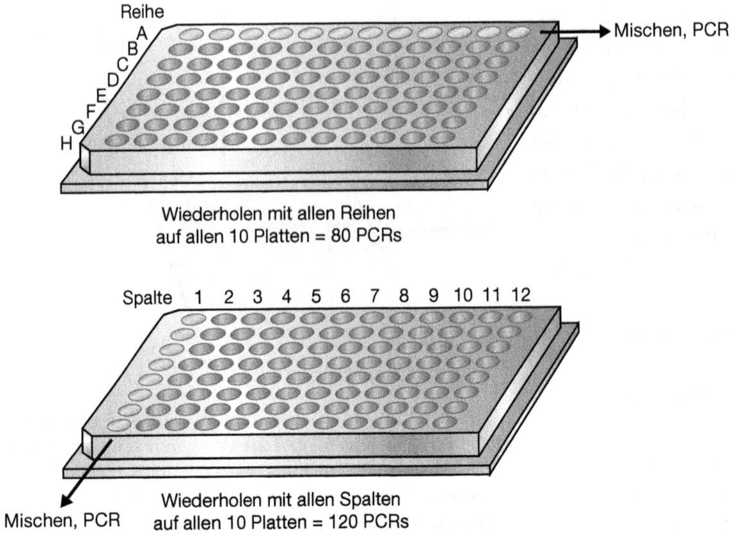

Abb. 9.11 Kombinationsscreening von Klonen auf Mikrotiterplatten. Eine Bibliothek aus 960 Klonen wird mit einer Reihe von PCRs durchgemustert, wobei man jeweils eine Kombination mehrerer Klone einsetzt. Vertiefungen der Platte mit positiven Klonen erkennt man an Klonkombinationen, die positive Ergebnisse zeigen. Erhält man beispielsweise positive Befunde mit Reihe A auf Platte 2, Reihe D auf Platte 6, Spalte 7 auf Platte 2 und Spalte 9 auf Platte 6, müssen die Vertiefungen A7 auf Platte 2 und D9 auf Platte 6 positive Klone enthalten. Obwohl es 960 Klone sind, gelangt man mit nur 200 PCR-Experimenten zu einer eindeutigen Identifizierung der positiven Klone (Bildrechte T. A. Brown)

Abb. 9.12 Die von der *Taq*-Polymerase synthetisierten Polynucleotide tragen am 3'-Ende in der Regel ein zusätzliches Adenosin (Bildrechte T. A. Brown)

9.3.2 Klonierung von PCR-Produkten

Für manche Anwendungen ist es erforderlich, die Produkte nach der PCR mit einem Vektor zu ligieren und dann mit einem der Standardverfahren für klonierte DNA genau zu untersuchen. Das hört sich vielleicht einfach an, ist aber mit einigen Schwierigkeiten verbunden.

Das erste Problem betrifft die Enden der PCR-Produkte. Beim Betrachten der Abbildung 9.3 könnte man sich leicht vorstellen, dass durch die PCR Fragmente mit glatten Enden entstehen. Wäre das der Fall, könnte man sie durch Ligation glatter Enden in einen Vektor einfügen oder aber durch das Anbringen von Linkern oder Adaptern (Abschnitt 4.3.3) mit klebrigen Enden versehen. In Wirklichkeit ist die Sache leider nicht so einfach. Die *Taq*-Polymerase hängt an das Ende des neu gebildeten Stranges in der Regel ein zusätzliches Nucleotid an, meist ein Adenosin. Das doppelsträngige PCR-Produkt hat also keine glatten Enden, sondern am 3'-Ende steht jeweils ein Nucleotid über (◻ Abb. 9.12). Man könnte dieses zusätzliche Nucleotid mit einer Exonuclease entfernen und so Moleküle mit wirklich glatten Enden erzeugen. Diese Methode ist allerdings nicht besonders beliebt, denn man kann dabei nur schwer verhindern, dass die Exonuclease über das Ziel hinausschießt und an den Enden des Moleküls weitere Schäden anrichtet.

Eine Lösung des Problems besteht darin, dass man einen besonderen Klonierungsvektor mit überstehenden T-Nucleotiden verwendet, der mit dem Produkt der PCR verknüpft werden kann (◻ Abb. 9.13). Zur Herstellung eines solchen Vektors erzeugt man in der Regel in einem normalen Vektormolekül durch Restriktionsspaltung glatte Enden, und dann behandelt man es mit *Taq*-Polymerase, wobei nur 2'-Desoxythymidin-5'-triphosphat (dTTP) zugesetzt wird. Da der Ansatz keinen Primer enthält, kann die *Taq*-Polymerase unter diesen

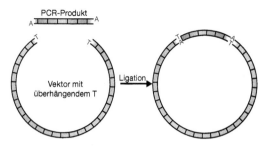

Abb. 9.13 Die Klonierung eines PCR-Produkts in einem Vektor mit T-Nucleotiden an den Enden (Bildrechte T. A. Brown)

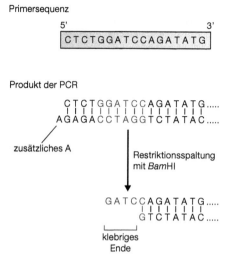

Abb. 9.14 Die Herstellung eines PCR-Produkts mit klebrigen Enden durch Verwendung eines Primers, der eine Restriktionsstelle enthält (Bildrechte T. A. Brown)

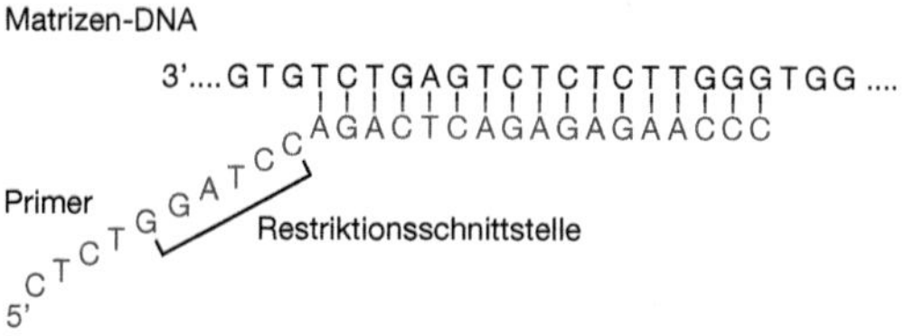

Abb. 9.15 Ein PCR-Primer mit einer Restriktionsstelle im verlängerten 5'-Ende (Bildrechte T. A. Brown)

Umständen nichts anderes tun, als an die 3'-Enden des glatt abgeschnittenen Vektors ein T-Nucleotid anzufügen. In den so entstandenen, mit überhängenden Ts versehenen Vektor kann man das PCR-Produkt einfügen. Für die Verwendung mit der Topoisomerase-Ligationsmethode (Abschnitt 4.3.4) hat man spezielle Vektoren dieses Typs konstruiert; dies ist derzeit das beliebteste Verfahren zur Klonierung von PCR-Produkten.

In einem zweiten Verfahren konstruiert man Primer, die Restriktionsschnittstellen enthalten. Nach der PCR behandelt man die neu entstandenen Moleküle mit der betreffenden Restriktionsendonuclease; die DNA wird in der Primersequenz geschnitten, und die dabei entstehenden Fragmente haben klebrige Enden, die man sehr effizient in einen normalen Klonierungsvektor einbauen kann (Abb. 9.14). Das Verfahren ist nicht auf Fälle beschränkt, in denen die Primer eine bereits in der Matrizen-DNA vorhandene Restriktionsschnittstelle überspannen. Man kann die Enzymerkennungssequenzen vielmehr auch als kurzen Abschnitt an das 5'-Ende der Primer anfügen (Abb. 9.15). Diese Abschnitte hybridisieren nicht mit der Matrize, werden aber in der PCR-Reaktion ebenfalls kopiert, sodass die Produkte an den Enden jeweils eine Restriktionsschnittstelle tragen.

9.3.3 Probleme mit der Fehlerhäufigkeit der *Taq*-Polymerase

Alle DNA-Polymerasen machen während der Synthese Fehler, das heißt, sie bauen in den wachsenden DNA-Strang ab und zu ein falsches Nucleotid ein. Die meisten Polymerasen korrigieren solche Fehler jedoch, indem sie umkehren, die falsch gepaarte Stelle beseitigen und die richtige Sequenz aufbauen. Diese als »Korrekturlesefunktion« bezeichnete Eigenschaft hängt von der 3'→5'-Exonucleaseaktivität der Polymerase ab (Abschnitt 10.1.1).

Der *Taq*-Polymerase fehlt jedoch offenbar die Fähigkeit zum Korrekturlesen, das heißt, sie kann ihre Fehler nicht beseitigen. Die von diesem Enzym synthetisierte DNA ist somit nicht immer eine genaue Kopie des Matrizenmoleküls. Die Fehlerhäufigkeit liegt nach Schätzungen bei etwa einer falschen Base je 9 000 Nucleotide; das mag geringfügig erscheinen, aber nach 30 Reaktionszyklen liegt schon alle 300 bp ein Fehler vor. Da bei der PCR immer wieder Kopien von Kopien entstehen, summieren sich die von der Polymerase gemach-

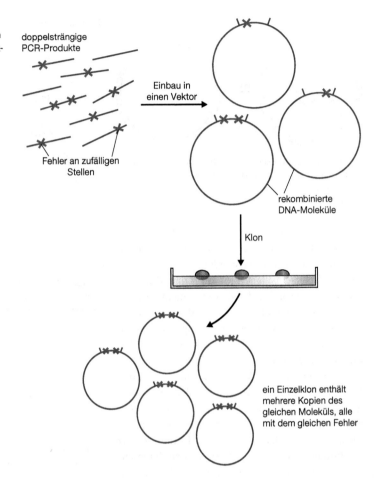

Abb. 9.16 Die hohe Fehlerhäufigkeit der *Taq*-Polymerase wird zum Problem, wenn man die PCR-Produkte klonieren will (Bildrechte T. A. Brown)

ten Fehler allmählich, und die gegen Ende der PCR entstehenden Moleküle tragen sowohl die falsch eingebauten Nucleotide aus früheren Zyklen als auch neue Fehler, die in der letzten Syntheserunde hinzugekommen sind.

In vielen Anwendungsbereichen stellen die Kopierfehler kein großes Problem dar. Insbesondere die direkte Sequenzanalyse der PCR-Produkte (Abschnitt 10.2.3) liefert trotz der von der *Taq*-Polymerase verursachten Fehler die richtige Sequenz, denn die falsch eingebauten Basen sind statistisch verteilt, sodass auf jedes Fragment mit einem Fehler an einer bestimmten Stelle viele andere kommen, deren Sequenz an derselben Stelle korrekt ist. In solchen Fällen ist die Fehleranfälligkeit bedeutungslos.

Anders sieht es aus, wenn die PCR-Produkte kloniert werden. Jeder dabei entstehende Klon enthält viele Kopien eines einzigen in der PCR vermehrten Fragments, und die klonierte DNA hat nicht unbedingt die gleiche Sequenz wie das Matrizenmolekül, das man in der PCR eingesetzt hatte (Abb. 9.16). Diese Möglichkeit führt bei allen Experimenten mit klonierten PCR-Produkten zu erheblichen Unsicherheiten; wenn irgend möglich, sollte man deshalb die vermehrte DNA unmittelbar untersuchen und nicht klonieren.

9.4 Mit der Realtime-PCR kann man die Menge des Ausgangsmaterials quantitativ erfassen

Die Menge des PCR-Produkts, die nach einer vorgegebenen Zahl von Reaktionszyklen entsteht, hängt von der Zahl der DNA-Moleküle in der Aus-

9.4 · Mit der Realtime-PCR kann man die Menge des Ausgangsmaterials quantitativ erfassen

Tab. 9.1 Zahl kurzer Produkte nach 25 PCR-Zyklen bei einer unterschiedlichen Zahl von Ausgangsmolekülen

Zahl der Ausgangsmoleküle	Zahl der kurzen Produkte
1	4 194 304
2	8 388 608
5	20 971 520
10	41 943 040
25	104 857 600
50	209 715 200
100	419 430 400

Anmerkung: Die Zahlen gehen von einer Amplifikationseffizienz von 100 Prozent aus, wobei lein Reaktionsteilnehmer im Laufe der PCR zur Neige geht.

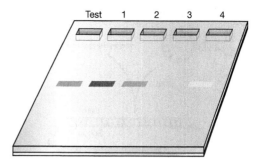

Abb. 9.17 Quantitative Erfassung der DNA in einem PCR-Ansatz mithilfe der Agarosegelelektrophorese. Die Spuren 1 bis 4 sind Kontrollansätze mit abnehmenden Mengen an Ausgangs-DNA. Die Farbintensität der Bande aus dem Versuchsansatz lässt darauf schließen, dass diese PCR ungefähr von der gleichen DNA-Menge ausgegangen ist wie der Kontrollansatz in Spur 2 (Bildrechte T. A. Brown)

gangsmischung ab (Tabelle 9.1). Liegen zu Beginn der PCR nur wenige DNA-Moleküle vor, wird nur eine relativ geringe Menge des Produkts gebildet; bei einer großen Zahl von Ausgangsmolekülen ist auch die Ausbeute höher. Auf Grund dieses Zusammenhanges kann man die PCR auch dazu nutzen, die Zahl der in einem Extrakt enthaltenen DNA-Moleküle zu ermitteln.

9.4.1 Der Ablauf eines Experiments mit quantitativer PCR

Bei der **quantitativen PCR** (qPCR) vergleicht man die Menge des Produkts, das in einem PCR-Versuchsansatz synthetisiert wird, mit der Produktmenge einer PCR, bei der man die Menge des Ausgangsmaterials kennt. In der Frühzeit des Verfahrens bediente man sich der Agarosegelelektrophorese, um den Vergleich anzustellen. Man färbte das Gel und untersuchte die Intensität der Banden, bis man den Kontrollansatz gefunden hatte, der mit seiner Produktmenge am stärksten dem Versuchsansatz ähnelte (Abb. 9.17). Eine solche qPCR ist zwar in der Ausführung einfach, aber auch ungenau: Große Unterschiede in der Ausgangsmenge der DNA führen, wenn man die Bandenintensität der PCR-Produkte betrachtet, nur zu relativ geringen Abweichungen.

Heute bedient man sich zur quantitativen Erfassung der **Realtime-PCR**. Bei dieser Abwandlung des PCR-Standardverfahrens misst man die Synthese des Produkts im Laufe der aufeinander folgenden Reaktionszyklen. Um die Produktsynthese auf diese Weise in Echtzeit zu verfolgen, gibt es zwei Möglichkeiten:

– Man kann dem PCR-Ansatz einen Farbstoff zusetzen, der ein Fluoreszenzsignal aussendet, wenn er an doppelsträngige DNA bindet. Mit dieser Methode misst man zu jedem beliebigen Zeitpunkt die Gesamtmenge der doppelsträngigen DNA im PCR-Ansatz; damit überschätzt man jedoch meist die tatsächlich vorhandene Produktmenge, denn die Primer hybridisieren manchmal auch unspezifisch untereinander, wodurch die Menge der doppelsträngigen DNA zunimmt.

– Man setzt eine **Reportersonde** zu, ein kurzes Oligonucleotid, das ein Fluoreszenzsignalaussendet, wenn es mit dem PCR-Produkt hybridisiert. Da die Sonde ausschließlich mit dem PCR-Produkt hybridisiert, ist das Verfahren weniger anfällig für Abweichungen, die durch untereinander hybridisierende Primer entstehen. Jedes Molekül der Sonde trägt zwei Markierungen. An ein Ende des Oligonucleotids ist ein Fluoreszenzfarbstoff gekoppelt, am anderen hängt eine »Lösch-

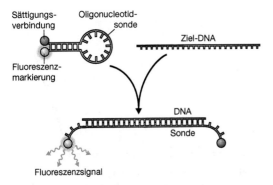

Abb. 9.18 Hybridisierung einer Reportersonde an ihre Ziel-DNA (Bildrechte T. A. Brown)

gruppe« (*quencher*), die das Fluoreszenzsignal unterdrückt (Abb. 9.18). Normalerweise kommt es nicht zur Fluoreszenz, weil das Oligonucleotid so gestaltet ist, dass seine Enden sich miteinander paaren und der Quencher in die Nähe der Farbstoffgruppe rückt. Durch die Hybridisierung zwischen dem Oligonucleotid und dem PCR-Produkt löst sich jedoch die Basenpaarung: Die Löschgruppe entfernt sich vom Farbstoff, und das Fluoreszenzsignal wird ausgesendet.

Mit beiden Methoden verfolgt man die Synthese des PCR-Produkts durch Messung eines Fluoreszenzsignals. Quantitative Aussagen setzen auch hier den Vergleich zwischen Versuchs- und Kontrollansatz voraus. In der Regel stellt man fest, in welcher Phase der PCR die Stärke des Fluoreszenzsignals einen zuvor festgelegten Schwellenwert überschreitet (Abb. 9.19). Je schneller das Signal dich der Schwelle nähert, desto größer war die DNA-Menge in der Ausgangsmischung.

9.4.2 Mit Realtime-PCR kann man auch RNA quantitativ erfassen

Die Realtime-PCR dient häufig dazu, die DNA-Menge in einem Extrakt quantitativ zu erfassen; so kann man beispielsweise den Verlauf einer Virusinfektion verfolgen, indem man die im Gewebe vorliegende DNA-Menge des Erregers misst. Häufiger dient die Methode jedoch zur Messung von RNA-Mengen; insbesondere ermittelt man damit durch

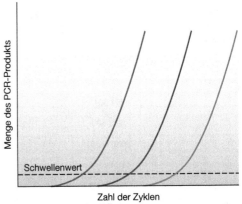

Abb. 9.19 Quantitative Messung mit Realtime-PCR. Das Diagramm zeigt die Produktsynthese in drei PCR-Ansätzen mit unterschiedlichen DNA-Ausgangsmengen. In der PCR sammeln sich die Produkte exponentiell an, wobei die in einem Zyklus vorhandene Menge der Ausgangsmenge proportional ist. Die blaue Kurve entspricht also der PCR mit der größten Ausgangsmenge an DNA, die grüne dem Ansatz mit der geringsten Ausgangsmenge. Kennt man die DNA-Mengen zu Beginn dieser drei PCR-Ansätze, kann man die Menge in einem Versuchsansatz durch Vergleich mit diesen Kontrollen ermitteln. In der Praxis stellt man zu diesem Zweck fest, im wievielten Zyklus die Produktmenge einen bestimmten Schwellenwert (gestrichelte Linie) über-schreitet (Bildrechte T. A. Brown)

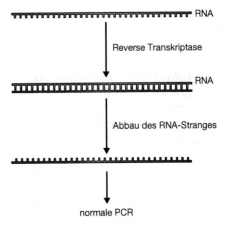

Abb. 9.20 Die Reverse-Transkriptase-PCR (Bildrechte T. A. Brown)

quantitative Erfassung der mRNA die Expressionsstärke eines Gens. Handelt es sich dabei zum Beispiel um ein Gen, das in Krebszellen aktiviert wird, lässt sich die Entwicklung der Krebserkrankung durch quantitative Erfassung der mRNA verfolgen, und man kann die Wirkung einer Therapie beurteilen.

Wie läuft die PCR mit RNA als Ausgangsmaterial ab? Die Antwort: man bedient sich der **Reverse-Transkriptase-PCR** oder kurz **RT-PCR**. Dabei werden die RNA-Moleküle in einem ersten Schritt in einzelsträngige komplementäre DNA (cDNA) umgeschrieben (◘ Abb. 9.20). Nach diesem Vorbereitungsschritt setzt man PCR-Primer und *Taq*-Polymerase zu, und das Experiment läuft genauso ab wie in dem Standardverfahren. Manche der hitzestabilen Polymerasen können DNA-Kopien sowohl an DNA- als auch an RNA-Molekülen erzeugen (das heißt, sie besitzen sowohl die Aktivität der Reversen Transkriptase als auch die der DNA-anhängigen DNA-Polymerase). Mit ihnen kann man alle Schritte einer solchen PCR in einem einzigen Reaktionsansatz ablaufen lassen.

Weiterführende Literatur

Higuchi R, Dollinger G, Walsh PS, Griffith R (1992) Simultaneous amplification and detection of specific DNA sequences. *Biotechnology* 10: 413–417 [Die erste Beschreibung der Realtime-PCR]Newton CR, Graham A (1994) PCR, 2. Aufl. Spektrum Akademischer Verlag, Heidelberg

Marchuk D, Drumm M, Saulino A, Collins FS (1991) Construction of T-vectors, a rapid and general system for direct cloning of unmodified PCR products. *Nucleic Acids Research* 19: 1154

Müller H-J (2001) PCR – Polymerase-Kettenreaktion. Spektrum Akademischer Verlag, Heidelberg

Rychlik W, Spencer WJ, Rhoads RE (1990) Optimization of the annealing temperature for DNA amplification in vitro. *Nucleic Acids Research* 18: 6409–6412

Saiki RK, Gelfand DH, Stoffel S et al (1988) Primer-directed enzymatic amplification of DNA with a thermostable DNA polymerase. *Science* 239: 487–491 [Erstbeschreibung der PCR mit *Taq*-Polymerase.]

Tindall KR, Kunkel TA (1988) Fidelity of DNA synthesis by the *Thermus aquaticus* DNA Polymerase. *Biochemistry* 27: 6008–6013 [Über die Fehleranfälligkeit der *Taq*-Polymerase]

VanGuilder HD, Vrana KE, Freeman WM (2008) Twenty-five years of quantitative PCR for gene expression analysis. *Biotechniques* 44: 619–624

Die Anwendung von Klonierung und DNA-Analyse in der Forschung

Kapitel 10   Die Sequenzierung von Genen und Genomen – 149

Kapitel 11   Die Untersuchung der Genexpression und Genfunktion – 167

Kapitel 12   Genomanalyse – 187

Die Sequenzierung von Genen und Genomen

10.1	Methoden zur DNA-Sequenzierung – 150
10.1.1	DNA-Sequenzierung nach dem Kettenabbruchverfahren – 150
10.1.2	Pyrosequenzierung – 154
10.2	Die Sequenzierung eines Genoms – 156
10.2.1	Das Schrotschussverfahren zur Genomsequenzierung – 157
10.2.2	Das Klon-Contig-Verfahren – 160
10.2.3	Karten als Hilfsmittel zum Sequenzaufbau – 162
	Weiterführende Literatur – 165

Im Teil I dieses Buches wurde gezeigt, wie man mit einem sorgfältig angelegten Klonierungs- oder PCR-Experiment ein einzelnes Gen oder eine beliebige andere DNA-Sequenz in reiner Form gewinnen kann, also getrennt von allen anderen Genen und DNA-Sequenzen einer Zelle. Jetzt wenden wir unsere Aufmerksamkeit der Frage zu, wie man Klonierung, PCR und andere Verfahren der DNA-Analyse nutzt, um Gene und Genome zu untersuchen. Dabei betrachten wir drei Aspekte der molekularbiologischen Forschung:

- Methoden zur Ermittlung der Nucleotidsequenz einzelner Gene und ganzer Genome (dieses Kapitel);
- Methoden zur Untersuchung der Expression und Funktion einzelner Gene (Kapitel 11);
- Methoden zur Untersuchung ganzer Genome (Kapitel 12).

Die vielleicht wichtigste Methode in der Molekularbiologie ist die DNA-Sequenzierung, mit der man die genaue Reihenfolge der Nucleotide in einem DNA-Abschnitt in Erfahrung bringen kann. Methoden zur DNA-Sequenzierung gibt es seit etwa 40 Jahren, und seit Mitte der 1970er Jahre ist eine schnelle, effiziente Sequenzanalyse möglich. Anfangs wandte man die Methoden auf einzelne Gene an, aber seit Anfang der 1990er Jahre hat man immer mehr Sequenzen vollständiger Genome aufgeklärt. In diesem Kapitel werden wir die Methoden der DNA-Sequenzierung kennen lernen und dann betrachten, wie sie im Rahmen der Genomprojekte eingesetzt werden.

10.1 Methoden zur DNA-Sequenzierung

Zur DNA-Sequenzierung gibt es mehrere Methoden. Am beliebtesten ist das **Kettenabbruchverfahren**, das ursprünglich Mitte der 1970er Jahre von Fred Sanger und seinen Kollegen entwickelt wurde. Dass diese Sequenzierungsmethode sich durchsetzte, hatte mehrere Gründe; nicht zuletzt lag es daran, dass sie sich relativ leicht automatisieren lässt. Wie wir im weiteren Verlauf des Kapitels genauer erfahren werden, muss man zur Sequenzierung eines ganzen Genoms eine Riesenzahl einzelner Sequenzierungsexperimente ausführen, und diese Experimente alle von Hand durchzuführen, würde Jahre dauern. Deshalb sind automatisierte Sequenzierungsmethoden unentbehrlich, wenn man ein Genomprojekt in einem vernünftigen Zeitraum abschließen will.

Die Strategie der Automatisierung besteht zum Teil in der Konstruktion von Systemen, mit denen man viele einzelne Sequenzierungsexperimente gleichzeitig ablaufen lassen kann. Mit dem Kettenabbruchverfahren kann man mit einem einzigen Lauf der Sequenzierungsapparatur bis zu 96 Sequenzen parallel ermitteln. Das reicht allerdings für die Anforderungen der Genomsequenzierung immer noch nicht ganz aus, und deshalb wurde in den letzten Jahren die **Pyrosequenzierung** als Alternative immer beliebter. Die 1998 erfundene Pyrosequenzierung bildet die Grundlage für ein **Parallelverfahren in großem Maßstab**, mit der man hunderttausende kurze Sequenzen gleichzeitig aufklären kann.

10.1.1 DNA-Sequenzierung nach dem Kettenabbruchverfahren

Grundlage des Kettenabbruchverfahrens ist das Prinzip, dass man einzelsträngige DNA Moleküle, die sich in ihrer Länge nur um ein einziges Nucleotid unterscheiden, durch Polyacrylamid-Gelelektrophorese voneinander trennen kann. Es ist also möglich, eine ganze Familie von Molekülen, die alle Längen von 10 bis 1 500 Nucleotidenumfassen, in einem Platten- oder Kapillargel zu einer Reihe von Banden aufzulösen (◨ Abb. 10.1).

Das Kettenabbruchverfahren im Überblick

Als Ausgangsmaterial für ein Sequenzierungsexperiment nach den Kettenabbruchverfahren dient eine Präparation identischer, einzelsträngiger DNA Moleküle. Im ersten Schritt lässt man ein kurzes Oligonucleotid an allen Molekülen an der gleichen Position anhybridisieren; dieses Oligonucleotid dient später als Primer für die Synthese eines neuen DNA-Stranges, der zu der Matrize komplementär ist (◨ Abb. 10.2a)

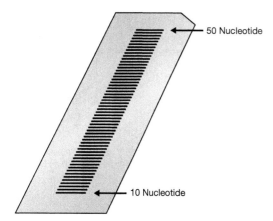

Abb. 10.1 Mit der Polyacrylamid-Gelelektrophorese kann man einzelsträngige DNA-Moleküle trennen, die sich in ihrer Länge nur um ein einziges Nucleotid unterscheiden. Das hier gezeigte Bandenmuster ergibt sich nach der Trennung einzelsträngige DNA Moleküle in einem denaturierenden Polyacrylamidgel. Die Moleküle wurden mit einem radioaktiven Marker markiert, und die Banden wurden durch Autoradiographie sichtbar gemacht (Bildrechte T. A. Brown)

Die Strangsynthesereaktion, die von einer DNA-Polymerase katalysiert wird und als Ausgangsmaterial die vier Desoxyribonucleosidtriphosphate (dNTPs – dATP, dCTP, dGTP und dTTP) erfordert, würde sich normalerweise fortsetzen, bis mehrere tausend Nucleotide polymerisiert sind. In einem Kettenabbruchexperiment geschieht das aber nicht, weil man neben den vier Desoxynucleotiden in geringerer Menge auch die vier **Didesoxynucleotide** (ddNTPs – ddATP, ddCTP, ddGTP und ddTTP) zusetzt. Jedes dieser Didesoxynucleotide ist mit einem anderen Fluoreszenzmarker gekennzeichnet.

Die Polymerase unterscheidet nicht zwischen Desoxy- und Didesoxynucleotiden, aber wenn ein Didesoxynucleotid eingebaut wurde, blockiert es die weitere Kettenverlängerung, weil ihm die 3′-Hydroxylgruppe fehlt, die für die Verknüpfung mit dem nächsten Nucleotid notwendig ist (■ Abb. 10.2b). Da der Reaktionsansatz die normalen Desoxynucleotide in größerer Menge enthält als die Didesoxynucleotide, kommt die Strangsynthese nicht immer in der Nähe des Primers zum Stillstand; vielmehr können mehrere hundert Nucleotide polymerisiert werden, bevor schließlich ein Didesoxynucleotid eingebaut wird. Die Folge ist eine große Zahl unterschiedlich langer Moleküle, die jeweils mit einem Didesoxynucleotid enden; an ihm kann man ablesen, welches Nucleotid – A, C, G oder T – an der entsprechenden Position in der Matrizen-DNA liegt (■ Abb. 10.2c).

Um die DNA-Sequenz aufzuklären, braucht man nichts anderes zu tun als die Didesoxynucleotide an den Enden der Kettenabbruchmoleküle zu identifizieren. An dieser Stelle kommt die Polyacrylamid-Gelelektrophorese ins Spiel. Man gibt die Mischung in die Vertiefung eines Polyacrylamid-Plattengels oder in ein Röhrchen eines Kapillargelsystems und trennt die Moleküle mithilfe der Elektrophorese nach der Größe auf. Nach der Trennung laufen die Moleküle an einem Fluoreszenzdetektor vorüber, der zwischen den Markierungen der verschiedenen Didesoxynucleotide unterscheiden kann (■ Abb. 10.3a). Der Detektor stellt also fest, ob die einzelnen Moleküle mit einem A, C, G oder T enden. Die Sequenz kann man ausdrucken und überprüfen (■ Abb. 10.3b), oder sie wird zur weiteren Analyseunmittelbar auf einem Datenträger gespeichert.

Nicht alle DNA-Polymerasen sind für die DNA-Sequenzierung geeignet

Alle DNA-Polymerasen können einen Primer, der an ein einzelsträngiges DNA-Molekül anhybridisiert hat, verlängern; dennoch kann man nicht alle derartigen Enzyme für die DNA-Sequenzierung verwenden. Der Grund ist die enzymatische Doppelaktivität vieler DNA-Polymerasen, die DNA nicht nur synthetisieren, sondern auch abbauen können (Abschnitt 4.1.3). Der Abbau kann sowohl in 5′→3′- als auch in 3′→5′-Richtung erfolgen (■ Abb. 10.4), und beide Aktivitäten beeinträchtigen eine exakte Sequenzierung nach dem Kettenabbruchverfahren. Mit der 5′→3′-Exonucleaseaktivität kann die Polymerase Nucleotide vom 5′-Ende der neu synthetisierten Stränge entfernen. Die Folge ist, dass sich die Länge dieser Stränge ändert und sie nicht mehr in der richtigen Reihenfolge durch das Polyacrylamidgel laufen. Den gleichen Effekt hat auch die 3′→5′-Aktivität, wichtiger ist hier aber, dass auch ein Didesoxynucleotid, das gerade erst am 3′-Ende angefügt wurde, wieder entfernt wird; auf diese Weise kommt es nicht zum Kettenabbruch.

Abb. 10.2 DNA-Sequenzierung mit dem Kettenabbruchverfahren (Bildrechte T. A. Brown)

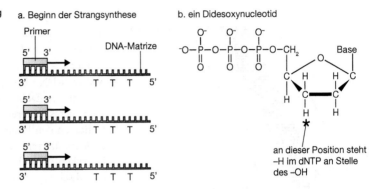

a. Beginn der Strangsynthese

b. ein Didesoxynucleotid

an dieser Position steht –H im dNTP an Stelle des –OH

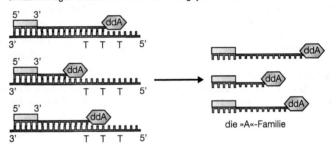

c. nach Anfügen eines dNTP bricht die Strangsynthese ab

die »A«-Familie

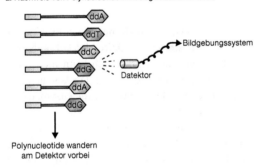

a. Nachweis von Polynucleotiden mit abgebrochener Kette

Polynucleotide wandern am Detektor vorbei

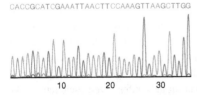

b. Ausdruck eines Sequenzierautomaten

Abb. 10.3 Das Ablesen der Sequenz, die mit einem Kettenabbruchexperiment ermittelt wurde. a) Jedes Didesoxynucleotid ist mit einem anderen Fluoreszenzfarbstoff markiert, so dass sich die Kettenabbruchpolynucleotide mit einem Detektor, an dem sie vorüber laufen, unterscheiden lassen. b) Beispiel für eine ausgedruckte Sequenz (Bildrechte T. A. Brown)

In der ursprünglichen Version des Kettenabbruchverfahrens benutzte man die Klenow-Polymerase als Sequenzierungsenzym. Sie ist, wie in Abschnitt 4.1.3 beschrieben wurde, eine abgewandelte DNA-Polymerase I aus *E. coli*, bei der die 5'→3'-Exonucleaseaktivität des normalen Enzyms entfernt wurde. Die Klenow-Polymerase besitzt aber nur eine geringe **Prozessivität**, das heißt, sie synthetisiert nur einen relativ kurzen DNA-Strang und löst sich dann aus natürlichen Ursachen von der Matrize. Deshalb ist die Länge der Sequenz, die man in einem Einzelexperiment ermitteln kann, auf etwa 250 bp beschränkt. Um dieses Problem zu vermeiden, bedient man sich heute bei der Sequenzierung meist eines stärker spezialisierten Enzyms, beispielsweise der **Sequenase**, einer modifizierten Form der DNA-Polymerase, die von dem Bakteriophagen T7 codiert wird. Die Sequenase verfügt über eine hohe Prozessivität und enthält keine Exonucleaseaktivität. Damit ist sie für die Sequenzierung nach dem Kettenabbruchverfahren ideal geeignet; man erhält in einem einzelnen Experiment eine Sequenz von bis zu 750 bp.

a. 5'→3'-Exonucleaseaktivität

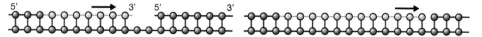

b. 3'→5'-Exonucleaseaktivität

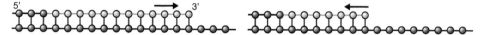

◻ **Abb. 10.4** Die Exonucleaseaktivität der DNA-Polymerasen. a) Die 5'→3'-Aktivität ist in der Zelle von großer Bedeutung für die DNA-Reparatur, denn durch sie kann die Polymerase einen geschädigten DNA-Strang ersetzen. Bei der DNA-Sequenzierung führt diese Aktivität dazu, dass die 5'-Enden der neu synthetisierten Stränge verkürzt werden. b) Auch die 3'→5'-Aktivität ist in der Zelle wichtig, denn mit ihr kann die Polymerase ihre eigenen Fehler korrigieren, indem sie umkehrt und ein falsch eingesetztes Nucleotid (zum Beispiel ein T anstelle eines G) austauscht. Den Vorgang bezeichnet man als Korrekturlesen. Bei der DNA-Sequenzierung kann diese Aktivität zur Folge haben, dass ein gerade in den neu synthetisierten Strang eingefügtes Didesoxynucleotid wieder entfernt wird, so dass es nicht zum Kettenabbruch kommt (Bildrechte T. A. Brown)

Die Sequenzierung mit dem Kettenabbruchverfahren erfordert eine einzelsträngige DNA-Matrize

Als Matrize für ein Kettenabbruchexperiment verwendet man das DNA-Molekül, das man sequenzieren möchte, in einer einzelsträngigen Form. Solche einzelsträngigen Moleküle kann man unter anderem mit einem M13-Vektor erzeugen, aber obwohl das M13-System speziell zur Herstellung von DNA für das Kettenabbruchverfahren konstruiert wurde, ist es für diesen Zweck nicht ideal geeignet. Das Problem besteht darin, dass exponierte DNA-Fragmente mit einer Länge von mehr als ungefähr 3 kb in einem M13-Vektor instabil sind, das heißt, sie können Deletionen und Umordnungen durchmachen. Deshalb lässt sich die M13-Klonierung nur mit kurzen DNA-Abschnitten anwenden.

Deshalb verwendet man bevorzugt Plasmidvektoren, denn hier gibt es keine Probleme mit der Instabilität. Dafür ist es aber notwendig, das doppelsträngige Plasmid in eine einzelsträngige Form zu überführen. Methoden:

1. Man kann die doppelsträngige Plasmid-DNA durch alkalische Denaturierung oder durch Erhitzen in die einzelsträngige Form überführen. Diese Methode wird bevorzugt angewendet, wenn man Matrizen-DNA für die Sequenzierung erzeugen will., Sie hat aber den Nachteil, dass es unter Umständen schwierig ist, die Plasmid-DNA so zu präparieren, dass sie nicht mit Spuren von bakterieller DNA oder RNA verunreinigt ist; solche Moleküle können dann im Sequenzierungsexperiment als unerwünschte Matrizen oder Primer wirksam werden.

2. Man kann die DNA in einem Phagmid Klonieren, das heißt in einem Plasmidvektor, der den Replikationsursprung von M13 enthält und deshalb sowohl in doppel- als auch in einzelsträngiger Form erzeugt werden kann (Abschnitt 6.2.2). Mit Phagmiden umgeht man die Instabilitäten von M13, und man kann damit Fragmente von bis zu 10 kb oder mehr klonieren.

Die Notwendigkeit zur Verwendung einzelsträngiger DNA lässt sich auch dadurch umgehen, dass man als Sequenzierungsenzym eine hitzestabile DNA-Polymerase verwendet. Dieses Verfahren, **Thermocycler-Sequenzierung** oder **thermozyklische Sequenzierung** genannt, läuft ähnlich ab wie die PCR, aber man verwendet nur einen Primer, und das Reaktionsgemisch enthält die vier Didesoxynucleotide (◻ Abb. 10.5). Da nur ein Primer vorhanden ist, wird nur ein Strang des Ausgangsmoleküls kopiert, und das Produkt sammelt sich im Gegensatz zur eigentlichen PCR nicht exponentiell, sondern linear an. Die Didesoxynucleotide im Reaktionsansatz bewirken wie bei der Standardmethode den Kettenabbruch, und die Familie der so entstandenen Stränge kann man auf die übliche Weise analysieren und die Sequenz ablesen. Die Thermocycler-Sequenzierung lässt sich deshalb auf

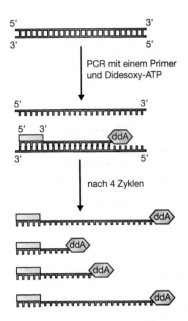

Abb. 10.5 Die Grundlage der Thermocycler-Sequenzierung. Man gibt in einen PCR-Ansatz nur einen Primer und eines der vier Didesoxynucleotide. Dann wird einer der Matrizenstränge zu einer Familie von Kettenabbruchpolynucleotiden umgeschrieben. ddA, Didesoxy-ATP (Bildrechte T. A. Brown)

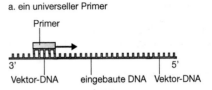

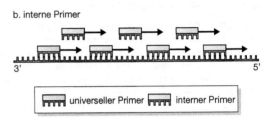

Abb. 10.6 Verschiedene Primertypen für die Sequenzierung nach dem Kettenabbruchverfahren (Bildrechte T. A. Brown)

DNA anwenden, die in einem beliebigen Vektor kloniert wurde.

Der Primer bestimmt, welcher Abschnitt der DNA-Matrize sequenziert wird

In der ersten Phase eines Kettenabbruch-Sequenzierungsexperiments hybridisiert ein Oligonucleotidprimer an die DNA-Matrize (siehe ◘ Abb. 10.2a). Der Primer hat vor allem die Funktion, den kurzen Doppelstrangabschnitt zu erzeugen, der notwendig ist, damit die DNA-Polymerase mit der DNA-Synthese beginnen kann. Eine zweite entscheidende Aufgabe des Primers besteht darin, dass er bestimmt, welcher Abschnitt des Matrizenmoleküls sequenziert wird.

Für die meisten Sequenzierungsexperimente verwendet man einen **Universalprimer**: Er ist komplementär zu dem Abschnitt der Vektor-DNA, der unmittelbar neben der Stelle liegt, an der die neue DNA eingefügt wurde (◘ Abb. 10.6a). Das 3'-Ende des Primers zeigt in Richtung der eingebauten DNA; die Sequenz, die man auf diese Weise erhält, beginnt also mit einem kurzen Abschnitt des Vektors und setzt sich dann in das klonierte DNA-Fragment hinein fort. Wurde die DNA in einem Plasmidvektor kloniert, kann man sowohl vorwärts als auch rückwärts gerichtete Universalprimer verwenden und so die Sequenzen an beiden Enden des eingebauten Abschnitts ermitteln. Das ist von Vorteil, wenn die klonierte DNA länger als 750 bp ist und deshalb nicht in einem einzigen Experiment sequenziert werden kann. Eine Alternative besteht darin, die Sequenz in einer Richtung zu verlängern, indem man einen nicht-universellen Primer konstruiert, der an einer Stelle innerhalb der eingebauten DNA hybridisiert (◘ Abb. 10.6b). Ein Experiment mit einem solchen Primer liefert eine zweite kurze Sequenz, die sich mit der ersten überlappt.

10.1.2 Pyrosequenzierung

Die zweite wichtige Methode zur DNA-Sequenzierung, die sich heute großer Beliebtheit erfreut, ist die Pyrosequenzierung. Das Verfahren erfordert weder eine Gelelektrophorese noch irgendein anderes Verfahren zur Trennung von Fragmenten und ist deshalb schneller als das Kettenabbruchverfahren. Da man damit in einem einzelnen Experiment nur bis zu 150 bp sequenzieren kann, erscheint es auf den ersten Blick vielleicht weniger nützlich als das Kettenabbruchverfahren, insbesondere wenn man das Ziel verfolgt, die Sequenz eines ganzen Genoms

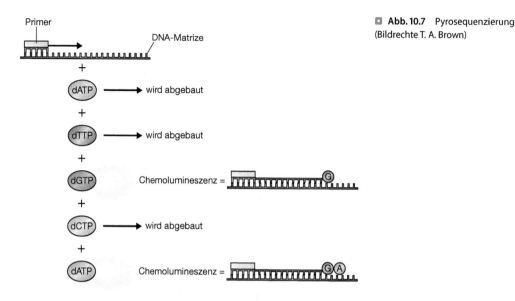

■ **Abb. 10.7** Pyrosequenzierung (Bildrechte T. A. Brown)

zu ermitteln. Die Pyrosequenzierung hat aber den Vorteil, dass man sie automatisieren und in großem Maßstab parallel ablaufen lassen kann, so dass man Hunderttausende von Sequenzen gleichzeitig analysiert und mit einem einzigen Lauf vielleicht bis zu 1 000 Mb erhält. Die Sequenz wird also viel schneller bestimmt als mit dem Kettenabbruchverfahren. Deshalb setzt sich die Pyrosequenzierung als Methode der Wahl für Genomprojekte immer mehr durch.

Bei der Pyrosequenzierung werden Chemolumineszenzimpulse nachgewiesen

Wie die Sequenzierung nach dem Kettenabbruchverfahren, so erfordert auch die Pyrosequenzierung als Ausgangsmaterial die Präparation identischer, einzelsträngiger DNA-Moleküle. Diese erzeugt man durch alkalische Denaturierung von PCR-Produkten oder gelegentlich auch von rekombinierten Plasmidmolekülen. Nachdem Anhybridisieren des Primers wird die Matrize von einer DNA-Polymerase ganz einfach und ohne Zusatz von Didesoxynucleotiden kopiert. Während der neue Strang aufgebaut wird, weist man die Reihenfolge der eingebauten Desoxynucleotide nach; die Sequenz wird also »abgelesen«, während die Reaktion abläuft.

Die Anheftung eines Desoxynucleotids an das Ende des wachsenden Strandes lässt sich dadurch nachweisen, dass gleichzeitig ein Pyrophosphatmolekülfreigesetzt wird, welches das Enzym Sulfurylase zu einem Chemolumineszenzblitz umsetzt. Würden alle vier Desoxynucleotide gleichzeitig zugegeben, käme es natürlich ständig zu Blitzen, und man könnte keine sinnvollen Informationen über die Sequenz erhalten. Deshalb setzt man die Desoxynucleotide nacheinander einzeln zu, und der Reaktionsansatz enthält außerdem das Enzym Nucleotidase; es sorgt dafür, dass ein nicht in das Polynucleotid eingebautes Desoxynucleotid schnell abgebaut wird, bevor man das nächste zusetzt (■ Abb. 10.7). Mit diesem Verfahren kann man verfolgen, in welcher Reihenfolge die Desoxynucleotide in den wachsenden Strang eingefügt werden. Das Verfahren hört sich kompliziert an, es setzt aber nur voraus, dass dem Reaktionsgemisch in Folge wiederholt Bestandteile zugesetzt werden; dadurch ist es eine Prozedur, die sich leicht automatisieren lässt.

Parallele Pyrosequenzierung im großen Maßstab

Bei der Hochdurchsatzversion der Pyrosequenzierung geht man in der Regel nicht von PCR-Produkten oder Klonen aus, sondern von genomischer DNA. Diese wird in Fragmente mit einer Länge

a. genomische DNA wird in Fragmente gespalten

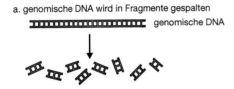

b. Anligieren von Adaptoren

c. Trennung der Stränge und Bindung an Trägerperlen

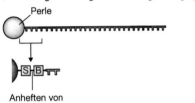

Anheften von Streptavidin-Biotin

d. PCRs in einer Ölemulsion

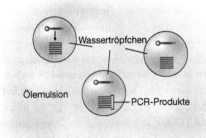

Abb. 10.8 Ein Verfahren zur parallelen DNA-Sequenzierung im großen Maßstab. B, Biotin, S, Streptavidin (Bildrechte T. A. Brown)

zwischen 300 und 500 bp zerlegt (Abb. 10.8a), und jedes Fragment wird an seinen Enden mit zwei Adaptern (Abschnitt 4.3.3) verbunden (Abb. 10.8b). Die Adapter haben zwei wichtige Funktionen. Erstens ist es durch sie möglich, die DNA-Fragmente an kleine Metallperlen zu koppeln. An das 5′-Ende des einen Adapters ist eine Biotinmarkierung gekoppelt, und die Perlen sind mit Streptavidin beschichtet, an das Biotin mit hoher Affinität bindet (Abschnitt 8.4.2). Die DNA-Fragmente bleiben also über die Biotin-Streptavidin-Kopplung an den Perlen hängen (Abb. 10.8c). Das Mengenverhältnis von DNA-Fragmenten und Perlen wählt man so, dass im Durchschnitt an jeder Perle nur ein Fragment gebunden ist.

Dann werden alle DNA-Fragmente durch PCR vermehrt, so dass genügend Kopien für die Sequenzierung zur Verfügung stehen. Nun erfüllen die Adapter ihre zweite Funktion: Sie liefern die Anheftungsstellen für die PCR-Primer. Man kann also für alle Fragmente das gleiche Primerpaar verwenden, obwohl die Fragmente selbst unterschiedliche Sequenzen haben. Würde man die PCR sofort ausführen, so erhielte man eine Mischung aller Produkte, und damit wäre es unmöglich, die Einzelsequenzen zu ermitteln. Zur Lösung dieses Problems lässt man die PCR in einer Ölemulsion ablaufen, in der sich jede Perle in einem eigenen wässrigen Tropfen befindet (Abb. 10.8d). Jeder dieser Tropfen enthält alle für die PCR notwendigen Reagenzien und ist durch den Ölbestandteil der Emulsion physisch von allen anderen Tropfen getrennt. Nach der PCR überführt man die wässrigen Tropfen in Vertiefungen auf einem Kunststoffstreifen, in denen sich nun jeweils nur ein Tropfen und damit auch nur ein PCR-Produkt befindet; in diesen Vertiefungen lässt man dann die Reaktionen der Pyrosequenzierung ablaufen.

10.2 Die Sequenzierung eines Genoms

Das erste DNA-Molekül, das vollständig sequenziert wurde, war das 5 386 Nucleotide lange Genom des Bakteriophagen ΦX174, das 1975 entschlüsselt wurde. Sehr schnell folgten dann die Sequenzen von SV40 (5 243 bp, 1977) und pBR322 (4 363 bp, 1978). Nach und nach wandte man die Sequenzierungsverfahren auf immer größere Moleküle an. Die Arbeitsgruppe von Professor Sanger veröffentlichte 1981 die Sequenz des menschlichen Mitochondriengenoms (16,6 kb) und 1982 die des Bakteriophagen λ (49 kb). Heute ist die Sequenzierung von 100 bis 200 kb Routine, und die meisten Forschungsinstitute verfügen über die notwendige Fachkenntnis, um solche Informationsmengen zu sammeln.

Die heutigen Pioniervorhaben sind die großen Genomprojekte, die jeweils darauf abzielen, die gesamte Nucleotidsequenz des Genoms einer bestimmten biologischen Artaufzuklären. Die erste Sequenz eines ganzen Chromosoms – des Chromo-

Tab. 10.1	Einige repräsentative Genomgrößen	
Spezies	Organismentyp	Genomgröße (Mb)
Mycoplasma genitalium	Bakterium	0,58
Haemophilus influenzae	Bakterium	1,83
Escherichia coli	Bakterium	4,64
Saccharomyces cerevisiae	Hefe	12,1
Caenorhabditis elegans	Fadenwurm	97
Drosophila melanogaster	Insekt	180
Arabidopsis thaliana	Pflanze	125
Homo sapiens	Säuger	3 200
Triticum aestivum	Pflanze (Weizen)	16 000

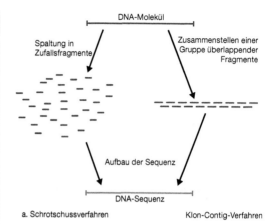

Abb. 10.9 Strategien zum Zusammensetzen einer zusammenhängenden Genomsequenz: a) Das Schrotschussverfahren; b) die Klon-Contig-Methode (Bildrechte T. A. Brown)

soms III der Hefe *Saccharomyces cerevisiae* – wurde 1992 veröffentlicht, und 1996 war das gesamte Hefegenom fertig sequenziert. Heute kennt man die vollständigen Genomsequenzen des Wurmes *Caenorhabditis elegans*, der Fliege *Drosophila melanogaster*, der Pflanze *Arabidopsis thaliana*, des Menschen *Homo sapiens* und von über 1 000 weiteren Arten. Sogar die Genomsequenzen ausgestorbener Arten wie Mammut oder Neandertaler kann man inzwischen ermitteln.

Ein einzelnes, von Hand durchgeführtes Sequenzierungsexperiment nach der Kettenabbruchmethode liefert eine Sequenz von rund 750 Nucleotiden, und mit einem Durchgang der Pyrosequenzierung erhält man 150 bp. Ein typisches Bakteriengenom ist aber rund 4 000 000 bp lang, und das Genom des Menschen umfasst 3 200 000 000 bp (Tab. 10.1). Es liegt also auf der Hand, dass man sehr viele Sequenzierungsexperimente durchführen muss, um die Sequenz eines vollständigen Genoms aufzuklären. In der Praxis ist die Gewinnung ausreichender Sequenzdaten in einem Genomprojekt dank der automatisierten Systeme eher ein Routineaspekt. Das erste echte Problem ist aber die Notwendigkeit, Tausende oder vielleicht Millionen solcher Einzelsequenzen zu einer zusammenhängenden Genomsequenz zusammenzufügen. Zu diesem Zweck hat man zwei Strategien entwickelt (Abb. 10.9):

1. Beim **Schrotschussverfahren** wird das Genom nach dem Zufallsprinzip in kurze Fragmente zerlegt. In den so entstandenen Sequenzen sucht man nach Überlappungen, die dann dazu dienen, die zusammenhängende Sequenz zu rekonstruieren.
2. Beim **Klon-Contig-Verfahren** geht der Sequenzierung eine Phase voraus, in der man eine Reihe überlappender Klone identifiziert. Eine solche Fragmentfolge bezeichnet man als **Contig**. Dann werden die einzelnen klonierten DNA-Abschnitte sequenziert, und diese Sequenz trägt man in der so genannten Contig-Karte an der richtigen Stelleein, sodass man allmählich zu der überlappenden Genomsequenz gelangt.

10.2.1 Das Schrotschussverfahren zur Genomsequenzierung

Das Schrotschussverfahren setzt zwingend voraus, dass man zwischen allen Einzelsequenzen Überlappungen erkennen kann; dieser Identifizierungsvorgang muss genau und eindeutig sein, damit man die richtige Genomsequenz erhält. Ein Fehler bei der

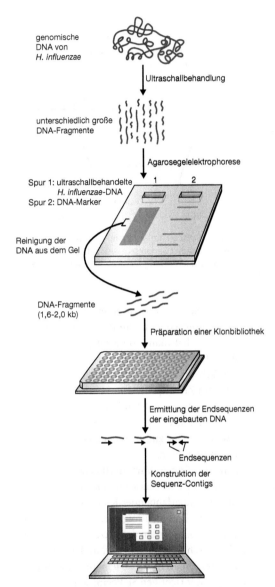

Abb. 10.10 Die wichtigsten Schritte des Projekts zur Sequenzierung des Genoms von *H. influenzae* (Bildrechte T. A. Brown)

Die Sequenzierung des Genoms von *H. influenzae*

Das Schrotschussverfahren wurde zum ersten Mal bei dem Bakterium *Haemophilus influenzae* erfolgreich angewandt, dem ersten frei lebenden Organismus, dessen Genom man vollständig sequenziert hat; die Ergebnisse wurden 1995 veröffentlicht. Im ersten Schritt zerlegte man das 1 830 kb große Genom in kurze Fragmente, die dann als Matrizen für die Sequenzierungsexperimente dienten (◘ Abb. 10.10). Man hätte auch eine Restriktionsendonuclease benutzen können, aber man entschied sich für die **Ultraschallbehandlung**, weil dieses Verfahren stärker vom Zufall bestimmte Bruchstücke erzeugt, und das vermindert die Wahrscheinlichkeit von Lücken in der Genomsequenz.

Man fasste den Entschluss, sich auf Fragmente von 1,6 bis 2,0 kb zu konzentrieren, weil man aus diesen zwei DNA-Sequenzen gewinnen konnte (eine von jedem Ende), was den Aufwand für Klonierung und Präparation der DNA verminderte. Zu diesem Zweck wurde die ultraschallbehandelte DNA durch Agarosegelelektrophorese aufgetrennt, und aus dem Gel reinigte man dann Stücke mit der gewünschten Größe. Nach der Klonierung wurden mit 19 687 Klonen insgesamt 28 643 Sequenzierungsexperimente durchgeführt. Ein kleiner Teil der so gewonnenen Sequenzen – insgesamt 4 339 – wurde verworfen, weil sie weniger als 400 bp lang waren. Die restlichen 24 304 Sequenzen wurden in einen Computer eingegeben, der 30 Stunden brauchte, um die Daten zu analysieren. Das Ergebnis waren 140 zusammenhängende Sequenzen, die jeweils einen anderen Abschnitt des Genoms von *H. influenzae* darstellten.

Man hätte durchaus noch mehr ultraschallbehandelte Fragmente sequenzieren können, um die Lücken zwischen den einzelnen Abschnitten zu schließen. Man verfügte jedoch bereits über Sequenzen von 11 631 485 bp – das Sechsfache der Länge des Genoms –, und deshalb lag die Vermutung nahe, dass es sehr viel weitere Arbeit kosten würde, bis man rein zufällig die richtigen Fragmente sequenziert hätte. In diesem Stadium des Projekts war es zeitsparender, die einzelnen Lücken mit einer gezielten Strategie zu schließen. Zu die-

Identifizierung zweier überlappender Sequenzen könnte dazu führen, dass die Sequenz des gesamten Genoms durcheinander gerät oder dass Teile völlig übersehen werden. Die Fehlerwahrscheinlichkeit nimmt dabei mit der Genomgröße zu, und deshalb wurde das Schrotschussverfahren vorwiegend auf die kleineren Bakteriengenome angewandt.

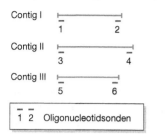

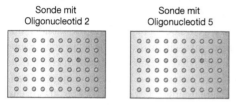

Abb. 10.11 Das Schließen von Lücken in der Genomsequenz von H. influenzae mithilfe der Oligonucleotidhybridisierung. Die Oligonucleotide 2 und 5 hybridisieren mit demselben λ-Klon, was darauf schließen lässt, dass die Contigs I und III benachbart sind. Die Lücken zwischen ihnen kann man schließen, indem man den betreffenden Teil des λ-Klons sequenziert (Bildrechte T. A. Brown)

sem Zweck wendete man mehrere Verfahren an: Den größten Erfolg hatte man dabei mit der Hybridisierungsanalyse einer Klonbibliothek, die man in einem λ-Vektor hergestellt hatte (Abb. 10.11). Die Bibliothek wurde ihrerseits mit einer Reihe von Oligonucleotidsonden untersucht, deren Sequenzen den Enden der 140 Segmente entsprachen. In einigen Fällen hybridisierten zwei Oligonucleotide mit demselben λ-Klon, was darauf schließen ließ, dass die diesen Oligonucleotiden entsprechenden Enden im Genom nebeneinander lagen. Die Lücke zwischen diesen beiden Enden konnte man dann durch Sequenzierung des entsprechenden Abschnitts aus dem λ-Klon schließen.

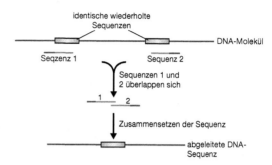

Abb. 10.12 Eine Schwierigkeit bei der Schrotschusssequenzierung. Zwischen zwei Sequenzen, die beide in einer Wiederholungssequenz enden, wird fälschlich eine Überlappung festgestellt. Die Folge: In der Sequenz fehlt ein Teil des DNA-Moleküls (Bildrechte T. A. Brown)

Probleme der Schrotschusssequenzierung

Mit der Schrotschusssequenzierung hatte man bei vielen Bakteriengenomen Erfolg. Diese Genome sind nicht nur klein, sodass insbesondere das Auffinden der Sequenzüberlappungen keine allzu großen Anforderungen an die Computerkapazität stellt, sondern sie enthalten auch nur wenig oder gar keine repetitiven DNA-Sequenzen. Solche Sequenzen, die zwischen wenigen Basenpaaren und mehreren Kilobasen lang sind, wiederholen sich im Genom an mehreren Stellen. Für das Schrotschussverfahren werfen sie Probleme auf, denn beim Zusammenfügen könnte man Sequenzen, die teilweise oder vollständig innerhalb eines Wiederholungselements liegen, fälschlich eine Überlappung mit der gleichen Sequenz aus einem anderen Wiederholungselement zuschreiben (Abb. 10.12). Das würde dann dazu führen, dass manche Teile der Genomsequenz an einer falschen Position angeordnet oder völlig übergangen werden. Aus diesem Grund herrschte allgemein die Ansicht, die Schrotschussklonierung sei für Eukaryotengenome ungeeignet, da diese viele Wiederholungselemente enthalten. Im weiteren Verlauf des Kapitels (Abschnitt 10.2.3) werden wir aber noch erfahren, dass man diese Einschränkung umgehen kann, wenn man eine Karte des Genoms verwendet, um die mit dem Schrotschussverfahren gewonnenen Sequenzen direkt zusammenzufügen.

Hybridisieren der Bibliothek mit Klon A1 als Sonde

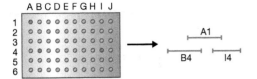

Hybridisieren der Bibliothek mit Klon I4 als Sonde

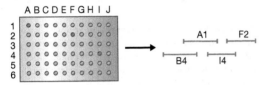

◘ **Abb. 10.13** Das Wandern auf dem Chromosom (Bildrechte T. A. Brown)

10.2.2 Das Klon-Contig-Verfahren

Das Klon-Contig-Verfahren unterliegt nicht den Beschränkungen der Schrotschussmethode und liefert auch für ein großes Genom, das repetitive DNA enthält, eine korrekte Sequenz. Dafür hat es den Nachteil, dass es viel mehr Arbeit erfordert, sodass es länger dauert und höhere Kosten verursacht. Die zusätzliche Zeit und Mühe muss man aufwenden, um die überlappende Reihe klonierter DNA-Fragmente aufzubauen. Ist das geschehen, sequenziert man jedes einzelne Fragment nach dem Schrotschussverfahren und baut dann Schritt für Schritt die Sequenz des ganzen Genoms zusammen (◘ Abb. 10.9).

Damit man möglichst wenige Klone braucht, um das gesamte Genom abzudecken, sollten die klonierten Fragmente möglichst lang sein. Deshalb benutzt man einen Vektor mit hoher Kapazität. Das erste sequenzierte Eukaryotenchromosom – das Chromosom III von *Saccharomyces cerevisiae* – wurde ursprünglich in einem Cosmidvektor (Abschnitt 6.3.5) kloniert, und der Contig, den man am Ende erhielt, bestand aus 29 klonierten Fragmenten. Das Chromosom III ist allerdings relativ kurz, und die durchschnittliche Länge der klonierten Fragmente betrug nur 10,8 kb. Zur Sequenzierung des viel längeren menschlichen Genoms brauchte man 300 000 Klone in künstlichen Bakterienchromosomen (BAC, Abschnitt 6.4). Alle diese Klone zu chromosomenspezifischen Contigs zusammenzufügen, war eine höchst umfangreiche Aufgabe.

Contig-Aufbau aus Klonen durch Wanderungen auf dem Chromosom

Eine Methode, mit der man aus Klonen einen Contig zusammenfügen kann, ist das **Wandern auf dem Chromosom** (*chromosome walking*). Zu Beginn einer solchen Wanderung wählt man einen beliebigen Klon aus der Bibliothek aus, markiert ihn und verwendet ihn als Hybridisierungssonde für alle anderen Klone der Bibliothek (◘ Abb. 10.13a). Klone, die ein Hybridisierungssignal erzeugen, überlappen sich mit der Sonde. Jetzt markiert man einen dieser überlappenden Klone und hybridisiert ein zweites Mal. Man erhält neue Hybridisierungssignale, von denen einige auf weitere Überlappungen hinweisen (◘ Abb. 10.13b). Auf diese Weise baut man Schritt für Schritt den Contig auf. Das Verfahren ist allerdings arbeitsaufwendig; man wendet es nur an, wenn es sich um den Contig für ein kurzes Chromosom handelt, sodass man relativ wenige Klone braucht, oder wenn man kleine Lücken zwischen Contigs schließen will, die man mit schnelleren Verfahren konstruiert hat.

Schnelle Verfahren zum Zusammenfügen von Klon-Contigs

Das Wandern auf dem Chromosom hat den Nachteil, dass man an einem festgelegten Ausgangspunkt beginnen muss und den Contig von dort aus langsam Schritt für Schritt aufbaut. Schnellere Methoden gehen nicht von einer festen Position aus. Man versucht vielmehr paarweise überlappende Klone zu finden. Hat man eine ausreichende Zahl solcher Paare gefunden, ist der Contig zu erkennen (◘ Abb. 10.14). Die verschiedenen Verfahren, mit denen man Überlappungen aufspüren kann, werden zusammenfassend als **Klon-Fingerabdruckverfahren** (*clone fingerprinting*) bezeichnet.

Grundlage des Klon-Fingerabdruckverfahrens ist der Nachweis von Sequenzelementen, die zwei Klonen gemeinsam sind. Im einfachsten Fall behandelt man mehrere Klone mit einer oder mehreren Restriktionsendonucleasen und sucht dann nach Paaren, in denen Fragmente gleicher Größe vorkommen; Fragmente, die nicht von der klonierten DNA, sondern vom Vektor stammen, lässt

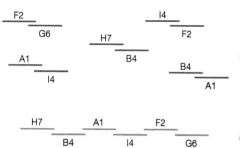

Überlappungen, identifiziert durch Klon-Fingerprinting

Abb. 10.14 Die Erstellung eines Contigs aus Klonen, die mit einem Fingerabdruckverfahren identifiziert wurden (Bildrechte T. A. Brown)

abgeleiteter Klon-Contig

man dabei außer Acht. Diese Methode scheint in der Ausführung einfach zu sein, aber in der Praxis erfordert es viel Zeit, die Agarosegele nach gemeinsamen Fragmenten zu durchsuchen. Außerdem besteht eine relativ hohe Wahrscheinlichkeit, dass zwei nicht überlappende Klone zufällig Fragmente enthalten, deren Größe in der Agarose-Gelelektrophorese nicht zu unterscheiden ist.

Genauere Ergebnisse erhält man mit der **PCR repetitiver DNA**, auch **PCR eingestreuter Wiederholungselemente** (*interspersed repeat element PCR*, **IRE-PCR**) genannt. Bei dieser Version der PCR benutzt man Primer, die sich aufgrund ihrer Konstruktion mit repetitiven DNA-Sequenzen verbinden und für die unmittelbare Vervielfältigung der Sequenz zwischen benachbarten Wiederholungseinheiten sorgen (Abb. 10.15). Sequenzwiederholungen eines bestimmten Typs sind in Eukaryotengenomen ziemlich zufällig und in unterschiedlichen Abständen angeordnet; wendet man derartige Primer auf eukaryotische DNA an, erhält man also unterschiedlich große Produkte. Ergeben zwei Klone PCR-Produkte gleicher Länge, müssen sie Wiederholungseinheiten im gleichen Abstand enthalten, und das liegt möglicherweise daran, dass sich die klonierten DNA-Fragmente überlappen.

Zusammenfügen von Klon-Contigs durch Analyse des Inhalts sequenzmarkierter Stellen

In einem dritten Verfahren zum Zusammensetzen von Klon-Contigs sucht man nach Klonpaaren mit spezifischen DNA-Sequenzen, die in dem untersuchten Genom nur an einer einzigen Stelle vorkommen. Enthalten zwei Klone eine solche charakteristische Sequenz, müssen sie sich überlappen (Abb. 10.16). Derartige Sequenzen nennt

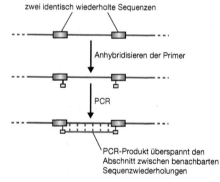

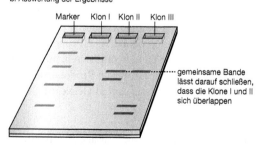

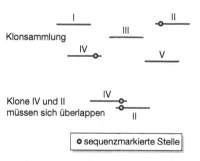

Abb. 10.15 PCR eingestreuter Wiederholungselemente (IRE-PCR) (Bildrechte T. A. Brown)

Abb. 10.16 Das Prinzip der STS-Kartierung (Bildrechte T. A. Brown)

◻ **Abb. 10.17** Zwei Formen eines SNP (Bildrechte T. A. Brown)

```
...ATAGACCATGGCAA...
...ATAGACTATGGCAA...
          |
         SNP
```

man **sequenzmarkierte Stellen** (*sequence tagged sites*, **STS**). Häufig liegt eine STS in einem Gen, das bereits sequenziert wurde. Da man die Sequenz kennt, kann man für die PCR ein Primerpaar konstruieren, das für diese Sequenz spezifisch ist, und damit dann in der Klonbibliothek die Klone identifizieren, die dieses Gen enthalten. Die STS muss aber kein Gen sein; es kann sich um jeden kurzen Sequenzabschnitt aus dem Genom handeln, vorausgesetzt, er liegt nicht in einem repetitiven Element.

10.2.3 Karten als Hilfsmittel zum Sequenzaufbau

Die Kartierung des Inhalts sequenzmarkierter Stellen ist eine besonders wichtige Methode zum Zusammenfügen der Klon-Contigs, denn häufig hat man die Lage der STS im Genom bereits durch **genetische** oder **physische Kartierung** ermittelt. Deshalb kann man die Klon-Contigs anhand der Lage der STS in einer Genomkarte festmachen und so die Position des Contigs innerhalb eines Chromosoms feststellen. Wir wollen uns jetzt ansehen, wie man zu solchen Karten gelangt.

Genetische Karten

Eine genetische Karte erhält man durch genetische Untersuchungen auf der Grundlage der Mendelschen Prinzipien; dazu bedient man sich bei Laborlebewesen der gezielten Kreuzung, beim Menschen der **Stammbaumanalyse**. Bei den untersuchten Loci handelt es sich in den meisten Fällen um Gene; um ihren Erbgang zu verfolgen, betrachtet man in der Regel die Phänotypen der Nachkommen, die nach der Kreuzung von Eltern mit unterschiedlichen Merkmalen entstehen (zum Beispiel die großen und kleinen Erbsenpflanzen, die Mendel studierte). Der Erbgang zeigt das Ausmaß der genetischen Kopplung zwischen Genen, die auf demselben Chromosom liegen; daraus kann man die relativen Positionen dieser Gene ableiten und eine genetische Karte konstruieren.

In jüngerer Zeit entwickelte man Methoden zur genetischen Kartierung von DNA-Sequenzen, die keine Gene sind, aber in der menschlichen Bevölkerung in vielgestaltiger Form vorkommen. Die wichtigsten derartigen **DNA-Marker** sind

1. **Einzelnucleotid-Polymorphismen** (*single nucleotide polymorphisms*, **SNPs**), Stellen in einem Genom, an denen mindestens zwei verschiedene Nucleotide vorkommen können (◻ Abb. 10.17). Manche Angehörige einer Spezies besitzen den einen SNP, manche den anderen. SNPs charakterisiert man in der Regel mit kurzen Oligonucleotidsonden, die mit den verschiedenen Formen hybridisieren und so anzeigen, welche von ihnen vorliegt.

2. **Restriktionsfragment-Längenpolymorphismen (RFLPs)** sind eine besondere Form der SNPs; sie entstehen, wenn sich eine Restriktionsschnittstelle durch eine Sequenzabweichung verändert. Nach der Behandlung mit der passenden Restriktionsendonuclease zeigt sich der Verlust der Schnittstelle, weil zwei Fragmente verbunden bleiben. Ursprünglich charakterisierte man RFLPs durch Southern-Hybridisierung der restriktionsbehandelten DNA, aber heute benutzt man statt dieses zeitaufwendigen Verfahrens meist die PCR, um Gegenwart oder Fehlen einer Restriktionsschnittstelle nachzuweisen (◻ Abb. 10.18).

3. **Kurze Tandemwiederholungen** (*short tandem repeats*, **STRs**), auch **Mikrosatelliten** genannt, bestehen aus kurzen, ein bis 13 Nucleotide langen, hintereinander liegenden repetitiven Sequenzen. Die Zahl der Wiederholungseinheiten an einer bestimmten STR ist unterschiedlich, liegt aber in der Regel zwischen 5 und 20. Ihre Zahl kann man durch eine PCR ermitteln; dazu verwendet man Primer, die beiderseits der STR anhybridisieren, und dann bestimmt man die Größe der Produkte durch Agarose- oder Polyacrylamid-Gelelektrophorese (◻ Abb. 10.19).

Alle diese DNA-Marker sind variabel, das heißt, sie kommen in mindestens zwei Allelformen vor. Ihre Vererbung verfolgt man durch Analyse der DNA,

10.2 · Die Sequenzierung eines Genoms

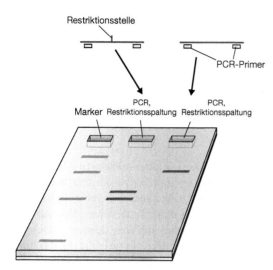

Abb. 10.18 Die Typisierung eines Restriktionsstellenpolymorphismus durch PCR. Das PCR-Produkt in der mittleren Spur wurde mit einem Restriktionsenzym geschnitten und ergibt deshalb zwei Banden. In der rechten Spur erkennt man nur eine Bande, weil die Restriktionsstelle in der DNA-Matrize fehlt (Bildrechte T. A. Brown)

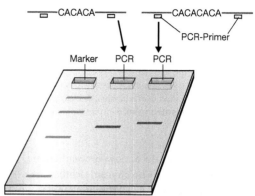

Abb. 10.19 Typisierung einer STR mit PCR. Das PCR-Produkt in der rechten Spur ist geringfügig länger als das im mittleren Ansatz, weil die DNA-Matrize, an der es entstanden ist, eine zusätzliche CA-Einheit enthält (Bildrechte T. A. Brown)

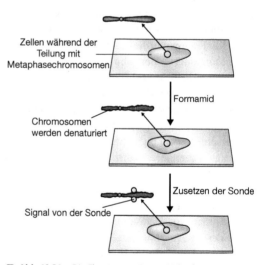

Abb. 10.20 Die Fluoreszenz-*in-situ*-Hybridisierung (Bildrechte T. A. Brown)

die aus den Nachkommen einer genetischen Kreuzung gewonnen wurde. Anhand der so gewonnenen Daten ordnet man die DNA-Marker genau wie bei der Kartierung von Genen auf einer genetischen Karte an.

Physische Karten

Eine physische Karte konstruiert man mit Methoden, mit denen die Lage ganz bestimmter Sequenzen auf dem DNA-Molekül eines Chromosoms unmittelbar ermittelt wird. Bei den untersuchten Loci kann es sich wie bei der genetischen Kartierung um Gene oder DNA-Marker handeln. Zu den Letzteren gehören auch die **exprimierten Sequenzanhängsel** (*expressed sequence tags*, **ESTs**), kurze Sequenzen, die man aus den Enden komplementärer DNA (cDNA) gewinnt (Abschnitt 8.3.3). ESTs sind also Teilsequenzen von Genen, mit denen man bei der Kartenerstellung sehr schnell die Lage der Gene ermitteln kann, selbst wenn aus der EST-Sequenz nicht ersichtlich ist, um welches Gen es sich handelt. Man verwendet bei der physischen Kartierung zwei Methoden:

1. Unmittelbare Untersuchung chromosomaler DNA-Moleküle, beispielsweise durch Fluoreszenz-*in-situ*-Hybridisierung (FISH). Bei diesem Verfahren wird ein kloniertes DNA-Fragment mit einem Fluoreszenzmarker markiert, und dann lässt man es mit einer Chromosomenpräparation hybridisieren, die auf einem Objektträger befestigt wurde. Die physische Lage des Fragments im Chromosom ist zu erkennen, wenn man die Präparation ganz einfach im Mikroskop betrachtet (Abb. 10.20). Verwendet man für die FISH parallel zwei DNA-Sonden, die jeweils mit einem anderen Fluorochrom markiert sind, kann man die

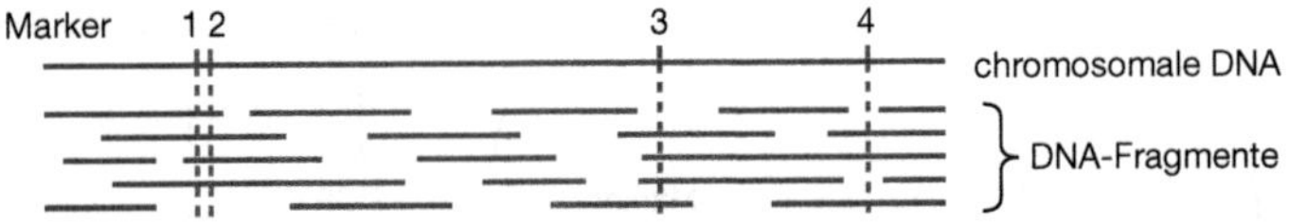

Abb. 10.21 Das Prinzip der Anwendung von Kartierungsreagenzien. Da die Marker 1 und 2 auf vier Fragmenten gemeinsam vorkommen, kann man schließen, dass sie relativ dicht benachbart sind. Dagegen müssen die Marker 3 und 4 relativ weit voneinander entfernt sein, denn sie kommen gemeinsam nur auf einem Fragment vor (Bildrechte T. A. Brown)

Lage der durch die Sonde repräsentierten Marker auf dem Chromosom sichtbar machen. Wenn man die Chromosomen dabei mit besonderen Methoden ausbreitet, sodass die DNA-Moleküle anders als in normalen Chromosomen nicht eng aufgewunden, sondern stark gestreckt sind, kann man die Marker mit hoher Genauigkeit lokalisieren.

2. Physische Kartierung mit einem **Kartierungsreagens**, einer Sammlung überlappender DNA-Fragmente, die das untersuchte Chromosom oder Genom abdecken. Markerpaare, die innerhalb eines einzigen Fragments liegen, müssen auf dem Chromosom eng benachbart sein; wie nahe sie zusammen liegen, erkennt man an der Häufigkeit, mit der das Paar in verschiedenen Fragmenten des Kartierungsreagens gemeinsam auftritt (◘ Abb. 10.21). Bei dem Kartierungsreagens kann es sich um eine Klonbibliothek handeln, und zwar möglichst eine, die vor der DNA-Sequenzierung bereits zu einem Contig zusammengesetzt wurde. Ein anderes Kartierungsreagens sind die **Strahlungshybride**, die im Human-Genomprojekt eine große Rolle spielten. Dabei handelt es sich um Hamsterzelllinien, die Bruchstücke menschlicher Chromosomen enthalten und unter Anwendung von Strahlung hergestellt wurden (daher ihr Name). Zur Kartierung hybridisiert man Sonden für den Marker mit einer Reihe von Zelllinien, die jeweils einen anderen Teil des menschlichen Genoms beherbergen.

Die Bedeutung einer Karte für das Zusammenfügen einer Sequenz

Man kann die Sequenz eines Genoms ermitteln, ohne dazu eine genetische oder physische Karte zu verwenden. Dies wird an dem Projekt mit *H. influenzae* deutlich, das wir am Beginn des Abschnitts 10.2.1 nachgezeichnet haben; auch viele andere Bakteriengenome wurden ohne Karte sequenziert. Für die Sequenzierung eines größeren Genoms jedoch ist die Karte sehr wichtig, denn sie bildet einen Leitfaden, an dem man überprüfen kann, ob die Sequenz aus den vielen kurzen Abschnitten, die der Sequenzierautomat liefert, richtig zusammengesetzt wurde. Taucht ein Marker, den man mit genetischen und/oder physikalischen Methoden kartiert hat, in der Sequenz des Genoms an einer unerwarteten Stelle auf, liegt der Verdacht auf einen Fehler beim Zusammenfügen der Sequenzen nahe.

Genaue genetische und/oder physische Karten waren für das Human-Genomprojekt ebenso von großer Bedeutung wie für die Projekte mit Hefe, Taufliege, *C. elegans* und *A. thaliana*, die alle mithilfe des Klon-Contig-Verfahrens durchgeführt wurden. Auch bei Projekten, bei denen man nach der Schrotschussmethode vorgeht, orientiert man sich beim Zusammenfügen der Sequenzen an den Karten. Wie in Abschnitt 10.2.1 erwähnt wurde, besteht bei der Anwendung des Schrotschussverfahrens auf ein großes Genom vor allem das Problem der vielen Sequenzwiederholungen, sodass die zusammengesetzte Sequenz möglicherweise zwischen zwei Wiederholungseinheiten »springt« und dadurch ein Teil des Genoms an eine falsche Stelle gerät oder ausgelassen wird (◘ Abb. 10.12). Solche Fehler kann man vermeiden, wenn man die zusammengefügte Sequenz ständig in Beziehung zu einer Genkarte setzt. Diese **gezielte Schrotschussmethode** wird für die Sequenzierung großer Genome zunehmend zur Methode der Wahl.

Weiterführende Literatur

Adams MD, Celnicker SE, Holt RA et al. (2000) The genome sequence of *Drosophila melanogaster*. *Science* 287: 2185–2195 [Eine prägnante Beschreibung dieses Genomprojekts.]

Brown TA (2007) *Genome und Gene*, 3. Aufl., Elsevier Spektrum Akademischer Verlag, Heidelberg [Einzelheiten der Verfahren zur Untersuchung von Genomen einschließlich der genetischen und physischen Kartierung.]

Fleischmann RD, Adams MD, White O et al. (1995) Whole genome random sequencing and assembly of *Haemophilus influenzae* Rd. *Science* 269: 496–512 [Die erste Veröffentlichung der vollständigen Sequenz eines Bakteriengenoms.]

Heiskanen M, Peltonen L, Palotie A (1996) Visual mapping by high resolution FISH. *Trends in genetics* 12: 379–382.

Margulies M, Egholm M, Altman WE et al. (2005) Genome sequencing in microfabricated high-density picolitre reactors. *Nature* 437: 376–380 [Parallele Pyrosequenzierung in großem Maßstab].

Die Untersuchung der Genexpression und Genfunktion

11.1	Die Analyse der Transkripte von Genen – 168
11.1.1	Nachweis eines Transkripts und Aufklärung seiner Nucleotidsequenz – 169
11.1.2	Transkriptkartierung durch Hybridisierung zwischen Gen und RNA – 170
11.1.3	Transkriptanalyse durch Primerverlängerung – 171
11.1.4	Transkriptanalyse mit PCR – 171
11.2	Die Untersuchung der Expressionsregulation von Genen – 172
11.2.1	Der Nachweis von Proteinbindungsstellen an einem DNA-Molekül – 174
11.2.2	Der Nachweis von Regulatorsequenzen durch Deletionsanalyse – 177
11.3	Nachweis und Untersuchung des Translationsprodukts eines klonierten Gens – 179
11.3.1	Mit HRT und HART kann man das Translationsprodukt eines klonierten Gens nachweisen – 179
11.3.2	Analyse der Proteine durch *in vitro*-Mutagenese – 181
	Weiterführende Literatur – 185

Alle Gene müssen exprimiert werden, damit sie ihre Wirkung entfalten können. Der erste Schritt bei der Genexpression ist die Transkription des Gens in einen komplementären RNA-Strang (◘ Abb. 11.1a). Bei manchen Genen, zum Beispiel denen für Transfer-RNA (t-RNA) und ribosomale RNA (rRNA), ist das Transkript selbst das für die Funktion wichtige Molekül. Bei den anderen Genen wird die RNA nach der Transkription in ein Proteinmolekül translatiert.

Um zu verstehen, wie ein Gen exprimiert wird, muss man das RNA-Transkript untersuchen. In der Molekularbiologie möchte man vor allem wissen, ob das Transkript eine genaue Kopie des Gens darstellt oder ob ihm Teile der DNA-Sequenz fehlen (◘ Abb. 11.1b). Solche fehlenden DNA-Stücke bezeichnet man als Introns, und ihre Struktur und mögliche Funktion haben beträchtliches Interesse auf sich gezogen. Wichtig ist neben den Introns aber auch die genaue Lage der Anfangs- und Endpunkte für die Transkription. Die meisten Transkripte sind Kopien nicht nur des Gens selbst, sondern auch der beiderseits davon gelegenen Nucleotidsequenzen (◘ Abb. 11.1c). Die Signale, die Anfang und Ende der Transkription kennzeichnen, versteht man erst teilweise, aber man muss ihre Lage bestimmen, wenn man sich mit der Expression eines Gens beschäftigen will.

Zu Beginn dieses Kapitels wird von den Methoden für die **Analyse von Transkripten** die Rede sein. Mit ihnen kann man feststellen, ob ein kloniertes Gen Introns enthält, und die Anfangs- und Endpunkte der Transkription in der Nucleotidsequenz kartieren. Anschließend werden kurz einige der vielen in den letzten Jahren entwickelten Verfahren erörtert, mit denen man die Steuerung der Genexpression untersuchen kann. Solche Methoden sind wichtig, weil viele Krankheiten auf Fehler der Genregulation zurückgehen. Und schließlich soll die schwierige Frage erörtert werden, wie man das Translationsprodukt eines klonierten Gens identifiziert.

11.1 Die Analyse der Transkripte von Genen

Im Laufe der Jahre wurde eine ganze Reihe verschiedener Methoden zur Untersuchung von RNA-Transkripten entwickelt. Manche davon dienen einfach dazu, das Transkript nachzuweisen, und liefern Anhaltspunkte für seine Länge. Andere ermöglichen die Kartierung von Anfang und Ende des Transkripts und lassen eine Lokalisierung der Introns zu.

a. Gene werden durch Transkription und Translation exprimiert

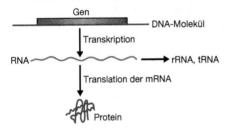

b. manche Gene enthalten Introns

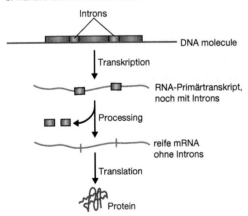

c. RNA-Transkripte enthalten auch Bereiche von beiden Seiten des Gens

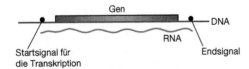

◘ **Abb. 11.1** Einige grundlegende Vorgänge bei der Genexpression. mRNA = Messenger-RNA, tRNA = Transfer-RNA, rRNA = ribosomale RNA (Bildrechte T. A. Brown)

11.1.1 Nachweis eines Transkripts und Aufklärung seiner Nucleotidsequenz

Bevor wir die raffinierteren Methoden zur RNA-Analyse betrachten, müssen wir uns ansehen, mit welchen Methoden man grundlegende Informationen über ein Transkript gewinnen kann. Das erste derartige Verfahren ist die **Northern-Hybridisierung**, das auf RNA abgestimmte Verfahren, das der Southern-Hybridisierung (Abschnitt 8.4.3.4) entspricht. Mit ihrer Hilfe kann man die Länge eines Transkripts ermitteln. Man unterwirft einen RNA-Extrakt der Elektrophorese in einem Agarosegel, wobei man durch Verwendung eines denaturierenden Elektrophoresepuffers (der zum Beispiel Formaldehyd enthält) dafür sorgt, dass die RNA keine intra- oder intermolekularen Basenpaare ausbildet, da sich diese auf die Geschwindigkeit auswirken würden, mit der die Moleküle durch das Gel wandern. Nach der Elektrophorese stellt man einen Abklatsch des Gels auf einer Nitrocellulose- oder Nylonmembran her und hybridisiert die RNA mit einer markierten Sonde (◘ Abb. 11.2). Handelt es sich bei der Sonde um ein kloniertes Gen, ist die Bande, die in der Autoradiographie sichtbar wird, das Transkript dieses Gens. Die Größe des Transkripts kann man an seiner Lage im Gel ablesen, und wenn man in den einzelnen Spuren eines Gels die RNA aus verschiedenen Geweben laufen lässt, kann man feststellen, ob das Gen differentiell exprimiert wird.

Nachdem man das Transkript identifiziert hat, kann man es durch cDNA-Synthese (Abschnitt 8.3.3) in eine doppelsträngige DNA-Kopie umschreiben, die man dann kloniert und sequenziert. Der Vergleich zwischen der cDNA und der Sequenz ihres Gens zeigt die Lage der Introns und möglicherweise auch den Anfangs- und Endpunkt des Transkripts. Dies ist aber nur möglich, wenn die cDNA-Kopie die gesamte Länge der mRNA umfasst, an der sie kopiert wurde. Das 3'-Ende des Transkripts liegt normalerweise in der cDNA vor, denn in den meisten Methoden zur cDNA-Synthese wird zunächst ein Primer eingesetzt, der sich mit dem Poly(A)-Schwanz der mRNA verbindet, das heißt, das 3'-Ende ist der erste Teil, der kopiert wird (siehe ◘ Abb. 8.7). Die cDNA-Synthese setzt

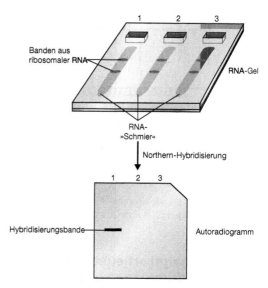

◘ **Abb. 11.2** Die Northern-Hybridisierung. Drei RNA-Extrakte aus verschiedenen Geweben wurden in einem Agarosegel elektrophoretisch aufgetrennt. Die Extrakte enthalten viele unterschiedlich lange RNA-Moleküle und werden deshalb jeweils zu einem »Schmier«. Man erkennt aber zwei abgegrenzte Banden, die der in großer Menge vorhandenen ribosomalen RNA entsprechen. Die Größe dieser RNAs ist bekannt (bei Säugern beispielsweise 4 718 und 1 874 Nucleotide), sodass man sie als interne Größenmarker nutzen kann. Man überträgt die RNA aus dem Gel auf eine Membran, hybridisiert mit einem klonierten Gen und macht die Ergebnisse durch Autoradiographie sichtbar. Nur in der Spur 1 ist eine Bande zu erkennen; das klonierte Gen wird also nur in dem Gewebe exprimiert, aus dem der betreffende RNA-Extrakt stammt (Bildrechte T. A. Brown)

sich aber oftmals nicht bis zum 5'-Ende der mRNA fort, insbesondere dann nicht, wenn diese länger als einige hundert Nucleotide ist. Der vorzeitige Abbruch der cDNA-Synthese führt zu einer cDNA, die keine vollständige Kopie des Transkripts darstellt, das heißt, ihr 3'-Ende entspricht nicht dem tatsächlichen 5'-Ende der mRNA (◘ Abb. 11.3). In einem solchen Fall kann man den Startpunkt der Transkription in der Sequenz der cDNA nicht identifizieren. Auch die Lokalisierung von Introns, die nahe beim Anfang des Gens liegen, ist unmöglich.

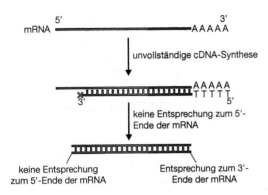

Abb. 11.3 Das 5'-Ende einer mRNA ist in der Sequenz einer unvollständigen cDNA nicht zu erkennen (Bildrechte T. A. Brown)

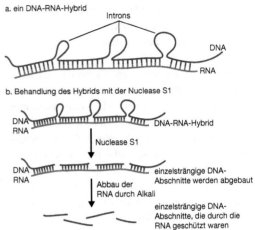

Abb. 11.4 Ein DNA-mRNA-Hybrid und die Auswirkungen seiner Behandlung mit einer einzelstrangspezifischen Nuclease wie S1 (Bildrechte T. A. Brown)

11.1.2 Transkriptkartierung durch Hybridisierung zwischen Gen und RNA

Wegen der Probleme mit der unvollständigen cDNA-Synthese braucht man andere, direktere Methoden, um den Anfang eines Transkripts zu identifizieren. Die aufschlussreichsten derartigen Verfahren basieren auf der Untersuchung von Hybridisierungsprodukten, die sich zwischen einem klonierten Gen und seiner RNA bilden.

Zur Nucleinsäurehybridisierung zwischen komplementären DNA- und RNA-Strängen kommt es ebenso leicht wie zwischen einzelsträngigen DNA-Molekülen. Bildet sich ein Hybrid zwischen einem DNA-Strang, der ein Gen enthält, und seiner zugehörigen mRNA, kennzeichnen die Grenzen zwischen doppel- und einzelsträngigen Abschnitten den Anfangs- und Endpunkt der mRNA (◘ Abb. 11.4a). Introns, die in der DNA, nicht aber in der mRNA vorhanden sind, bilden »Schleifen« in Form weiterer einzelsträngiger Abschnitte.

Betrachten wir jetzt einmal, was geschieht, wenn man ein solches DNA-RNA-Hybrid mit einer einzelstrangspezifischen Nuclease wie S1 (Abschnitt 4.1.1) behandelt. Die S1-Nuclease baut einzelsträngige DNA- und RNA-Polynucleotide ab, darunter auch die Einzelstrandabschnitte an den Enden vorwiegend doppelsträngiger Moleküle. Auf doppelsträngige DNA oder DNA-RNA-Hybride wirkt sie dagegen nicht. Die S1-Nucoase baut also die nicht hybridisierten, einzelsträngigen DNA-Abschnitte an den Enden der DNA-RNA-Hybride sowie die Intronschleifen ab (◘ Abb. 11.4b). Die DNA-Abschnitte, die durch die Hybridisierung vor dem S1-Abbau geschützt waren, kann man später in einzelsträngiger Form wiedergewinnen, wenn man die RNA alkalisch abbaut.

Leider liefern die in ◘ Abb. 11.4 gezeigten Manipulationen nicht sonderlich viele Informationen. Die Größe der geschützten Fragmente kann man durch Gelelektrophorese ermitteln, aber damit weiß man noch nichts über ihre Reihenfolge oder ihre relative Lage in der DNA-Sequenz. Mit einigen geringfügigen Abwandlungen kann man die Methode aber dazu nutzen, die genauen Anfangs- und Endpunkte des Transkripts und alle möglicherweise darin enthaltenen Introns in der DNA-Sequenz zu kartieren.

Ein Beispiel dafür, wie man den Anfang eines Transkripts mit der **S1-Nuclease-Kartierung** lokalisieren kann, zeigt Abbildung 11.5 Hier wurde ein Sau3A-Fragment, das 100 bp der codierenden Region und die 300 bp lange, vor dem Gen gelegene Leadersequenz enthält, in einem M13-Vektor kloniert und in einzelsträngiger Form hergestellt. Man setzt eine Probe des RNA-Transkripts zu und lässt dieses an das DNA-Molekül anhybridisieren. Das DNA-Molekül ist dann immer noch größtenteils einzelsträngig, aber ein kleiner Abschnitt ist durch die RNA geschützt. Nun werden alle Abschnitte mit Ausnahme des geschützten Bereichs mit S1-Nuc-

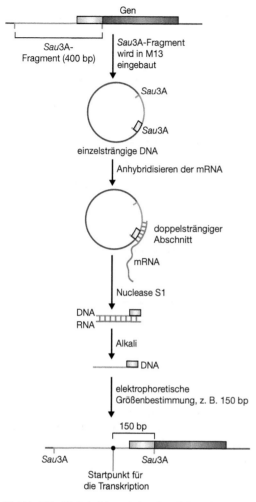

Abb. 11.5 Die Lokalisierung einer Transkriptionsstartstelle durch Kartierung mit der Nuclease S1 (Bildrechte T. A. Brown)

lease abgebaut, und die RNA beseitigt man durch alkalische Behandlung. Zurück bleibt ein kurzes, einzelsträngiges DNA-Fragment. Bei genauer Betrachtung dieser Manipulationen wird deutlich, dass die Größe des einzelsträngigen Abschnitts der Entfernung zwischen der Transkriptionsstartstelle und der rechts davon gelegenen Sau3A-Stelle entspricht. Man ermittelt die Länge des Einzelstranges durch Gelelektrophorese und lokalisiert mithilfe dieser Information den Transkriptions-Startpunkt in der DNA-Sequenz. Mit genau der gleichen Strategie kann man auch den Endpunkt der Transkription sowie die Verbindungsstellen zwischen Introns und Exons lokalisieren. Der einzige Unterschied ist die Lage der Restriktionsstelle, die man als Begrenzung für ein Ende des geschützten einzelsträngigen DNA-Fragments auswählt.

11.1.3 Transkriptanalyse durch Primerverlängerung

Die S1-Analyse ist ein sehr leistungsfähiges Verfahren, mit dem man sowohl das 5′- und 3′-Ende eines Transkripts als auch die Lage der Intron-Exon-Übergänge identifizieren kann. Die letzte Methode der Transkriptanalyse, die hier betrachtet werden soll, **Primerverlängerung** genannt, ist weniger vielseitig: Mit ihr lässt sich nur das 5′-Ende einer RNA identifizieren. Dennoch ist sie ein wichtiges Verfahren, und sie wird häufig benutzt, wenn man die Ergebnisse von S1-Analysen überprüfen will.

Die Primerverlängerung kann man nur dann einsetzen, wenn man die Sequenz des Transkripts zumindest teilweise kennt. Man muss dazu einen kurzen Oligonucleotidprimer an eine bekannte Stelle der RNA anhybridisieren, im Idealfall 100 bis 200 Nucleotide vom 5′-Ende des Transkripts entfernt. Nachdem der Primer sich dort angeheftet hat, wird er durch Reverse Transkriptase (Abschnitt 4.1.3) verlängert. Dies ist eine cDNA-Synthesereaktion, aber da nur ein kurzer RNA-Abschnitt kopiert wird, läuft sie in der Regel vollständig ab (◘ Abb. 11.6). Das 3′-Ende des neu synthetisierten DNA-Stranges entspricht also dem 5′-terminalen Abschnitt des Transkripts. Um die Position dieses Endes in der DNA-Sequenz festzustellen, ermittelt man einfach die Länge des einzelsträngigen DNA-Moleküls und setzt diese Information in Beziehung zu der Stelle, an der der Primer anhybridisiert hat.

11.1.4 Transkriptanalyse mit PCR

Wie man mit der Reverse-Transkriptase-PCR die Menge einer bestimmten RNA in einem Extrakt ermitteln kann, haben wir bereits erfahren (Abschnitt 9.4.2). Mit der Standard-RT-PCR erhält man eine Kopie vom internen Bereich einer RNA, die aber über die Enden des Moleküls keinerlei Aufschlüsse liefert. Mit einer abgewandelten RT-PCR, die als **schnelle Amplifikation von cDNA-**

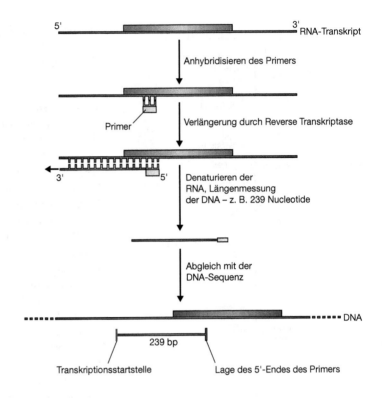

Abb. 11.6 Die Lokalisierung einer Transkriptionsstartstelle durch Primerverlängerung (Bildrechte T. A. Brown)

Enden (*rapid amplification of cDNA ends*, **RACE**) bezeichnet wird, kann man das 5'- und 3'-Ende von RNA-Molekülen identifizieren und wie mit der S1-Analyse die Enden der Transkripte kartieren.

Es gibt mehrere Abwandlungen des RACE-Verfahrens. Hier wollen wir betrachten, wie man das 5'-Ende eines RNA-Moleküls kartieren kann (◘ Abb. 11.7). Bei diesem Verfahren bedient man sich eines Primers, der für einen Abschnitt im Inneren des RNA-Moleküls spezifisch ist. Der Primer heftet sich an die RNA und setzt das erste, von der Reversen Transkriptase katalysierte Stadium des Prozesses in Gang, in dem eine einzelsträngige cDNA entsteht. Das 3'-Ende dieser cDNA entspricht genau dem 5'-Ende der RNA. Nun heftet man mit der Terminalen Desoxynucleotidyltransferase (Abschnitt 4.1.4) eine Reihe von A-Nucleotiden an das 3'-Ende der cDNA an; diese bilden dann die Anheftungsstelle für einen zweiten PCR-Primer, der ausschließlich aus T-Nucleotiden besteht und sich deshalb mit dem von der Terminalen Transferase erzeugten Poly(A)-Schwanz verbindet. Anschließend folgt eine ganz normale PCR; dabei wird zunächst die einzelsträngige cDNA in ein doppelsträngiges Molekül umgewandelt, und dieses Molekül wird dann im weiteren Verlauf vervielfältigt. Durch Sequenzierung des PCR-Produkts kann man schließlich den genauen Anfangspunkt des Transkripts ermitteln.

11.2 Die Untersuchung der Expressionsregulation von Genen

Nur wenige Gene werden fortwährend exprimiert; die meisten unterliegen der Regulation und werden nur dann angeschaltet, wenn die Zelle das betreffende Genprodukt braucht. Die einfachsten Genregulationssysteme findet man bei Bakterien wie *E. coli*; bei ihnen kann die Expression der Gene für Biosynthese- und Stoffwechselvorgänge so gesteuert werden, dass Genprodukte, die nicht benötigt werden, auch nicht entstehen. So werden beispielsweise die Gene, welche die Enzyme für die Tryptophanbiosynthese codieren, abgeschaltet, wenn Tryptophan in der Zelle in großen Mengen vorhanden ist, und sie werden erst wieder aktiviert, wenn

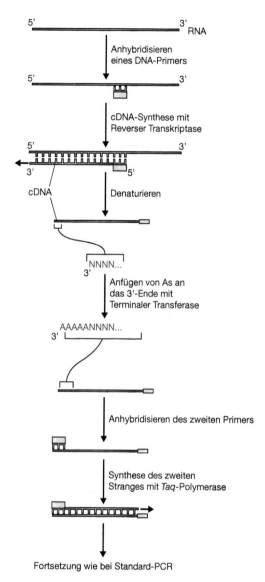

Abb. 11.8 Mögliche Positionen für Regulationssequenzen in dem Bereich stromaufwärts von einem Gen (Bildrechte T. A. Brown)

Abb. 11.7 Eine Version der RACE (Bildrechte T. A. Brown)

die Tryptophankonzentration absinkt. In ähnlicher Weise werden auch die Gene für die Verwertung von Zuckern wie Lactose nur dann aktiv, wenn der betreffende Zucker im Stoffwechsel abgebaut werden soll. In höheren Organismen ist die Genregulation komplizierter, weil sie viel mehr Gene besitzen, die einer Steuerung unterliegen. Die Differenzierung der Zellen in Geweben und Organen ist mit umfangreichen Veränderungen der Genexpressionsmuster verbunden, und die Entwicklung von der befruchteten Eizelle zum erwachsenen Organismus erfordert neben der Koordination der verschiedenen Zelltypen untereinander auch zeitabhängige Veränderungen der Genexpression.

Viele Fragestellungen im Zusammenhang mit der Genregulation lassen sich nur mit Methoden der klassischen Genetik lösen. Mit diesen kann man Gene identifizieren, die die Regulation steuern, man kann die biochemischen Signale ausfindig machen, welche die Genexpression beeinflussen, und man kann die Wechselwirkungen zwischen verschiedenen Genen und Genfamilien aufklären. Aus diesen Gründen stammen die meisten grundlegenden Erkenntnisse über die Entwicklung höherer Organismen ursprünglich aus Untersuchungen der Taufliege *Drosophila melanogaster*. Dabei sind Klonierung und DNA-Analyse eine Ergänzung der klassischen Genetik, denn sie liefern wesentlich genauere Erkenntnisse über die molekularen Vorgänge, die an der Expressionssteuerung einzelner Gene beteiligt sind.

Wie wir heute wissen, besitzt ein Gen, das der Regulation unterliegt, in der »stromaufwärts« (das heißt vor dem Beginn der codierenden Sequenz) gelegenen Region eine oder mehrere Steuersequenzen (Abb. 11.8), und das An- und Abschalten erfolgt, indem sich Regulatorproteine an diese Sequenzen anheften. Ein solches Regulatorprotein kann die Genexpression unterdrücken – dann wird das Gen abgeschaltet, wenn das Protein an die Steuersequenz gebunden ist –, oder es kann eine positiv regulierende oder verstärkende Wirkung haben, sodass die Expression des Zielgens aktiviert oder intensiviert wird. In diesem Abschnitt soll von den Methoden die Rede sein, mit denen man solche Regulationssequenzen lokalisiert und ihre genaue Funktion bei der Expressionssteuerung ermittelt.

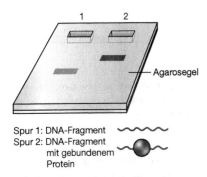

Abb. 11.9 Ein gebundenes Protein verringert die Beweglichkeit eines DNA-Fragments in der Gelelektrophorese (Bildrechte T. A. Brown)

11.2.1 Der Nachweis von Proteinbindungsstellen an einem DNA-Molekül

Eine Steuersequenz ist ein DNA-Abschnitt, der ein Regulatorprotein binden kann. Deshalb sollte es möglich sein, die Steuersequenzen stromaufwärts von einem klonierten Gen zu identifizieren, indem man in dem betreffenden Abschnitt nach Proteinbindungsstellen sucht. Dazu gibt es drei verschiedene Verfahren.

Gelretention von Komplexen aus DNA und Protein

Proteine sind recht umfangreiche Strukturen, und ein Protein, das an ein DNA-Molekül geheftet ist, lässt die molare Gesamtmasse des Komplexes erheblich ansteigen. Wenn man eine solche Massensteigerung nachweisen kann, hat man ein DNA-Fragment mit einer Proteinbindungsstelle identifiziert. In der Praxis weist man ein DNA-Fragment, das ein gebundenes Protein trägt, durch Gelelektrophorese nach, denn seine Beweglichkeit ist geringer als die des reinen, nicht im Komplex gebundenen DNA-Moleküls (◘ Abb. 11.9). Das Verfahren bezeichnet man als **Gelretentionsanalyse**.

In einem solchen Experiment (◘ Abb. 11.10) wird der DNA-Abschnitt stromaufwärts des untersuchten Gens mit einer Restriktionsendonuclease abgebaut und dann mit dem Regulatorprotein gemischt; wurde dieses Protein noch nicht gereinigt, verwendet man stattdessen einen unfraktionierten Proteinextrakt aus dem Zellkern (die Genregulation findet, wie bereits erwähnt, im Zellkern statt).

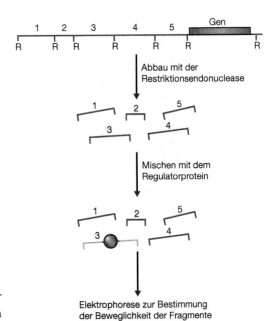

Abb. 11.10 Der Ablauf einer Gelretentionsanalyse (Bildrechte T. A. Brown)

Das Restriktionsfragment, das die Steuersequenz enthält, bildet mit dem Regulationsprotein einen Komplex, alle anderen Fragmente liegen weiterhin als »nackte« DNA vor. Um die Lage der Steuersequenz zu bestimmen, muss man dann in der Restriktionskarte des DNA-Abschnittes das Fragment finden, das in der Gelelektrophorese langsamer wandert. Wie genau man die Steuersequenz eingrenzen kann, hängt davon ab, wie detailliert die Restriktionskarte ist und ob die Restriktionserkennungsstellen an geeigneten Orten liegen. Die Größe einer einzelnen Steuersequenz kann unter 10 bp liegen, und deshalb wird man sie mit der Gelretentionsanalyse allein meist nicht exakt bestimmen können. Man braucht also ein genaueres Verfahren, um die Lage der proteinbindenden Sequenz innerhalb des in der Gelretentionsanalyse gefundenen Fragments zu ermitteln.

Footprint-Analyse mit DNase I

Das Verfahren, mit dem man den Steuerungsabschnitt innerhalb eines Restriktionsfragments nach der Gelretentionsanalyse näher eingrenzen kann, wird allgemein als **footprint-Analyse** bezeichnet. Es beruht darauf, dass DNA, die mit einem Regulatorprotein in Wechselwirkung tritt, im Bereich

11.2 · Die Untersuchung der Expressionsregulation von Genen

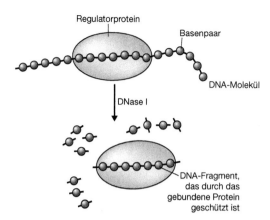

Abb. 11.11 Ein gebundenes Protein schützt einen Abschnitt des DNA-Moleküls vor dem Abbau durch eine Nuclease wie die DNase I (Bildrechte T. A. Brown)

der Steuersequenz gegen den Abbau durch Endonucleasen wie DNase I geschützt ist (Abb. 11.11). Wenn man sich dieses Phänomen zunutze macht, kann man die Proteinbindungsstelle auf einem DNA-Molekül ziemlich genau bestimmen.

Zuerst markiert man das DNA-Fragment, das man untersuchen möchte, an einem Ende; anschließend sorgt man dafür, dass es den Komplex mit dem Regulatorprotein bildet (Abb. 11.12a). Dann fügt man DNase I hinzu, aber nur in so geringer Menge, dass es nicht zum vollständigen Abbau des DNA-Fragments kommt. Das Ziel ist vielmehr, jedes Molekül nur an einer einzigen Phosphodiesterbindung zu spalten (Abb. 11.12b). Ist kein Protein an das DNA-Fragment gebunden, so erhält man durch eine derartige Behandlung eine Familie markierter Fragmente, die sich in ihrer Größe jeweils nur um ein Nucleotid unterscheiden.

Nach Entfernen des gebundenen Proteins und Trennung in einem Polyacrylamidgel erscheint die Fragmentfamilie als »Leiter« von Banden (Abb. 11.12c). Das gebundene Protein schirmt nun aber bestimmte Phosphodiesterbindungen gegen die Spaltung durch DNase I ab, und das bedeutet, dass die Fragmentfamilie nicht vollständig ist: Diejenigen Fragmente, die durch die Spaltung in dem abgedeckten Bereich entstehen würden, fehlen, und das zeigt sich deutlich als »Fußabdruck« (*footprint*), wie man in Abbildung 11.12c leicht erkennt. Die Lage der Steuersequenz innerhalb des DNA-Moleküls lässt sich dann aus der Größe der Fragmente von beiden Seiten des Fußabdruckes unmittelbar ableiten.

Modifikations-Interferenztests

Mit Gelretentions- und *footprint*-Analyse kann man Steuerungssequenzen zwar lokalisieren, erhält aber keine Aufschlüsse über die Wechselwirkungen zwischen dem bindenden Protein und dem DNA-Molekül. Das genauere der beiden Verfahren, die *footprint*-Analyse, sagt nur etwas darüber aus, welcher DNA-Abschnitt durch das gebundene Protein geschützt ist. Proteine sind im Vergleich zur DNA-Doppelhelix relativ groß und schützen unter Umständen mehrere Dutzend Basenpaare, obwohl sie nur an eine Steuerungssequenz aus wenigen Basenpaaren gebunden sind (Abb. 11.13). Mit der *footprint*-Analyse grenzt man also nicht die Steuerungssequenz selbst ein, sondern nur den Bereich, in dem sie liegt.

Nucleotide, die tatsächlich eine Verbindung mit dem Protein eingehen, kann man mit dem **Modifikations-Interferenztest** identifizieren. Dazu muss man die DNA-Fragmente wie bei der *footprint*-Analyse an einem Ende markieren. Anschließend behandelt man sie mit einer Substanz, die ganz bestimmte Nucleotide modifiziert, beispielsweise mit Dimethylsulfat, das Methylgruppen an Guaninnucleotide anheftet (Abb. 11.14). Die Reaktion lässt man unter einschränkenden Bedingungen ablaufen, sodass in jedem DNA-Fragment durchschnittlich nur ein Nucleotid modifiziert wird. Nun mischt man die DNA mit dem Proteinextrakt. Das Entscheidende ist dabei, dass das bindende Protein sich meist nicht an die DNA anheftet, wenn ein Guanin in dem Steuerungsabschnitt modifiziert ist, weil die Methylierung eines Nucleotids die spezifische chemische Reaktion stört, mit deren Hilfe sich die Verbindung zum Protein ausbildet.

Wie stellt man nun die fehlende Proteinbindung fest? Analysiert man die Mischung aus DNA und Protein mit einer Agarose-Gelelektrophorese, erkennt man zwei Banden: Eine enthält den Komplex aus DNA und Protein, die andere DNA ohne gebundenes Protein – dieser Teil der Methode ist also eigentlich eine Gelretentionsanalyse (Abb. 11.14). Die Bande mit der nichtgebundenen DNA wird aus dem Gel wiedergewonnen und mit Piperidin behandelt, einer Verbindung, die DNA-

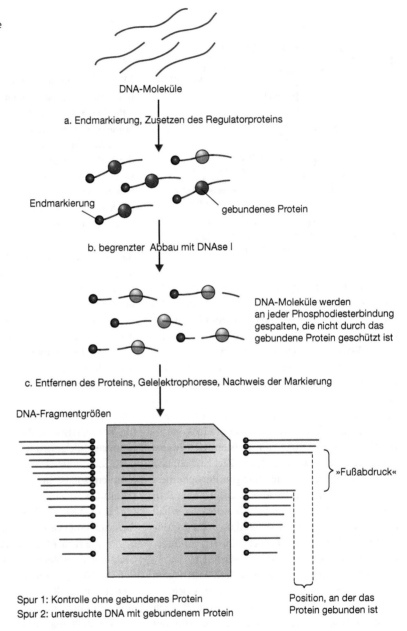

Abb. 11.12 Die DNase-*footprint*-Analyse (Bildrechte T. A. Brown)

an methylierten Nucleotiden spaltet. Man trennt die Produkte der Piperidinspaltung in einem Polyacrylamidgel und macht das Ergebnis sichtbar. An der Größe der Bande(n) erkennt man, wo sich in dem DNA-Fragment die Guaninnucleotide befinden, deren Methylierung die Bindung des Proteins verhindert hat. Diese Nucleotide gehören zur Steuerungssequenz. Anschließend kann man den Modifikationstest mit Verbindungen wiederholen, die an A-, T- oder C-Nucleotiden spalten, und so die genaue Lage der Steuerungssequenz ermitteln.

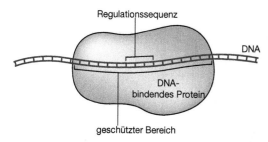

◘ Abb. 11.13 Ein gebundenes Protein kann einen DNA-Abschnitt schützen, der viel länger ist als die Regulationssequenz (Bildrechte T. A. Brown)

11.2.2 Der Nachweis von Regulatorsequenzen durch Deletionsanalyse

Mit Gelretentions-, *footprint*- und Modifikations-Interferenzexperimenten kann man mögliche Regulatorsequenzen stromaufwärts von einem klonierten Gen lokalisieren, aber damit weiß man noch nichts über die Funktion der einzelnen Sequenzen. Ein ganz anderes Verfahren ist die **Deletionsanalyse**: Mit ihr kann man nicht nur die Regulatorsequenzen lokalisieren (allerdings nur mit der Genauigkeit der Retentionsanalyse), sondern, was besonders wichtig ist, man kann damit auch die Funktion jedes einzelnen Abschnittes ermitteln.

Die Methode gründet sich auf die Annahme, dass eine Deletion der Regulatorsequenz eine Veränderung in der Expressionssteuerung des klonierten Gens zur Folge hat (◘ Abb. 11.15). So sollte beispielsweise die Deletion einer Sequenz, welche die Expression eines Gens reprimiert, zu einer stärkeren Expression dieses Gens führen. In ähnlicher Weise kann man gewebespezifische Regulatorsequenzen identifizieren, denn ihre Deletion wird bewirken, dass das Zielgen nicht nur in dem richtigen Gewebe, sondern auch in anderen exprimiert wird.

Reportergene

Bevor man eine Deletionsanalyse durchführen kann, muss man einen Weg finden, um die Auswirkungen einer Deletion auf die Expression des klonierten Gens zu testen. Möglicherweise kann man einen solchen Effekt nur beobachten, wenn man das Gen in der Spezies kloniert, aus der es ursprünglich stammt: So kann man beispielswei-

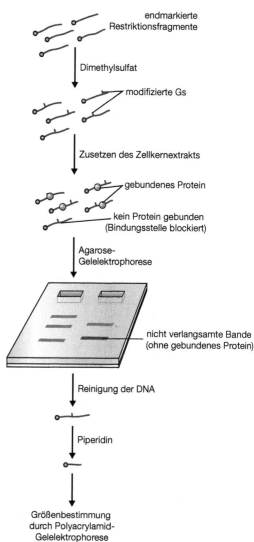

◘ Abb. 11.14 Der Modifikations-Interferenztest (Bildrechte T. A. Brown)

se die Lichtregulation eines Pflanzengens nicht gut beobachten, wenn man das Gen in einem Bakterium kloniert hat.

Mittlerweile haben die Genforscher für eine große Zahl von Organismen geeignete Klonierungsvektoren entwickelt (Kapitel 7); die Rückführung eines Gens in seine ursprüngliche Art ist daher heute meistens kein Problem mehr. Die Schwierigkeit besteht stattdessen darin, dass dieser Wirt fast immer schon über ein Exemplar des klonierten Gens verfügt. Wie lassen sich nun Ver-

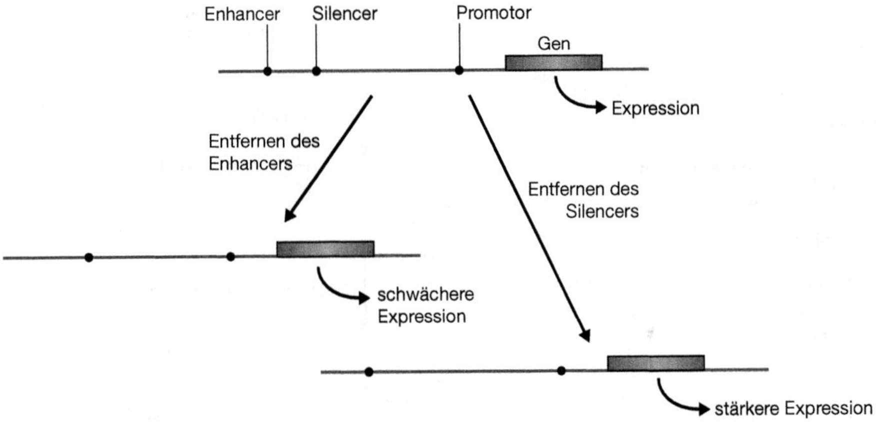

Abb. 11.15 Das Prinzip der Deletionsanalyse (Bildrechte T. A. Brown)

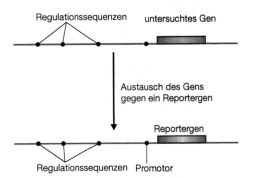

Abb. 11.16 Ein Reportergen (Bildrechte T. A. Brown)

änderungen im Expressionsmuster des klonierten Gens von der normalen Ausprägung der wirtseigenen Genkopie im Experiment unterscheiden? Die Antwort: Man benutzt ein **Reportergen**, das mit der stromaufwärts gelegenen Region des klonierten Gens verknüpft ist (Abb. 11.16) und dieses ersetzt. Bei der Einschleusung in einen Wirtsorganismus entspricht das Expressionsmuster des Reportergens genau dem des ursprünglichen Gens, weil das Reportergen unter dem Einfluss genau der gleichen Steuersequenzen steht.

Ein solches Reportergen muss man sorgfältig auswählen. Zuallererst muss es einen Phänotyp codieren, den der Wirtsorganismus von sich aus noch nicht besitzt. Außerdem muss der Phänotyp des Reportergens nach der Klonierung relativ leicht nachzuweisen sein, und im Idealfall sollte man ihn auch quantitativ bestimmen können. Wie sich herausgestellt hat, sind diese Kriterien nicht schwer zu erfüllen, und deshalb hat man bei der Untersuchung der Genregulation eine ganze Palette von Reportergenen eingesetzt; einige Beispiele sind in Tabelle 11.1 zusammengestellt.

Der Ablauf einer Deletionsanalyse

Wenn man ein Reportergen ausgewählt und die richtigen DNA-Fragmente zusammengesetzt hat, ist die Ausführung einer Deletionsanalyse recht einfach. In die stromaufwärts gelegene Region des Konstrukts kann man mit mehreren Methoden Deletionen einführen; ein einfaches Beispiel zeigt Abbildung 11.17. Anschließend untersucht man die Auswirkungen der Deletion, indem man das verkürzte Molekül in den Wirtsorganismus einschleust und dabei Muster und Umfang der Expression des Reportergens beobachtet. Ein Anstieg der Expression besagt, dass eine reprimierende so genannte Silencer-Sequenz entfernt wurde, ein Absinken weist auf den Verlust eines Aktivators oder Enhancers hin, und ein Wechsel der Gewebespezifität (wie in Abbildung 11.17 gezeigt) ist ein Anzeichen für eine Steuersequenz, die auf Gewebesignale reagiert.

Die Ergebnisse einer solchen Deletionsanalyse muss man sehr vorsichtig interpretieren. Komplikationen können sich beispielsweise ergeben, wenn durch eine einzige Deletion zwei eng benachbarte Steuersequenzen entfernt werden oder, was recht häufig geschieht, wenn zwei verschiedene Steuersequenzen zusammenwirken und so eine einheitliche

11.3 · Nachweis und Untersuchung des Translationsprodukts eines klonierten Gens

◘ **Tab. 11.1** Einige Reportergene, die man zur Untersuchung der Genregulation bei höheren Organismen benutzt

Gen	Genprodukt	Nachweisverfahren
lacZ	β-Galactosidase	histochemischer Test
neo	Neomycin-Phosphotransferase	Kanamycinresistenz
cat	Chloramphenicol-Acetyltransferase	Chloramphenicolresistenz
dhfr	Dihydrofolatreductase	Methotrexatresistenz
aphIV	Hygromycin-Phosphotransferase	Hygromycinresistenz
lux	Luciferase	Biolumineszenz
GFP	grün fluoreszierendes Protein	Fluoreszenz
uidA	β-Glucuronidase	histochemischer Test

[Alle genannten Gene stammen aus *E. coli*, mit Ausnahme von *lux*, das aus drei Organismen gewonnen wird: den Leuchtbakterien *Vibrio harveyii* und *V. fischeri* sowie dem Glühwürmchen *Photinus pyralis*; und GFP, das aus der Qualle *Aequorea victoria* stammt]

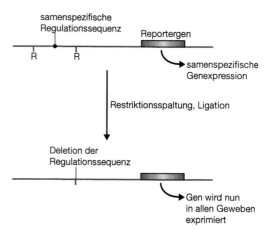

◘ **Abb. 11.17** Deletionsanalyse. Ein Reportergen wurde mit dem stromaufwärts gelegenen Abschnitt eines samenspezifischen Pflanzengens verbunden. Entfernt man das Restriktionsfragment zwischen den Stellen »R«, so verschwindet die Regulationssequenz, die für die samenspezifische Genexpression sorgt; das Reportergen wird dann in allen Geweben der Pflanze exprimiert (Bildrechte T. A. Brown)

Reaktion erzeugen. Trotz dieser möglichen Schwierigkeiten haben Deletionsanalysen in Verbindung mit Untersuchungen der Proteinbindungsstellen wichtige Erkenntnisse darüber geliefert, wie die Expression einzelner Gene gesteuert wird, und sie haben die breiter angelegte, grundlegende genetische Untersuchung der Differenzierung und Entwicklung ergänzt und erweitert.

tur und Funktion von Proteinen hat stark von den neuen Methoden profitiert, mit denen man Mutationen an genau festgelegten Stellen in ein kloniertes Gen einführen kann, sodass in der Struktur des entsprechenden Proteins gezielte Veränderungen stattfinden.

Bevor solche Methoden erörtert werden, soll von der eher vordergründigen Frage die Rede sein, wie man das von einem klonierten Gen codierte Protein isoliert. In vielen Fällen ist das nicht erforderlich, weil man das Protein schon lange vor dem Klonierungsexperiment charakterisiert und in reiner Form verfügbar gemacht hat. Andererseits gibt es aber durchaus Fälle, in denen man das Translationsprodukt eines klonierten Gens noch nicht kennt. Dann braucht man ein Verfahren, um das Protein zu isolieren.

11.3 Nachweis und Untersuchung des Translationsprodukts eines klonierten Gens

In den letzten Jahren wurde die DNA-Klonierung nicht nur für die Untersuchung der Gene selbst immer wichtiger, sondern auch für die Analyse der zugehörigen Proteine. Die Erforschung der Struk-

11.3.1 Mit HRT und HART kann man das Translationsprodukt eines klonierten Gens nachweisen

Zum Nachweis der Translationsprodukte, die von einem klonierten Gen codiert werden, setzt man zwei verwandte Methoden ein: die **Hybrid-Freisetzungs-Translation** (*hybrid-release translation*,

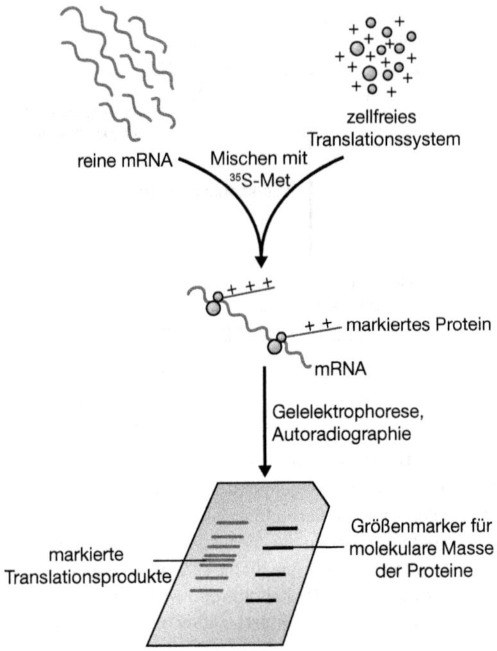

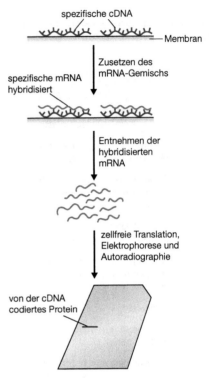

■ Abb. 11.18 Zellfreie Translation (Bildrechte T. A. Brown)

■ Abb. 11.19 Die Hybrid-Freisetzungs-Translation (Bildrechte T. A. Brown)

HRT) und die **durch Hybridbildung verhinderte Translation** (*hybrid-arrest translation*, **HART**). Grundlage beider Verfahren ist die Möglichkeit, dass eine gereinigte mRNA in **zellfreien Translationssystemen** die Synthese des zugehörigen Proteins bewirkt. Solche Translationssysteme sind Zellextrakte, gewöhnlich aus keimenden Weizensamen oder aus Kaninchenreticulocyten (beide Zelltypen sind in der Proteinsynthese besonders aktiv), die Ribosomen, Transfer-RNAs und alle anderen erforderlichen Moleküle für die Proteinsynthese enthalten. Man setzt dem zellfreien Translationssystem die mRNA-Probe zu und außerdem auch die 20 Aminosäuren, die man in Proteinen findet; eine davon ist markiert (häufig verwendet man ^{35}S-Methionin). Die mRNA-Moleküle werden in ein Gemisch radioaktiver Proteine translatiert (■ Abb. 11.18), die man dann durch Gelelektrophorese trennen und durch Autoradiographie sichtbar machen kann. Dabei repräsentiert jede Bande ein einzelnes Protein, das von einem der mRNA-Moleküle in der Probe codiert wurde.

Am besten funktionieren die HRT- und HART-Methode, wenn das Gen, das man untersuchen möchte, in Form von cDNA-Klonen zur Verfügung steht. Für das HRT-Verfahren denaturiert man die cDNA, immobilisiert sie auf einer Nitrocellulose- oder Nylonmembran und inkubiert sie mit der mRNA (■ Abb. 11.19). Das mRNA-Gegenstück zu der jeweiligen cDNA hybridisiert und bleibt an die Membran geheftet. Nachdem man die nichtgebundenen Moleküle entfernt hat, gewinnt man die hybridisierte mRNA wieder und translatiert sie in einem zellfreien System. Auf diese Weise erhält man das Protein, das von der cDNA codiert wird, in reiner Form.

Etwas anders geht man bei der HART-Methode vor: Hier setzt man die denaturierte cDNA unmittelbar der mRNA-Probe zu (■ Abb. 11.20). Wiederum kommt es zur Hybridisierung zwischen der cDNA und der zugehörigen mRNA; diesmal entfernt man jedoch die ungebundene mRNA nicht, sondern translatiert den gesamten Ansatz im zellfreien System. Die hybridisierte mRNA wird dabei nicht translatiert: Es werden also alle Proteine synthetisiert mit Ausnahme desjenigen, das von dem klonierten Gen codiert wird. Als Translations-

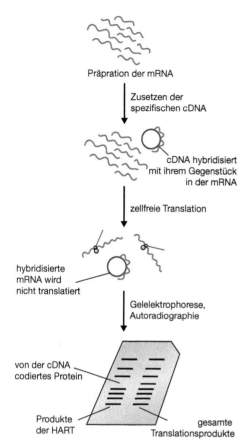

Abb. 11.20 Die durch Hybridbildung verhinderte Translation (Bildrechte T. A. Brown)

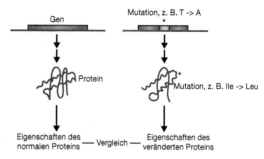

Abb. 11.21 Durch eine Mutation kann sich die Aminosäuresequenz eines Proteins ändern, möglicherweise mit Auswirkungen auf seine Eigenschaften (Bildrechte T. A. Brown)

produkt des klonierten Gens wird demnach das Protein identifiziert, das im Autoradiogramm fehlt.

11.3.2 Analyse der Proteine durch *in vitro*-Mutagenese

Mit dem HRT- und dem HART-Verfahren kann man die Translationsprodukte eines klonierten Gens zwar identifizieren, aber damit erfährt man nur wenig über das Protein selbst. Zu den wichtigsten molekularbiologischen Fragen gehören heute die nach den Zusammenhängen zwischen Struktur und Wirkungsweise von Proteinen. Der beste Weg, um solche Fragen anzugehen, wäre das Einfügen einer Mutation in das Gen, welches das betreffende Protein codiert; anschließend kann man dann untersuchen, wie sich die Veränderung der Aminosäuresequenz auf die Eigenschaften des Translationsprodukts auswirkt (Abb. 11.21). Aber unter normalen Bedingungen treten Mutationen nur zufällig auf, und dann muss man eine große Zahl von ihnen durchmustern, bis man eine Veränderung findet, aus der man nützliche Informationen gewinnen kann. Eine Lösung dieses Problems ist die Methode der *in vitro*-**Mutagenese**, mit der man eine Mutation ganz gezielt an einem bestimmten Punkt in einem klonierten Gen erzeugen kann.

Die verschiedenen Methoden zur *in vitro*-Mutagenese

Man kann eine fast unbegrenzte Palette von DNA-Manipulationen dazu benutzen, um Mutationen an klonierten Genen vorzunehmen. Am einfachsten sind folgende Verfahren:
1. Man kann ein Restriktionsfragment herausnehmen (Abb. 11.22a).
2. Man kann das Gen an einer nur einmal vorhandenen Restriktionsstelle öffnen, mit einer doppelstrangspezifischen Endonuclease wie *Bal*31 (Abschnitt 4.1.1) einige Nucleotide entfernen und das Gen dann durch Ligation wieder zusammenfügen (Abb. 11.22b).
3. Man kann an einer Restriktionsstelle ein kurzes doppelsträngiges Oligonucleotid einfügen (Abb. 11.22c). Die Sequenz dieses Oligonucleotids kann so gestaltet sein, dass der zusätzliche Abschnitt der zugehörigen Aminosäuresequenz in dem Protein eine neue Struktur wie zum Beispiel eine α-Helix bildet oder dass er eine bestehende Struktur destabilisiert.

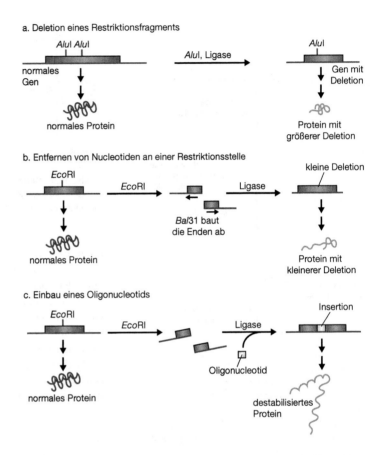

Abb. 11.22 Verschiedene Verfahren der *in vitro*-Mutagenese (Bildrechte T. A. Brown)

Solche Veränderungen sind möglicherweise nützlich, aber man ist darauf angewiesen, dass in dem interessanten Abschnitt des klonierten Gens zufällig eine Restriktionsstelle vorhanden ist. Vielseitiger einsetzbar ist die **Oligonucleotidmutagenese**, denn mit ihr kann man an jedem beliebigen Punkt in dem Gen eine Mutation erzeugen.

Das Erzeugen einer Punktmutation in einem klonierten Gen mithilfe eines Oligonucleotids

Es gibt für die Oligonucleotidmutagenese verschiedene Verfahren; wir wollen hier nur das einfachste betrachten. Das Gen, das man verändern möchte, muss dazu in einzelsträngiger Form vorliegen, und deshalb kloniert man es im Allgemeinen in einem M13-Vektor. Man reinigt die einzelsträngige DNA und bestimmt die Sequenz der Region, in der die Mutation liegen soll. Dann synthetisiert man ein kurzes Oligonucleotid, das zu dem betreffenden Bereich komplementär ist und gleichzeitig die gewünschte Nucleotidveränderung enthält (◘ Abb. 11.23a). Ein solches Oligonucleotid hybridisiert trotz der einen fehlgepaarten Base mit dem DNA-Einzelstrang und dient dort als Primer für die Synthese des Komplementärstranges durch eine DNA-Polymerase (◘ Abb. 11.23b). Diese Strangsynthesereaktion lässt man so lange laufen, bis ein vollständiger neuer Strang fertig ist, sodass das rekombinierte Molekül nun ganz und gar doppelsträngig ist.

Nachdem man die DNA durch Transfektion in kompetente *E. coli*-Zellen gebracht hat, entstehen durch die DNA-Replikation viele neue Kopien davon. Wegen des semikonservativen Replikationsmechanismus sind die neu entstehenden Moleküle zur Hälfte in beiden Strängen unmutiert, während die andere Hälfte in beiden Strängen die Mutation trägt. Entsprechend trägt auch die Hälfte der Phagennachkommen die Mutation, die andere Hälfte

a. das Oligonucleotid

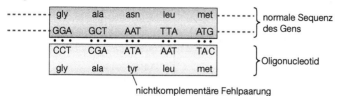

b. Synthese des Komplementärstranges

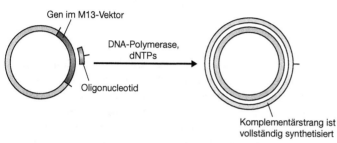

c. Isolierung der Phagen mit der Mutation

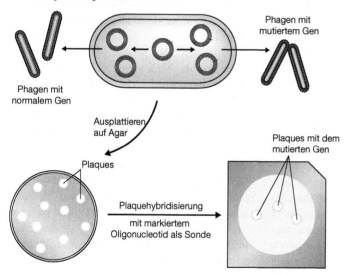

◘ **Abb. 11.23** Ein Verfahren zur Oligonucleotidmutagenese (Bildrechte T. A. Brown)

besitzt das unveränderte Molekül. Man plattiert die Phagen, die von den transfizierten Zellen hervorgebracht werden, auf festem Agar, sodass Plaques entstehen. Die Hälfte von ihnen sollte nun das ursprüngliche rekombinierte Molekül tragen, die andere Hälfte dagegen die mutierte Form. Um welche Variante es sich jeweils handelt, ermittelt man durch Plaquehybridisierung mit dem Oligonucleotid als Sonde; wenn man dabei sehr stringente Reaktionsbedingungen wählt, ist nur das vollständig durch Basenpaarungen verbundene Hybrid stabil.

Zellen, die mit einem M13-Vektor infiziert sind, werden nicht lysiert, sondern sie teilen sich weiter (Abschnitt 2.2.2). Das mutierte Gen kann demnach in den *E. coli*-Wirtszellen exprimiert werden, sodass das rekombinante Protein entsteht. Man kann also das Protein, das von dem klonierten Gen codiert wird, aus den Zellen reinigen und seine Eigenschaften untersuchen. Auf diese Weise lässt sich feststellen, wie sich der Austausch eines einzelnen Basenpaars auf die Aktivität des Proteins auswirkt.

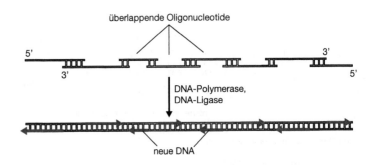

■ Abb. 11.24 Synthese künstlicher Gene (Bildrechte T. A. Brown)

Andere Methoden zum Erzeugen von Punktmutationen in klonierten Genen

Die in Abbildung 11.23 dargestellte Oligonucleotidmutagenese ist eine leistungsfähige Methode, wenn man in einem klonierten Gen eine einzige Punktmutation erzeugen will. Aber wie steht es, wenn man die Sequenz des Gens an mehreren Stellen verändern will? Zu diesem Zweck kann man das Verfahren mit den Oligonucleotiden natürlich mehrmals wiederholen, aber das wäre sehr langwierig.

Für kurze Gene (bis zu 1 kb) wäre es eine Alternative, das ganze Gen im Reagenzglas aufzubauen und dabei alle Mutationen an den gewünschten Stellen anzubringen. Nachdem man heute Oligonucleotide von 150 und mehr Bausteinen durch chemische Synthese herstellen kann (Abschn. 8.4.3), ist eine solche Vorgehensweise technisch durchaus möglich. Man konstruiert das Gen durch Synthese mehrerer Oligonucleotide mit teilweise überlappender Sequenz, die dann insgesamt das Gen ergeben. Die Einzelsequenzen müssen sich dabei nur teilweise überlappen: Die Lücken kann man mit einer DNA-Polymerase auffüllen, und wenn man dann die letzten Phosphodiesterbindungen mit einer Ligase schließt, entsteht das vollständige, doppelsträngige Gen (■ Abb. 11.24). Baut man in die Endsequenzen des Gens noch Restriktionsschnittstellen ein, lässt die Behandlung mit dem entsprechenden Enzym klebrige Enden entstehen, mit denen man es in einen Klonierungsvektor einbauen kann. Dieses Verfahren nennt man **Synthese künstlicher Gene**.

Auch mit der PCR kann man Mutationen in klonierten Genen erzeugen, aber wie bei der Oligonucleotidmutagenese entsteht auch hier in jedem Experiment nur eine Mutation. Man hat zu diesem Zweck mehrere Verfahren entwickelt, von denen eines in Abbildung 11.25 dargestellt ist. In diesem Beispiel wird das DNA-Ausgangsmolekül durch zwei PCRs vervielfältigt. Dabei ist jeweils ein Primer normal, sodass er mit der Matrizen-DNA ein vollständig basengepaartes Hybrid bildet, der zweite dagegen ist mutagen: Er enthält eine einzige nicht passende Base, und diese entspricht der Mutation, die man in die DNA-Sequenz einbauen möchte. Die Mutation ist also in beiden PCR-Produkten vorhanden, von denen jedes eine Hälfte des ursprünglichen DNA-Moleküls repräsentiert. Nun mischt man die beiden Produkte und lässt einen letzten PCR-Zyklus ablaufen. Dabei verbinden sich die Komplementärstränge aus den beiden Produkten, und es entsteht das vollständige, mutierte DNA-Molekül. Dieses Verfahren und ähnliche Methoden, die sich ebenfalls der PCR bedienen, lassen sich schnell und einfach durchführen; ein großes Problem ergibt sich dabei allerdings durch die hohe Fehlerquote der in der PCR eingesetzten *Taq*-Polymerase (Abschnitt 9.3.3). Sie sorgt dafür, dass am Ende des Experiments neben der gewünschten Mutation auch zufällige Sequenzveränderungen vorhanden sind. Deshalb muss man das PCR-Produkt klonieren und die Sequenzen einzelner Klone überprüfen; nur so kann man die DNA finden, die nur die gewünschte Veränderung trägt.

Die Einsatzmöglichkeiten der *in vitro*-Mutagenese

Die *in vitro*-Mutagenese eröffnet sowohl für die reine Forschung als auch für die angewandte Biotechnologie beträchtliche Möglichkeiten. In der Biochemie kann man jetzt sehr gezielt fragen, wie die Struktur eines Proteins seine Wirkung als Enzym beeinflusst. Mit biochemischen Analysen konnte man sich früher zwar ein ungefähres Bild

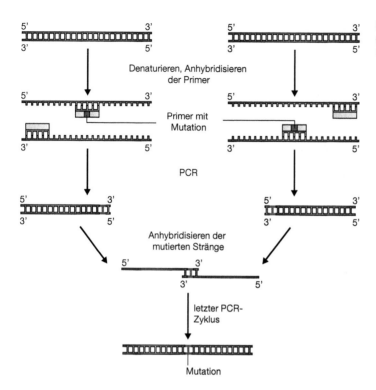

Abb. 11.25 Eine Methode zum gezielten Erzeugen von Mutationen mittels PCR (Bildrechte T. A. Brown)

davon machen, welche Aminosäuren des Enzyms an Substratbindung und Katalysatorwirkung beteiligt sind. Mit der künstlichen Mutagenese lässt sich jedoch ein viel genaueres Bild zeichnen: Man kann mit ihr jede einzelne Aminosäure austauschen und so beurteilen, welchen Beitrag sie zur Enzymaktivität leistet.

Die Möglichkeit, Enzyme in dieser Form umzugestalten, führte zu einer beträchtlichen Erweiterung der Kenntnisse über biologische Katalyse und zu dem neuen Forschungsgebiet des **Proteindesigns**, bei dem man mit Hilfe der Mutageneseverfahren neue Enzyme für den Einsatz in der Biotechnologie herstellt. Gezielte Veränderungen in der Aminosäuresequenz des Subtilisins, eines in »biologisch aktiven« Waschmitteln verwendeten Enzyms, ermöglichen beispielsweise, abgewandelte Formen des Proteins herzustellen, die in der Waschmaschine widerstandsfähiger gegenüber Wärme und Bleichmitteln (Oxidantien) sind.

Weiterführende Literatur

Berk AJ (1989) Chrararcterization of RNA molecules by S1 nuclease analysis. *Methods in Enzymology* 180: 334–347

Fried M, Crothers DM (1981) Equilibria and kinetics of *lac* repressor-operator interactions by polyacrylamide gel electrophoresis. *Nucleic Acids Research* 9: 6505–6525 [Gelretention.]

Frohman MA, Dush DK, Martin GR (1988) Rapid production of full length cDNAs from rare transcripts: amplification using a single gene-specific oligonucleotide primer. *Proceedings of the National Academy of Sciences of the USA* 85: 8998–9002 [Ein Beispiel für RACE.]

Galas DJ, Schmitz A (1978) DNase footprinting: a simple method for the detection of protein-DNA binding specificity. *Nucleic Acids Research* 5: 3157–3170

Garner MM, Rezvin A (1981) A gel electrophoretic method for quantifying the binding of proteins to specific DNA regions: application to components of the *Escherichia coli* lactose operon regulatory system. *Nucleic Acids Research* 9: 3047–3060 [Gelretention.]

Hendrickson W, Schleif R (1985) A dimer of AraC protein contacts three adjacent major groove regions at the Ara I DNA site. *Proceedings of the National Academy of Sciences of the USA* 82: 3129–3133 [Ein Beispiel für den Modifikations-Interferenztest.]

Kunkel TA (1985) Rapid and efficient site-specific mutagenesis without phenotypic selection. *Proceedings of the National Academy of Sciences of the USA* 82: 488–492 [Oligonucleotid-Mutagenese.]

Matzke AJM, Stöger EM, Schernthaner JP, Matzke MA (1990) Deletion analysis of a zein gene promoter in transgenic tobacco plants. *Plant Molecular Biology* 14: 232–332.

Paterson BM, Roberts BE, Kuff EL (1977) Structural gene identification and mapping by DNA.mRNA hybrid-arrested cell-free translation. *Proceedings of the National Academy of Sciences of the USA* 74: 4370–4374

Pellé R, Murphy NB (1993) Northern hybridization: rapid and simple electrophoretic conditions. *Nucleic Acids Research* 21: 2783–2784.

Tsien R (1998) The green fluorescent protein. *Annual Reviews of Biochemistry* 67: 509–544 [Ein Reportergensystem].

Genomanalyse

12.1	Annotation von Genomen – 188	
12.1.1	Identifizierung von Genen in einer Genomsequenz – 188	
12.1.2	Aufklärung der Funktion eines unbekannten Gens – 192	
12.2	Analyse von Transkriptom und Proteom – 194	
12.2.1	Transkriptomanalyse – 194	
12.2.2	Untersuchungen am Proteom – 197	
12.2.3	Analyse von Protein-Protein-Wechselwirkungen – 199	
	Weiterführende Literatur – 201	

Zu Beginn des 21. Jahrhunderts verlagerte sich das Schwergewicht in der molekularbiologischen Forschung von der Untersuchung einzelner Gene auf die Analyse ganzer Genome. Auslöser für diesen Wandel war in den Neunzigerjahren des 20. Jahrhunderts die Entwicklung von Methoden, mit denen man große Genome sequenzieren konnte. Eigentlich reicht die Sequenzierung von Genomen weiter zurück. Wie wir in Kapitel 10 erfahren haben, wurde das erste Genom, das des Phagen ΦX174, bereits 1975 vollständig analysiert, aber erst zwanzig Jahre später, im Jahr 1995, war das Genom des ersten frei lebenden Organismus – es handelte sich um das Bakterium *Haemophilus influenzae* – vollständig sequenziert. In den folgenden fünf Jahren ging es Schlag auf Schlag: Die Sequenzen von fast 50 weiteren Bakteriengenomen wurden veröffentlicht, und daneben klärte man die Sequenzen der viel größeren Genome der Hefe, der Taufliege, des Fadenwurmes *Caenorhabditis elegans*, der Pflanze *Arabidopsis thaliana* und des Menschen vollständig auf. Heute ist die Sequenzierung von Bakteriengenomen eine Routineaufgabe. Mittlerweile kennt man die vollständigen Sequenzen von über 900 Bakterienarten; auch die Genome von fast 100 Eukaryoten sind sequenziert.

Die Sequenzierung ganzer Genome wurde zum Ausgangspunkt für eine neue Ära der DNA-Forschung, die formlos als **Postgenomik** oder **funktionelle Genomik** bezeichnet wurde. Zur Postgenomik gehört die computergestützte **Annotation** von Genomen, mit der man Gene, Steuerungsabschnitte und andere interessante Teile einer Genomsequenz identifiziert; außerdem umfasst sie computergestützte und experimentelle Verfahren, mit denen man die unbekannten Funktionen neu entdeckter Gene bestimmen kann. Auch Methoden zur Klärung der Frage, welche Gene in Zellen eines bestimmten Typs exprimiert werden und wie sich ihr Expressionsmuster im Laufe der Zeit ändert, gehören zur Postgenomik.

12.1 Annotation von Genomen

Wenn man die Sequenz eines Genoms vollständig aufgeklärt hat, besteht der nächste Schritt darin, alle Gene zu lokalisieren und ihre Funktionen zu ermitteln. In diesem Bereich erweist sich die **Bioinformatik**, die manchmal auch als »Molekularbiologie *in silico*« bezeichnet wird, als äußerst nützliche Ergänzung zu den herkömmlichen Experimenten.

Die Annotation eines Genoms ist alles andere als einfach, selbst wenn das betreffende Genom vor der vollständigen Sequenzierung bereits eingehend mit genetischen Verfahren und Klonierungsexperimenten untersucht worden ist. So kennt man beispielsweise in der Sequenz der Hefe *S. cerevisiae*, eines der am besten untersuchten Lebewesen überhaupt, insgesamt rund 6 000 Gene. Nur 3 600 davon konnte man eine Funktion zuordnen – entweder aufgrund früherer Untersuchungen an der Hefe oder weil das Hefegen eine ähnliche Sequenz hatte wie ein Gen, das man bei anderen Organismen bereits untersucht hatte. Damit blieben 2 400 Gene übrig, deren Funktion unbekannt blieb. Obwohl man seit der vollständigen Sequenzaufklärung der Hefe im Jahr 1996 intensiv an dieser Aufgabe gearbeitet hat, sind die Funktionen vieler dieser **verwaisten Gene** (*orphans*) bis heute nicht geklärt.

12.1.1 Identifizierung von Genen in einer Genomsequenz

Kennt man die Aminosäuresequenz des Proteinprodukts, ist die Lokalisierung eines Gens einfach, denn dann kann man seine Nucleotidsequenz voraussagen. Das Gleiche gilt, wenn man zuvor die zugehörige cDNA sequenziert hat. Bei vielen Genen verfügt man aber zuvor über keinerlei Informationen, anhand derer man die richtige DNA-Sequenz erkennen könnte. Wie kann man solche Gene in einer Genomsequenz lokalisieren?

Die Suche nach offenen Leserastern

Die DNA-Sequenz eines Gens ist ein **offenes Leseraster** (*open reading frame*, ORF), das heißt eine Abfolge von Nucleotidtripletts, die mit einem Initiationscodon (meist, aber nicht immer ATG) beginnt und mit einem Terminationscodon (in den meisten Genomen TAA, TAG oder TGA) endet. Die Suche nach ORFs in einer Genomsequenz – manchmal mit dem Auge, meist aber mithilfe des Computers – ist deshalb der erste Schritt zur Lokalisierung eines Gens. Bei der Suche muss man daran denken, dass es in jeder DNA-Sequenz sechs Leseraster gibt, drei in der einen Richtung und drei in der anderen auf dem Komplementärstrang (Abb. 12.1).

Der Schlüssel zum Erfolg des **ORF-Scanning** ist die Häufigkeit, mit der Terminationscodons in der DNA-Sequenz auftauchen. Hat die DNA eine Zufallssequenz und einen GC-Gehalt von 50 Prozent, kommt jedes der drei Terminationscodons durchschnittlich alle $4^3=64$ bp vor. Demnach dürfte es in einer DNA mit Zufallssequenz keine ORFs geben, die länger als 30 bis 40 Codons sind, und nicht alle diese ORFs beginnen mit einem ATG. Tatsächlich sind die meisten Gene viel länger: Sie umfassen bei *Escherichia coli* im Durchschnitt 317, bei *S. cerevisiae* 483 und beim Menschen ungefähr 450 Codons. In der einfachsten Form des ORF-Scanning unterstellt man deshalb 100 Codons als Mindestlänge für mutmaßliche Gene und erkennt alle ORFs, die länger sind, als Treffer an.

Wenn es um Bakteriengenome geht, ist das einfache ORF-Scanning eine leistungsfähige Methode, um die meisten Gene in einer DNA-Sequenz zu lokalisieren. Die meisten Bakteriengene sind viel länger als 100 Codons und deshalb einfach zu erkennen (Abb. 12.2). Weiter vereinfacht wird die Analyse bei Bakterien dadurch, dass die meisten Gene dicht nebeneinander liegen; zwischen ihnen gibt es kaum intergene DNA. Wenn wir davon ausgehen, dass die echten Gene sich nicht überlappen, was in den meisten Bakteriengenomen tatsächlich nicht der Fall ist, besteht nur in diesen kurzen Intergenabschnitten die Gefahr, dass man ein zufälliges ORF fälschlich für ein echtes Gen hält.

In Eukaryotengenomen lassen sich Gene mit einem einfachen ORF-Scan weniger effizient lokalisieren

Der ORF-Scan funktioniert bei Bakteriengenomen sehr gut, zur Lokalisierung von Genen in Eukaryotengenomen ist er aber weniger gut geeignet. Das liegt unter anderem daran, dass es in einem Eukaryotengenom wesentlich mehr intergene DNA gibt, so dass man mit größerer Wahrscheinlichkeit auf Zufalls-ORFs trifft. Das wichtigste Problem sind jedoch die Introns (siehe Abb. 11.1). Enthält ein Gen ein oder mehrere Introns, tritt es in der Sequenz des Genoms nicht als durchlaufendes ORF in Erscheinung. Viele Exons sind kürzer als 100 Codons, manche umfassen noch nicht einmal 50 Codons, und wenn man das Leseraster in ein Intron hinein weiterverfolgt, betrifft man in der Regel auf eine Terminationssequenz, die das Ende des ORF zu sein scheint (Abb. 12.3). Mit anderen Worten: Viele Gene eines Eukaryotengenoms bestehen nicht aus einem langen ORF und sind deshalb mit dem einfachen ORF-Scanning nicht zu lokalisieren.

Wege zu finden, um Gene durch Betrachten einer eukaryotischen Sequenz zuidentifizieren, ist in der Bioinformatik eine schwierige Aufgabe. Zu ihrer Lösung verfolgt man drei Ansätze:
1. Man kann die **Codonbevorzugung** berücksichtigen. In den Genen eines bestimmten Organismus werden nicht alle Codons gleichermaßen häufig genutzt. So wird beispielsweise Leucin von sechs Codons (TTA, TTG, CTT, CTC, CTA und CTG) festgelegt, in den Genen des Menschen ist diese Aminosäure aber am häufigsten durch CTG und nur sehr selten durch TTA oder CTA codiert. Ähnlich sind die Verhältnisse auch bei den vier Codons für Valin: Hier wird GTG viermal häufiger genutzt als GTA. Die biologischen Ursachen für diese Bevorzugung bestimmter Codons kennt man nicht, aber es gibt sie, von einer biologischen Art zur anderen verschieden, bei allen Lebewesen. In echten Exons ist die Bevorzugung zu erkennen, in Zufallsreihen von Tripletts dagegen in der Regel nicht.
2. Man kann nach **Exon-Intron-Grenzen** suchen, denn diese haben charakteristische Sequenzmerkmale; leider sind solche Sequenzen aber nicht so charakteristisch, dass ihre Lokalisie-

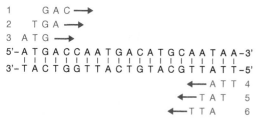

Abb. 12.1 In einem doppelsträngigen DNA-Molekül gibt es sechs Leseraster (Bildrechte T. A. Brown)

Gene
Zufalls-
ORFs
100 bp

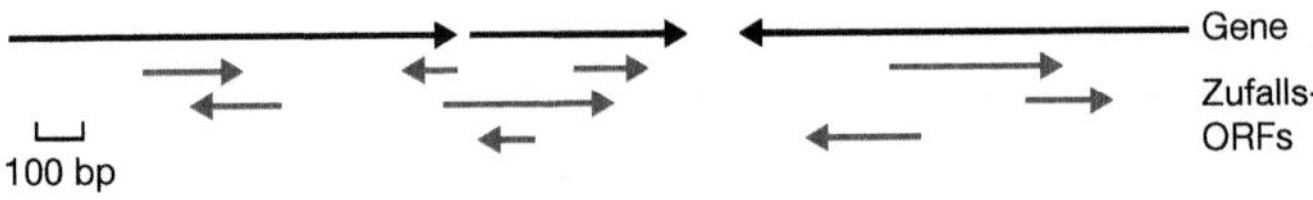

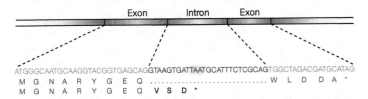

Abb. 12.2 Das typische Ergebnis der Suche nach ORFs in einem Bakteriengenomen. Die Pfeile geben an, in welche Richtung die Gene und die zufälligen ORFs verlaufen (Bildrechte T. A. Brown)

Exon
Intron
Exon
ATGGGCAATGCAAGGTACGGTGAGCAGGTAAGTGATTAATGCATTTCTCGCAGTGGCTAGACGATGCATAG
M G N A R Y G E Q .... W L D D A *
M G N A R Y G E Q V S D *

Abb. 12.3 Ein ORF-Scan wird durch Introns erschwert. Gezeigt ist die Nucleotidsequenz eines kurzen Gens, das ein einziges Intron enthält. Unmittelbar unter der Nucleotidsequenz ist die richtige Aminosäuresequenz des von dem Gen translatierten Proteins mit den einbuchstabigen Abkürzungen für die Aminosäuren wiedergegeben. Das Intron wurde in der Sequenz ausgelassen, weil es aus dem Transkript entfernt wird, bevor die mRNA in Protein translatiert wird. In der untersten Zeile wurde die Sequenz übersetzt, ohne dass man erkannt hatte, dass ein Intron vorhanden ist. Aufgrund dieses Fehlers scheint die Aminosäuresequenz im Intron zu enden (Bildrechte T. A. Brown)

Exon
Intron
Exon
5'
3'
A G↓G T A A G T
Py Py Py Py Py Py N C A G↓

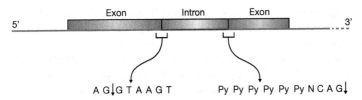

Abb. 12.4 Die Consensussequenzen für die stromaufwärts und stromabwärts gelegenen Exon-Intron-Grenzen der Introns von Wirbeltieren. Py, Pyrimidinnucleotid (C oder T), N, beliebiges Nucleotid. Die Pfeile geben die genaue Lage der Grenze an (Bildrechte T. A. Brown)

rung eine einfache Aufgabe wäre. Bei Wirbeltieren wird die Sequenz der stromaufwärts gelegenen Exon-Intron-Grenze in der Regel als 5'-AG↓GTAAGT-3' und die stromabwärts liegende Grenze 5'-PyPyPyPyPyPyNCAG↓-3' dargestellt, wobei »Py« eines der beiden Pyrimidinnucleotide (T oder C) ist; »N« ist jedes beliebige Nucleotid, und der Pfeil gibt die genaue Lage der Grenze an (Abb. 12.4). Es handelt sich hier um **Consensussequenzen**, das heißt um den Durchschnitt einer großen Zahl ähnlicher, aber nicht genau gleicher Sequenzen. In die Suche muss man also nicht nur die gezeigten Sequenzen einbeziehen, sondern auch zumindest ihre häufigsten Varianten. Trotz dieser Probleme kann eine solche Suche manchmal dazu beitragen, die Lage der Exons in einer Region, die vermutlich ein Gen enthält, einzugrenzen.

3. Mit Hilfe **stromaufwärts gelegener Regulationssequenzen** kann man Regionen ausfindig machen, in denen Gene beginnen. Solche Regulationssequenzen haben wie Exon-Intron-Grenzen charakteristische Sequenzmerkmale, mit deren Hilfe sie ihre Aufgabe als Erkennungssignale für die an der Genexpression beteiligten DNA-bindenden Proteine erfüllen.

Diese drei Erweiterungen des einfachen ORF-Scanning lassen sich trotz ihrer Einschränkungen im Allgemeinen auf alle Genome höherer Eukaryoten anwenden. Bei einzelnen biologischen Arten kann man zusätzliche Strategien einsetzen, die sich auf die besonderen Eigenschaften der jeweiligen Geno-

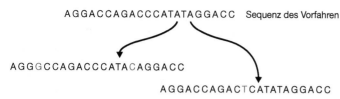

Abb. 12.5 Homologie zwischen zwei Sequenzen, die einen gemeinsamen Vorfahren haben. In beiden Sequenzen ist es während der Evolution zu Mutationen gekommen, aber die Ähnlichkeiten weisen darauf hin, dass sie homolog sind (Bildrechte T. A. Brown)

```
                G  A  P  G  M  W  L  R  L  A  A  G  S  F  E  H  A  G
Sequenz 1   GGTGCACCCGGTATGTGACTGCGATTAGCAGCGGGATCATTTCAGCATGCAGGG
            * * ***** **** **** ** *** **** ***** *** ** **** ** *
Sequenz 2   GATACACCCGTATTTGACAGCAATTTGCAGGGGGATGATTGCACCATGGAGCG
                D  T  P  R  I  W  E  E  P  A  G  G  W  L  H  H  G  A
```

Abb. 12.6 Die fehlende Homologie zwischen zwei Sequenzen zeigt sich häufig am deutlichsten, wenn man den Vergleich auf der Ebene der Aminosäuren vornimmt. Gezeigt sind zwei Nucleotidsequenzen, wobei Nucleotide, die in beiden Sequenzen gleich sind, rot eingetragen sind, ungleiche dagegen blau. Wie man an den Sternen erkennt, sind die beiden Sequenzen zu 76 Prozent identisch. Dies könnte man als Beleg dafür ansehen, dass sie Sequenzen homolog sind. Übersetzt man die Sequenzen jedoch in Aminosäuren, sinkt die Übereinstimmung auf 28 Prozent; dies deutet darauf hin, dass die Gene nicht homolog sind und dass die Ähnlichkeit auf der Nucleotidebene ein Zufall war. Gleiche Aminosäuren sind braun, ungleiche grün wiedergegeben. Die Aminosäuresequenz ist durch die einbuchstabigen Abkürzungen dargestellt (Bildrechte T. A. Brown)

me stützen. Die Genome von Wirbeltieren enthalten beispielsweise stromaufwärts von vielen Genen die **CpG-Inseln**, Sequenzen von ungefähr 1 kb, deren GC-Gehalt größer ist als es dem Durchschnitt für das gesamte Genom entspricht. Beim Menschen liegt stromaufwärts von rund 40 bis 50 Prozent aller Gene eine CpG-Insel. Diese Sequenzen sind charakteristisch, und wenn man eine von ihnen in der DNA eines Wirbeltieres findet, liegt die Vermutung nahe, dass in der unmittelbar stromabwärts davon gelegenen Region ein Gen beginnt.

Die Lokalisierung von Genen wird durch die Suche nach Homologien vereinfacht

Auf die vorläufige Identifizierung eines Gens folgt in der Regel die **Suche nach Homologien**. Bei einer solchen Analyse, die mit dem Computer vorgenommen wird, vergleicht man die Sequenz des Gens mit allen in den internationalen DNA-Datenbanken gespeicherten Gensequenzen, und zwar nicht nur mit den bekannten Genen des untersuchten Lebewesens, sondern auch mit jenen aller anderen biologischen Arten. Dahinter steht die Überlegung, dass Gene aus unterschiedlichen Lebewesen, die ähnliche Funktionen ausüben, aufgrund ihrer gemeinsamen entwicklungsgeschichtlichen Vergangenheit auch ähnliche Sequenzen haben (Abb. 12.5).

Für eine solche Suche nach Homologien übersetzt man die Nucleotidsequenz des mutmaßlichen Gens meist in eine Aminosäuresequenz, weil diese eine aufschlussreichere Suche zulässt. Da es zwanzig verschiedene Aminosäuren und nur vier Nucleotide gibt, ist die Wahrscheinlichkeit, dass zwei Aminosäuresequenzen sich rein zufällig ähneln, geringer (Abb. 12.6). Die Analyse erfolgt über das Internet: Man loggt sich auf den Webseiten einer DNA-Datenbank ein und nutzt dort ein Suchprogramm wie **BLAST**(*Basic Local Alignment Search Tool*). Wenn die untersuchte Sequenz mehr als 200 Aminosäuren lang ist und mindestens 30 Prozent Übereinstimmung mit einer Sequenz in der Datenbank zeigt (das heißt, dass an 30 von 100 Positionen in beiden Sequenzen die gleichen Aminosäuren stehen), sind beide mit ziemlicher Sicherheit homolog, und man kann das untersuchte ORF als echtes Gen betrachten. Ist eine weitere Bestätigung notwendig, kann man durch eine Transkriptanalyse (Abschnitt 11.1) zeigen, dass das Gen in RNA transkribiert wird.

Vergleich der Sequenzen verwandter Genome

In genauerer Form ist die Homologiesuche möglich, wenn die vollständigen Sequenzen der Genome mindestens zweier miteinander verwandter biologischer Arten bekannt sind. Die Genome ver-

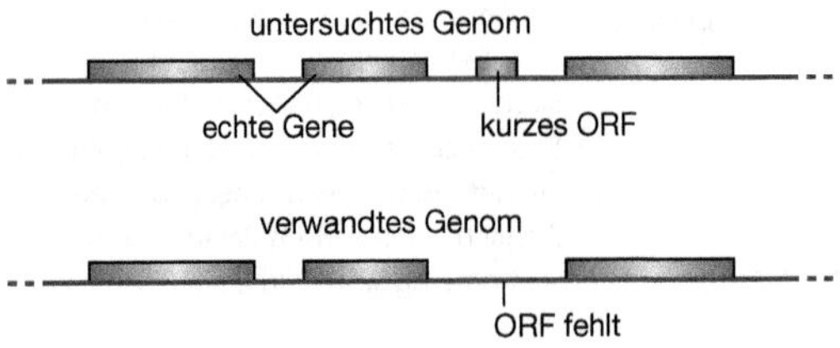

Abb. 12.7 Echtheitsprüfung eines kurzen ORF durch Genomvergleich verwandter Arten. In diesem Beispiel ist das fragliche ORF im verwandten Genom nicht enthalten; es handelt sich also vermutlich nicht um ein echtes Gen (Bildrechte T. A. Brown)

wandter Arten weisen Ähnlichkeiten auf, die sie von ihrem gemeinsamen Vorfahren geerbt haben. Überlagert sind diese von artspezifischen Unterschieden, die entstanden sind, seit die Evolution der beiden Arten unabhängig voneinander verlaufen ist. Wegen der natürlichen Selektion sind die Sequenzähnlichkeiten verwandter Genome innerhalb der Gene am größten und in den Abschnitten zwischen den Genen am geringsten. Vergleicht man also verwandte Genome, so sind homologe Gene an ihrer großen Sequenzähnlichkeit leicht zu erkennen. Jedes ORF, zu dem es in dem verwandten Genom keine eindeutige Homologie gibt, kann man mit ziemlicher Sicherheit als Zufallssequenz und nicht als echtes Gen einstufen (◘ Abb. 12.7).

Solche Homologieanalysen – man spricht auch von **vergleichender Genomik** – haben sich zur Lokalisierung von Genen im Genom von *S. cerevisiae* als äußerst nützlich erwiesen; vollständige oder partielle Sequenzen stehen heute nicht nur für diese Hefe zur Verfügung, sondern auch für mehrere verwandte Arten wie *Saccharomyces paradoxus*, *Saccharomyces mikatae* und *Saccharomyces bayanus*. Durch Vergleiche zwischen diesen Genomen wurde die Authentizität mehrerer ORFs von *S. cerevisiae* bestätigt, und man konnte auch rund 500 mutmaßliche ORFs ausschließen, weil es zu ihnen in den verwandten Genomen keine Entsprechung gibt. Die Genkarten dieser Hefen ähneln sich stark, und obwohl jedes Genom seine eigenen, artspezifischen Umordnungen durchgemacht hat, ist die Reihenfolge der Gene in beträchtlichen Abschnitten des *S. cerevisiae*-Genoms nach wie vor die gleiche wie in einem oder mehreren der verwandten Genome. Wenn die Reihenfolge der Gene auf diese Weise beibehalten wird, spricht man von **Syntänie**;

sie macht es einfach, analoge Gene zu identifizieren. Und was noch wichtiger ist: Ein Zufalls-ORF kann man insbesondere dann, wenn es kurz ist, mit ziemlicher Sicherheit ausschließen, denn man kann an der Stelle, in dem es in dem verwandten Genomen liegen müsste, eingehend suchen und so nachweisen, dass es keine Entsprechung gibt.

12.1.2 Aufklärung der Funktion eines unbekannten Gens

Die Suche nach Homologien dient zwei Zielen. Sie soll nicht nur die vorläufige Identifizierung eines Gens untermauern, sondern auch Hinweise auf seine Funktionen liefern; dazu ist es allerdings notwendig, dass man die Funktion des homologen Gens kennt. Fast 2 000 Genen im Hefegenom konnte man auf diese Weise eine Funktion zuordnen. Häufig handelt es sich jedoch bei den übereinstimmenden Sequenzen, die man durch die Suche nach Homologien findet, ebenfalls um Gene mit noch nicht geklärter Funktion. Solche nicht zugeordneten Gene bezeichnet man als »Waisen« oder »verwaiste Gene« (*orphans*); ihre Funktion zu ermitteln, ist eine der wichtigsten Aufgaben der Postgenomik.

Voraussichtlich wird man in einigen Jahren mithilfe der Bioinformatik zumindest Anhaltspunkte für die Funktion eines verwaisten Gens finden können. Schon heute kann man anhand der Nucleotidsequenz die Lage von α-Helices und β-Faltblättern in dem zugehörigen Protein voraussagen, allerdings nur mit begrenzter Zuverlässigkeit; aus den so gewonnenen Erkenntnissen über die Struktur kann man manchmal Schlüsse auf die Funktion des Proteins ziehen. Proteine, die sich an Membranen anheften, erkennt man beispielsweise häufig an einer Anordnung von α-Helices, welche die Membran durchspannen, und ebenso sind manchmal Zinkfinger oder andere DNA-bindende Motive zu erkennen. Dieses Teilgebiet der Bioinformatik wird an Umfang und Zuverlässigkeit zunehmen, wenn man mehr über die Zusammenhänge zwischen Struktur und Funktion eines Proteins weiß. Bis es so weit ist, muss sich die Funktionsanalyse verwaister Gene vorwiegend auf herkömmliche Experimente stützen.

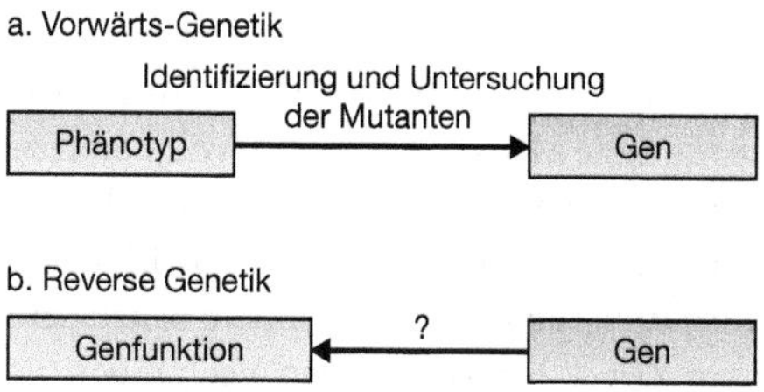

a. Vorwärts-Genetik

Phänotyp →(Identifizierung und Untersuchung der Mutanten)→ Gen

b. Reverse Genetik

Genfunktion ←(?)← Gen

Abb. 12.8 Vorwärts-Genetik und Reverse Genetik (Bildrechte T. A. Brown)

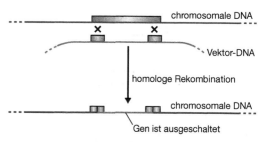

Abb. 12.9 Unterbrechung eines Gens durch homologe Rekombination (Bildrechte T. A. Brown)

Die Zuordnung einer Funktion durch experimentelle Analyse erfordert einen umgekehrten genetischen Ansatz

Experimentell die Funktion eines unbekannten Gens zu ermitteln, hat sich als eine der schwierigsten Aufgaben der Genomforschung erwiesen. Das Problem besteht darin, dass das Ziel, vom Gen zur Funktion zu gelangen, einer Umkehrung jenes Weges entspricht, den man normalerweise bei genetischen Analysen einschlägt, bei denen man vom Phänotyp ausgeht und die dahinter stehenden Gene identifizieren will (Abb. 12.8). In konventionellen genetischen Analysen untersucht man die Ursachen eines Phänotyps, indem man nach mutierten Lebewesen sucht, bei denen sich dieser Phänotyp verändert hat. Die Mutanten kann man experimentell erzeugen – beispielsweise indem man eine Bakterienkultur oder eine andere Population von Lebewesen mit Ultraviolettstrahlung oder mutagenen Chemikalien behandelt –, sie können aber auch in einer natürlichen Population bereits vorhanden sein. Das Gen oder die Gene, die in dem mutierten Organismus verändert wurden, untersucht man dann durch genetische Kreuzung. Damit kann man die Lage eines Gens in einem Genom ermitteln und auch feststellen, ob das Gen einem anderen gleicht, das man bereits charakterisiert hat. Anschließend kann man das fragliche Gen mit molekularbiologischen Methoden wie Klonierung und Sequenzierung weiter untersuchen.

Hinter solchen konventionellen Analysen – der **Vorwärts-Genetik** – steht das Prinzip, dass man die für einen Phänotyp verantwortlichen Gene identifizieren kann, wenn man feststellt, welche Gene in Organismen, die einen mutierten Phänotyp aufweisen, nicht mehr aktiv sind. Geht man hingegen nicht vom Phänotyp, sondern vom Gen aus, würde die entsprechende Strategie – die **Reverse Genetik** – darin bestehen, in das Gen eine Mutation einzuführen und dann die nachfolgende phänotypische Veränderung zu beobachten. Dies ist die Grundlage der meisten Methoden, mit denen man unbekannten Genen eine Funktion zuordnet.

Man kann einzelne Gene durch homologe Rekombination inaktivieren

Am einfachsten inaktiviert man gezielt ein Gen, in dem man es mit einem fremden DNA-Abschnitt unterbricht (Abb. 12.9). Das erreicht man durch homologe Rekombination zwischen der Genkopie im Chromosom und einem zweiten Stück DNA, das eine gewisse Sequenzübereinstimmung mit dem Gen aufweist, auf das man abzielt.

Wie läuft eine solche Geninaktivierung in der Praxis ab? Dazu wollen wir zwei Beispiele betrachten. Das erste beschäftigt sich mit S. cerevisiae. Seit 1996, als die Sequenz des Hefegenoms vollständig aufgeklärt war, bemühen sich die Heferforscher in koordiniertem, internationalem Vorgehen darum, die Funktion möglichst vieler unbekannter Gene zu klären. Eines der Verfahren basiert auf einer **Deletionskassette**, die ein Gen für eine Antibiotikaresistenz trägt (Abb. 12.10). Dieses Gen ist normalerweise kein Bestandteil des Hefegenoms, aber wenn man es in ein Hefechromosom einschleust, funktioniert es und lässt eine transformierte Hefezelle entstehen, die gegen das Antibiotikum Geneticin resistent ist. Bevor man die Deletionskassette einsetzt, fügt man an ihren beiden Enden neue DNA-Abschnitte an. Die Sequenzen dieser Abschnitte stimmen mit Teilen des Hefegens überein, das man inaktivieren möchte. Nachdem man die abgewandelte Kassette in eine Hefezelle eingeschleust hat, kommt es zu einer homologen Rekombination

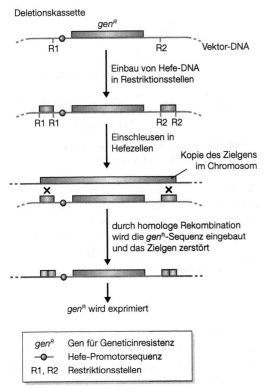

Abb. 12.10 Die Anwendung einer Deletionskassette bei der Hefe (Bildrechte T. A. Brown)

zwischen den DNA-Schwänzen und dem chromosomalen Hefegen, wobei Letzteres durch das Gen für die Antibiotikaresistenz ersetzt wird. Auf diese Weise wird das gesuchte Gen inaktiviert. Zellen, in denen ein Austausch stattgefunden hat, selektiert man durch Ausplattieren der Kultur auf einem Agarnährboden, der Geneticin enthält. Anschließend untersucht man den Phänotyp und versucht so, Aufschlüsse über die Funktion des Gens zu gewinnen.

Ein analoges Verfahren wendet man auch in dem zweiten Beispiel an, allerdings nicht bei Hefe, sondern bei Mäusen. Die Maus dient häufig als Modellorganismus für den Menschen, denn ihr Genom enthält vielfach die gleichen Gene. Um die Funktionen unbekannter Gene des Menschen zu identifizieren, inaktiviert man deshalb häufig die entsprechenden Gene bei Mäusen. Die homologe Rekombination läuft dabei genauso ab, wie es für die Hefe beschrieben wurde; auch her entsteht eine Zelle, in der das gewünschte Gen inaktiviert wurde. Das Problem besteht aber darin, dass man nicht nur eine mutierte Mauszelle erzeugen will, sondern eine ganze mutierte Maus – nur an einem vollständigen Organismus kann man die Auswirkungen der Geninaktivierung auf den Phänotyp beurteilen. Zu diesem Zweck bringt man den Vektor, der die Deletionskassette enthält, zunächst durch Mikroinjektion in eine embryonale Stammzelle (Abschnitt 7.3.2). Das Endprodukt ist eine **Knockout-Maus**, deren Phänotyp bei einem erfolgreichen Verlauf des Experiments die gewünschten Informationen über die Funktion des untersuchten Gens liefern kann.

12.2 Analyse von Transkriptom und Proteom

Bisher haben wir uns mit jenen Aspekten der Postgenomikforschung befasst, bei denen es um die Untersuchung einzelner Gene ging. Die Verschiebung des Interessenschwerpunkts von den Genen zum Genom gab aber auch den Anlass zur Entwicklung neuartiger Analyseverfahren, die darauf abzielen, die Aktivität des Gesamtgenoms aufzuklären. Diese Arbeiten führten zur Prägung von zwei neuen Begriffen:

1. Als **Transkriptom** bezeichnet man den Gehalt einer Zelle an Messenger-RNA (mRNA); in ihm spiegelt sich die gesamte Genexpression der Zelle wider.
2. Das **Proteom** ist der Proteingehalt einer Zelle und damit das Spiegelbild ihrer biochemischen Aktivität.

12.2.1 Transkriptomanalyse

Ein Transkriptom kann eine sehr komplexe Zusammensetzung haben: Unter Umständen besteht es aus Hunderten oder Tausenden verschiedenen mRNAs, von denen jede einen anderen Anteil an der gesamten Molekülpopulation hat. Um ein Transkriptom zu charakterisieren, muss man also die darin enthaltenen mRNAs identifizieren und im Idealfall ihre jeweilige Menge ermitteln.

Untersuchung eines Transkriptoms mit Sequenzanalyse

Am unmittelbarsten kann man ein Transkriptom untersuchen, wenn man seine mRNA in cDNA umschreibt und dann jeden Klon der so entstehenden cDNA-Bibliothek sequenziert. Durch Vergleiche zwischen den cDNA-Sequenzen und der Sequenz des Genoms erfährt man dann, welche Gene in Form von mRNA im Transkriptom vertreten sind. Eine solche Vorgehensweise ist technisch machbar, aber sehr aufwendig: Bis sich auch nur ein einigermaßen vollständiges Bild von der Zusammensetzung des Transkriptoms abzeichnet, braucht man eine große Zahl verschiedener cDNA-Sequenzen. Ist es auch auf schnellerem Weg möglich, die grundlegenden Sequenzinformationen zu erhalten?

Eine mögliche Lösung bietet die **serielle Analyse der Geneexpression (SAGE)**. Dabei untersucht man nicht die vollständigen cDNAs, sondern man analysiert kurze, manchmal nur zwölf Basenpaare lange Sequenzen, von denen jede eine im Transkriptom vorhandene mRNA repräsentiert. Die Methode beruht darauf, dass solche Sequenzen von 12 bp trotz ihrer Kürze ausreichen, um das Gen zu identifizieren, das die jeweilige mRNA codiert.

Um die Sequenzen von 12 bp zu gewinnen, immobilisiert man die mRNA in einem ersten Schritt auf einer Chromatographiesäule. Dazu lässt man die Poly(A)-Schwänze, die sich an den 3'-Enden dieser Moleküle befinden, mit Oligo(dT)-Strängen hybridisieren, die man an Celluloseperlen gekoppelt hat (Abb. 12.11). Die mRNA wird in doppelsträngige cDNA umgeschrieben und dann mit einem Restriktionsenzym wie *Alu*I behandelt, das eine Sequenz von 4 bp erkennt, sodass es jede cDNA an vielen Stellen schneidet. Das endständige Restriktionsfragment jeder cDNA bleibt an die Celluloseperlen gekoppelt, sodass man alle anderen Fragmente auswaschen und verwerfen kann. Als Nächstes wird an die freien Enden der einzelnen cDNA-Moleküle jeweils ein kurzer Linker angefügt, der die Erkennungssequenz für das Enzym *Bsm*FI enthält. Dieses ungewöhnliche Restriktionsenzym schneidet nicht innerhalb seiner Erkennungssequenz, sondern 10 bis 14 Nucleotide weiter stromabwärts. Durch Behandlung mit *Bsm*FI wird also vom Ende jeder cDNA ein Fragment mit einer

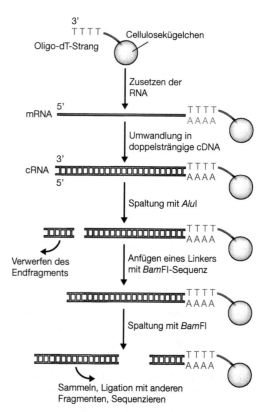

Abb. 12.11 Die Serielle Analyse der Genexpression (SAGE) (Bildrechte T. A. Brown)

durchschnittlichen Länge von 12 bp abgetrennt. Die Fragmente werden gesammelt, hintereinander zu einem Concatemer verknüpft und sequenziert. Die Einzelsequenzen innerhalb des Concatemers kann man erkennen, weil sie durch die *Bsm*FI-Erkennungsstellen getrennt sind.

Transkriptomanalyse mit Mikroarrays oder DNA-Chips

Mit der SAGE kann man in einem Transkriptom einzelne mRNAs identifizieren, das Verfahren liefert aber nur ungefähre Informationen über die relative Häufigkeit dieser mRNAs. Wenn ein bestimmter mRNA-Typ einen großen Anteil am Transkriptom hat, wie beispielsweise die Gliadin-mRNA in Weizensamen (Abschnitt 8.3.2), zeigt sich dies an der Häufigkeit der betreffenden mRNA-Sequenzen in den SAGE-Fragmenten; geringfügige Unterschiede der mRNA-Konzentrationen sind aber nicht zu erkennen.

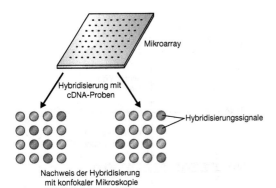

Abb. 12.12 Mikroarray-Analyse. Der hier gezeigte Mikroarray wurde mit zwei verschiedenen cDNA-Präparationen hybridisiert, die mit unterschiedlichen Fluoreszenzmarkern gekoppelt sind. Welche Klone mit den cDNAs hybridisiert haben, erkennt man durch konfokale Fluoreszenz-Mikroskopie (Bildrechte T. A. Brown)

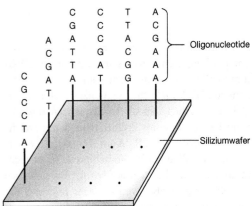

Abb. 12.13 Ein DNA-Chip. In Wirklichkeit trägt der Chip viel mehr Oligonucleotide, als es hier dargestellt ist, und jedes Oligonucleotid ist 20 bis 30 Nucleotide lang (Bildrechte T. A. Brown)

Die ersten Methoden zur Untersuchung des Transkriptoms wurden im Anschluss an die Sequenzaufklärung des Hefegenoms entwickelt. Letztlich handelt es sich um hoch entwickelte Hybridisierungsanalysen. Man stellte Einzelklone von allen 6 000 Hefegenen her und arrangierte sie als so genannte **Mikroarrays** in einer Anordnung von 80 × 80 Flecken auf Glasplättchen. Um festzustellen, welche Gene unter bestimmten Bedingungen in einer Hefezelle aktiv sind, wurde die mRNA aus den Zellen extrahiert und in cDNA umgeschrieben, die man dann mit einem Fluoreszenzfarbstoff markierte und mit den Mikroarrays hybridisierte (Abb. 12.12). In der anschließenden Untersuchung der Mikroarrays mittels konfokaler Fluoreszenz-Mikroskopie lieferten diejenigen Flecken ein Signal, die den unter den Versuchsbedingungen aktiven Genen entsprachen. Die Intensität der Hybridisierungssignale entsprach dabei der relativen Menge der jeweiligen mRNA im Transkriptom. Wie sich die Genexpression bei einem Wechsel der Wachstumsbedingungen (zum Beispiel Sauerstoffmangel) verändert, lässt sich dann durch Wiederholung des Experiments mit einer neuen cDNA-Präparation verfolgen.

Heute nutzt man Mikroarrays bei vielen Organismen zur Untersuchung von Veränderungen im Transkriptom. In manchen Fällen wendet man dabei die gleiche Strategie an wie bei der Hefe, das heißt, der Mikroarray repräsentiert alle Gene des Genoms. Dies ist jedoch nur möglich, wenn das fragliche Lebewesen relativ wenige Gene besitzt. Ein Mikroarray für alle Gene des Menschen wäre zwar auf zehn Glasplättchen von jeweils 18 mal 18 Millimetern unterzubringen, aber für jedes der 20 000 bis 30 000 menschlichen Gene einen Klon herzustellen, wäre eine gewaltige Aufgabe. Glücklicherweise ist das aber nicht nötig. Um beispielsweise zu untersuchen, welche Veränderungen sich im Transkriptom bei einer Krebserkrankung abspielen, könnte man einen Mikroarray mit einer cDNA-Bibliothek aus gesundem Gewebe herstellen. Bei der Hybridisierung mit markierter cDNA aus Krebsgewebe zeigt sich dann, welche Gene aufgrund des krebsartigen Zustandes herauf- oder herabreguliert sind.

Eine Alternative zu den Mikroarrays sind die **DNA-Chips**, dünne Siliciumwafers (Siliciumplättchen, vgl. Glossar), auf denen viele verschiedene Oligonucleotide angebracht sind (Abb. 12.13). Die Oligonucleotide werden unmittelbar auf der Oberfläche des Chips synthetisiert und lassen sich mit einer Dichte von einer Million je Quadratzentimeter erzeugen, beträchtlich mehr als bei einem herkömmlichen Mikroarray. Die Hybridisierung zwischen einem Oligonucleotid und der Sonde wird dann elektronisch nachgewiesen. Da die Oligonucleotide mit automatisierten Verfahren neu synthetisiert werden, lässt sich ein Chip mit Sequenzen, die für jedes einzelne menschliche Gen spezifisch sind, relativ einfach herstellen.

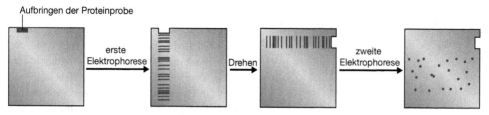

 Abb. 12.14 Zweidimensionale Gelelektrophorese (Bildrechte T. A. Brown)

12.2.2 Untersuchungen am Proteom

Das Proteom ist die Gesamtheit aller Proteine in der Zelle. Proteomanalysen (die so genannte **Proteomik**) liefern Zusatzinformationen, die man durch Untersuchung des Transkriptoms nicht gewinnen kann. Die Transkriptomanalyse liefert ein genaues Bild davon, welche Gene in einer bestimmten Zelle aktiv sind, weniger genau sind jedoch die Informationen, die man über die vorhandenen Proteine erhält. Das liegt daran, dass die Proteinmengen nicht nur von der Menge der jeweils verfügbaren mRNA abhängen, sondern auch davon, mit welcher Geschwindigkeit eine mRNA in Protein translatiert wird und wie schnell der Abbau dieses Proteins erfolgt.

Das Verfahren, mit dem man die Bestandteile des Proteoms identifiziert, wird als Proteintypisierung bezeichnet. Grundlage sind die beiden Methoden der **Protein-Elektrophorese** und der **Massenspektroskopie**. Beide haben eine lange Geschichte, wurden aber in der Zeit vor der Genomik nur selten kombiniert eingesetzt.

Trennung der Proteine in einem Proteom

Um ein Proteom zu charakterisieren, muss man als Erstes reine Proben der darin enthaltenen Proteine präparieren. Eine Säugerzelle enthält unter Umständen 10.000 bis 20.000 unterschiedliche Proteine, man braucht also ein hochauflösendes Trennverfahren.

Das Standardverfahren zur Trennung der Proteine in einem Gemisch ist die Polyacrylamid-Gelelektrophorese. Je nach der Zusammensetzung des Gels und den Bedingungen der Elektrophorese kann man unterschiedliche chemische und physikalische Eigenschaften der Proteine als Kriterien für die Trennung nutzen. Die am häufigsten verwendete Methode beruht auf dem Detergens Natriumdodecylsulfat (*sodium dodecyl sulphate*, SDS), das Proteine denaturiert und ihnen eine negative Ladung verleiht, die ungefähr der Länge der nicht gefalteten Polypeptidkette entspricht. Unter solchen Bedingungen werden die Proteine nach ihrer molaren Masse aufgetrennt, wobei die kleinsten Proteine am schnellsten in Richtung der positiven Elektrode wandern. Eine andere Methode ist die Trennung der Proteine durch **isoelektrische Fokussierung**. Das dazu verwendete Gel enthält Chemikalien, die einen pH-Gradienten aufbauen, wenn man eine elektrische Spannung anlegt. In einem solchen Gel wandern die Proteine je nach ihrem **isoelektrischen Punkt** bis an die Stelle im Gradienten, an der die Nettoladung Null ist.

Bei der Proteintypisierung kombiniert man diese Methoden in Form der **zweidimensionalen Gelelektrophorese**. In der ersten Dimension werden die Proteine durch isoelektrische Fokussierung getrennt. Dann tränkt man das Gel mit Natriumdodecylsulfat, dreht es um 90 Grad und unterwirft es einer zweiten Elektrophorese. Dieses Mal werden die Proteine nach der Größe getrennt und wandern dabei im rechten Winkel zur ersten Laufrichtung (Abb. 12.14). Mit diesem Verfahren kann man in einem einzigen Gel mehrere tausend Proteine trennen.

Nach der Gelelektrophorese und dem Färben des Gels erkennt man ein kompliziertes Fleckenmuster, in dem jeder Fleck ein anderes Protein enthält. Vergleicht man zwei Gele, zeigen sich Unterschiede in Identität und relativen Mengen einzelner Proteine der untersuchten Proteome als Unterschiede in Muster und Intensität der Flecken. Interessante Flecken kann man dann für die zweite

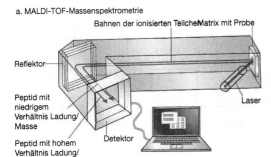

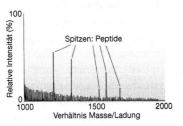

■ **Abb. 12.15** Die MALDI-TOF-Massenspektrometrie. Man injiziert ionisierte Peptide in das Massenspektrometer (a); ihr Verhältnis von Masse zu Ladung wird gemessen und als Spektrum dargestellt (b) (Bildrechte T. A. Brown)

Phase der Typisierung auswählen, in der die eigentliche Identität der Proteine geklärt wird.

Identifizierung der einzelnen Proteine nach der Trennung

In der zweiten Phase der Proteintypisierung werden die einzelnen Proteine, die man aus dem Ausgangsgemisch abgetrennt hat, identifiziert. Früher war das eine schwierige Aufgabe, aber heute gibt es mit dem **Peptid-Massenfingerprinting** ein schnelles, genaues Verfahren zur Identifizierung.

Möglich wurde das Peptid-Massenfingerprinting durch die Fortschritte der Massenspektroskopie. Dieses Verfahren entwickelte man ursprünglich zu dem Zweck, eine chemische Verbindung anhand des Verhältnisses von Masse zu Ladung der ionisierten Form zu identifizieren, die entsteht, wenn man die Verbindung einem energiereichen elektrischen Feld aussetzt. Das Standardverfahren lässt sich bei Proteinen nicht einsetzen, weil sie so groß sind, dass sie nicht effizient ionisiert werden. Dieses Problem kann man jedoch zumindest bei Peptiden von bis zu 50 Aminosäuren Länge mit dem **MALDI-TOF**-Verfahren (*matrix-assisted laser desorption ionization time-of-flight*) umgehen. Die meisten Proteine sind natürlich viel länger als 50 Aminosäuren, das heißt, man muss sie vor der Untersuchung mit MALDI-TOF in Fragmente zerlegen. In dem üblichen Verfahren baut man das Protein mit einer sequenzspezifischen Protease ab, beispielsweise mit Trypsin, das Proteine unmittelbar hinter Arginin- oder Lysinresten spaltet. Die meisten Proteine liefern bei einer solchen Behandlung eine Reihe von Peptiden mit einer Länge von fünf bis 75 Aminosäuren.

Nach der Ionisierung ermittelt man das Verhältnis von Masse zu Ladung eines Peptids anhand seiner »Flugzeit«, in der es im Massenspektrometer von der Ionisierungsquelle zum Detektor gelangt (■ Abb. 12.15). Aus dem Verhältnis von Masse zu Ladung kann man die molare Masse ableiten, und die wiederum schafft die Möglichkeit, die Aminosäurezusammensetzung des Peptids zu ermitteln. Analysiert man auf diese Weise mehrere Peptide aus einem einzigen Proteinfleck eines zweidimensionalen Gels, kann man die dabei gewonnenen Informationen über die Peptidzusammensetzung in Beziehung zur Genomsequenz setzen und das Gen identifizieren, in dem das betreffende Protein codiert ist.

Für den Vergleich zweier Proteome ist es notwendig, dass man Proteine, die in unterschiedlichen Mengen vorhanden sind, identifizieren kann. Das ist natürlich einfach, wenn die Unterschiede relativ groß sind: Dann muss man nach der zweidimensionalen Elektrophorese nur die gefärbten Gele betrachten. Wichtige Veränderungen in den biochemischen Eigenschaften eines Proteoms entstehen jedoch häufig durch relativ kleine Veränderungen in den Mengen einzelner Proteine; deshalb sind Methoden, mit denen man solche geringfügigen Veränderungen nachweisen kann, unverzichtbar. Eine Möglichkeit besteht darin, die Bestandteile zweier Proteome mit unterschiedlichen Fluoreszenzmarkern zu kennzeichnen und sie gemeinsam auf einem einzigen zweidimensionalen Gel laufen zu lassen. Beleuchtet man dann das zweidimensionale Gel mit unterschiedlichen Wellenlängen, so kann man die Intensität einander entsprechender Flecken einfacher beurteilen als auf zwei getrennten Gelen. Eine genauere Alternative besteht darin, jedes Proteom mit einem **isotopencodierten Affi**-

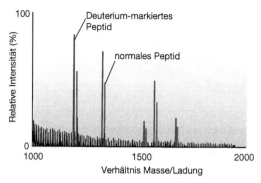

Abb. 12.16 Analyse zweier Proteome mit ICAT. Im MALDI-TOF-Spektrum sind Spitzenwerte, die normalen Wasserstoff enthalten, blau dargestellt, solche mit deuteriumhaltigen Peptiden sind rot. Das hier untersuchte Protein ist in dem deuteriummarkierten Proteom 1,5 mal häufiger (Bildrechte T. A. Brown)

nitätsmarker (*isotope coded affinity tag*, **ICAT**) zu versehen. Diese Marker gibt es in zwei Formen: Die eine enthält normale Wasserstoffatome, die andere das schwere Wasserstoffisotop Deuterium. Die normale und die schwere Form lassen sich in der Massenspektroskopie unterscheiden, so dass man die relativen Mengen eines Proteins in zwei Proteomen, die man zuvor gemischt hat, in der MALDI-TOF-Phase des Typisierungsverfahrens unterscheiden kann (◘ Abb. 12.16).

12.2.3 Analyse von Protein-Protein-Wechselwirkungen

Wichtige Aufschlüsse über die Aktivität eines Genoms kann man auch dadurch gewinnen, dass man Paare oder Gruppen zusammenwirkender Proteine identifiziert. Die wenigsten Proteine in einer lebenden Zelle sind für sich allein aktiv. Sie wirken vielmehr in biochemischen Reaktionsketten und Multiproteinkomplexen zusammen. Zur Untersuchung solcher Protein-Protein-Wechselwirkungen gibt es zwei wichtige Verfahren: **Phagendisplay** und das **Hefe-Zwei-Hybrid-System**.

Phagendisplay

Dieses Verfahren wird als Phagendisplay bezeichnet, weil dabei Proteine auf der Oberfläche eines Bakteriophagen – meist M13 – »präsentiert« (*displayed*) werden (◘ Abb. 12.17a). Dazu kloniert man das Gen für das Protein in einem besonderen M13-Vektor, in dem das klonierte Gen mit dem Gen für ein Hüllprotein des Phagen fusioniert wird (◘ Abb. 12.17b). Nachdem man *E. coli*-Zellen transfiziert hat, sorgt das zusammengesetzte Gen für die Synthese eines Hybridproteins aus dem Hüllprotein und dem Produkt des klonierten Gens. Mit ein wenig Glück wird dieses Hybridprotein in die Phagenhülle eingebaut, sodass sich das Produkt des klonierten Gens nun an der Oberfläche der Phagenpartikel befindet.

Normalerweise benutzt man bei diesem Verfahren eine **Phagendisplay-Bibliothek** aus vielen rekombinierten Phagen, die jeweils ein anderes Protein tragen. Große derartige Bibliotheken kann man herstellen, indem man ein Gemisch von cDNAs aus einem Gewebe oder – was schwieriger ist – genomische DNA-Fragmente kloniert. Die Bibliothek besteht dann aus Phagen, die verschiedene Proteine präsentieren, und dient zur Identifizierung jener Proteine, die mit einem Test-Protein in Wechselwirkung treten. Dieses kann ein gereinigtes Protein sein, oder aber eines, das selbst auf einer Phagenoberfläche präsentiert wird. Man immobilisiert das Protein in den Vertiefungen einer Mikrotiterplatte oder an Partikeln, die man in einer Affinitätschromatographiesäule verwendet, und setzt dann die Phagendisplay-Bibliothek zu (◘ Abb. 12.17c). Phagen, die nach mehreren Waschvorgängen auf der Mikrotiterplatte oder in der Säule hängen bleiben, tragen auf ihrer Oberfläche Proteine, die mit dem immobilisierten Test-Protein in Wechselwirkung treten.

Das Hefe-Zwei-Hybrid-System

Das Hefe-Zwei-Hybrid-System funktioniert ganz anders als das Phagendisplay-Verfahren. Seine Grundlage ist die Erkenntnis, dass die Genexpression bei der Hefe *S. cerevisiae* von Wechselwirkungen zwischen jeweils zwei Transkriptionsfaktoren abhängt (◘ Abb. 12.18a). In dem Zwei-Hybrid-System ersetzt man ein solches Transkriptionsfaktorenpaar, das die Expression eines Hefegens bewirkt, durch Fusionsproteine, die jeweils aus einem Transkriptionsfaktor und dem zu untersuchenden Protein bestehen. Anschließend untersucht man, ob ein solches Paar von Hybriden die Expression des fraglichen Hefegens in Gang setzen kann.

Abb. 12.17 Phagendisplay. a) »Präsentation« von Proteinen auf der Oberfläche eines rekombinierten, fadenförmigen Phagen. b) Die Genfusion, die zur »Präsentation« des Proteins führt. c) Ein Verfahren, um Wechselwirkungen zwischen einem Test-Protein und einem Phagen aus einer Display-Bibliothek nachzuweisen (Bildrechte T. A. Brown)

a. »Präsentation« von Proteinen auf der Phagenoberfläche

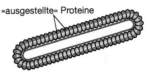

b. Fusion des klonierten Gens mit einem Gen für ein Hüllprotein

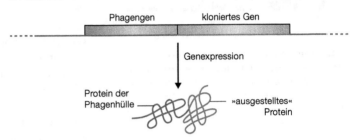

c. Einsatz der Phagendisplay-Bibliothek

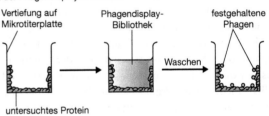

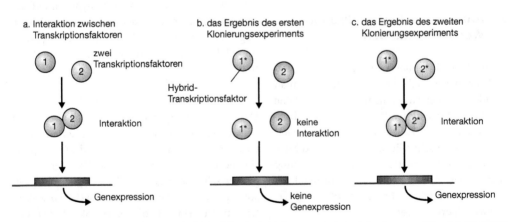

Abb. 12.18 Das Zwei-Hybrid-System der Hefe. a) Damit ein Hefegen exprimiert wird, müssen zwei Transkriptionsfaktoren in Wechselwirkung treten. b) Ersetzt man den Transkriptionsfaktor 1 durch das Hybridprotein 1*, kommt die Genexpression zum Erliegen, weil 1* nicht mit dem Transkriptionsfaktor 2 in Wechselwirkung treten kann. c) Ersetzt man den Transkriptionsfaktor 2 durch das Hybridprotein 2*, wird die Genexpression wieder aufgenommen, wenn die Hybridteile von 1* und 2* in Wechselwirkung treten können (Bildrechte T. A. Brown)

Um das System anzuwenden, muss man mit der Hefe zwei Klonierungsexperimente durchführen. An dem ersten ist das Gen beteiligt, dessen Proteinprodukt man untersuchen möchte. Dieses Gen verknüpft man mit dem Gen für einen der beiden Transkriptionsfaktoren, und das Produkt ligiert man mit einem Hefevektor. Die so entstehenden Hefe-Rekombinanten exprimieren das fragliche Gen nicht, weil der abgewandelte Transkriptionsfaktor nicht mit seinem Partner in Wechselwirkung treten kann (Abb. 12.18b).

Im zweiten Klonierungsexperiment stellt man eine Hybridversion des zweiten Partners her und kloniert diese in die Hefezellen. Kommt daraufhin die Expression des Zielgens wieder in Gang, müssen die beiden Transkriptionsfaktoren in Wechselwirkung getreten sein. Die Genfusion legt man dabei so an, dass derartige Wechselwirkungen nur zwischen jenen Abschnitten der Proteine stattfinden können, die aus den Test-Proteinen stammen, nicht aber zwischen den Anteilen aus den Transkriptionsfaktoren (Abb. 12.18c). Damit hat man zwei Proteine identifiziert, die untereinander in Wechselwirkung treten. Für das zweite Klonierungsexperiment kann man eine Bibliothek aus Rekombinanten verwenden, die verschiedene Proteine repräsentieren, sodass man das Verhältnis eines Proteins zu vielen anderen untersuchen kann.

Weiterführende Literatur

Altschul SF, Gish W, Miller W, Myers EW, Lipman DJ (1990) Basic local alignment search tool. *Journal of Molecular Biology* 215: 403–410. [Das BLAST-Programm.]

Clackson T, Wells JA (1994) In vitro selection from protein and peptide libraries. *Trends in Biotechnology* 12: 173–184. [Phagendisplay.]

Fields S, Sternglanz R (1994) The two hybrid system: an assay for protein-protein interactions. *Trends in Genetics* 10: 286–292.

Görg A, Weiss W, Dunn MJ (2004) Current two-dimensional electrophoresis technology for proteomics. *Proteomics* 4: 3665–3685.

Guigó R, Flicek P, Abril JF et al. (2006) EGASP: the human ENCODE Genome Annotation Assessment Project. *Genome Biology* 7: S2, doi:10.1186/gb-2006-7-s1-s2. [Vergleich der Genauigkeit verschiedener Computerprogramme zur Lokalisierung von Genen.]

Kellis M, Patterson N, Birren B, Lander ES (2003) Sequencing and comparison of yeast species to identify genes and regulatory elements. *Nature* 423: 241–254. [Annotation der Sequenz des Hefegenoms mit vergleichender Genomik.]

Ohler U, Niemann H (2001) Identification and analysis of eukaryotic promoters: recent computational approaches. *Trends in Genetics* 17: 56–60.

Phizicky E, Bastiaens PIH, Zhu H, Snyder M, Fields S (2003) Protein analysis on a proteomics scale. *Nature* 422: 208–215. [Übersicht über alle Aspekte der Proteomik].

Ramsay G (1998) DNA chips: state of the art. *Nature Biotechnology* 16: 40–44.

Stoughton RB (2005) Applications of DNA microarrays in biology. *Annual Review of Biochemistry* 74: 53–82.

Velculescu VE, Vogelstein B, Kinzler KW (2000) Analysing uncharted transcriptomes with SAGE. *Trends in Genetics* 16: 423–425.

Wach A, Brachat A, Pohlmann R, Philippsen P (1994) New heterologous modules for classical or PCR-based gene disruptions in *Saccharomyces cerevisiae*. *Yeast* 10: 1793–1808. [Geninaktivierung durch homologe Rekombination.]

Anwendungen der Klonierung und DNA-Analyse in der Biotechnologie

Kapitel 13   Die Proteinproduktion mit klonierten Genen – 205

Kapitel 14   Klonierung und DNA-Analyse in der Medizin – 223

Kapitel 15   Klonierung und DNA-Analyse in der Landwirtschaft – 241

Kapitel 16   Klonierung und DNA-Analyse in Kriminalistik, Gerichtsmedizin und Archäologie – 259

Die Proteinproduktion mit klonierten Genen

13.1	Spezielle Vektoren für die Expression fremder Gene in E. coli – 207	
13.1.1	Der Promotor ist der entscheidende Bestandteil eines Expressionsvektors – 208	
13.1.2	Kassetten und Fusionsgene – 211	
13.2	Allgemeine Probleme mit der gentechnischen Proteinproduktion in E. coli – 212	
13.2.1	Probleme durch die Sequenz des Fremdgens – 212	
13.2.2	Probleme durch E. coli – 214	
13.3	Gentechnische Proteinproduktion mit Eukaryotenzellen – 215	
13.3.1	Gentechnische Proteinherstellung mit Hefe und Fadenpilzen – 215	
13.3.2	Gentechnische Proteinproduktion mit Tierzellen – 217	
13.3.3	Pharming: rekombinante Proteine aus lebenden Tieren und Pflanzen – 218	

Weiterführende Literatur – 220

Nachdem bisher die grundlegenden Methoden der Klonierung und der DNA-Analyse sowie ihre Anwendung in der Forschung beschrieben worden sind, soll nun davon die Rede sein, wie man die DNA-Klonierung in der Biotechnologie nutzt. Die Biotechnologie ist keine neue Errungenschaft, aber sie hat in den letzten Jahren weit mehr Aufmerksamkeit auf sich gezogen als je zuvor. Man kann die Biotechnologie definieren als den Einsatz lebender Organismen in industriellen oder industrieähnlichen Prozessen. Nach den Erkenntnissen der Archäologie geht sie in Großbritannien bis auf die Zeit vor 4 000 Jahren zurück. Damals, in der späten Jungsteinzeit, verwendete man erstmals Gärungsverfahren mit lebenden Hefezellen, um Bier und Honigwein herzustellen. Die Kunst des Bierbrauens war in Großbritannien mit Sicherheit schon vor dem Beginn der römischen Eroberung heimisch.

Im 20. Jahrhundert hat die Nutzung der Biotechnologie stark zugenommen, denn man entwickelte eine ganze Reihe industrieller Einsatzmöglichkeiten für Mikroorganismen. Nachdem Alexander Fleming 1929 entdeckt hatte, dass der Pilz *Penicillium* einen wirksamen antibakteriellen Wirkstoff produziert, begann man, Pilze und Bakterien in großem Umfang für die Herstellung von Antibiotika zu verwenden. Man züchtete die Mikroorganismen zunächst in großen Kulturgefäßen und reinigte aus der Nährlösung das Antibiotikum, nachdem man daraus die Zellen entfernt hatte (◘ Abb. 13.1a). In jüngerer Zeit wurde dieses Chargen- oder **Batch-Verfahren** weitgehend durch die Methode der **kontinuierlichen Kultur** abgelöst: Dabei bedient man sich eines **Fermenters**, aus dem man ständig geringe Mengen des Mediums entnehmen kann, sodass das Produkt ununterbrochen gebildet wird (◘ Abb. 13.1b). Derartige Verfahren lassen sich nicht nur zur Produktion von Antibiotika einsetzen; man gewinnt damit auch andere von Mikroorganismen erzeugte Verbindungen in großen Mengen (◘ Tab. 13.1).

Einer der Gründe, warum die Biotechnologie in den letzten dreißig Jahren so viel Aufsehen erregt hat, ist die DNA-Klonierung. Man kann aus Mikrobenkulturen zwar viele nützliche Produkte gewinnen, aber diese Liste beschränkte sich früher auf Verbindungen, die natürlicherweise von Mikroorganismen erzeugt werden. Viele wichtige Arzneistoffe werden aber nicht von Mikroben gebildet, sondern von höheren Organismen, sodass man sie auf diesem Weg nicht gewinnen konnte. Das hat sich durch die biotechnologische Anwendung der DNA-Klonierung geändert. Mit den Methoden der Klonierung kann man das Gen für ein wichtiges pflanzliches oder tierisches Protein aus seiner normalen Umgebung entnehmen, in einen Klonierungsvektor einbauen und in ein Bakterium einschleusen (◘ Abb. 13.2). Wenn man alle Schritte richtig ausgeführt hat, wird das Gen dort exprimiert, und die Bakterienzellen produzieren das Protein, das man dann in großen Mengen gewinnen kann.

In der Praxis ist die Herstellung solcher rekombinanter Proteine nicht so leicht, wie es auf den ersten Blick scheint. Man braucht besondere Vektoren, und oft erhält man das Protein nur unter Schwierigkeiten mit ausreichender Ausbeute. In diesem Kapitel sollen Vektoren für die gentechnische Proteinherstellung und einige Probleme im Zusammenhang mit ihrem Einsatz erörtert werden.

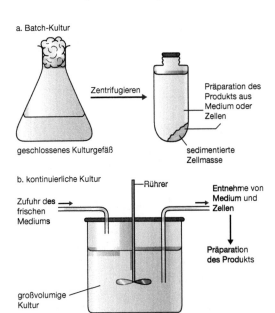

◘ **Abb. 13.1** Zwei verschiedene Kultursysteme für Mikroorganismen. a) Batchkultur. b) Kontinuierliche Kultur (Bildrechte T. A. Brown)

□ **Tab. 13.1** Einige Verbindungen, die im industriellen Maßstab durch Kultur von Mikroorganismen hergestellt werden

Verbindung	Mikroorganismen
Antibiotika	
Cephalosporine	*Cephalosporium* spp.
Chloramphenicol, Streptomycin	*Streptomyces* spp.
Gramicidine, Polymixine	*Bacillus* spp.
Penicilline	*Penicillium* spp.
Enzyme	
Invertase	*Saccharomyces cerevisiae*
Proteasen, Amylasen	*Bacillus* spp., *Aspergillus* spp.
andere	
Aceton, Butanol	*Clostridium* spp.
Alkohol	*S. cerevisiae, Saccharomyces carlsbergiensis*
Buttersäure	Buttersäurebakterien
Zitronensäure	*Aspergillus niger*
Dextran	*Leuconostoc* spp.
Glycerin	*S. cerevisiae*
Essig	*S. cerevisiae*, Essigsäurebakterien

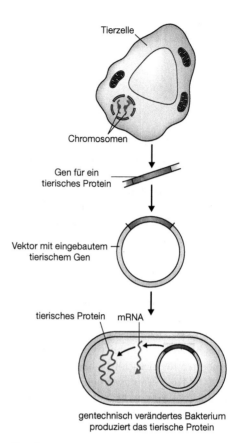

□ **Abb. 13.2** Eine mögliche Vorgehensweise zur Produktion eines tierischen Proteins in Bakterien. mRNA = Messenger-RNA (Bildrechte T. A. Brown)

13.1 Spezielle Vektoren für die Expression fremder Gene in *E. coli*

Wenn man ein fremdes (das heißt nicht aus einem Bakterium stammendes) Gen einfach in einen der üblichen Vektoren einbaut und in *E. coli* kloniert, ist es höchst unwahrscheinlich, dass das rekombinante Protein in nennenswerten Mengen gebildet wird. Damit ein Gen exprimiert wird, muss es nämlich von einer ganzen Ansammlung von Signalen umgeben sein, die von dem Bakterium erkannt werden können. Diese Signale, gewöhnlich kurze Nucleotidsequenzen, weisen darauf hin, dass das Gen vorhanden ist, und erteilen dem Transkriptions- und Translationsapparat der Zelle Befehle. Drei Signale sind für *E. coli* besonders wichtig (□ Abb. 13.3):

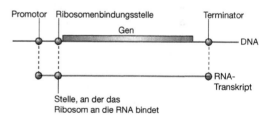

□ **Abb. 13.3** Die drei wichtigsten Signale für die Genexpression bei *E. coli* (Bildrechte T. A. Brown)

1. Der **Promotor** kennzeichnet die Stelle, an der die Transkription des Gens beginnen soll. Bei *E. coli* wird der Promotor vom Sigma-Faktor erkannt, einem Bestandteil des Transkriptionsenzyms RNA-Polymerase.
2. Der **Terminator** ist die Stelle des Gens, an der die Transkription endet. Ein Terminationssignal ist gewöhnlich ein kurzer DNA-Abschnitt,

◘ Abb. 13.4 Typische Promotorsequenzen bei Genen von *E. coli* und Tieren (Bildrechte T. A. Brown)

der mit sich selbst Basenpaarungen ausbilden kann, sodass eine **Stamm-Schleifen-Struktur** entsteht.
3. Die **Ribosomenbindungsstelle**, ebenfalls eine kurze Nucleotidsequenz, wird vom Ribosom als die Stelle erkannt, wo es sich an das mRNA-Molekül anheften soll. Das Initiationscodon des Leserasters liegt immer ein paar Nucleotide stromabwärts von dieser Stelle.

Die Gene der höheren Organismen sind ebenfalls von Expressionssignalen umgeben, die aber andere Nucleotidsequenzen haben als die entsprechenden Stellen bei *E. coli*. Dies zeigt sich im Vergleich der Promotoren für menschliche und *E. coli*-Gene (◘ Abb. 13.4). Man erkennt zwar einige Ähnlichkeiten, aber die RNA-Polymerase von *E. coli* wird sich an dem menschlichen Promotor wahrscheinlich nicht anheften. Ein solches Fremdgen ist in *E. coli* ganz einfach deshalb inaktiv, weil die Bakterienzelle seine Expressionssignale nicht erkennt.

Dieses Problem lässt sich lösen, indem man das fremde Gen so in den Vektor einbaut, dass es von *E. coli*-Expressionssignalen gesteuert wird. Gelingt dies, wird das Gen transkribiert und translatiert (◘ Abb. 13.5). Klonierungsvektoren, die solche Signale enthalten und deshalb zur gentechnischen Proteinherstellung verwendet werden können, bezeichnet man als **Expressionsvektoren**.

13.1.1 Der Promotor ist der entscheidende Bestandteil eines Expressionsvektors

Der wichtigste Teil eines Expressionsvektors ist der Promotor, denn er setzt den allerersten Schritt der Genexpression (die Anheftung der RNA-Polymerase an die DNA) in Gang und bestimmt darüber, mit welcher Geschwindigkeit die mRNA produziert wird. In welchen Mengen man ein gentech-

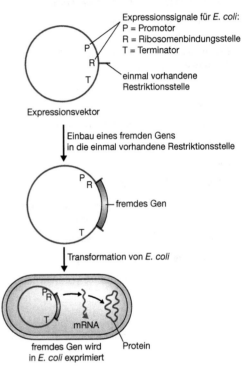

◘ Abb. 13.5 Die Expression eines Fremdgens in *E. coli* mithilfe eines Expressionsvektors (Bildrechte T. A. Brown)

nisch hergestelltes Protein erhält, hängt also zu einem beträchtlichen Teil von dem Promotor im Expressionsvektor ab.

Den Promotor muss man sorgfältig auswählen

Die beiden kurzen Sequenzen in Abbildung 13.4a sind Consensussequenzen, das heißt, sie stellen den »Durchschnitt« aller bekannten Promotorsequenzen von *E. coli* dar. Die meisten wirklichen *E. coli*-Promotoren unterscheiden sich zwar in ihrer Basenfolge nicht stark von den Consensussequenzen (zum Beispiel TTTACA statt TTGACA), aber schon eine kleine Abweichung kann sich stark auf die Effizienz auswirken, mit der der Promotor

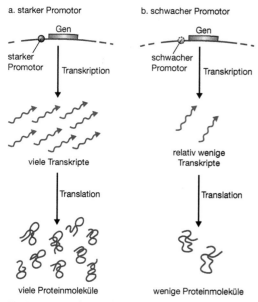

Abb. 13.6 Ein starker und ein schwacher Promotor (Bildrechte T. A. Brown)

die Transkription in Gang setzt. **Starke Promotoren** sind solche, die für eine hohe Transkriptionsgeschwindigkeit sorgen; sie steuern gewöhnlich Gene, deren Translationsprodukte die Zelle in großer Menge benötigt (Abb. 13.6a). **Schwache Promotoren** sind dagegen weniger wirksam: Sie setzen die Transkription an Genen in Gang, deren Produkte nur in geringen Mengen gebraucht werden (Abb. 13.6b). Ein Expressionsvektor sollte natürlich einen starken Promotor besitzen, damit das klonierte Gen so schnell und wirksam wie möglich exprimiert wird.

Wenn man einen Expressionsvektor konstruiert, muss man noch einen zweiten Faktor bedenken, nämlich die Frage, ob man den Promotor in irgendeiner Form steuern kann. Man kennt bei *E. coli* zwei Haupttypen der Genregulation: die **Induktion** und die **Repression**. Bei einem induzierbaren Gen wird die Transkription angeschaltet, wenn man dem Wachstumsmedium eine bestimmte chemische Verbindung zusetzt; oft handelt es sich dabei um ein Substrat für das Enzym, das von dem induzierbaren Gen codiert wird (Abb. 13.7a). Ein reprimierbares Gen wird dagegen durch Zufügen der regulierenden Verbindung abgeschaltet (Abb. 13.7b).

Die Genregulation ist ein komplizierter Prozess, an dem der Promotor selbst nur indirekt beteiligt ist. Viele Sequenzen, die für Induktion und Repression wichtig sind, liegen jedoch in der Nachbarschaft des Promotors und sind deshalb auch im Expressionsvektor vorhanden. Aus diesem Grund kann man die Regulation häufig auch auf den Expressionsvektor selbst ausdehnen, sodass die Verbindung, die das von dem Promotor gesteuerte Gen normalerweise reguliert, auch die Expression des klonierten Gens beeinflussen kann. Das kann für die gentechnische Produktion eines Proteins unter Umständen ein entscheidender Vorteil sein. Hat ein solches Protein auf die Bakterien beispielsweise eine schädliche Wirkung, so muss man seine Synthese sorgfältig steuern, damit es sich nicht in toxischer Konzentration ansammelt. Zu diesem Zweck kann man die regulierende Verbindung gezielt einsetzen und so die Expression des klonierten Gens genau kontrollieren. Aber selbst wenn das rekombinante Protein sich nicht nachteilig auf die Wirtszellen auswirkt, ist es wünschenswert, das klonierte Gen zu regulieren, denn eine ständige starke Transkription beeinträchtigt möglicherweise die Replikationsfähigkeit des rekombinierten Plasmids, sodass es schließlich in der Kultur verloren geht.

Beispiele für Promotoren in Expressionsvektoren

Mehrere Promotoren von *E. coli* vereinigen in sich die gewünschten Eigenschaften von Stärke und leichter Steuerbarkeit. Für Expressionsvektoren werden folgende Promotoren am häufigsten benutzt:

1. Der *lac*-Promotor (Abb. 13.8a); diese Sequenz reguliert die Transkription des *lacZ*-Gens, das die β-Galactosidase codiert (und auch das *lacZ*-Genfragment in den pUC- und M13mp-Vektoren; Abschnitt 5.2.2). Der *lac*-Promotor wird von Isopropylthiogalactosid (IPTG, Abschnitt 5.2.2) induziert; setzt man dem Kulturmedium diese Verbindung zu, so wird die Expression jedes Gens angeschaltet, das sich in dem Expressionsvektor stromabwärts vom *lac*-Promotor befindet.
2. Der *trp*-Promotor (Abb. 13.8b) liegt normalerweise stromaufwärts von der Gengruppe, die mehrere Enzyme für die Biosynthese der

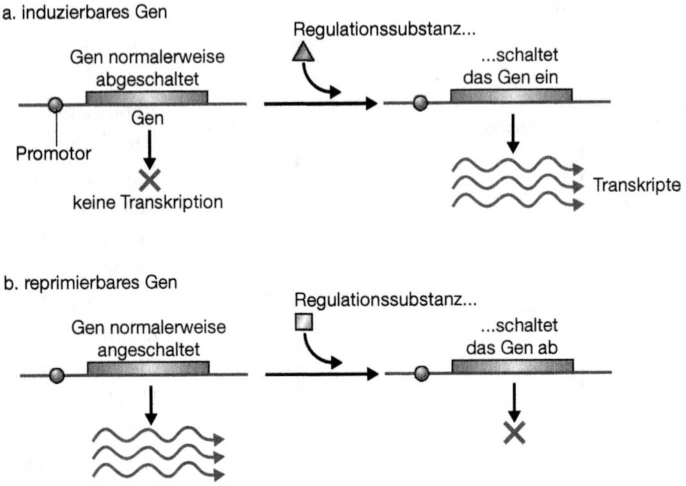

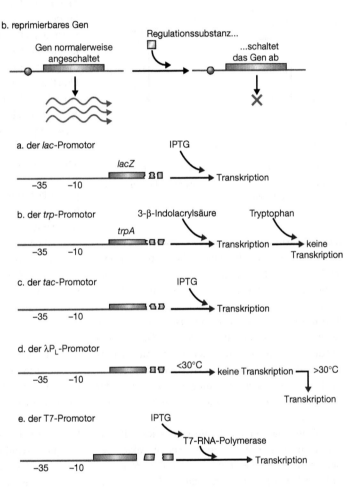

Abb. 13.7 Beispiel für die beiden wichtigsten Typen der Genregulation bei Bakterien. a) Ein induzierbares Gen. b) Ein reprimierbares Gen (Bildrechte T. A. Brown)

Abb. 13.8 Fünf Promotoren, die häufig in Expressionsvektoren Verwendung finden. Die Regionen der Promotoren *lac* und *trp* sind stromaufwärts von den Genen dargestellt, die sie bei *E. coli* natürlicherweise steuern (Bildrechte T. A. Brown)

Aminosäure Tryptophan codiert. Der *trp*-Promotor wird von Tryptophan reprimiert, aber leichter lässt er sich mit 3-β-Indolacrylsäure induzieren.

3. Der **tac-Promotor** (Abb. 13.8c), ein Hybrid aus dem *trp*- und dem *lac*-Promotor, ist stärker als diese beiden Sequenzen, aber er lässt sich ebenfalls durch IPTG induzieren.
4. Der **λP$_L$-Promotor** (Abb. 13.8d) gehört zu den Promotoren, die für die Transkription der λ-DNA sorgen. λP$_L$ ist ein sehr starker Promotor; er wird von der RNA-Polymerase von *E. coli* erkannt und funktioniert sie so um, dass sie die Bakteriophagen-DNA transkribiert. Reprimiert wird der Promotor durch das Produkt des λ-Gens *cI*. Expressionsvektoren, die den λP$_L$-Promotor tragen, verwendet man in Verbindung mit einer Mutante von *E. coli*, die eine temperatursensitive Variante des *cI*-Proteins synthetisiert (Abschnitt 3.3.1). Bei niedriger

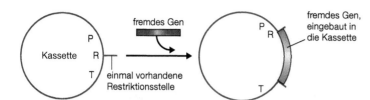

Abb. 13.9 Ein typischer Kassettenvektor und seine Verwendung. Abkürzungen: P, Promotor; R, Ribosomenbindungsstelle; T, Terminator (Bildrechte T. A. Brown)

Temperatur (unter 30 °C) kann dieses mutierte Protein den λP_L-Promotor reprimieren; bei höheren Temperaturen wird das Protein inaktiviert, sodass es zur Transkription des klonierten Gens kommt.

5. Der **T7-Promotor** (Abb. 13.8e) ist spezifisch für die vom Bakteriophagen T7 codierte RNA-Polymerase. Diese RNA-Polymerase ist wesentlich aktiver als das entsprechende Enzym aus *E. coli* (Abschnitt 6.1.4), und das hat zur Folge, dass die stromabwärts vom T7-Promotor eingebauten Gene stark exprimiert werden. Das Gen für die T7-RNA-Polymerase ist im Genom von *E. coli* normalerweise nicht enthalten; deshalb braucht man einen besonderen *E. coli*-Stamm, der den Phagen T7 in lysogener Form enthält. Wie bereits erwähnt, enthält ein solcher lysogener Stamm in seinem Genom eine eingebaute Kopie der Phagen-DNA (Abschnitt 2.2.2). In dem hier verwendeten Stamm von *E. coli* wurde die Phagen-DNA so verändert, dass eine Kopie des *lac*-Promotors stromaufwärts von Gen für die T7-RNA-Polymerase liegt. Setzt man den Wachstumsmedium IPTG zu, wird die Synthese der T7-RNA-Polymerase aktiviert, und das wiederum führt zur Aktivierung des Gens, das man in den T7-Expressionsvektor eingebaut hat.

13.1.2 Kassetten und Fusionsgene

Ein effizienter Expressionsvektor muss nicht nur einen starken, regulierbaren Promotor enthalten, sondern auch eine *E. coli*-Ribosomenbindungsstelle und einen Terminator. In den meisten Vektoren bilden diese Expressionssignale eine **Kassette** – der Begriff weist darauf hin, dass das Fremdgen in eine einmal vorhandene Restriktionsschnittstelle in der Mitte der Gruppe von Expressionssignalen einge-

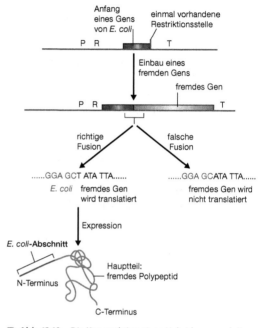

Abb. 13.10 Die Konstruktion eines Hybridgens und die Synthese eines Fusionsproteins (Bildrechte T. A. Brown)

fügt wird (Abb. 13.9). Nach der Ligation innerhalb der Kassette befindet sich das fremde Gen also in einer idealen Position relativ zu den Expressionssignalen.

In manchen Kassettenvektoren liegt die Klonierungsstelle nicht unmittelbar neben der Ribosomenbindungsstelle, sondern dazwischen befindet sich noch der Anfangsabschnitt eines *E. coli*-Gens (Abb. 13.10). Das fremde Gen muss dann so in die Restriktionsschnittstelle eingebaut werden, dass die Leseraster übereinstimmen. Es entsteht also ein Hybridgen, das mit einem Genabschnitt aus *E. coli* beginnt und sich dann ohne Unterbrechung mit den Codons des fremden Gens fortsetzt. Das Produkt seiner Expression ist ein **Fusionsprotein** aus einem kurzen, vom *E. coli*-Leseraster codierten Peptid, das am Aminoende des Fremdproteins hängt. Dieses System hat vier Vorteile:

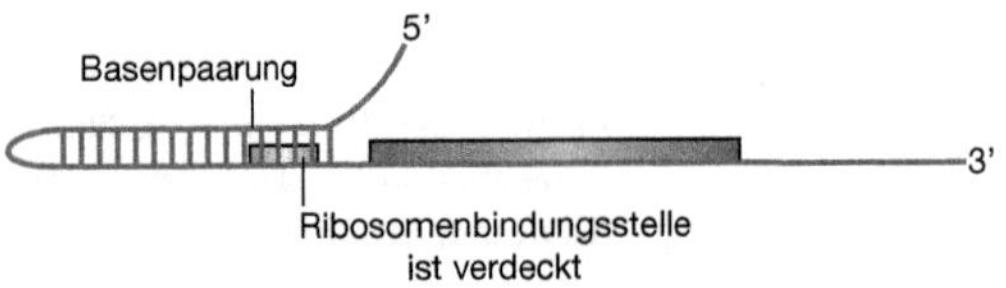

Abb. 13.11 Ein Problem, das durch die Sekundärstruktur am Anfang einer mRNA entsteht (Bildrechte T. A. Brown)

1. Die effiziente Translation der an dem klonierten Gen entstehenden mRNA hängt nicht nur davon ab, dass eine Ribosomenbindungsstelle vorhanden ist, sondern sie wird auch von der Nucleotidsequenz am Anfang des codierenden Bereichs beeinflusst. Die Ursache sind vermutlich Sekundärstrukturen, die sich durch Basenpaarungen innerhalb des RNA-Stranges ausbilden und die Anheftung des Ribosoms an seine Bindungsstellen stören (Abb. 13.11). Diesen Effekt vermeidet man, wenn der fragliche Abschnitt ausschließlich aus natürlichen Sequenzen von *E. coli* besteht.
2. Das Bakterienpeptid am Anfang des Fusionsproteins stabilisiert unter Umständen das Molekül und verhindert, dass es von der Wirtszelle abgebaut wird. Fremdproteine ohne einen bakteriellen Abschnitt werden dagegen häufig von der Wirtszelle zerstört.
3. Bei dem bakteriellen Abschnitt kann es sich um ein Signalpeptid handeln, das dafür sorgt, dass das *E. coli*-Protein in der Zelle an die richtige Stelle gelangt. Stammt das Signalpeptid von einem Protein, das aus der Zelle ausgeschleust wird (zum Beispiel von einem Produkt der Gene *ompA* oder *malE*), wird auch das rekombinante Protein in die Umgebung ausgeschieden – entweder in das Kulturmedium oder in den periplasmatischen Raum zwischen innerer und äußerer Zellmembran. Dies ist sehr wünschenswert, denn es vereinfacht die Reinigung des gentechnisch hergestellten Proteins aus der Bakterienkultur.
4. Unter Umständen erleichtert der bakterielle Abschnitt die Reinigung auch dadurch, dass er die Isolierung des rekombinanten Proteins durch **Affinitätschromatographie** ermöglicht. So kann man beispielsweise Fusionsproteine, die einen Abschnitt der Glutathion-*S*-Transferase von *E. coli* enthalten, durch Adsorption an Agaroseperlen reinigen, an die Glutathion gebunden ist (Abb. 13.12).

Das Fusionssystem hat allerdings den Nachteil, dass sich die Eigenschaften des rekombinanten Proteins durch das *E. coli*-Peptid ändern können. Deshalb benötigt man Methoden, um den bakteriellen Abschnitt zu entfernen. In der Regel behandelt man das Fusionsprotein zu diesem Zweck mit einem Reagenz oder Enzym, das die Polypeptidkette an der Verbindungsstelle der beiden Abschnitte oder in ihrer Nähe spaltet. Befindet sich beispielsweise an der Verknüpfungsstelle ein Methionin, kann man das Fusionsprotein mit Bromcyan spalten, denn diese Verbindung schneidet Polypeptide ausschließlich neben Methioninresten (Abb. 13.13). Auch Enzyme wie Thrombin (das neben Argininresten schneidet) oder Faktor Xa (dessen Schnittstelle nach dem Arginin in der Kombination Gly-Arg liegt) kann man zu diesem Zweck verwenden. Wichtig ist dabei nur, dass es innerhalb des rekombinanten Proteins keine Erkennungssequenzen für den spaltenden Wirkstoff geben darf.

13.2 Allgemeine Probleme mit der gentechnischen Proteinproduktion in *E. coli*

Obwohl mittlerweile raffinierte Expressionsvektoren entwickelt worden sind, ist die Proteinproduktion von fremden, in *E. coli* klonierten Genen immer noch mit zahlreichen Schwierigkeiten verbunden. Diese Probleme lassen sich in zwei Kategorien einteilen: Probleme, die sich aus der Sequenz des klonierten Gens ergeben, und Probleme, deren Ursache in den Beschränkungen von *E. coli* als Wirt für die gentechnische Proteinsynthese liegt.

13.2.1 Probleme durch die Sequenz des Fremdgens

Die Nucleotidsequenz kann auf dreierlei Weise verhindern, dass das fremde Gen in *E. coli* effizient exprimiert wird:
1. Das fremde Gen kann Introns enthalten. Dies ist ein wichtiges Problem, denn die Gene von

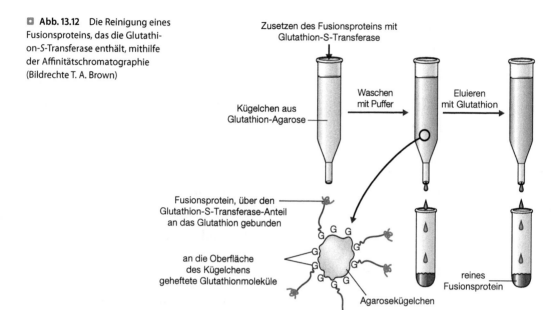

◻ **Abb. 13.12** Die Reinigung eines Fusionsproteins, das die Glutathion-S-Transferase enthält, mithilfe der Affinitätschromatographie (Bildrechte T. A. Brown)

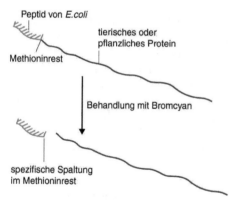

◻ **Abb. 13.13** Ein Verfahren zur Wiedergewinnung des fremden Polypeptids aus einem Fusionsprotein. Der Methioninrest an der Verbindungsstelle muss der einzige in dem ganzen Polypeptid sein; sind noch andere solche Reste vorhanden, spaltet Bromcyan das Fusionsprotein in mehr als zwei Fragmente (Bildrechte T. A. Brown)

E. coli enthalten keine Introns, und entsprechend besitzt das Bakterium auch nicht den notwendigen Apparat, um sie aus den Transkripten herauszuschneiden (◻ Abb. 13.14a).

2. Das fremde Gen kann Sequenzen enthalten, die bei *E. coli* als Terminationssignale wirken (◻ Abb. 13.14b). Diese Sequenzen sind in ihrer normalen Umgebung völlig harmlos, sorgen aber in der Bakterienzelle für den vorzeitigen Kettenabbruch, sodass keine Genexpression mehr stattfindet.

3. Die Codonverwendung in dem fremden Gen eignet sich unter Umständen nicht optimal für die Expression in *E. coli*. Zwar ist der genetische Code bei praktisch allen Lebewesen gleich, aber bei jeder Art werden bestimmte Codons bevorzugt verwendet (Abschnitt 12.1.1). In diesem Ungleichgewicht spiegelt sich die Tatsache wider, dass die verschiedenen tRNA-Moleküle die einzelnen Codons mit unterschiedlicher Effizienz erkennen. Enthält ein kloniertes Gen zahlreiche »unbeliebte« Codons, können die tRNAs der Wirtszelle es nur schwer translatieren, sodass die Menge des synthetisierten Proteins sinkt (◻ Abb. 13.14c).

Diese Probleme lassen sich in der Regel lösen, aber die dazu erforderlichen Manipulationen sind zeitaufwendig und kostspielig (Letzteres ist vor allem bei industriellen Projekten ein wichtiges Kriterium). Gehören zu dem Gen auch Introns, kann man unter Umständen stattdessen anhand der mRNA, die ja keine Introns enthält, die zugehörige cDNA herstellen (Abschnitt 8.3.3). Mit der *in-vitro-*

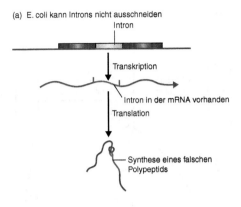
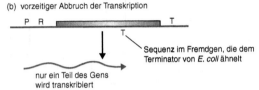
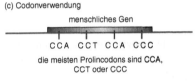
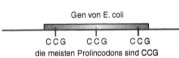

Abb. 13.14 Drei Probleme, die bei der Expression fremder Gene in *E. coli* auftreten können. a) Introns werden in *E. coli* nicht entfernt. b) Vorzeitiger Abbruch der Transkription. c) Das Problem der Codonverwendung (Bildrechte T. A. Brown)

Mutagenese kann man die Sequenzen mutmaßlicher Terminatoren verändern und ungeeignete Codons durch solche ersetzen, die in *E. coli* besser translatiert werden. Für Gene, die kürzer als 1 kb sind, gibt es noch die Alternative, eine künstliche Version chemisch zu synthetisieren (Abschnitt 11.3.2). Dazu stellt man eine Reihe überlappender Oligonucleotide her, die dann zusammenligiert werden; die Sequenzen der Oligonucleotide sind dabei so gestaltet, dass das entstehende Gen von *E. coli* bevorzugte Codons enthält, aber keine Terminatoren.

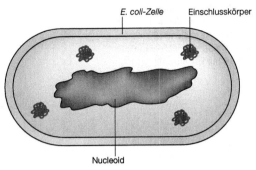

Abb. 13.15 Einschlusskörper (Bildrechte T. A. Brown)

13.2.2 Probleme durch *E. coli*

Einige Schwierigkeiten, die sich mit *E. coli* als Wirt der gentechnischen Proteinsynthese ergeben, haben ihre Ursache in den Eigenschaften der Bakterienzellen. Unter anderem können sich folgende Probleme ergeben:

1. Unter Umständen verarbeitet *E. coli* das rekombinante Protein nicht richtig weiter. Die Proteine der meisten Lebewesen werden nach der Translation noch durch die chemische Modifikation der Aminosäuren im Polypeptid abgewandelt. Oft sind diese Vorgänge notwendig, damit das Protein seine biologische Funktion erfüllen kann. Leider werden aber die Proteine von Bakterien und höheren Organismen nicht auf die gleiche Weise weiterverarbeitet. Insbesondere werden bei Tieren manche Proteine glykosyliert, das heißt, an ihre Moleküle werden nach der Translation noch Zuckergruppen angefügt. Bei Bakterien kommt die Glykosylierung dagegen so gut wie überhaupt nicht vor, und die in *E. coli* gentechnisch erzeugten Proteine werden nie mit den richtigen Zuckergruppen versehen.

2. Häufig faltet sich das rekombinante Protein in den *E. coli*-Zellen nicht richtig, und in der Regel bilden sich auch nicht die in vielen tierischen Proteinen vorhandenen Disulfidbrücken aus. Wenn das Protein nicht die korrekte Tertiärstruktur annimmt, bleibt es in der Regel unlöslich und bildet in dem Bakterium einen **Einschlusskörper** (Abb. 13.15). Das Protein aus den Einschlusskörpern zu gewinnen, ist nicht besonders problematisch, aber seine Um-

wandlung in die richtig gefaltete Form ist im Reagenzglas nur unter großen Schwierigkeiten oder überhaupt nicht möglich. Unter solchen Umständen ist das Protein natürlich unwirksam.
3. Manche rekombinante Proteine werden von *E. coli* abgebaut. Wie *E. coli* fremde Proteine erkennt und dann bevorzugt abbaut, ist nicht bekannt.

Diese Schwierigkeiten lassen sich nicht so leicht überwinden wie die im vorangegangenen Abschnitt beschriebenen Sequenzprobleme. Um den Abbau des Fremdproteins zu verlangsamen, kann man als Wirt einen mutierten *E. coli*-Stamm verwenden, dem eine oder mehrere der für die Proteinspaltung verantwortlichen Proteasen fehlen. Auch die richtige Faltung des gentechnisch hergestellten Proteins kann man mithilfe eines besonderen Wirtsstammes unterstützen; dieser Stamm erzeugt besonders große Mengen der Chaperone oder »Gouvernanten«-Proteine, die vermutlich in den Zellen für die Proteinfaltung sorgen. Das Hauptproblem, das sich bisher als unüberwindlich erwiesen hat, ist aber die fehlende Glykosylierung. Die Synthese in *E. coli* ist also auf solche Tierproteine beschränkt, die nicht auf diese Weise weiterverarbeitet werden müssen.

13.3 Gentechnische Proteinproduktion mit Eukaryotenzellen

Die Schwierigkeiten, mit der gentechnischen Proteinproduktion in *E. coli* hohe Ausbeuten zu erzielen, waren der Anreiz zur Entwicklung von Expressionssystemen für andere Organismen. Es gab Versuche, andere Bakterien als Wirtsorganismen für die gentechnische Proteinproduktion zu verwenden, und gewisse Fortschritte erzielte man dabei mit *Bacillus subtilis*. Die wichtigste Alternative zu *E. coli* sind aber eukaryotische Mikroorganismen. Dahinter steht die Überlegung, dass einzellige Eukaryoten wie Hefe oder Fadenpilze näher mit den Tieren verwandt sind, sodass sie möglicherweise eine wirksamere Proteinsynthese erlauben als *E. coli*. Hefe und andere Pilze kann man in kontinuierlichen Kulturen genauso leicht züchten wie Bakterien, und wenn sie ein Gen aus einem höheren Organismus exprimieren und das dabei entstehende Protein weiterverarbeiten, ähnelt dieser Vorgang möglicherweise stärker dem in dem höheren Organismus selbst.

13.3.1 Gentechnische Proteinherstellung mit Hefe und Fadenpilzen

Diese Hoffnungen haben sich in erheblichem Umfang erfüllt: Die Produktion mancher tierischer Proteine mit einzelligen Eukaryoten ist heute Routine. Auch hier braucht man aber Expressionsvektoren, denn wie sich gezeigt hat, sind Promotoren und andere Expressionssignale tierischer Gene in solchen niederen Eukaryoten im Allgemeinen nicht besonders wirksam. Die Vektoren sind von den in Kapitel 7 beschriebenen abgeleitet.

Saccharomyces cerevisiae als Wirt für die gentechnische Proteinproduktion

Der derzeit beliebteste eukaryotische Mikroorganismus für die gentechnische Proteinproduktion ist die Hefe *Saccharomyces cerevisiae*. Die klonierten Gene unterstellt man häufig der Regulation durch den *GAL*-Promotor (Abb. 13.16a). Dieser liegt normalerweise stromaufwärts von dem Gen für die Galactoseepimerase, ein Enzym, das am Galactosestoffwechsel beteiligt ist. Der *GAL*-Promotor wird von Galactose induziert, und damit hat man ein einfaches System zur Expressionsregulation bei einem klonierten Fremdgen. Weitere nützliche Promotoren sind *PHO5*, der durch die Phosphatkonzentration im Medium reguliert wird, und der durch Kupfer induzierbare *CUP1*. Die meisten Hefe-Expressionsvektoren enthalten auch die Terminationssequenz eines Gens aus *S. cerevisiae*, denn Terminationssignale aus Tierzellen sind bei Hefe nicht besonders wirksam.

Die Ausbeute des gentechnisch hergestellten Proteins ist relativ hoch, aber *S. cerevisiae* kann tierische Proteine nicht korrekt glykosylieren: Häufig werden zu viele Zuckergruppen angefügt (»Hyperglykosylierung«) – dies kann man allerdings durch Verwendung eines mutierten Hefestammes verhindern oder zumindest abmildern. *S. cerevisiae* be-

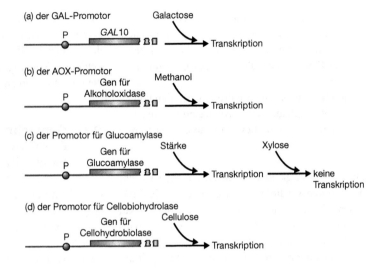

■ **Abb. 13.16** Vier Promotoren, die in Expressionsvektoren für eukaryotische Mikroorganismen häufig verwendet werden. P ist der Promotor (Bildrechte T. A. Brown)

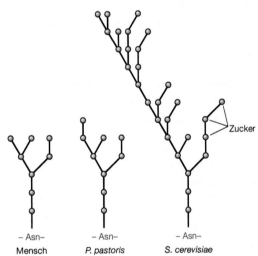

■ **Abb. 13.17** Typische Glykosylierungsstrukturen an tierischen Proteinen im Vergleich zu den Strukturen, die von *P. pastoris* und *S. cerevisiae* synthetisiert werden (Bildrechte T. A. Brown)

als ungefährlich gilt und auch weil man im Laufe der Jahre umfangreiche Kenntnisse über Biochemie und Genetik dieses Organismus gewonnen hat. Man kann also relativ einfach Vorgehensweisen entwickeln, mit denen die Schwierigkeiten so gering wie möglich gehalten werden.

Andere Hefen und sonstige Pilze

Viele Molekularbiologen halten *S. cerevisiae* nach wie vor die Treue, obwohl sich andere eukaryotische Mikroorganismen wahrscheinlich ebenso gut oder sogar noch besser für die gentechnische Proteinherstellung eignen. Insbesondere *Pichia pastoris*, ebenfalls eine Hefeart, kann rekombinante Proteine in großen Mengen produzieren (bis zu 30 Prozent der gesamten Proteinmenge in den Zellen) und glykosyliert sie ganz ähnlich wie tierische Zellen. Dabei produziert sie zwar nicht genau die gleichen Zuckerstrukturen (■ Abb. 13.17), aber die Unterschiede sind relativ gering und dürften sich in der Regel nicht nennenswert auf die Aktivität des gentechnisch erzeugten Proteins auswirken. Wichtig ist auch, dass die von *P. pastoris* glykosylierten Proteine nach einer Injektion ins Blut keine Antigenreaktion auslösen – dieses Problem beobachtet man bei den zu stark glykosylierten Proteinen aus *S. cerevisiae* häufig. Expressionsvektoren für *P. pastoris* bedienen sich des Promotors für die Alkoholoxidase (*AOX*), der durch Methanol induziert wird (■ Abb. 13.16b). Das einzige bedeutsame Problem bei *P. pastoris* besteht darin, dass es rekombinante

sitzt auch kein wirksames System, um Proteine ins Wachstumsmedium auszuschleusen. Die rekombinanten Proteine bleiben also in den Zellen und sind deshalb nicht so einfach zu reinigen. Ein weiteres Problem kann sich durch die Codonbevorzugung ergeben (Abschnitt 12.1.1).

Trotz dieser Nachteile ist *S. cerevisiae* der zur gentechnischen Proteinproduktion am häufigsten eingesetzte eukaryotische Mikroorganismus, unter anderem weil die Hefe zur Produktion medizinisch wichtiger oder der Ernährung dienender Proteine

Proteine manchmal abbaut, bevor man sie reinigen kann; diesen Effekt kann man jedoch durch Verwendung besonderer Kulturmedien eindämmen. Weitere Hefearten, die man zur gentechnischen Proteinproduktion eingesetzt hat, waren *Hansenula polymorpha*, *Yarrowia lipolytica* und *Kluveromyces lactis*. Die zuletzt genannte Spezies hat die reizvolle Eigenschaft, dass man sie auf Produktionsabfällen aus der Lebensmittelindustrie züchten kann.

Die beiden beliebtesten Fadenpilze sind *Aspergillus nidulans* und *Trichoderma reesei*. Die Vorteile dieser Organismen liegen in der guten Glykosylierungsfähigkeit und der Fähigkeit, Proteine ins Kulturmedium abzugeben. Letzteres ist die besondere Stärke des Holzfäulepilzes *T. reesei*: Er scheidet in seinem normalen Lebensraum Enzyme aus, die Cellulose abbauen und so das Holz, auf dem er lebt, zersetzen. Wegen ihrer Sekretionseigenschaften können diese Pilze die gentechnisch hergestellten Proteine in einer Form liefern, welche die Reinigung erleichtert. Expressionsvektoren für *A. nidulans* tragen in der Regel den Promotor für Glucoamylase (◘ Abb. 13.16c); er wird von Stärke induziert und von Xylose reprimiert. Bei *T. reesei* bedient man sich des Promotors für Cellobiohydrolase (◘ Abb. 13.16d), der von Cellulose induziert wird.

13.3.2 Gentechnische Proteinproduktion mit Tierzellen

Wegen der Schwierigkeiten, vollständig aktive tierische Proteine in Mikroorganismen herzustellen, hat man auch nach Möglichkeiten gesucht, Tierzellen zur gentechnischen Proteinsynthese einzusetzen. Handelt es sich um ein Protein mit komplizierten, unentbehrlichen Glykosylierungsstrukturen, sind Tierzellen unter Umständen der einzige Wirt, in dem das aktive Protein gebildet wird.

Proteinproduktion in Säugerzellen

Kultursysteme für Tierzellen gibt es seit Anfang der Sechzigerjahre, aber Methoden, um sie in großem Maßstab in kontinuierlichen Kulturen zu züchten, stehen erst seit etwa 20 Jahren zur Verfügung. Bei manchen tierischen Zelllinien stellt sich das Problem, dass sie nur auf einer festen Unterlage wachsen, was für die Gestaltung der Kulturgefäße zusätzliche Komplikationen mit sich bringt. Eine Lösung besteht darin, in den Gefäßen Platten anzubringen, die eine große Oberfläche zur Verfügung stellen. Dies hat aber den Nachteil, dass das vollständige, kontinuierliche Durchmischen des Mediums sehr schwierig wird. Eine zweite Möglichkeit stellen kleine Trägerteilchen (zum Beispiel Cellulosekügelchen) dar, auf denen die Zellen in einem normalen Kulturgefäß wachsen. Wachstumsgeschwindigkeit und maximale Zelldichte sind jedoch bei Tierzellen in jedem Fall viel geringer als bei Mikroorganismen. Deshalb lassen sich rekombinante Proteine nur mit begrenzter Ausbeute herstellen, aber das nimmt man in Kauf, wenn das aktive Protein nicht anders synthetisiert werden kann.

Natürlich braucht man keine DNA-Klonierung, um ein tierisches Protein aus einer Kultur tierischer Zellen zu gewinnen. Dennoch benutzt man Expressionsvektoren und klonierte Gene, um die Ausbeute zu steigern; dazu bringt man das Gen unter die Kontrolle eines Promotors, der stärker ist als derjenige, der es normalerweise steuert. Diesen Promotor gewinnt man häufig aus Viren wie SV40 (Abschnitt 7.3.2), dem Cytomegalievirus (CMV) oder dem Rous-Sarkomvirus (RSV). Säugerzelllinien aus Menschen oder Hamstern wurden zur Synthese mehrerer rekombinanter Proteine benutzt; in allen Fällen wurde das jeweilige Protein korrekt weiterverarbeitet, sodass es von der nichtrekombinanten Form nicht zu unterscheiden ist. Allerdings ist dies das teuerste Verfahren der gentechnischen Proteinproduktion, insbesondere weil nicht auszuschließen ist, dass mit dem Protein auch Viren gereinigt werden; deshalb muss man strenge Qualitätskontrollen vornehmen, um die Ungefährlichkeit der Produkte zu gewährleisten.

Proteinproduktion in Insektenzellen

Eine wichtige Alternative zu Säugerzellen für die Produktion tierischer Proteine stellen Insektenzellen dar. Sie verhalten sich in der Gewebekultur nicht anders als Säugerzellen, haben aber den großen Vorteil, dass man mit ihnen dank eines natürlichen Expressionssystems das gentechnisch erzeugte Protein in sehr hoher Ausbeute gewinnen kann.

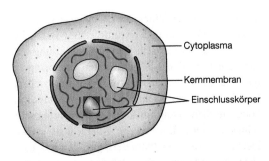

Abb. 13.18 Kristalline Eischlusskörper im Kern einer Insektenzelle, die mit einem Baculovirus infiziert ist (Bildrechte T. A. Brown)

Dieses Expressionssystem basiert auf den **Baculoviren**, einer Gruppe von Viren, die bei Insekten verbreitet sind, während sie Wirbeltiere normalerweise nicht infizieren. Zum Baculovirusgenom gehört das Polyhedringen, dessen natürliches Produkt sich in den Insektenzellen gegen Ende des Infektionszyklus in Form großer Einschlusskörper ansammelt (Abb. 13.18). Das Produkt dieses einen Gens macht dann oft über 50 Prozent der gesamten Proteinmenge in den Zellen aus. Ähnlich stark ist die Proteinproduktion auch, wenn man das normale Gen durch ein fremdes ersetzt. Mit Baculovirusvektoren gelang die Produktion mehrerer Säugerproteine, aber leider werden die so erzeugten Proteine nicht korrekt glycosyliert. In dieser Hinsicht bietet das Baculovirussystem gegenüber *S. cerevisiae* oder *P. pastoris* keine Vorteile. Die mangelhafte Glycosylierung in den Insektenzellen kann man aber mit einem abgewandelten Baculovirus umgehen, das einen Säugetierpromotor enthält und die Genexpression unmittelbar in Säugerzellen ermöglicht. Die Infektion ist nicht **produktiv**, das heißt, das Virusgenom kann sich nicht replizieren. Gene, die in einem solchen so genannten **BacMam**-Vektor kloniert wurden, bleiben aber in den Säugerzellen so lange stabil erhalten, dass die Expression stattfinden kann. Begleitet ist die Expression von den posttranslationalen Weiterverarbeitungsvorgängen der Säugerzelle, so dass das rekombinante Protein richtig glycosyliert wird und die volle Aktivität besitzen sollte.

Natürlich infizieren Baculoviren in der Natur keine Zellkulturen, sondern lebende Insekten. Zu den für Klonierungszwecke beliebtesten Baculoviren gehört beispielsweise das *Bombyx-mori*-Kernpolyedervirus (BmNPV), ein natürlicher Krankheitserreger bei Seidenraupen. Mit der konventionellen Zucht von Seidenraupen für die Seidenproduktion beschäftigt sich eine große Branche, und deren Erfahrungen macht man sich heute auch bei der Produktion rekombinanter Proteine zu Nutze, indem man Expressionsvektoren benutzt, die sich vom BmNPV-Genom ableiten. Seidenraupen sind nicht nur ein einfaches, billiges Hilfsmittel zur Proteingewinnung, sondern sie haben zusätzlich noch den Vorteil, dass sie nicht von Viren infiziert werden, die für Menschen pathogen sind. Damit geht man der Gefahr aus dem Weg, dass mit dem rekombinanten Protein auch gefährliche Viren gereinigt werden.

13.3.3 Pharming: rekombinante Proteine aus lebenden Tieren und Pflanzen

Die Produktion rekombinanter Proteine mit Seidenraupen ist ein Beispiel für eine Vorgehensweise, die häufig als **Pharming** bezeichnet wird: Ein **transgenes** Lebewesen dient als Wirtsorganismus für die Proteinsynthese. Das Pharming ist in der Gentechnik eine relativ neue, umstrittene Arbeitsrichtung.

Pharming mit Tieren

Ein transgenes Tier besitzt in allen seinen Zellen ein kloniertes Gen. Ein Beispiel für transgene Tiere sind die **Knockout-Mäuse**, mit denen man die Funktion von Genen des Menschen und anderer Säugetiere untersucht (Abschnitt 12.1.2). Man erzeugt sie, indem man das Gen, das kloniert werden soll, durch Mikroinjektion in eine befruchtete Eizelle bringt (Abschnitt 5.5.2). Bei Mäusen funktioniert die Methode gut, bei vielen anderen Säugetieren dagegen ist die Mikroinjektion in befruchtete Eizellen nur mit sehr geringer Effizienz oder überhaupt nicht möglich. Transgene Tiere, die der Proteinproduktion dienen sollen, erzeugt man deshalb meist mit einem raffinierteren Verfahren, dem **Kerntransfer** (Abb. 13.19). Dazu mikroinjiziert man das Gen für das gewünschte Protein in eine somatische Zelle, was sich sehr viel effizienter bewerkstelligen lässt als die Mikroinjektion in eine

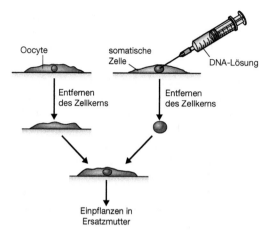

Abb. 13.19 Kerntransfer von einer transgenen somatischen Zelle in eine Oocyte (Bildrechte T. A. Brown)

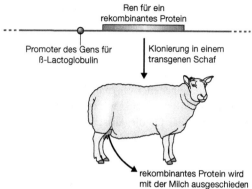

Abb. 13.20 Gentechnische Produktion eines Proteins in der Milch eines transgenen Schafes (Bildrechte T. A. Brown)

befruchtete Eizelle. Da die somatische Zelle sich selbst nicht zu einem Tier differenziert, muss man ihren Zellkern nach der Mikroinjektion in eine Oocyte übertragen, deren eigenen Zellkern man zuvor entfernt hat. Nach der Einpflanzung in eine Ersatzmutter ist die derart veränderte Zelle genau wie die ursprüngliche Oocyte in der Lage, sich zu teilen und zu differenzieren; das so entstandene Tier trägt dann das Transgen in jeder Körperzelle. Das Verfahren ist langwierig, und deshalb ist die Herstellung transgener Tiere sehr teuer, andererseits ist die Technik aber dennoch kosteneffizient: Hat man das transgene Tier erst einmal in der Hand, kann es sich fortpflanzen und das klonierte Gen nach den üblichen Mendelschen Gesetzmäßigkeiten an seine Nachkommen weitergeben.

Man hat Proteine im Blut transgener Tiere und in den Eiern transgener Hühner erzeugt, die größten Erfolge erzielte man jedoch mit Nutztieren wie Schafen oder Schweinen, bei denen man das klonierte Gen an den Promotor für das β-Lactoglobulingen der Tiere koppelte. Dieser Promotor ist im Brustdrüsengewebe aktiv, das heißt, das rekombinante Protein wird mit der Milch ausgeschieden (Abb. 13.20). Die Milchproduktion bleibt während des gesamten Lebens eines ausgewachsenen Tiers relativ konstant, und das ermöglicht eine hohe Proteinausbeute. Eine durchschnittliche Kuh mit einer Jahresmilchleistung von rund 8000 Litern liefert beispielsweise 40 bis 80 Kilogramm Protein.

Da das Protein ausgeschieden wird, lässt es sich relativ einfach reinigen. Was dabei am wichtigsten ist: Schafe und Kühe sind Säugetiere, das heißt, die auf diese Weise erzeugten Proteine werden korrekt weiterverarbeitet. Die Produktion pharmazeutisch wichtiger Proteine mit Nutztieren eröffnet viel versprechende Aussichten für die Synthese korrekt modifizierter, medizinisch anwendbarer menschlicher Proteine.

Rekombinante Proteine aus Pflanzen

Eine letzte Möglichkeit zur Herstellung rekombinanter Proteine bieten die Pflanzen. Pflanzen und Tiere verarbeiten Proteine auf ähnliche Weise weiter, in den Reaktionswegen für die Glycosylierung gibt es allerdings geringfügige Unterschiede. Die Pflanzenzellkultur ist eine ausgereifte Methodik, die bereits zur kommerziellen Synthese pflanzlicher Naturprodukte verwendet wird. Auch vollständige Pflanzen kann man auf Feldern in hoher Dichte züchten. Dieses Produktionsverfahren für rekombinante Proteine setzte man mit verschiedenen Nutzpflanzen ein, so mit Mais, Tabak, Reis und Zuckerrohr. Unter anderem kann man das Transgen neben einem Promotor für ein samenspezifisches Gen wie β-Phaseolin einbauen, das bei der Bohne *Phaseolus vulgaris* das wichtigste Samenprotein codiert. Dann wird das rekombinante Protein spezifisch in den Samen produziert, die von Natur aus große Proteinmengen anhäufen und sich außerdem leicht ernten und verarbeiten lassen. Man hat rekombinante Proteine aber auch in Tabak- und Alfalfa-Blättern sowie in Kartoffelknollen hergestellt. In allen diesen Fällen muss man das Protein aus einer komplizierten biochemischen Mischung reinigen, die beim Zermahlen von Samen, Blättern oder Knollen entsteht. Um dieses Problem zu umgehen, kann man das rekombinante Protein als Fusionsprodukt mit einem Signalpeptid produzieren, das für die Ausscheidung des Proteins über die Wurzeln sorgt. Dies setzt zwar voraus, dass die Pflanzen nicht auf einem Feld, sondern in Hydrokultur wachsen, aber die geringere Ausbeute wird teilweise durch die geringeren Kosten für die Reinigung wieder aufgewogen.

Unabhängig davon, welches Produktionssystem man im Einzelnen benutzt, sind Pflanzen ein billiges, technisch anspruchsloses Mittel zur Massenproduktion rekombinanter Proteine. In experimentellen Systemen hat man eine ganze Reihe solcher Proteine hergestellt, darunter medizinisch wichtige Substanzen wie Interleukine und Antikörper. Derzeit ist dies ein höchst aktuelles Forschungsgebiet, und mehrere Pflanzen-Biotechnologieunternehmen arbeiten an der Entwicklung von Systemen, die bereits eine kommerzielle Produktion ermöglichen oder kurz davor stehen. Eine viel versprechende Möglichkeit ist die Impfstoffsynthese mit Pflanzen, die zur Grundlage billiger, wirksamer Impfkampagnen werden könnte (Kapitel 14).

Ethische Bedenken im Zusammenhang mit dem Pharming

Mit dem Pharming wurde einer jener Bereiche der Gentechnik beschrieben, die in der Öffentlichkeit auf Bedenken stoßen. Wer sich mit Klonierung und DNA-Analyse beschäftigt, kann und sollte den Kontroversen rund um die gentechnische Veränderung von Tieren und Pflanzen nicht aus dem Weg gehen, aber ebenso sollte kein Lehrbuch über das Thema es unternehmen, eine »richtige« Antwort auf solche ethischen Bedenken zu geben. Über derartige Fragen muss sich jeder selbst seine Meinung bilden.

Im Zusammenhang mit transgenen Tieren lautet eine Befürchtung: Die Methoden könnten Leiden verursachen. Im Mittelpunkt steht dabei also nicht das rekombinante Protein, sondern die Manipulationen, die zur Entstehung des transgenen Tiers führen. Durch Kerntransfer erzeugte Tiere kommen relativ häufig mit Fehlbildungen auf die Welt, und von denen, die überleben, produzieren manche das gewünschte Protein nicht in nennenswerter Menge, sodass diese Form des Pharming mit einem hohen Anteil an »Ausschuss« verbunden ist. Selbst die gesunden Tiere leiden offenbar an vorzeitiger Alterung; der berühmteste Fall war das Klonschaf »Dolly«, das zwar kein Transgen trug, aber durch Kerntransfer erzeugt wurde. Die meisten Schafe ihrer Rasse werden bis zu zwölf Jahre alt, Dolly bekam jedoch schon mit fünf Jahren Arthritis; ein Jahr später musste sie getötet werden, weil sie an einer schweren Lungenkrankheit litt, die normalerweise nur bei sehr alten Schafen auftritt. Manchen Vermutungen zufolge hatte die vorzeitige Alterung mit dem Alter der somatischen Zelle zu tun, aus deren Zellkern Dolly hervorgegangen war: Diese Zelle stammte von einem sechs Jahre alten Schaf und Dolly wäre demnach schon bei ihrer Geburt sechs Jahre alt gewesen. Die Technik hat sich zwar seit Dollys Geburt 1997 erheblich weiter entwickelt, die Tierschutzfragen rund um transgene Tiere sind aber bis heute nicht gelöst, und auch das umfassendere Thema, das »Klonen« von Tieren mithilfe des Kerntransfers (das heißt die Herstellung identischer Nachkommen anstelle der Klonierung einzelner Gene) ist im Bewusstsein der Öffentlichkeit stets gegenwärtig.

Ganz andere ethische Bedenken wirft das Pharming mit Pflanzen auf. Hier geht es unter anderem um die Frage, wie sich gentechnisch veränderte Nutzpflanzen auf die Umwelt auswirken. Diese Bedenken gelten nicht nur für Pflanzen, die beim Pharming verwendet werden, sondern für alle gentechnisch veränderten Nutzpflanzen; deshalb werden wir in Kapitel 15 darauf zurückkommen, nachdem wie uns allgemein mit dem Einsatz der Klonierung in der Landwirtschaft beschäftigt haben.

Weiterführende Literatur

de Boer HA, Comstock LJ, Vassef M (1983) The *tac* promoter: a functional hybrid derived from the *trp* and *lac* promoters. *Proceedings of the National Academy of Sciences of the USA* 80: 21–25

Borisjuk NV, Borisjuk LG, Logendraes et al. (1999) Production of recombinant proteins in plant root exudates. *Nature Biotechnology* 17: 466–469.

Weiterführende Literatur

Gellissen G, Hollenberg CP (1997) Applications of yeasts in gene expression studies: a comparison of *Saccharomyces cerevisiae*, *Hansenula polymorpha* and *Kluveromyces lactis* – a review. *Gene* 190: 87–97.

Hannig G, Makrides SC (1998) Strategies for optimizing heterologous protein expression in *Escherichia coli*. *Trends in Biotechnology* 16: 54–60

Hellwig S, Drossard J, Twyman RM, Fischer R (2004) Plant cell cultures for the production of recombinant proteins. *Nature Biotechnology* 22: 1415–1422.

Houdebine L-M (2009) Production of pharmaceutical proteins by transgenic animals. *Comparative Immunology, Microbiology and Infectious Diseases* 32: 107–121.

Ikonomou L, Schneider YJ, Agathos SN (2003) Insect cell culture for industrial production of recombinant proteins. *Applied Microbiology and Biotechnology* 62: 1–20.

Kaiser J (2008) Is the drought over for pharming? *Science* 320: 473–475.

Kind A, Schnieke A (2008) Animal pharming, two decades on. *Transgenic Research* 17: 1025–1033 [Übersichtsartikel über Fortschritte und Meinungsverschiedenheiten im Zusammenhang mit Tier-Pharming].

Kost TA, Condreay JP, Jarvis DL (2005) Baculovirus as versatile vectors for protein expression in insect and mammalian cells. *Nature Biotechnology* 23: 567–575. Remaut E, Stanssens P, Fiers W (1981) Plasmid vectors for high-efficiency expression controlled by the P_L promoter of coliphage. *Gene* 15: 81–93 [Konstruktion eines Expressionsvektors.]

Robinson M, Lilley R, Little S et al. (1984) Codon usage can affect efficiency of translation of genes in *Escherichia coli*. *Nucleic Acids Research* 12: 6663–6671.

Sørensen HP, Mortensen KK (2004) Advanced genetic strategies for recombinant protein expression in *Escherichia coli*. *Journal of Biotechnology* 115: 113–128 [Ein allgemeiner Überblick über die Produktion rekombinanter Proteine mir *E. coli*].

Sreekrishna K, Brankamp RG, Kropp KE et al. (1997) Strategies for optimal synthesis and secretion of heterologous proteins in the methylotrophic yeast *Pichia pastoris*. *Gene* 190: 55–62.

Stoger E, Ma JK-C, Fischer R, Christou P (2005) Sowing the seeds of success: pharmaceutical proteins from plants. *Current opinion in Biotechnology* 16: 167–173.

Thomson AJ, McWhir J (2004) Biomedical and agricultural applications of animal transgenesis. *Molecular Biotechnology* 27: 231–244.

Wiebe MG (2003) Stable production of recombinant proteins in filamentous fungi – problems and improvements. *Mycologist* 17: 140–144.

Wilmut I, Schnieke AE, McWhir J et al., (1997) Viable offspring derived from fetal and adult mammalian cells. *Nature* 385: 810–813. [Die Methode, mit der das Klonschaf Dolly erzeugt wurde.]

Wurm F (2004) Production of recombinant protein therapeutics in cultivated mammalian cells. *Nature Biotechnology* 22: 1393–1398.

Klonierung und DNA-Analyse in der Medizin

14.1 Gentechnische Arzneimittelproduktion – 224
14.1.1 Gentechnisch hergestelltes Insulin – 224
14.1.2 Synthese menschlicher Wachstumshormone in *E. coli* – 226
14.1.3 Gentechnisch hergestellter Faktor VIII – 227
14.1.4 Gentechnische Herstellung anderer menschlicher Proteine – 228
14.1.5 Gentechnisch hergestellte Impfstoffe – 229

14.2 Identifizierung krankheitserzeugender Gene beim Menschen – 232
14.2.1 Die Identifizierung eines krankheitserzeugenden Gens – 234

14.3 Gentherapie – 236
14.3.1 Gentherapie genetisch bedingter Krankheiten – 236
14.3.2 Gentherapie und Krebs – 237
14.3.3 Ethische Aspekte der Gentherapie – 238

Weiterführende Literatur – 239

Die Medizin war einer der wichtigsten Nutznießer der durch die Klonierung eingeleiteten Revolution und wird es auch in Zukunft bleiben. Allein über dieses Thema könnte man ein ganzes Buch schreiben. Weiter hinten in diesem Kapitel wird gezeigt, wie man mithilfe der DNA-Rekombinationstechnik Gene identifiziert, die für erbliche Krankheiten verantwortlich sind, und wie man neue Therapieformen für solche Krankheiten entwickelt. Zunächst soll aber das im letzten Kapitel angerissene Thema vertieft und die Frage erörtert werden, wie man klonierte Gene zur gentechnischen Produktion von Arzneimitteln verwenden kann.

14.1 Gentechnische Arzneimittelproduktion

Viele Erkrankungen des Menschen haben ihre Ursache im Fehlen oder in der fehlerhaften Funktion eines Proteins, das normalerweise im Körper synthetisiert wird. Die meisten derartigen Erkrankungen kann man behandeln, indem dem Patienten die richtige Form des Proteins zugeführt wird; dazu muss es aber in relativ großen Mengen verfügbar sein. Lässt sich der Defekt nur mit einem menschlichen Protein beheben, ist die Beschaffung ausreichender Mengen ein schwieriges Problem, es sei denn, man kann es aus Spenderblut gewinnen. Deshalb verwendet man tierische Proteine, falls sie beim Menschen wirken; auf diese Weise kann man allerdings nur relativ wenige Krankheiten behandeln, und es besteht immer die Gefahr allergischer Reaktionen und anderer Nebenwirkungen.

Wie in Kapitel 13 gezeigt wurde, kann man menschliche Proteine mithilfe der DNA-Klonierung in großen Mengen erzeugen. Wie wendet man nun diese Methoden auf die Produktion pharmazeutisch verwendbarer Proteine an?

14.1.1 Gentechnisch hergestelltes Insulin

Das Insulin, das von den β-Zellen der Langerhansschen Inseln in der Bauchspeicheldrüse (Pankreas) gebildet wird, reguliert den Glucosespiegel im Blut. Insulinmangel äußert sich als Zuckerkrankheit (Diabetes mellitus), ein Krankheitsbild, das unbehandelt zum Tode führen kann. Glücklicherweise können viele Formen des Diabetes durch ständige Insulininjektionen abgeschwächt werden, weil man dabei die von der Bauchspeicheldrüse gebildete, zu geringe Menge des Hormons ergänzt. Das bei dieser Art der Behandlung eingesetzte Insulin wurde herkömmlicherweise aus Bauchspeicheldrüsen von Schweinen und Rindern gewonnen, die zur Fleischproduktion geschlachtet wurden. Das tierische Insulin wirkt im Allgemeinen zufrieden stellend, aber bei seiner medizinischen Verwendung können auch Probleme auftauchen. Zum einen rufen die geringfügigen Unterschiede zwischen dem tierischen und menschlichen Protein bei manchen Patienten unerwünschte Nebenwirkungen hervor. Zum anderen sind die Reinigungsverfahren schwierig: Potenziell gefährliche Verunreinigungen lassen sich nicht immer vollständig beseitigen.

Insulin hat zwei Eigenschaften, die seine Produktion mit der DNA-Rekombinationstechnik erleichtern. Erstens wird das menschliche Protein nach der Translation nicht durch Anlagerung von Zuckermolekülen modifiziert (Abschnitt 13.2.2); Insulin, das von einem rekombinanten Bakterium produziert wird, sollte also wirksam sein. Der zweite Vorteil betrifft die Größe des Moleküls. Insulin ist ein relativ kleines Protein: Es besteht aus zwei Polypeptiden, der A-Kette mit 21 und der B-Kette mit 30 Aminosäuren (◘ Abb. 14.1). Beim Menschen werden beide gemeinsam als Vorläufermolekül synthetisiert; dieses so genannte Präproinsulin enthält neben den Abschnitten A und B noch einen dritten (die C-Kette), und an seinem Anfang liegt eine kurze Leader-Sequenz. Nach der Translation wird die Leader-Sequenz entfernt und die C-Kette ausgeschnitten, sodass die Polypeptidketten A und B übrig bleiben, die durch zwei Disulfidbrücken verbunden sind.

Zur gentechnischen Herstellung von Insulin hat man verschiedene Verfahren verwendet. Bei einem der ersten Projekte hat man künstliche Gene für die Ketten A und B synthetisiert und anschließend Fusionsproteine in E. coli produziert. An diesem Verfahren lassen sich eine Reihe allgemeiner Prinzipien verdeutlichen, die für die gentechnische Proteinherstellung von Nutzen sind.

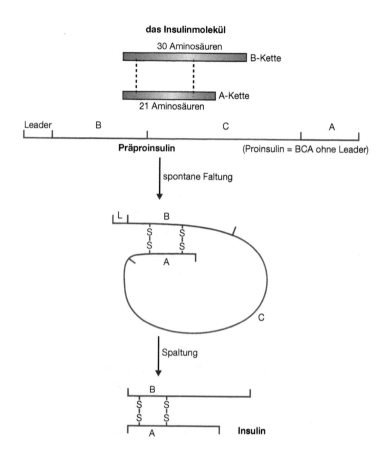

Abb. 14.1 Die Struktur des Insulinmoleküls und eine kurze Darstellung seiner Synthese durch Weiterverarbeitung von Präproinsulin (Bildrechte T. A. Brown)

Synthese und Expression künstlicher Insulingene

Ende der Siebzigerjahre war die Idee, ein künstliches Gen herzustellen, sehr neu und ungewöhnlich. Die Oligonucleotidsynthese steckte damals noch in den Kinderschuhen, und die Methoden, die für die Herstellung künstlicher DNA-Moleküle zur Verfügung standen, waren wesentlich umständlicher als die heutigen automatisierten Verfahren. Dennoch synthetisierte man schon 1978 Gene für die A- und B-Kette des Insulins.

Das Verfahren, das man zu diesem Zweck verwendete, bestand darin, Trinucleotide zu synthetisieren, die alle möglichen Codons repräsentierten; diese Trinucleotide wurden dann in der Reihenfolge verknüpft, die durch die Aminosäuresequenz der A- und B-Kette vorgegeben war. Die künstlichen Gene hatten also nicht unbedingt die gleiche Nucleotidsequenz wie die natürlichen Genabschnitte, welche die A- und B-Kette codieren, aber sie repräsentierten dennoch die richtigen Polypeptide. Dann konstruierte man zwei rekombinierte Plasmide, von denen das eine das künstliche Gen für die A-Kette und das andere die Nucleotidsequenz für die B-Kette trug.

Das künstliche Gen war in beiden Fällen in das *lacZ'*-Leseraster eines von pBR322 abgeleiteten Vektors eingefügt (Abb. 14.2a). Die Insulingene standen also unter der Kontrolle des starken *lac*-Promotors (Abschnitt 13.1.1), sodass sie als Fusionsproteine exprimiert wurden: Auf einige wenige erste Aminosäuren der β-Galactosidase folgte das A- beziehungsweise B-Polypeptid (Abb. 14.2b). Die Gene waren sogar so konstruiert, dass die Abschnitte für β-Galactosidase und Insulin durch einen Methioninrest des Fusionsproteins getrennt waren. Deshalb konnte man die Insulin- und β-Galactosidase-Abschnitte durch Spaltung mit Bromcyan auseinander schneiden (Abschnitt 13.1.2). Die gereinigten A- und B-Ketten ließen sich

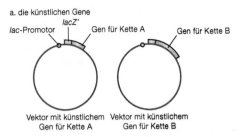

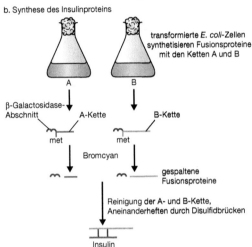

Abb. 14.2 Die gentechnische Synthese von Insulin mit künstlichen Genen für die A- und B-Kette (Bildrechte T. A. Brown)

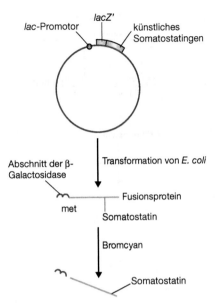

Abb. 14.3 Gentechnische Herstellung von Somatostatin (Bildrechte T. A. Brown)

14.1.2 Synthese menschlicher Wachstumshormone in *E. coli*

Ungefähr zur gleichen Zeit, als man zum ersten Mal in *E. coli* rekombinantes Insulin herstellte, arbeiteten andere Wissenschaftler an ähnlichen Projekten mit den menschlichen Wachstumshormonen Somatostatin und Somatotropin. Diese beiden Proteine steuern gemeinsam das Wachstum des menschlichen Körpers; Fehlfunktionen führen zu schmerzhaften Krankheiten und Behinderungen wie Akromegalie (unkontrolliertes Knochenwachstum) und Kleinwüchsigkeit.

Das Somatostatin war das erste menschliche Protein, das man in *E. coli* synthetisierte. Es ist mit 14 Aminosäuren sehr klein und eignet sich deshalb hervorragend für die künstliche DNA-Synthese. Man ging dabei im Wesentlichen genauso vor, wie es für das Insulin beschrieben wurde: Einbau des künstlichen Gens in einen *lacZ'*-Vektor (Abb. 14.3), Synthese eines Fusionsproteins und Spaltung mit Bromcyan.

Schwieriger waren die Verhältnisse beim Somatotropin. Dieses Protein ist 191 Aminosäuren lang; die zugehörigen knapp 600 bp überstiegen die Möglichkeiten der DNA-Synthesetechnik Ende der Siebzigerjahre bei Weitem. Zur Herstellung

dann im Reagenzglas durch Bildung der Disulfidbrücken miteinander verbinden.

Dieser letzte Schritt, die Bildung der Disulfidbrücken, verläuft jedoch recht ineffizient. Nachträglich wurde das Verfahren dadurch verbessert, dass man die Gene für die A- und B-Kette nicht getrennt synthetisierte, sondern das ganze Leseraster für Proinsulin mit der Abfolge B-Kette – C-Kette – A-Kette (Abb. 14.1). Das ist zwar bei der DNA-Synthese aufwendiger, aber das Prohormon hat den Vorteil, dass es sich von selbst in die richtige Struktur mit den Disulfidbrücken faltet. Die C-Kette kann man dann durch proteolytische Spaltung relativ leicht entfernen.

eines *E. coli*-Stammes, der Somatotropin produzierte, bediente man sich einer Kombination aus künstlicher DNA-Synthese und cDNA-Klonierung. Man reinigte die mRNA aus der Hypophyse, die das Hormon im menschlichen Körper produziert, und stellte damit eine cDNA-Bibliothek her. Wie sich herausstellte, besitzt die Somatotropin-cDNA eine einzige Schnittstelle für die Restriktionsendonuclease *Hae*III, die das Gen demnach in zwei Abschnitte zerlegt (◘ Abb. 14.4a). Das längere Stück mit den Codons 24 bis 191 wurde gereinigt und zur Konstruktion eines rekombinierten Plasmids verwendet. An die Stelle des kleineren Abschnitts setzte man ein künstliches DNA-Molekül, das den Anfang des Somatotropingens nachahmte und die richtigen Signale für die Translation in *E. coli* enthielt (◘ Abb. 14.4b). Das so abgewandelte Gen ligierte man mit einem Expressionsvektor, der den *lac*-Promotor enthielt.

14.1.3 Gentechnisch hergestellter Faktor VIII

Mit Genen, die in *E. coli* kloniert wurden, hat man zwar eine ganze Reihe pharmazeutisch wichtiger Substanzen hergestellt, aber wegen der allgemeinen Probleme mit der Synthese fremder Proteine in Bakterien (Abschnitt 13.2) traten vielfach Eukaryoten an die Stelle dieser Organismen. Ein Beispiel für ein in Eukaryotenzellen gentechnisch hergestelltes Medikament ist der Faktor VIII, ein Protein, das für die Blutgerinnung von entscheidender Bedeutung ist. Die häufigste Form der Bluterkrankheit (Hämophilie) hat ihre Ursache in der fehlenden Synthese des Faktors VIII; dies führt zum Versagen der Blutgerinnung und damit zu den wohlbekannten Krankheitssymptomen.

Die einzige Methode zur Behandlung der Bluterkrankheit war bis vor kurzem die Injektion des Faktors VIII, der aus Spenderblut gewonnen wurde. Die Reinigung des Proteins ist ein komplizierter Vorgang und die ganze Behandlung äußerst kostspielig. Außerdem ist die Reinigung mit Schwierigkeiten verbunden, insbesondere hinsichtlich der Beseitigung von Viren, die möglicherweise in dem Blut vorhanden sind. Durch Injektionen des Faktors VIII können Hepatitis und AIDS auf die

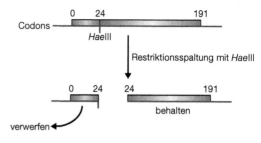
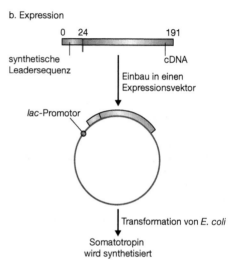

◘ **Abb. 14.4** Gentechnische Herstellung von Somatotropin (Bildrechte T. A. Brown)

Patienten übertragen werden, und dies ist auch tatsächlich geschehen. Der gentechnisch hergestellte Faktor VIII, bei dem keine Probleme mit Verunreinigungen auftreten, war eine wichtige Errungenschaft der Biotechnologie.

Das Gen für den Faktor VIII ist mit 186 kb sehr lang; es besteht aus 26 Exons und 25 Introns (◘ Abb. 14.5a). Die mRNA codiert ein großes Polypeptid (2 351 Aminosäuren), das nach der Translation eine Reihe komplizierter Weiterverarbeitungsreaktionen durchläuft. Das Endprodukt ist ein Proteindimer aus einer großen Untereinheit, die aus dem stromaufwärts gelegenen Abschnitt des ursprünglichen Polypeptids hervorgeht, und einem kleineren Baustein aus der stromabwärts liegenden Region (◘ Abb. 14.5b). Die beiden Untereinheiten enthalten insgesamt 17 Disulfidbrücken und eine Reihe glykosylierter Stellen. Wie bei einem derart

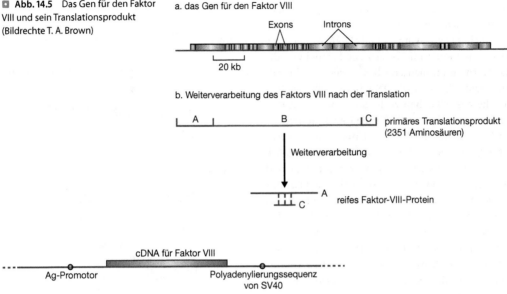

◘ Abb. 14.5 Das Gen für den Faktor VIII und sein Translationsprodukt (Bildrechte T. A. Brown)

◘ Abb. 14.6 Die Expressionssignale bei der gentechnischen Produktion des Faktors VIII. Der Promotor ist künstlich zusammengesetzt aus Sequenzen des Hühnergens für β-Actin und des Kaninchengens für β-Globin; das Polyadenylierungssignal, das für die richtige Weiterverarbeitung der RNA vor der Translation erforderlich ist, stammt von dem Virus SV40 (Bildrechte T. A. Brown)

großen und komplexen Protein nicht anders zu erwarten, konnte man den Faktor VIII in *E. coli* nicht in aktiver Form produzieren.

Bei den anfänglichen Versuchen zur Gewinnung des Faktors VIII bediente man sich deshalb der Zellen von Säugetieren. In den ersten Experimenten klonierte man die gesamte cDNA in Hamsterzellen, was aber nur zu einer enttäuschend geringen Proteinausbeute führte. Vermutlich hatte dies mit den Vorgängen nach der Translation zu tun: Sie liefen zwar in den Hamsterzellen richtig ab, das Produkt wurde jedoch nur zum Teil in die aktive Form umgewandelt, was zu der geringen Ausbeute führte. Als Nächstes versuchte man es mit zwei getrennten cDNA-Fragmenten für die große und kleine Untereinheit. Jedes der beiden Fragmente wurde in einem Expressionsvektor kloniert, und zwar stromabwärts vom Ag-Promotor (einer zusammengesetzten Sequenz aus dem β-Actingen des Huhns und dem β-Globingen des Kaninchens) und stromaufwärts vom Polyadenylierungssignal des Virus SV40 (◘ Abb. 14.6). Man schleuste das Plasmid in eine Hamsterzelllinie ein und gewann das rekombinante Protein. Die Ausbeute war über zehnmal so hoch wie bei den Zellen mit der vollständigen cDNA, und das Faktor-VIII-Protein war hinsichtlich der Funktion nicht von seinem natürlichen Gegenstück zu unterscheiden.

Mittlerweile bedient man sich zur Herstellung des rekombinanten Faktors VIII auch des Pharming (Abschnitt 13.3.3). Die vollständige menschliche cDNA wurde mit dem Promotor des Gens für das *whey acidic protein* aus den Brustdrüsen von Schweinen verknüpft; die Folge ist, dass der menschliche Faktor VIII im Brustdrüsengewebe von Schweinen synthetisiert und mit der Milch sezerniert wird. Der so erzeugte Faktor VIII gleicht offenbar ganz genau dem ursprünglichen Protein und erfüllt im Blutgerinnungstest in vollem Umfang dessen Funktion.

14.1.4 Gentechnische Herstellung anderer menschlicher Proteine

Die Liste der gentechnisch hergestellten menschlichen Proteine wächst immer noch (◘ Tab. 14.1). Sie enthält neben Proteinen, die fehlerhafte Moleküle ersetzen oder ergänzen und so der Krankheitsbehandlung dienen, auch eine Reihe von Wachstums-

◘ **Tab. 14.1** Einige menschliche Proteine, die an klonierten Genen in Bakterien oder Eukaryotenzellen synthetisiert wurden

Protein	zur Behandlung von
α1-Antitrypsin	Emphysem
Desoxyribonuclease	Cystische Fibrose (Mukoviszidose)
Epidermiswachstumsfaktor	Magengeschwüren
Erythropoietin	Anämie
Faktor VIII	Hämophilie A
Faktor IX	Hämophilie B (Christmas-Krankheit)
Fibroblastenwachstumsfaktor	Magengeschwüren
Follikelstimulierendes Hormon	Unfruchtbarkeit
Gewebeplasminogenaktivator	Herzinfarkt
Granulocyten-koloniestimulierender Faktor	Krebs
Insulin	Diabetes
Insulin-ähnlicher Wachstumsfaktor 1	Wachstumsstörungen
Interferon-α	Leukämie und anderen Krebsformen
Interferon-β	Krebs, AIDS
Interferon-γ	Krebs, rheumatoider Arthritis
Interleukine	Krebs, Immunstörungen
Lungen-Surfactantprotein	Atemnot
Relaxin	zur Unterstützung der Entbindung
Serumalbumin	als Blutplasmaergänzung
Somatostatin	Wachstumsstörungen
Somatotropin	Wachstumsstörungen
Superoxiddismutase	Schäden durch freie Radikale in transplantierten Nieren
Tumornekrosefaktor	Krebs

faktoren (zum Beispiel Interferone und Interleukine), die möglicherweise in der Krebstherapie Verwendung finden werden. Diese Proteine werden im Organismus nur in sehr geringen Mengen gebildet; die Gentechnik ist die einzige praktikable Methode, um sie in ausreichenden Mengen für den klinischen Einsatz zu gewinnen. Andere Proteine wie das Serumalbumin lassen sich einfacher herstellen, aber sie werden in derart großen Mengen gebraucht, dass auch hier die Produktion mit Mikroorganismen eine verlockendere Möglichkeit darstellt.

14.1.5 Gentechnisch hergestellte Impfstoffe

Die letzte Gruppe gentechnisch hergestellter Proteine unterscheidet sich ein wenig von den in ◘ Tab. 14.1 genannten Beispielen. Ein Impfstoff ist ein Antigenpräparat, das ins Blut gebracht wird und das Immunsystem zur Produktion von Antikörpern anregt, die den Organismus gegen Infektionskrankheiten schützen. Bei dem antigenwirksamen Material in einem Impfstoff handelt es sich in der Regel um eine inaktivierte Form des Erregers.

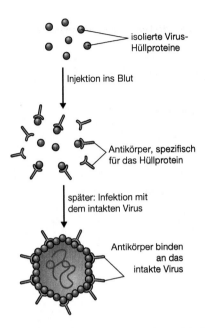

Abb. 14.7 Das Prinzip der Impfung mit isolierten Virushüllproteinen (Bildrechte T. A. Brown)

Impfstoffe gegen Viruskrankheiten enthalten zum Beispiel häufig Viruspartikel, die durch Hitzebehandlung oder ein ähnliches Verfahren inaktiviert wurden. In der Vergangenheit gab es bei der Herstellung solcher abgeschwächter Impfstoffe zwei Hindernisse:

1. Die Inaktivierung muss wirklich vollständig sein, denn schon ein einziges lebendes Viruspartikel in dem Präparat kann zur Infektion führen. Dieses Problem ergab sich zum Beispiel bei Impfstoffen gegen die Maul- und Klauenseuche, eine Rinderkrankheit.
2. Die großen Mengen der Viruspartikel, die man für die Impfstoffherstellung braucht, werden gewöhnlich aus Gewebekulturen gewonnen. Leider wachsen aber manche Viren, darunter der Erreger der Hepatitis B, in solchen Kulturen nicht.

Rekombinante Proteine als Impfstoffe

Die Anwendung der DNA-Klonierung auf diesem Gebiet gründet sich auf die Beobachtung, dass virusspezifische Antikörper manchmal nicht nur als Reaktion auf die vollständigen Viruspartikel, sondern auch nach dem Kontakt mit einzelnen Virusbestandteilen gebildet werden. Das gilt insbesondere für gereinigte Präparationen der Proteine aus der Virushülle (◘ Abb. 14.7). Wenn man die Gene, die solche als Antigen wirksame Proteine codieren, in einem bestimmten Virus identifizieren und in einen Expressionsvektor einfügen kann, lassen sich die beschriebenen Methoden zur gentechnischen Proteinproduktion auch auf Proteine anwenden, die als Impfstoff infrage kommen. Solche Impfstoffe hätten den Vorteil, dass sie keine vollständigen Viruspartikel enthalten und in großen Mengen hergestellt werden können.

Den größten Erfolg hatte man mit diesem Verfahren beim Hepatitis-B-Virus. Die Hepatitis B, eine Lebererkrankung, ist in vielen tropischen Regionen heimisch, und eine chronische Infektion kann zu Leberkrebs führen. Patienten, die von der Hepatitis-B genesen, sind gegen zukünftige Infektionen immun, weil ihr Blut Antikörper gegen das Hepatitis-B-Oberflächenantigen (HBsAg) enthält, eines der Hüllproteine des Virus. Dieses Protein synthetisierte man sowohl in *Saccharomyces cerevisiae* mit einem Vektor, der sich vom 2-Mikron-Ring ableitet(Abschnitt 7.1.1), als auch in Eierstockzellen chinesischer Hamster (CHO-Zellen). In beiden Fällen erzielte man eine relativ große Proteinausbeute, und Versuchstiere, denen man das Produkt injizierte, waren gegen Hepatitis B geschützt.

Der Schlüssel für eine erfolgreiche Verwendung des rekombinanten HBsAg als Impfstoff liegt in einem ungewöhnlichen Aspekt des natürlichen Virus-Infektionszyklus. Im Blut des infizierten Organismus befinden sich nicht nur vollständige Hepatitis-B-Viruspartikel mit einem Durchmesser von 42 Nanometern, sondern auch in kleinere, 22 Nanometer große Kugeln, die ausschließlich aus HBsAg-Proteinmolekülen bestehen. Diese Kugeln lagern sich sowohl in Hefe- als auch in Hamsterzellen während der Synthese des HBsAg zusammen; mit ziemlicher Sicherheit sind sie und nicht die einzelnen HBsAg-Moleküle der wirksame Bestandteil des rekombinanten Impfstoffes. Der Impfstoff ahmt also einen Teil des natürlichen Infektionsprozesses nach und regt die Antikörperproduktion an, aber da die Kugeln keine lebensfähigen Viren sind, löst der Impfstoff selbst die Krankheit nicht aus. Die Impfstoffe aus Hefe und Hamsterzellen sind mittlerweile für die Verwendung bei Menschen zugelassen, und die Weltgesundheitsorganisation befürwortet ihren Einsatz in nationalen Impfprogrammen.

Rekombinante Impfstoffe aus transgenen Pflanzen

Mit der Entwicklung des Pharming (Abschnitt 13.3.3) eröffnete sich die Möglichkeit, auch transgene Pflanzen als Wirtsorganismen für die Synthese rekombinanter Impfstoffe zu verwenden. Da man Pflanzen sehr leicht anbauen und ernten kann, lässt sich eine solche Technologie möglicherweise auch in weniger entwickelten Regionen der Welt einsetzen, wo die aufwendigeren Verfahren zur gentechnischen Proteinproduktion kaum auf Dauer anzuwenden sind. Wenn der rekombinante Impfstoff bei oraler Verabreichung wirksam ist, lässt sich die Immunität möglicherweise einfach dadurch herstellen, dass die transgene Pflanze ganz oder teilweise verzehrt wird. Eine einfachere und billigere Methode zur Impfung ganzer Bevölkerungsgruppen kann man sich kaum vorstellen.

Dass eine solche Vorgehensweise möglich ist, wurde in Versuchen mit Impfstoffen wie HBsAg sowie den Hüllproteinen des Masernvirus und des respiratorischen Syncytialvirus (*respiratory syncytial virus*, RSV) bereits nachgewiesen. In allen Fällen wurde die Immunität hergestellt, indem man die transgene Pflanze an Versuchstiere verfütterte. Ein weiteres Ziel ist die Herstellung gentechnisch veränderter Pflanzen, die mehrere Impfstoffe exprimieren, so dass man Menschen mit einer einzigen Pflanze gegen eine ganze Reihe von Krankheiten immun machen kann. Die Unternehmen, die an einer solchen Technologie arbeiten, stehen derzeit vor allem vor dem Problem, dass die von der Pflanze produzierte Menge des rekombinanten Proteins häufig nicht ausreicht, um vollständige Immunität gegen eine Krankheit zu erzeugen. Damit der Impfstoff zuverlässig wirkt, muss er in der Pflanze, die verzehrt wird, acht bis zehn Prozent der Gesamtmenge an löslichem Protein ausmachen. In der Praxis ist die Ausbeute jedoch meist mit weniger als 0,5 Prozent wesentlich geringer. Eine weitere Schwierigkeit ist die schwankende Ausbeute bei den verschiedenen Pflanzen einer einzigen Nutzpflanzensorte. Dieses Problem lässt sich zum Teil dadurch lösen, dass man das klonierte Gen nicht in den Zellkern der Pflanzen einschleust, sondern in das Chloroplastengenom (Abschnitt 7.2.2); dies führt in der Regel zu einer wesentlich höheren Ausbeute an dem rekombinanten Protein. In Chloroplasten gebildete Proteine werden aber nicht glykosyliert; erfordert der Impfstoff also nach der Translation weitere Modifikationen, ist er bei einer solchen Herstellungsweise nicht aktiv. Dies trifft auf die meisten wichtigen Virus-Hüllproteine zu, nicht aber auf bakterielle Oberflächenproteine wie die B-Untereinheit von *Vibrio cholerae*, mit denen man Menschen gegen Krankheiten wie die Cholera immunisieren kann. Dieses Protein wurde in transgenen Tabak-, Tomaten- und Reispflanzen produziert, und als man die Blätter, Früchte oder Samen an Mäuse verfütterte, kam es nachweislich zu einer gegen die Cholera gerichteten Immunantwort.

Gentechnisch hergestellte Lebendimpfstoffe

Der Einsatz des Kuhpockenvirus (Vaccinia) als Impfstoff geht bis auf das Jahr 1796 zurück: Damals erkannte Edward Jenner als Erster, dass dieser für Menschen harmlose Erreger die Immunabwehr gegen das wesentlich gefährlichere Pockenvirus anregen kann. Der Fachausdruck »Vakzine« für Impfstoffe stammt von »Vaccinia« ab; mithilfe des Kuhpockenvirus hatte man 1980 die Pocken weltweit ausgerottet.

Neueren Datums ist die Idee, rekombinierte Vacciniaviren als Lebendimpfstoffe gegen andere Krankheiten zu benutzen. Wenn man das Gen für ein Virushüllprotein (beispielsweise für HBsAg) in das Vacciniagenom einbaut und unter die Kontrolle eines Vacciniapromotors bringt, wird es exprimiert (■ Abb. 14.8). Nach der Injektion entstehen durch die Vermehrung des rekombinierten Virus nicht nur neue Vacciniapartikel, sondern auch beträchtliche Mengen des Hepatitis-B-Antigens. Die Folge ist Immunität gegen Pocken und Hepatitis B.

In dieser bemerkenswerten Methode stecken viel versprechende Möglichkeiten. Man hat bereits rekombinierte Vacciniaviren konstruiert, die eine ganze Reihe fremder Gene exprimieren und Versuchstiere nachgewiesenermaßen gegen die betreffenden Krankheiten immun machen können (■ Tab. 14.2). Nachdem man gezeigt hatte, dass ein einziges rekombiniertes Vacciniavirus die Gene

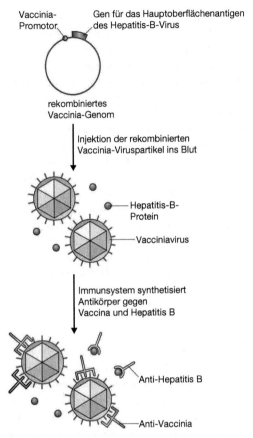

Abb. 14.8 Das Prinzip der Impfung mit rekombinierten Vacciniaviren (Bildrechte T. A. Brown)

Tab. 14.2 Einige Fremdgene, die von rekombinierten Vacciniaviren exprimiert werden	
Herkunftsorganismus	Gen für
Plasmodium falciparum (Malaria-Erreger)	Oberflächenantigen
Influenzavirus	Hüllproteine
Tollwutvirus	G-Protein
Hepatitis-B-Virus	Hauptoberflächenantigen
Herpes-simplex-Virus	Glykoproteine
HIV	Hüllproteine
Vesicular-Stomatitis-Virus	Hüllproteine
Sindbis-Virus	Proteine

für das Hämagglutinin des Influenzavirus, für das HBsAg und für das Glykoprotein des Herpes-simplex-Virus exprimieren kann und Affen gegen alle drei Krankheiten schützt, eröffnete sich die Aussicht auf Breitbandimpfstoffe. Andere Untersuchungen beschäftigten sich mit Vacciniaviren, die das Glykoprotein des Tollwutvirus exprimieren. Dabei stellte sich heraus, dass das Vacciniavirus sich nicht mehr vermehrt, wenn man aus seinem Genom das Gen für das Enzym Thymidinkinase entfernt. Damit kann man vermeiden, dass Tiere nach einer Impfung mit dem Lebendimpfstoff eine Form der Kuhpocken bekommen, jener Krankheit, die das Vacciniavirus normalerweise hervorruft. Dieser spezielle Lebensimpfstoff wird heute bereits in Europa und Nordamerika zur Bekämpfung der Tollwut eingesetzt.

14.2 Identifizierung krankheitserzeugender Gene beim Menschen

Ein zweiter wichtiger Bereich der medizinischen Forschung, in dem die DNA-Klonierung erhebliche Auswirkungen hat, ist die Identifizierung und Isolierung von Genen, die beim Menschen Krankheiten hervorrufen. Als genetisch bedingt bezeichnet man Krankheiten, die durch einen Fehler in einem bestimmten Gen verursacht werden (Tab. 14.3). Personen, die dieses defekte Gen besitzen, neigen dazu, die Krankheit in einem bestimmten Lebensalter zu bekommen. Bei manchen genetisch bedingten Krankheiten, zum Beispiel bei der Hämophilie, liegt das fragliche Gen auf dem X-Chromosom. Alle Männer, die es tragen, erkranken; Frauen mit einer defekten und einer normalen Genkopie sind selbst gesund, können die Krankheit aber an ihre männlichen Nachkommen weitervererben. Die Gene für andere Krankheiten befinden sich auf Autosomen und sind in den meisten Fällen rezessiv, das heißt, die Krankheit tritt nur auf, wenn beide Chromosomen eines Paares das defekte Gen enthalten; einige Krankheiten jedoch, beispielsweise die Chorea Huntington, sind autosomal-dominant: Damit sie ausbrechen, reicht eine einzige fehlerhafte Genkopie aus.

Bei manchen genetisch bedingten Erkrankungen zeigen sich die Symptome schon in jungen

Tab. 14.3 Einige verbreitete genetisch bedingte Krankheiten (Zahlen für Großbritannien)

Krankheit	Symptome	Häufigkeit (Geburten/Jahr)
erblicher Brustkrebs	Krebs	1 von 300 Frauen
Cystische Fibrose	Lungenerkrankung	1 von 2 000
Chorea Huntington	Nervenverfall	1 von 2 000
Duchenne-Muskelschwund	progressive Muskelschwäche	1 von 3 000 Männern
Hämophilie A	Gerinnungsstörung	1 von 4 000 Männern
Sichelzellanämie	Blutkrankheit	1 von 10 000
Phenylketonurie	geistige Behinderung	1 von 12 000
β-Thalassämie	Blutkrankheit	1 von 20 000
Retinoblastom	Augenkrebs	1 von 20 000
Hämpohilie B	Gerinnungsstörung	1 von 25 000 Männern
Tay-Sachs-Krankheit	Erblindung, motorische Störung	1 von 200 000

Jahren, andere brechen aber erst im mittleren oder höheren Alter aus. Ein Beispiel für die erste Kategorie ist die Mukoviszidose (Cystische Fibrose), in die zweite gehören neurodegenerative Leiden wie Morbus Alzheimer und Chorea Huntington. Eine ganze Reihe weiterer Krankheiten und insbesondere Krebs scheinen ebenfalls eine genetische Komponente zu haben, aber hier ist das Krankheitsbild insgesamt komplizierter: Häufig ruht die Krankheit, bis sie durch einen Stoffwechsel- oder Umweltreiz aktiviert wird. Wenn man eine solche Veranlagung diagnostizieren kann, lassen sich die Risikofaktoren vermindern – vorausgesetzt, der Patient hält durch seine Lebensweise die Wahrscheinlichkeit, den Krankheitsauslöser zu aktivieren, so gering wie möglich.

Genetisch bedingte Krankheiten hat es in der menschlichen Bevölkerung immer gegeben. Ihre Bedeutung ist aber in den letzten Jahrzehnten gewachsen, weil man die früher vorherrschenden Infektionskrankheiten wie Pocken, Tuberkulose und Cholera, an denen noch bis in die Mitte des 20. Jahrhunderts viele Menschen starben, durch Impfungen, Antibiotika und bessere hygienische Verhältnisse zurückdrängen konnte. Infolgedessen stirbt heute ein größerer Anteil der Bevölkerung an Krankheiten mit genetischer Komponente, insbesondere an solchen, die erst spät im Leben ausbrechen und wegen der höheren Lebenserwartung heute häufiger vorkommen. Der medizinischen Forschung ist es gelungen, viele Infektionskrankheiten unter Kontrolle zu bringen. Wird ihr bei den genetisch bedingten Krankheiten der gleiche Erfolg beschieden sein?

Die Identifizierung des Gens, das eine genetisch bedingte Erkrankung verursacht, ist aus mehreren Gründen wichtig:
1. Die Identifizierung des Gens liefert unter Umständen Hinweise auf die biochemischen Grundlagen der Erkrankung und eröffnet so die Möglichkeit, neue Therapiemethoden zu entwickeln.
2. Anhand der Mutation in dem defekten Gen kann man ein Screeningverfahren entwickeln, mit dem sich das veränderte Gen auch bei Trägern und bei Personen, bei denen die Krankheit noch nicht ausgebrochen ist, nachweisen lässt. Die Träger kann man dann darüber aufklären, mit welcher Wahrscheinlichkeit ihre Kinder die Krankheit bekommen werden. Die Früherkennung bei bisher nicht erkrankten Personen ermöglicht geeignete Vorbeugungs-

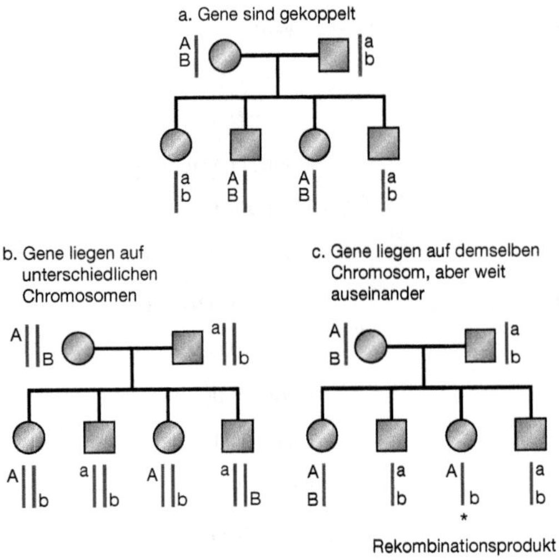

Abb. 14.9 Vererbungsmuster gekoppelter und ungekoppelter Gene. In den Stammbäumen von drei Familien stellen Kreise die weiblichen und Quadrate die männlichen Familienmitglieder dar. a) Zwei enggekoppelte Gene werden fast immer gemeinsam vererbt. b) Zwei Gene auf verschiedenen Chromosomen verteilen sich nach dem Zufallsprinzip. c) Zwei Gene, die auf demselben Chromosom weit voneinander entfernt sind, werden häufig gemeinsam vererbt, trennen sich aber manchmal auch durch Rekombination (Bildrechte T. A. Brown)

Ermittlung der ungefähren Lage des Gens im menschlichen Genom

Wie kann man in der Sequenz des menschlichen Genoms ein Gen lokalisieren, über das man nichts weiß? Die Antwort: Man greift auf die Grundprinzipien der Genetik zurück und stellt mit ihrer Hilfe fest, wo das Gen auf der Genkarte des Menschen ungefähr angesiedelt ist. Für diese genetische Kartierung bedient man sich in der Regel der **Kopplungsanalyse**: Der Erbgang des fraglichen Gens wird mit der Vererbung genetischer Loci verglichen, deren Lage auf der Karte man bereits kennt. Werden zwei Loci gemeinsam vererbt, müssen sie in sehr enger Nachbarschaft auf demselben Chromosom liegen, denn sonst würden Rekombination und die zufällige Segregation der Chromosomen während der Meiose dazu führen, dass sie unterschiedliche Erbgänge erkennen lassen (Abb. 14.9). Der Nachweis, dass das Gen mit einem oder mehreren bereits kartierten Loci gekoppelt ist, stellt deshalb den entscheidenden Schritt zur Ermittlung der Position eines nicht kartierten Gens auf den Chromosomen dar.

Bei Menschen kann man keine gezielten Kreuzungsversuche vornehmen, die darauf abzielen, die Lage des gewünschten Gens auf der Karte zu ermitteln. Stattdessen muss man sich zur Kartierung krankheitserzeugender Gene der Daten bedienen, die man durch **Stammbaumanalyse** gewinnt; dabei untersucht man die Vererbung des Gens in Familien, in denen die fragliche Krankheit häufig vorkommt. Dabei ist es wichtig, dass man sich von mindestens drei Generationen jeder derartigen Familie DNA-Proben beschaffen kann; je mehr Mitglieder die Familie hat, desto besser ist es, aber wenn die Krankheit nicht gerade sehr selten ist, wird man in der Regel geeignete Stammbäume finden. Man könnte nun die Kopplung zwischen dem Vorkommen beziehungsweise Fehlen der Krankheit und der Vererbung anderer Gene untersuchen, aber da man DNA-Proben analysiert, prüft man in der Regel die Kopplung mit DNA-Markern (Abschnitt 10.2..3).

Um deutlich zu machen, wie eine solche Kopplungsanalyse abläuft, wollen wir kurz betrachten, wie eines der menschlichen Brustkrebsgene kartiert wurde. Den ersten großen Fortschritt in Richtung dieses Ziels gab es 1990 durch **Kopplungsana-**

maßnahmen, mit denen sich das Erkrankungsrisiko vermindern lässt.
3. Die Identifizierung des Gens ist eine Voraussetzung für die Gentherapie (Abschnitt 14.3).

14.2.1 Die Identifizierung eines krankheitserzeugenden Gens

Für die Identifizierung von Genen, die Krankheiten hervorrufen, gibt es keine einheitliche Strategie. Welches Verfahren das Beste ist, hängt davon ab, welche Informationen man über die Krankheit besitzt. Um die Prinzipien derartiger Arbeiten kennen zu lernen, wollen wir das häufigste und schwierigste Szenario betrachten: den Fall, dass man über die Krankheit nichts anderes weiß, als dass bestimmte Menschen an ihr leiden. Selbst bei einer derart dürftigen Ausgangssituation kann man das fragliche Gen mit gentechnischen Verfahren lokalisieren.

lysen mit **Restriktionsfragment-Längenpolymorphismen (RFLPs)**, die eine Arbeitsgruppe an der University of California in Berkeley durchführte. Wie sich in diesen Untersuchungen zeigte, besaß ein beträchtlicher Anteil der Frauen aus Familien mit hoher Brustkrebshäufigkeit, die an der Krankheit litten, die gleiche Form eines RFLP mit der Bezeichnung *D17S74*. Diesen RFLP hatte man zuvor bereits auf dem langen Arm des Chromosoms 17 kartiert (◘ Abb. 14.10): Das gesuchte Gen – ihm gab man die Bezeichnung *BRCA1* – musste also ebenfalls auf dem langen Arm des Chromosoms 17 liegen.

Dieser erste Kopplungsbefund war äußerst wichtig, denn er wies darauf hin, in welchem Bereich des menschlichen Genoms das Brustkrebsgen zu finden war; aber damit war man noch bei Weitem nicht am Ziel. In dem fraglichen, etwa 20 Mb langen Abschnitt des Chromosoms 17, liegen vermutlich mehr als 1 000 Gene. Der nächste Schritt bestand also darin, *BRCA1* durch weitere Kopplungsanalysen genauer einzugrenzen. Zu diesem Zweck suchte man in dem Bereich, der *BRCA1* enthielt, nach kurzen Tandemwiederholungen (STRs, Abschnitt 10.2.3). Diese sind für die Feinkartierung nützlich, weil viele von ihnen in mindestens drei Allelformen vorkommen und nicht nur als die zwei Allele, die bei einem RFLP möglich sind. In einem einzigen Stammbaum können also mehrere Allele eines STR vorhanden sein, und das macht eine genauere Kartierung möglich. Durch Kopplungskartierung mit kurzen Tandemwiederholungen engte man die Größe des Bereiches, in dem *BRCA1* liegt, von 20 Mb auf nur noch 600 kb ein (◘ Abb. 14.10). Dieses Verfahren zur Lokalisierung eines Gens bezeichnet man als **Positionsklonierung**.

Identifizierung von Kandidaten für das krankheitserzeugende Gen

Nachdem die Lage des fraglichen Gens auf der Genkarte ermittelt worden ist, könnte man sich vorstellen, dass der nächste Schritt einfach darin besteht, in der Sequenz des Genoms nachzusehen und dort das Gen zu identifizieren. Bis es so weit ist, sind aber leider noch viele weitere Arbeiten erforderlich. Die Genkartierung liefert auch in ihrer genauesten Form nur einen ungefähren Anhaltspunkt für die Lage des Gens. Bei der Identifizierung des Brust-

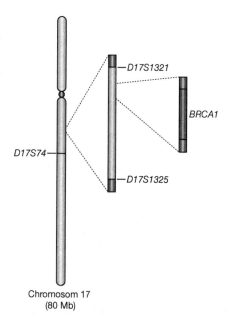

◘ **Abb. 14.10** Die Kartierung eines Brustkrebsgens. Anfangs hatte man das Gen in einem Bereich von 20 Mb auf dem Chromosom 17 lokalisiert (hervorgehobener Abschnitt links). In weiteren Kartierungsexperimenten konnte man den fraglichen Bereich auf 600 kb eingrenzen; beiderseits davon lagen die bereits kartierten Loci *D17S1321* und *D17S1325* (Mitte). Durch die Untersuchung der exprimierten Sequenzen fand man schließlich das mutmaßliche *BRCA1*-Gen (rechts) (Bildrechte T. A. Brown)

krebsgens hatten die Wissenschaftler Glück, dass sie den Bereich, in dem sie suchen mussten, auf nur noch 600 kb eingrenzen konnten; häufig muss man DNA-Sequenzen von 10 Mb oder mehr überprüfen. Solche langen DNA-Abschnitte können viele Gene enthalten: Allein in den 600 kb rund um das Brustkrebsgen waren es noch über 60, und jedes davon hätte *BRCA1* sein können.

Um festzustellen, welches von den Genen in einem kartierten Bereich die Krankheit verursacht, kann man verschiedene Verfahren anwenden:

1. Man kann das Expressionsmuster der **Kandidatengene** durch Hybridisierungsanalyse oder RT-PCR (Abschnitt 9.4.2) der RNA aus verschiedenen Geweben untersuchen. Man sollte beispielsweise damit rechnen, dass *BRCA1* mit RNA aus Brustgewebe hybridisiert, aber auch mit RNA aus dem Gewebe von Eierstöcken, denn die erbliche Form des Brustkrebses ist häufig mit Eierstockkrebs verbunden.

2. Man kann mit DNA aus verschiedenen biologischen Arten eine Southern-Hybridisierungsanalyse (einen so genannten **Zoo-Blot**) durchführen (Abschnitt 8.4.3). Dahinter steht die Überlegung, dass es zu einem wichtigen menschlichen Gen mit ziemlicher Sicherheit auch homologe Gene bei anderen Säugetieren geben wird, und diese homologen Gene lassen sich durch Hybridisierung mit einer geeigneten Sonde nachweisen, obwohl sie eine geringfügig andere Sequenz als das entsprechende Gen des Menschen haben.
3. Man kann die Sequenz von Personen mit und ohne die Krankheit vergleichen und feststellen, ob die Gene der Betroffenen Mutationen enthalten, die möglicherweise einen Grund für die Erkrankung darstellen.
4. Um die Identität eines Kandidatengens zu bestätigen, kann man in manchen Fällen eine Knockout-Maus (Abschnitt 12.1.2) herstellen, die das entsprechende Mausgen in inaktiver Form trägt. Zeigt diese Maus dann Symptome, die mit der Erkrankung des Menschen vergleichbar sind, hat man mit ziemlicher Sicherheit das richtige Kandidatengen gefunden.

Als man solche Verfahren auf den Bereich mit dem Brustkrebsgen anwandte, konnte man ein Gen von rund 100 kb identifizieren. Es bestand aus 22 Exons, codierte ein Protein von 1 863 Aminosäuren und war ein guter Kandidat für *BRCA1*. Seine Transkripte waren in Brust- und Eierstockgewebe nachzuweisen, und homologe Gene fand man bei Mäusen, Ratten, Kaninchen, Schafen und Schweinen, aber nicht bei Hühnern. Am wichtigsten war, dass die Gene aus fünf betroffenen Familien bestimmte Mutationen (beispielsweise Rasterverschiebungen und Nonsense-Mutationen) enthielten, die höchstwahrscheinlich zu einem funktionsunfähigen Protein führen. Auch wenn es sich nur um Indizien handelte, waren die Belege, die für das Kandidatengen sprachen, schließlich so überwältigend stark, dass man dieses Gen als *BRCA1* bezeichnete. In weiteren Untersuchungen stellte sich heraus, dass sowohl dieses Gen als auch *BRCA2* – ein zweites Gen, das ebenfalls anfällig für Brustkrebs macht – an der Transkriptionssteuerung und DNA-Reparatur beteiligt sind; beide wirken als Tumorsuppressorgene, das heißt, sie hemmen anormale Zellteilungsvorgänge.

14.3 Gentherapie

Als letztes medizinisches Anwendungsgebiet der Klonierung soll die Gentherapie beschrieben werden. Mit diesem Begriff wurden ursprünglich Methoden bezeichnet, mit denen man genetisch bedingte Erkrankungen heilen will, indem man den Patienten mit einem normalen Exemplar des defekten Gens ausstattet. Heute versteht man unter Gentherapie alle Versuche, Krankheiten durch Einschleusen eines klonierten Gens in den Patienten zu heilen. Im Folgenden werden zunächst die bei der Gentherapie verwendeten Methoden und dann kurz die ethischen Aspekte erörtert.

14.3.1 Gentherapie genetisch bedingter Krankheiten

Grundsätzlich gibt es zwei Möglichkeiten der Gentherapie: die Keimbahntherapie und die somatische Gentherapie. Bei der Keimbahntherapie bringt man das intakte Gen in die befruchtete Eizelle, die man anschließend der Mutter wieder einpflanzt. Wenn das Experiment gelingt, ist das Gen später in allen Zellen des ausgewachsenen Individuums vorhanden und wird dort auch exprimiert. Man schleust die DNA in der Regel durch Mikroinjektion und anschließenden Kerntransfer in die Oocyte ein (Abschnitt 13.3.3); theoretisch könnte man auf diese Weise alle genetisch bedingten Krankheiten behandeln.

Die somatische Gentherapie besteht in der Veränderung normaler Körperzellen, die man entweder aus dem Organismus entnehmen, transfizieren und dann wieder zurückbringen oder aber an Ort und Stelle transfizieren kann. Die größten Aussichten bietet das Verfahren deshalb bei Blutkrankheiten wie Hämophilie und Thalassämie: Man schleust die Gene in Stammzellen aus dem Knochenmark ein, aus denen alle unterschiedlich spezialisierten Blutzellen hervorgehen. Die Vorgehensweise ist wie folgt: Man stellt einen Knochenmarkextrakt mit mehreren Milliarden Zellen her, transfiziert diese mit einem von einem **Retrovirus** abgeleiteten Vektor und reimplantiert sie wieder. In der Folge ist das zusätzliche Gen durch die Vermehrung und Differenzierung der transfizierten Zellen in allen ausgereiften Blutzellen vorhanden (Abb. 14.11). Retrovirusvektoren haben den Vorteil einer sehr hohen Transfektionseffizienz, sodass ein großer Teil der Stammzellen in einem Knochenmarkextrakt das neue Gen erhält.

Neue Möglichkeiten bietet die somatische Gentherapie auch für die Behandlung von Lungenkrankheiten wie der Cystischen Fibrose (Mukoviszidose): DNA, die in Adenovirus-Vektoren (Abschnitt 7.3.2) kloniert oder in Liposomen (Abschnitt 5.5.1) eingeschlossen ist, wird von den Zellen des Lungenepithels aufgenommen, wenn man sie mit einem Inhalationsgerät in die Atemwege bringt. Solche Gene werden jedoch nur wenige Wochen lang exprimiert; zu einer wirksamen Therapieform für die Cystische Fibrose konnte man das Verfahren bisher nicht entwickeln.

Bei Krankheiten, die darauf beruhen, dass das mutierte Gen kein funktionsfähiges Protein entstehen lässt, muss man die Zelle nur mit der intakten Form dieses Gens ausstatten; die Entfernung des defekten Gens ist in solchen Fällen nicht erforderlich. Schwieriger sind die Verhältnisse bei genetisch dominanten Krankheiten (Abschnitt 14.2): Bei ihnen ist das Genprodukt selbst die Ursache der Krankheitserscheinungen, das heißt, man muss zur Gentherapie nicht nur das intakte Gen hinzufügen, sondern auch die defekte Form beseitigen. Dazu bedarf es eines Genübertragungssystems, das für die Rekombination zwischen den Genen im Chromosom und im Vektor sorgt, sodass die defekte Kopie im Chromosom durch das Gen im Vektor ersetzt wird. Die Methode ist kompliziert und unzuverlässig; breite Anwendungsmöglichkeiten wurden bisher nicht entwickelt.

14.3.2 Gentherapie und Krebs

Der klinische Anwendungsbereich der Gentherapie beschränkt sich nicht auf die Behandlung erblicher Erkrankungen. Es gab auch Versuche, mithilfe der Klonierung den Infektionszyklus des AIDS-Virus und anderer Krankheitserreger zu unterbrechen.

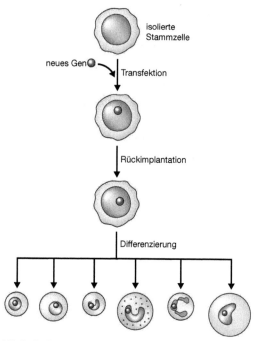

 Abb. 14.11 Durch die Differenzierung einer transfizierten Stammzelle gelangt das neue Gen in alle ausgereiften Blutzellen (Bildrechte T. A. Brown)

Die intensivsten Forschungsbemühungen im Zusammenhang mit der Gentherapie betreffen jedoch derzeit ihre mögliche Anwendung in der Krebsbehandlung.

Die meisten Krebserkrankungen entstehen durch die Aktivierung eines Onkogens, die zur Tumorbildung führt, oder durch die Inaktivierung eines Gens, das normalerweise die Bildung von Tumoren unterdrückt. In beiden Fällen könnte man sich vorstellen, wie der Krebs durch Gentherapie zu bekämpfen wäre. Die Inaktivierung eines Tumorsuppressorgens könnte man beispielsweise rückgängig machen, indem man die funktionsfähige Form des Gens mit einer der Methoden, die zuvor für erblich bedingte Krankheiten beschrieben wurden, in den Organismus einschleust. Eine kompliziertere Vorgehensweise erfordert die Inaktivierung eines Onkogens: Hier müsste man nicht eine defekte Genkopie ersetzen, sondern die Expression des Onkogens verhindern. Zu diesem Zweck

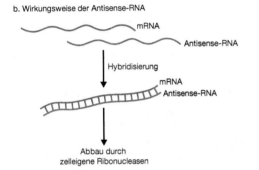

◘ Abb. 14.12 Mit Antisense-RNA kann man eine zelleigene mRNA »zum Schweigen bringen« (Bildrechte T. A. Brown)

gilt deshalb als leistungsfähiger Therapieansatz für Krebserkrankungen. Man kennt viele Gene, die toxische Proteine codieren, und es gibt auch Enzyme, die ungiftige Arzneiwirkstoff-Vorläufer in die giftige Form umwandeln. Schleust man das Gen für ein solches toxisches Protein oder Enzym in einen Tumor ein, sollten die Krebszellen entweder sofort oder nach Verabreichung des Medikaments absterben. Wichtig ist natürlich, dass man mit dem eingeschleusten Gen genau auf die Krebszellen zielt, damit keine gesunden Zellen abgetötet werden. Dies erfordert ein sehr präzises Transportsystem: man kann das Gen direkt in den Tumor spritzen oder auf andere Weise dafür sorgen, dass es nur in den Krebszellen exprimiert wird. Unter anderem kann man das Gen unter die Kontrolle des menschlichen Telomerase-Promotors bringen, der ausschließlich in Krebsgewebe aktiv ist.

In einem anderen Verfahren verbessert man durch Gentherapie die natürliche Fähigkeit des Immunsystems, Krebszellen abzutöten. Ein solches Gen könnte beispielsweise dafür sorgen, dass die Krebszellen starke Antigene produzieren, die vom Immunsystem effizient erkannt werden. Alle diese Ansätze und viele andere, die ebenfalls von der Gentherapie ausgehen, werden derzeit im Kampf gegen den Krebs erprobt.

könnte man in den Tumor ein Gen einschleusen, das eine **Antisense**-Version der an dem Onkogen transkribierten mRNA codiert (◘ Abb. 14.12a). Eine Antisense-RNA ist die komplementäre Form der normalen RNA; sie verhindert die Synthese des Proteins, das in dem Gen codiert ist, gegen die sie sich richtet – vermutlich hybridisiert sie mit der mRNA, und das so entstehende doppelsträngige RNA-Molekül wird von den zelleigenen Ribonucleasen schnell abgebaut (◘ Abb. 14.12b). Auf diese Weise wird das Zielgen inaktiviert.

Eine Alternative wäre das Einschleusen eines Gens, das gezielt Krebszellen abtötet oder ihre Zerstörung durch Wirkstoffe, die auf konventionellem Weg verabreicht werden, begünstigt. Diese so genannte **Suizid-Gentherapie** erfordert keine detaillierten Kenntnisse über die genetischen Hintergründe der jeweils behandelten Krankheit und

14.3.3 Ethische Aspekte der Gentherapie

Soll man Erkrankungen des Menschen mit Gentherapie heilen? Wie bei vielen ethischen Fragen, so gibt es auch hier keine einfache Antwort. Einerseits spricht sicher kein berechtigter Einwand dagegen, das Gen für Cystische Fibrose routinemäßig per Inhalationsgerät in die Atemwege zu bringen, wenn man dadurch die Krankheit in den Griff bekommt. Wenn Knochenmarktransplantationen moralisch vertretbar sind, lassen sich auch nur schwer Argumente gegen die Therapie von Blutkrankheiten mithilfe der Stammzelltransfektion finden. Und Krebs ist eine so entsetzliche Krankheit, dass es umgekehrt als unmoralisch gelten kann, den Betroffenen eine Therapie aus ethischen Gründen vorzuenthalten.

Schwieriger ist die Frage der Keimbahntherapie. Hier stellt sich das Problem, dass man mit denselben Methoden, die zur Korrektur genetisch bedingter Krankheiten in der Keimbahn dienen, auch andere erbliche Merkmale verändern könnte. Für Tiere entwickelte man die Methode auch keineswegs, um genetisch bedingte Krankheiten zu heilen, sondern um Nutztiere zu »verbessern« und beispielsweise den Fettgehalt des Fleisches zu senken. Manipulationen, bei denen man die genetische Konstitution eines Organismus gezielt verändert, sind beim Menschen natürlich nicht vertretbar. Derzeit wäre die Keimbahntherapie beim Menschen auch mit großen technischen Schwierigkeiten verbunden. Bevor diese Probleme nicht gelöst sind, sollten wir dafür sorgen, dass wir in unserem Bemühen, Gutes zu tun, keinen entsetzlichen Schaden anrichten.

Weiterführende Literatur

Brocher B, Kieny MP, Costy F et al (1991) Large-scale eradication of rabies using recombinant vaccinia-rabies vaccine. *Nature* 354: 520–522.

Broder CC, Earl PL (1999) Recombinant vaccinia viruses – design, generation, and isolation. *Molecular Biotechnology* 13: 223–245

Goeddel DV, Heyneker HL, Hozumi T et al. (1979) Direct expression in *Escherichia coli* of a DNA sequence coding for human growth hormone. *Nature* 281: 544–548 [Gentechnische Herstellung von Somatotropin.]

Goeddel DV, Kleid DG, Bolivar F et al. (1979) Expression in *Escherichia coli* of chemically synthesized genes for human insulin. *Proceedings of the National Academy of Sciences of the USA* 76: 106–110

Itakura K, Hirose T, Crea R et al. (1977) Expression in *Escherichia coli* of a chemically synthesized gene for the hormone somatostatin. *Science* 198: 1056–1063

Kaufman RJ, Wasley LC, Dorner AJ (1988) Synthesis, processing, and secretion of recombinant human factor VIII expressed in mammalian cells. *Journal of Biological Chemistry* 263: 6352–6362.

Liu MA (1998) Vaccine developments. *Nature Medicine* 4: 515–519 [Beschreibt die Entwicklung gentechnisch hergestellter Impfstoffe.]

Miki Y, Swensen J, Shattuck Eidens D. et al. (1994) A strong candidate for the breast and ovarian cancer susceptibility gene BRCA1. *Science* 266: 66–71

Paleyanda RK, Velander WH, Lee TK et al. (1997) Transgenic pigs produce functional human factor VIII in milk. *Nature Biotechnology* 15: 971–975

Schepelman S, Ogilvie LM, Hedley D et al (2007) Suicide gene therapy of human colon carcinoma xenografts using an armed oncolytic adenovirus expressing carboxypeptidase G2. *Cancer Research* 67: 4949–4955 [Ein Beispiel für die Suizid-Gentherapie mit dem Telomerase-Promotor und einem Enzym, das einen ungiftigen Medikamentenvorläufer in die toxische Form umwandelt].

Smith KR (2003) Gene therapy: theoretical and bioethical concepts. *Archives of Medical Research* 34: 247–268.

Tiwari S, Verma PC, Sing PK, Tuli R (2009) Plants as bioreactors for the production of vaccine antigens. *Biotechnology Advances* 27: 449–467.

Van Deutekom JCT, van Ommen GJB (2003) Advances in Duchenne muscular dystrophy gene therapy. *Nature Reviews Genetics* 4: 774–783. [Ein Beispiel für Gentherapie.]

Klonierung und DNA-Analyse in der Landwirtschaft

15.1 Das Hinzufügen von Genen bei Pflanzen – 242
15.1.1 Pflanzen, die eigene Insektizide produzieren – 242
15.1.2 Herbizidresistente Nutzpflanzen – 248
15.1.3 Andere Projekte, bei denen Gene hinzugefügt wurden – 250

15.2 Inaktivierung von Genen – 250
15.2.1 Antisense-RNA und die gentechnische Veränderung der Reifung von Tomaten – 250
15.2.2 Weitere Beispiele für den Einsatz der Antisense-RNA in der Pflanzengentechnik – 253

15.3 Probleme mit gentechnisch veränderten Pflanzen – 253
15.3.1 Sicherheitsüberlegungen im Zusammenhang mit selektierbaren Markern – 254
15.3.2 Das Terminatorverfahren – 255
15.3.3 Die Frage nach schädlichen Auswirkungen auf die Umwelt – 256

Weiterführende Literatur – 257

Die Landwirtschaft, oder genauer gesagt die Pflanzenzucht, ist die älteste Art der Biotechnologie überhaupt. Ihre Geschichte reicht ohne Unterbrechungen mindestens 10 000 Jahre zurück. Während dieser Zeit haben die Menschen ständig nach verbesserten Sorten ihrer Nutzpflanzen gesucht, nach Sorten mit höherem Nährwert, besserem Ertrag oder Eigenschaften, die Anbau und Ernte erleichterten. In den ersten Jahrtausenden ergaben sich solche Verbesserungen nur gelegentlich, aber seit einigen Jahrhunderten züchtet man neue Sorten gezielt mit immer raffinierteren Kreuzungsprogrammen. Allerdings beinhalten auch hoch entwickelte Züchtungsverfahren stets ein Zufallselement, denn man ist immer darauf angewiesen, dass sich die elterlichen Eigenschaften in den Nachkommen nach dem Wahrscheinlichkeitsprinzip vermischen. Die Entwicklung einer neuen Nutzpflanzensorte mit einer genau festgelegten Kombination erwünschter Eigenschaften ist ein langwieriger, schwieriger Vorgang.

Die DNA-Klonierung eröffnet der Nutzpflanzenzüchtung neue Dimensionen, denn mit ihr kann man den Genotyp einer Pflanze gezielt verändern und so die Zufallsereignisse der herkömmlichen Züchtung umgehen. Allgemein gibt es zwei Vorgehensweisen:
1. **Hinzufügen von Genen:** Man stattet die Pflanze mit einem oder mehreren neuen Genen aus und verändert dadurch ihre Eigenschaften.
2. **Inaktivierung von Genen:** Mit gentechnischen Methoden macht man eines oder mehrere der in der Pflanze vorhandenen Gene unwirksam.

Weltweit laufen zahlreiche Projekte, viele davon bei Biotechnologiefirmen, die darauf zielen, Nutzpflanzen durch Hinzufügen oder Inaktivieren von Genen zu verbessern. Dieses Kapitel stellt einen repräsentativen Querschnitt solcher Projekte vor und betrachtet einige Probleme, die gelöst werden müssen, wenn sich die Gentechnik in der Landwirtschaft allgemein durchsetzen soll.

15.1 Das Hinzufügen von Genen bei Pflanzen

Beim Hinzufügen von Genen schleust man mithilfe der Klonierungstechnik ein oder mehrere neue Gene in die Pflanze ein, die ein nützliches, bei der Pflanze nicht vorhandenes Merkmal codieren. Ein gutes Beispiel für die Anwendung dieses Verfahrens ist die Entwicklung von Pflanzen, die von Insekten nicht angegriffen werden, weil sie ein in den klonierten Genen codiertes Insektizid synthetisieren.

15.1.1 Pflanzen, die eigene Insektizide produzieren

Pflanzen werden von Lebewesen aus fast allen anderen systematischen Gruppen angegriffen: von Viren, Bakterien, Pilzen und Tieren. Die größten Probleme bereiten in der Landwirtschaft die Insekten. Um die Verluste gering zu halten, spritzt man Nutzpflanzen regelmäßig mit Insektiziden. Die meisten herkömmlichen derartigen Mittel (zum Beispiel Pyrethroide und Organophosphate) sind relativ unspezifische Gifte: Sie töten nicht nur die Insekten, die die Nutzpflanzen zerstören, sondern auch viele andere Arten. Manche Insektizide wirken sich wegen ihrer hohen Toxizität auch auf andere Bestandteile der örtlichen Biosphäre schädlich aus, in einigen Fällen sogar auf die Menschen. Verstärkt werden diese Probleme, weil man herkömmliche Insektizide durch Spritzen auf die Oberfläche der Pflanzen aufbringen muss, sodass sich ihr weiterer Weg durch das Ökosystem nicht kontrollieren lässt. Außerdem entgehen manche Insekten, die im Inneren der Pflanze oder auf der Blattunterseite leben, der Giftwirkung unter Umständen auch völlig.

Welche Eigenschaften müsste ein ideales Insektizid haben? Natürlich muss es für die Insekten, gegen die es gerichtet ist, toxisch sein, aber es sollte möglichst spezifisch wirken, sodass es andere Insekten nicht schädigt und auch für sonstige Tiere sowie für den Menschen unschädlich ist. Weiterhin sollte das Insektizid biologisch abbaubar sein, damit Reste, die nach der Ernte zurückbleiben oder vom Regen aus dem Acker ausgewaschen werden, nicht über längere Zeit erhalten bleiben und die Umwelt schädigen. Und man sollte das Insektizid

15.1 · Das Hinzufügen von Genen bei Pflanzen

Tab. 15.1 Insekten, die durch die verschiedenen δ-Endotoxine von *B. thuringensis* abgetötet werden

Typ des δ-Endotoxins	wirkt gegen
CryI	Larven der Lepidopteren (Schmetterlinge)
CryII	Larven der Lepidopteren und Dipteren (Zweiflügler)
CryIII	Larven der Lepidopteren
CryIV	Larven der Dipteren
CryV	Nematoden (Fadenwürmer)
CryVI	Nematoden (Fadenwürmer)

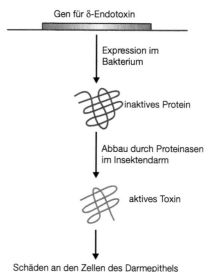

Abb. 15.1 Die Wirkungsweise eines δ-Endotoxins (Bildrechte T. A. Brown)

so anwenden können, dass nicht nur die Blattoberseiten, sondern alle Teile der Pflanze gegen die Insekten geschützt sind.

Das ideale Insektizid hat man noch nicht gefunden. Am nächsten kommen ihm die δ-Endotoxine des Bodenbakteriums *Bacillus thuringensis*.

Die δ-Endotoxine von *Bacillus thuringensis*

Insekten fressen nicht nur Pflanzen, auch Bakterien können einen Teil ihres Speisezettels bilden. Als Reaktion haben mehrere Bakterienarten Abwehrmechanismen gegen das Gefressenwerden durch Insekten entwickelt, so auch *Bacillus thuringensis*: Diese Bakterien bilden während der Sporulation im Zellinneren kristalline Einschlusskörper, die das δ-Endotoxin, ein Insekten tötendes Protein, enthalten. In der aktivierten Form ist das Endotoxin für Insekten höchst giftig: Die Toxizität ist etwa 80 000mal so hoch wie die der organischen Phosphatverbindungen, und es wirkt vergleichsweise selektiv: Die einzelnen Stämme des Bakteriums synthetisieren Endotoxine, die gegen die Larven verschiedener Insektengruppen wirken (Tab. 15.1).

Das δ-Endotoxinprotein, das sich in den Bakterienzellen ansammelt, ist ein inaktiver Vorläufer. Wenn das Insekt ihn aufgenommen hat, wird er von Proteinasen gespalten, und die so entstehenden kürzeren Proteinmoleküle entfalten die Giftwirkung: Sie binden an die Darminnenseite des Insekts und schädigen dort das Epithel, sodass das Tier nicht mehr fressen kann und schließlich verhungert (Abb. 15.1). Die unterschiedliche Struktur der Bindungsstellen bei den einzelnen Insektengruppen ist wahrscheinlich die Ursache für die hohe Spezifität der verschiedenen Typen der δ-Endotoxine.

Die Toxine von *B. thuringensis* sind keine neue Entdeckung: Das erste Patent für ihren Einsatz im Pflanzenschutz wurde schon 1904 erteilt. Im Laufe der Jahre gab es immer wieder Versuche, sie als umweltfreundliche Insektizide zu vermarkten, aber dabei erweist sich die biologische Abbaubarkeit als Nachteil: Man muss die Präparate während der Vegetationsperiode wiederholt anwenden, was den Kostenaufwand der Landwirte steigen lässt. In der Forschung geht es deshalb um die Entwicklung von δ-Endotoxinen, die nicht in regelmäßigen Abständen ausgebracht werden müssen. In einem solchen Projekt versucht man, die Struktur des Toxins durch Proteindesign (Abschnitt 11.3.2) stabiler zu machen. Ein anderer Ansatz besteht darin, die Pflanzen gentechnisch so zu verändern, dass sie ihr eigenes Toxin produzieren.

Klonierung des δ-Endotoxingens in Mais

Der Mais gehört zu den Nutzpflanzen, bei denen herkömmliche Insektizide nicht viel ausrichten. Ein wichtiger Schädling ist der Maiszünsler (*Ostrinia*

Abb. 15.2 Wichtige Schritte bei der Herstellung gentechnisch veränderter Maispflanzen, die ein künstliches Gen für ein δ-Endotoxin exprimieren (Bildrechte T. A. Brown)

a. Synthese eines künstlichen Gens für δ-Endotoxin

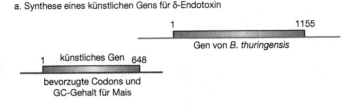

b. Anheften von Promotor und Polyadenylierungssignal

c. PCR-Analyse ausgewachsener Pflanzen

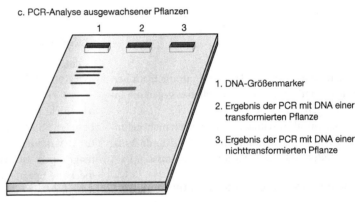

1. DNA-Größenmarker
2. Ergebnis der PCR mit DNA einer transformierten Pflanze
3. Ergebnis der PCR mit DNA einer nichttransformierten Pflanze

nubilialis); seine Larve bohrt sich aus dem Ei, das an der Blattunterseite abgelegt wird, in die Pflanze hinein und entgeht so den durch Spritzen aufgebrachten Insektiziden. Erste Versuche, Maispflanzen gentechnisch zur Synthese eines β-Endotoxins anzuregen und dem Schädling entgegenzuwirken, unternahmen Pflanzengentechniker im Jahr 1993. Sie arbeiteten mit der Toxinform CryIA(b); dieses Protein besteht aus 1155 Aminosäuren, wobei der Abschnitt zwischen den Aminosäuren Nummer 29 und 607 für die toxische Wirkung verantwortlich ist. Die Arbeitsgruppe isolierte nicht das natürliche Gen, sondern sie stellte durch künstliche DNA-Synthese eine kürzere Form mit den ersten 648 Codons her. Durch dieses Verfahren ergab sich die Möglichkeit, das Gen abzuwandeln und so für eine bessere Expression in den Maispflanzen zu sorgen. Man baute in das künstliche Gen zum Beispiel Codons ein, die der Mais bekanntermaßen bevorzugt verwendet, und brachte den Gesamt-GC-Gehalt des Gens auf 65 Prozent, während das natürliche Bakteriengen nur 38 Prozent GC enthält (Abb. 15.2a). Das künstliche Gen wurde zwischen einem Promotor und einem Polyadenylierungssignal des Blumenkohlmosaikvirus (Abb. 15.2b) in einen Kassettenvektor ligiert (Abschnitt 13.1.2) und durch Beschuss mit DNA-beschichteten Mikroprojektilen (Abschnitt 5.5.1) in Maisembryonen eingeschleust. Anschließend ließ man die Embryonen zu reifen Pflanzen heranwachsen; die Transformanten identifizierte man durch PCR-Analyse von DNA-Extrakten mit Primern, die für einen Abschnitt des künstlichen Gens spezifisch waren (Abb. 15.2c).

Im nächsten Schritt stellte man mit einem immunologischen Test fest, ob die transformierten Pflanzen das δ-Endotoxin synthetisierten. Wie sich herausstellte, war das künstliche Gen tatsächlich aktiv, aber die Menge des synthetisierten

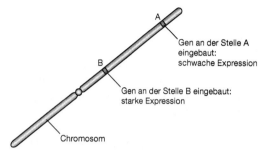

◘ Abb. 15.3 Der Positionseffekt (Bildrechte T. A. Brown)

◘ Abb. 15.4 Das CryIIA(a2)-Operon (Bildrechte T. A. Brown)

δ-Endotoxins war von Pflanze zu Pflanze unterschiedlich: Die Gesamtmenge des Toxins lag zwischen 250 und 1 750 Nanogramm pro Milligramm des gesamten Proteins. Diese Unterschiede waren wahrscheinlich eine Folge von **Positionseffekten**. Die Expressionsstärke eines in einer Pflanze oder einem Tier klonierten Gens hängt nämlich oft von seiner Lage auf den Wirtschromosomen ab. (◘ Abb. 15.3).

Waren die transformierten Pflanzen nun resistent gegen die Angriffe des Maiszünslers? Dies wurde in Freilandversuchen untersucht, bei denen man transformierte und normale Maispflanzen künstlich mit den Larven infizierte und dann sechs Wochen lang die Auswirkungen des Schädlingsbefalls beobachtete. Zur Beurteilung dienten zwei Kriterien: das Ausmaß der Schäden an den Blättern und die Länge der Gänge, welche die Larven in die Pflanzen gebohrt hatten. Nach beiden Maßstäben waren die transformierten Pflanzen in einem besseren Zustand als die normalen. Insbesondere die Länge der gebohrten Gänge ging von durchschnittlich 40,7 Zentimetern bei den Vergleichspflanzen auf 6,3 Zentimeter bei den gentechnisch veränderten Pflanzen zurück. Dies entspricht einer deutlich verbesserten Resistenz.

Klonierung von δ-Endotoxingenen in Chloroplasten

Ein Einwand gegen die Verwendung gentechnisch veränderter Nutzpflanzen lautet: Das klonierte Gen könnte aus der veränderten Pflanze entkommen und sich in einem Unkraut ansiedeln. Aus biologischer Sicht ist ein solches Szenario sehr unwahrscheinlich, denn der von einer Pflanze produzierte Pollen kann in der Regel nur den Fruchtknoten einer Pflanze derselben Art befruchten; deshalb ist mit der Übertragung eines Gens von einer Nutzpflanze auf ein Unkraut sehr unwahrscheinlich. Völlig unmöglich kann man einen solchen Vorgang machen, wenn man das klonierte Gen nicht im Zellkern unterbringt, sondern in den Chloroplasten der Pflanze. Ein im Chloroplastengenom eingebautes Gen kann nicht auf dem Weg über den Pollen aus einer Pflanze entkommen, denn Pollenkörner enthalten keine Chloroplasten.

In einem experimentellen System ist es gelungen, Chloroplasten von Tabakpflanzen zur Synthese des δ-Endotoxinproteins zu veranlassen. Man bediente sich dazu des Gens CryIIA(a2), weil das von ihm codierte Protein bei einem breiteren Artenspektrum als dem der CryIA-Toxine toxisch wirkt: Es tötet nicht nur Schmetterlings-, sondern auch Zweiflüglerlarven (◘ Tab. 15.1). Im Genom von *B. thuringensis* ist CryIIA(a2) das dritte Gen in einem kurzen Operon; die beiden ersten Gene codieren Proteine, die an der Faltung und Weiterverarbeitung des δ-Endotoxins mitwirken (◘ Abb. 15.4). Chloroplasten haben als Ort für die Synthese rekombinanter Proteine unter anderem den Vorteil, dass der Genexpressionsapparat der Chloroplasten dem von Bakterien ähnelt (Chloroplasten waren früher frei lebende Prokaryoten) und alle Gene eines Operons exprimieren kann. Dagegen muss man Gene, die man in das Genom im Zellkern einer Pflanze (oder auch eines Tiers) einschleusen will, immer einzeln zusammen mit ihren Promotoren und anderen Expressionssignalen klonieren; dies macht es sehr schwierig, mehrere Gene gleichzeitig in die Zellen einzuschleusen.

Mit Biolistik (Abschnitt 5.5.1) schleuste man das CryIIA(a2)-Operon in die Zellen von Tabakblättern ein. Der Einbau ins Chloroplastengenom wurde dadurch bewerkstelligt, dass man Sequenzen der Chloroplasten an das Operon koppelte (Abschnitt 7.2.2) und dann streng auf Kanamycinresistenz selektierte, indem man Blattabschnitte bis zu 13 Wochen lang auf kanamycinhaltigen Agar legte. Transgene Sprösslinge, die aus den Blattstücken herauswuchsen, wurden dann in ein Medium gebracht, das die Wurzelbildung anregte; anschließend konnte man die Pflanzen heranzüchten.

Das Gewebe dieser gentechnisch veränderten Pflanzen produzierte das CryIIA(a2)-Protein in bemerkenswert großen Mengen: Das Toxin machte über 45 Prozent der gesamten löslichen Proteine aus, mehr als in jedem anderen Pflanzen-Klonierungsexperiment zuvor. Die starke Expression war mit ziemlicher Sicherheit auf das Zusammenwirken mehrerer Effekte zurückzuführen: Das Transgen lag in den Zellen in hoher Kopienzahl vor (es gibt in jeder Zelle viele Chloroplastengenome, aber nur zwei Exemplare des Genoms im Zellkern), und die Chloroplasten produzierten auch die beiden Helferproteine, die in den anderen Genen des CryIIA(a 2)-Operons codiert sind. Wie nicht anders zu erwarten, waren die Pflanzen für entsprechend anfällige Insektenlarven äußerst giftig. Larven des Baumwollkapselwurms und der Zuckerrübeneule, die man auf die Pflanzen setzte, waren nach fünf Tagen ausnahmslos tot; nennenswerte Schäden waren nur an den Blättern von Pflanzen zu sehen, die mit den Larven der Zuckerrübeneule in Kontakt gekommen waren, denn diese besitzen von Natur aus eine relativ starke Resistenz gegen δ-Endotoxine. Die Pflanzen selbst wurden offenbar durch die großen Toxinmengen in ihrem Blattgewebe nicht beeinträchtigt: In Wachstumsgeschwindigkeit, Chlorophyllgehalt und Photosyntheseleistung waren die gentechnisch veränderten Pflanzen von ihren natürlichen Artgenossen nicht zu unterscheiden. Versuche, das Experiment mit Mais, Baumwolle und anderen wichtigeren Nutzpflanzen zu wiederholen, wurden jedoch dadurch behindert, dass es schwierig ist, die Chloroplasten anderer Pflanzen als Tabak zu transformieren (Abschnitt 7.2.2).

Überwindung der Resistenz von Insekten gegen δ-endotoxinhaltige Pflanzen

Wie man schon seit langem weiß, kann die Synthese von δ-Endotoxinen nach einigen Jahren ihre Wirkung verlieren, weil sich in den Insektenbeständen, die sich von solchen Pflanzen ernähren, Resistenzen entwickeln. Dies ist eine natürliche Folge, wenn diese Bestände hohen Toxinkonzentrationen ausgesetzt sind, und es kann dazu führen, dass die gentechnisch veränderten Pflanzen schon nach wenigen Jahren nicht besser sind als ihre unveränderten Vettern. Es wurden verschiedene Strategien vorgeschlagen, mit denen man die Entwicklung δ-endotoxinresistenter Insekten verhindern kann. Eine der ersten Ideen betraf die Entwicklung von Nutzpflanzen, die sowohl die CryI- als auch die CryII-Gene exprimieren; dahinter stand die Überlegung, dass sich in einer Insektenpopulation wohl kaum Resistenzen gegen diese beiden sehr unterschiedlichen Toxine entwickeln können (Abb. 15.5a). Ob dieses Argument zutrifft, ist bisher nicht geklärt. In den meisten dokumentierten Fällen von δ-Endotoxinresistenz war das Wirkungsspektrum sehr eng: Die zuvor beschriebenen CryIIA(a2)-Tabakpflanzen zum Beispiel waren für Baumwollkapselwürmer giftig, und zwar unabhängig davon, ob diese gegen CryIA(b) resistent waren oder nicht. Manche Stämme von Mehlmottenlarven, die Pflanzen mit dem CryIA(c)-Toxin fraßen, entwickelten jedoch eine Resistenz, die sie auch gegen die CryII-Toxine schützte. Auf jeden Fall wäre es riskant, sich mit einer Strategie zur Resistenzvermeidung auf begrenzte Annahmen über das genetische Potenzial der Schädlinge zu stützen.

Eine Alternative könnte darin bestehen, die Toxinproduktion gentechnisch so zu steuern, dass das Gift nur in den schutzbedürftigen Teilen der Pflanze gebildet wird. Bei einer Nutzpflanze wie Mais zum Beispiel könnte man an Pflanzenteilen, die nicht zur Frucht werden, gewisse Schäden in Kauf nehmen – wichtig ist nur, dass das Wachstum der Maiskolben nicht beeinträchtigt wird (Abb. 15.5b). Wird das Toxin nur im späten Stadium des pflanzlichen Lebenszyklus während der Entwicklung der Maiskolben exprimiert, sind die Insekten dem Toxin insgesamt weniger ausgesetzt, ohne dass der Wert der Pflanze sich vermindern würde. Mit dieser Strategie könnte man vielleicht das Auftreten der Resistenz hinauszögern, aber dass sie sich damit ganz verhindern lässt, ist unwahrscheinlich.

Eine dritte Strategie besteht darin, gentechnisch veränderte und unveränderte Pflanzen gemeinsam anzubauen, sodass die Insekten sich auf einem Feld

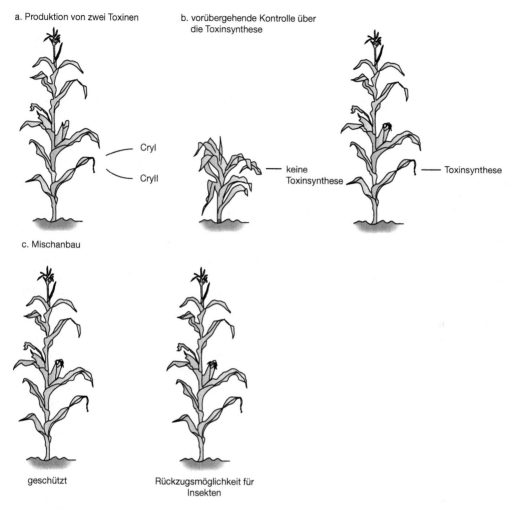

● **Abb. 15.5** Drei Strategien, mit denen man bei den Insekten der Entstehung von Resistenzen gegen δ-Endotoxin-produzierende Pflanzen entgegenwirken will (Bildrechte T. A. Brown)

auch ernähren können, ohne mit dem von der gentechnisch veränderten Form produzierten Toxin in Kontakt zu kommen (● Abb. 15.5c). Die nicht veränderten Pflanzen dienen den Insekten also als Rückzugsgebiet und sorgen dafür, dass die Insektenpopulation ständig einen hohen Anteil nicht resistenter Individuen umfasst. Da alle bisher bekannten δ-Endotoxin-Resistenzphänotypen rezessiv sind, bleiben auch heterozygote Individuen, die aus der Paarung zwischen einem empfindlichen und einem resistenten Insekt hervorgehen, selbst wiederum empfindlich, sodass der Anteil der resistenten Individuen in der Population »verdünnt« wird. Sowohl mit Feldversuchen als auch mit theoretischen Modellen wurde versucht, für einen solchen Mischanbau die effizienteste Strategie zu finden. In der Praxis hängen Erfolg oder Scheitern in hohem Maße davon ab, wie die Landwirte die Pflanzen anbauen; sie müssen sich dabei genau an die von der Wissenschaft vorgegebenen Schemata halten, obwohl dies zu einem Produktivitätsrückgang und Schäden an den nicht gentechnisch veränderten Pflanzen führt. Auch sie beinhaltet ein Risikoelement. Ob ein Projekt mit gentechnisch veränderten Nutzpflanzen Erfolg hat, hängt ganz eindeutig nicht nur von der Klugheit der Gentechniker ab.

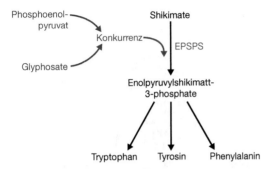

◘ Abb. 15.6 Glyphosat konkurriert in der von EPSPS katalysierten Synthese von Enolpyruvylshikimat-3-phosphat mit dem Phosphoenolpyruvat und hemmt deshalb die Synthese von Tryptophan, Tyrosin und Phenylalanin (Bildrechte T. A. Brown)

15.1.2 Herbizidresistente Nutzpflanzen

Die Produktion von δ-Endotoxinen konnte man mit gentechnischen Mitteln bei sehr unterschiedlichen Nutzpflanzen in Gang setzen, so bei Mais, Baumwolle, Reis, Kartoffeln und Tomaten. Allerdings sind dies nicht die gentechnisch veränderten Nutzpflanzen, die heute am meisten angebaut werden. Unter kommerziellen Gesichtspunkten am wichtigsten sind derzeit transgene Pflanzen, die resistent gegen das Herbizid Glyphosat sind. Dieses Unkrautvernichtungsmittel, das heute von Landwirten und Gärtnern in großem Umgang eingesetzt wird, ist umweltfreundlich: Für Insekten und andere Tiere ist es ungiftig, und es verbleibt nur kurze Zeit im Boden; schon nach einigen Tagen wird es zu ungefährlichen Produkten abgebaut. Aber Glyphosat tötet alle Pflanzen ab, die Unkräuter ebenso wie die nützlichen Arten; deshalb muss man es auf den Feldern sehr vorsichtig ausbringen, damit das Wachstum des Unkrauts gehemmt wird, ohne dass die Nutzpflanzen Schaden nehmen. Deshalb sind gentechnisch veränderte, glyphosatresistente Nutzpflanzen sehr wünschenswert: Mit ihnen könnte man das Herbizid nach weniger strengen Vorschriften und damit kostengünstiger einsetzen.

»Roundup-Ready«-Nutzpflanzen

Die ersten gentechnisch veränderten, glyphosatresistenten Nutzpflanzen erzeugte das Unternehmen Monsanto Co. In Anlehnung an den Markennamen des Herbizids wurden sie als »Roundup Ready« bezeichnet. Diese Pflanzen enthalten abgewandelte Gene für das Enzym Enolpyruvylshikimat-3-phophatsynthase (EPSPS), das Shikimat und Phosphoenolpyruvat (PE) zu Enolpyruvylshikimat-3-phosphat umsetzt, einen unentbehrlichen Vorläufer in der Synthese der Aminosäuren Tryptophan, Tyrosin und Phenylalanin (◘ Abb. 15.6). Glyphosat konkurriert mit dem PEP um die Bindung an der Enzymoberfläche, hemmt damit die Synthese des Enolpyruvylshikimat-3-phosphats und verhindert, dass die Pflanzen die drei genannten Aminosäuren bilden. Ohne diese Aminosäuren geht die Pflanze schnell zu Grunde.

Die ersten gentechnisch veränderten Pflanzen produzierten EPSPS in übermäßig großer Menge: man rechnete damit, dass sie höhere Glyphosatdosen vertrugen als unveränderte Pflanzen. Aber diese Vorgehensweise führte nicht zum Erfolg: Man konnte zwar Pflanzen erzeugen, die das 8 fache der normalen EPSPS-Menge produzierten, aber die daraus entstehende höhere Glyphosatverträglichkeit reichte nicht aus, um die Pflanzen unter Freilandbedingungen vor dem Herbizid zu schützen.

Deshalb suchte man nach einer Spezies, deren EPSPS gegen die Hemmung durch Glyphosat resistent ist, sodass man mit dem zugehörigen Gen auch die Resistenz auf eine Nutzpflanze übertragen kann. Nachdem man die Enzyme verschiedener Bakterien und einer mutierten, glyphosatresistenten Petunienart untersucht hatte, entschied man sich für das EPSPS-Gen aus dem *Agrobacterium*-Stamm CP4, in dem sich eine hohe katalytische Aktivität mit hoher Resistenz gegen das Herbizid verbindet. Die EPSPS ist in den Chloroplasten der Pflanzen angesiedelt, deshalb klonierte man das EPSPS-Gen aus *Agrobacterium* in einem Ti-Vektor; das Produkt war ein Fusionsprotein mit einer Leadersequenz, die das Enzym durch die Chloroplastenmembran in die Organellen dirigierte. Mit Biolistik brachte man den rekombinanten Vektor dann in eine Sojabohnen-Kalluskultur. Nachdem man daraus Pflanzen regeneriert hatte stellte sich heraus, dass ihre Herbizidresistenz sich um das Dreifache verstärkt hatte.

Eine neue Generation glyphosatresistenter Nutzpflanzen

In den letzten Jahren wurden »Roudup Ready«-Sorten verschiedener Nutzpflanzen hergestellt,

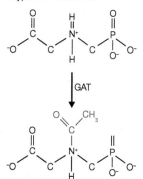 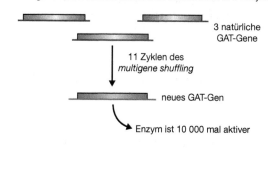

Abb. 15.7 Der Einsatz der Glyphosat-*N*-Acetyltransferase zur Herstellung von Pflanzen, die Glyphosat unschädlich machen. a) GAT macht Glyphosat durch Anheften einer Acetylgruppe (rot) unschädlich. b) Herstellung eines hoch aktiven GAT-Enzyms durch *multigene shuffling* (Bildrechte T. A. Brown)

und einige davon, insbesondere Sojabohnen und Mais, werden in den USA und anderen Regionen der Erde routinemäßig angebaut. Diese Pflanzen zerstören aber das Glyphosat nicht, das heißt, das Herbizid kann sich am Pflanzengewebe anreichern. Glyphosat ist für Menschen und Tiere ungiftig, die Verwendung solcher Pflanzen als Lebens- oder Futtermittel sollte also unbedenklich sein, aber das angereicherte Herbizid kann die Fortpflanzung der Pflanzen beeinträchtigen. Außerdem hat sich herausgestellt, dass die Resistenz der »Roundup Ready«-Sorten bei manchen Pflanzen, insbesondere beim Weizen, zu gering ist und keinen nennenswerten wirtschaftlichen Nutzen bringt.

Bis vor Kurzem gab es nur vereinzelte Berichte über Organismen, die Glyphosat aktiv abbauen können. Beim Durchmustern von Mikroorganismensammlungen stellte sich jedoch heraus, dass diese Fähigkeit bei Bakterien der Gattung *Bacillus* relativ weit verbreitet ist: Sie besitzen ein Enzym, das heute als Glyphosat-*N*-acetyltransferase (GAT) bezeichnet wird und das Glyphosat unschädlich macht, indem es an das Enzymmolekül eine Acetylgruppe anfügt (◘ Abb. 15.7a) Die beste Entgiftungsfähigkeit besitzt nach heutiger Kenntnis ein Stamm von *B. licheniformis*, aber selbst dieses Bakterium macht das Glyphosat so langsam unschädlich, dass seine Übertragung in eine Nutzpflanze keinen Zweck hätte.

Lässt sich die Aktivität der von *B. licheniformis* produzierten GAT steigern? Einen Weg wies die Entdeckung, dass das Bakterium für dieses Enzym drei verwandte Gene besitzt. Man setzte eine als ***multigene shuffling*** bezeichnete Form der **gerichteten Evolution** ein. Dabei nimmt man aus mehreren Genen einer Genfamilie jeweils einzelne Abschnitte und setzt diese Teile zu neuen Genvarianten zusammen. In jedem Stadium werden alle Varianten in *E. coli* kloniert, und durch Messung der GAT-Aktivität dieser rekombinanten Kolonien identifiziert man die aktivsten Gene, die dann als Ausgangsmaterial für die nächste Runde der Neukombination dienen. Nach elf solchen Zyklen hatte man ein GAT-Gen in der Hand, dessen zugehöriges Enzym 10 000-mal so aktiv war wie das Enzym aus dem ursprünglichen Stamm von *B. licheniformis* (◘ Abb. 15.7b). Dieses Gen wurde in Mais eingeschleust, und die so entstandenen gentechnisch veränderten Pflanzen vertrugen eine Glyphosatkonzentration, die sechsmal so hoch war wie die normalerweise von Bauern zur Unkrautbekämpfung eingesetzte Dosis. Die Produktivität der Pflanzen war dennoch nicht beeinträchtigt. Diese neue Form der gentechnisch erzeugten Glyphosatresistenz wird derzeit genauer untersucht; man will herausfinden, ob sie eine echte Alternative zu den »Roundup Ready«-Sorten darstellt.

15.1.3 Andere Projekte, bei denen Gene hinzugefügt wurden

Nutzpflanzen, die δ-Endotoxine oder Enzyme für die Glyphosatresistenz produzieren, sind keineswegs die einzigen Beispiele dafür, wie man Pflanzen durch das Hinzufügen von Genen verändern kann. Einige weitere derartige Projekte sind in ◘ Tab. 15.2 aufgeführt. Darunter ist unter anderem ein weiteres Mittel zur Erzeugung von Insektenresistenz mit Genen, die Proteinaseinhibitoren codieren, kleine Polypeptide, die im Insektendarm die Enzyme hemmen und damit das Wachstum der Tiere verlangsamen oder verhindern. Proteinaseinhibitoren werden in der Natur von mehreren Pflanzenarten produziert, insbesondere von Bohnen und anderen Leguminosen; deren Gene wurden in andere Nutzpflanzen übertragen, welche die betreffenden Proteine normalerweise nicht in nennenswerten Mengen produzieren. Besonders gut wirken die Inhibitoren gegen Käferlarven, die sich von Pflanzensamen ernähren, und deshalb sind sie vielleicht bei Pflanzen, deren Samen über längere Zeit gelagert werden, eine bessere Alternative zu den δ-Endotoxinen. Andere Projekte beschäftigen sich mit der Möglichkeit, den Nährwert von Nutzpflanzen durch gentechnische Abwandlung zu verbessern, beispielsweise indem man ihren Gehalt an essentiellen Aminosäuren steigert und die biochemischen Vorgänge in den Pflanzen so verändert, dass ein größerer Teil der in ihnen enthaltenen Nährstoffe durch die Verdauungsorgane von Tieren und Menschen verwertet werden kann. In einem ganz anderen kommerziellen Anwendungsbereich schließlich stellt man Zierpflanzen mit ungewöhnlichen Blütenfarben her, indem man Gene für die Pigmentproduktion von einer Spezies zur anderen überträgt.

15.2 Inaktivierung von Genen

In einer lebenden Pflanze kann mit mehreren Methoden ein einzelnes Gen gezielt inaktiviert werden. Die größten Erfolge hatte man bisher mit der **Antisense-Technik**.

15.2.1 Antisense-RNA und die gentechnische Veränderung der Reifung von Tomaten

Um deutlich zu machen, wie die Antisense-RNA in der Pflanzengentechnik eingesetzt wird, betrachten wir als Beispiel die Herstellung von Tomaten mit verzögerter Reifung. Diese wichtige gentechnische Veränderung führte zu einer der ersten gentechnisch veränderten Pflanzensorten, die allgemein als Lebensmittel zugelassen wurden.

Tomaten und andere weiche Früchte, die man vermarkten will, werden heute meist unreif geerntet, damit man sie zu den Großmärkten transportieren kann, bevor sie zu faulen beginnen. Dies ist notwendig, wenn das Ganze wirtschaftlich sinnvoll sein soll, bringt aber das Problem mit sich, dass die meisten Früchte nicht das volle Aroma entwickeln, wenn man sie erntet, bevor sie ganz reif sind. Tomaten aus der Massenproduktion schmecken häufig fade, sodass sie für den Verbraucher an Attraktivität verlieren. Auf zwei Wegen verlangsamte man mithilfe der Antisense-Technik die Reifung der Tomaten. Solche Früchte kann der Landwirt so lange an der Pflanze reifen lassen, bis sich der Geschmack vollständig entwickelt hat – es bleibt immer noch genügend Zeit für den Transport, bevor die Fäulnis einsetzt.

Inaktivierung des Gens für Polygalacturonidase

Der zeitliche Ablauf der Fruchtentwicklung wird in Tagen oder Wochen nach der Blüte bemessen. Bei der Tomate dauert er insgesamt etwa acht Wochen, und ungefähr nach sechs Wochen setzen die im Zusammenhang mit der Reifung stehenden Farb- und Geschmacksveränderungen ein. Etwa zu dieser Zeit werden mehrere Gene eingeschaltet, die mit den letzten Reifungsstadien zu tun haben, darunter auch das für das Enzym Polygalacturonidase (◘ Abb. 15.8). Dieses Enzym baut allmählich den Polygalacturonsäureanteil der Zellwände im Fruchtfleisch ab, sodass die Früchte immer weicher werden. Durch die Erweichung werden die Früchte essbar, geht sie aber zu weit, werden die Tomaten matschig, sodass sie nur noch für Studenten mit beschränkten Finanzmitteln attraktiv sind.

◘ **Tab. 15.2** Einige Projekte, bei denen man Pflanzen neue Gene einpflanzt

Gen für	Herkunft	neue Eigenschaft der transformierten Pflanze
δ-Endotoxin	*Bacillus thuringensis*	Insektenresistenz
Proteinaseinhibitoren	verschiedene Leguminosen	Insektenresistenz
Chitinase	Reis	Pilzresistenz
Glucanase	Alfalfa	Pilzresistenz
Ribosomen inaktivierendes Protein	Gerste	Pilzresistenz
Ornithin-Carbamyltransferase	*Pseudomonas syringae*	Bakterienresistenz
RNA-Polymerase, Helicase	Kartoffel-Blattrollvirus	Virusresistenz
Satelliten-RNAs	verschiedene Viren	Virusresistenz
Virushüllproteine	verschiedene Viren	Virusresistenz
$2'$-$5'$-Oligoadenylatsynthetase	Ratte	Virusresistenz
Acetolactatsynthase	*Nicotiana tabacum*	Herbizidresistenz
Enolpyruvyl-Shikimat-$3'$-Phosphat-synthase	*Agrobacterium* spp.	Herbizidresistenz
Glyphosat-Oxidoreductase	*Ochrobacterium anthropi*	Herbizidresistenz
Glyphosat-N-Acetyltransferase	*B. licheniformis*	Herbizidresistenz
Nitrilase	*Klebsiella ozaenae*	Herbizidresistenz
Phosphinotricinacetyltransferase	*Streptomyces* spp.	Herbizidresistenz
Phosphatidylinositol-spezifische Phospholipase C	Mais	Trockentoleranz
Barnase-Ribonuclease- Inhibitor	*Bacillus amyloliquefaciens*	Pollensterilität
DNA-Adeninmethylase	*E. coli*	Pollensterilität
methioninreiches Protein	brasilianische Nüsse	höherer Schwefelgehalt
1-Aminocyclopropan-1-Carbonsäure-Desaminase	verschiedene	veränderte Fruchtreifung
S-Adenosylmethionin- Hydrolase	Bakteriophage T3	veränderte Fruchtreifung
Monellin	*Thaumatococcus danielli*	Süße
Thaumatin	*T. danielli*	Süße
Acyl-Trägerprotein- Thioesterase	*Umbellularia californica*	veränderter Fett-/Ölgehalt
Delta-12-Desaturase	*Glycine max*	veränderter Fett-/Ölgehalt
Dihydroflavanolreductase	verschiedene Blütenpflanzen	veränderte Blütenfarbe
Flavonoidhydrolase	verschiedene Blütenpflanzen	veränderte Blütenfarbe

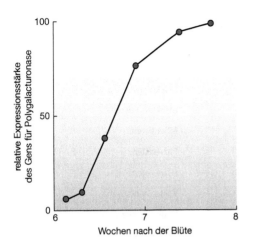

■ Abb. 15.8 Die zunehmende Expression des Gens für Polygalacturonidase im Spätstadium der Fruchtreifung (Bildrechte T. A. Brown)

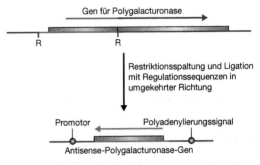

■ Abb. 15.9 Die Konstruktion eines Antisense-»Gens« für Polygalacturonidase. R bezeichnet die Restriktionsstellen (Bildrechte T. A. Brown)

Durch die partielle Inaktivierung des Gens für Polygalacturonidase könnte man die Zeit zwischen Geschmacksentfaltung und Weichwerden verlängern und das Verderben der Früchte hinauszögern. Um diese Hypothese zu überprüfen, beschafften sich die Wissenschaftler aus dem 5′-Bereich des normalen Gens für Polygalacturonidase ein Restriktionsfragment von 730 bp, das knapp die Hälfte der codierenden Sequenz umfasste (■ Abb. 15.9). Das Fragment wurde umgedreht; an den Anfang seiner Sequenz fügte man einen Promotor des Blumenkohlmosaikvirus an, und an das Ende hängt man ein pflanzliches Polyadenylierungssignal. Dieses Konstrukt ligierte man mit dem Ti-Plasmidvektor pBIN19 (Abschnitt 7.2.1). In der Pflanze sollte die Transkription vom Promotor des Blumenkohlmosaikvirus aus zur Synthese einer Antisense-RNA führen, die komplementär zur ersten Hälfte der Polygalacturonidase-mRNA war. Aufgrund früherer Versuche mit Antisense-RNA ging man davon aus, dass dies ausreichte, um die Translation der gewünschten mRNA zu vermindern oder völlig zu unterbinden.

Zur Transformation brachte man die rekombinierten pBIN19-Moleküle in Zellen von *Agrobacterium tumefaciens*, mit denen man anschließend Stielstücke von Tomatenpflanzen infizierte. Kleine Kallusstücke, die von der Oberfläche der Stielabschnitte entnommen worden waren, testete man daraufhin, ob sie auf kanamycinhaltigem Agar wuchsen (pBIN19 trägt, wie bereits erläutert wurde, ein Gen für Kanamycinresistenz; ■ Abb. 7.14). Die resistenten Transformanten ließ man zu vollständigen Pflanzen heranwachsen.

Wie sich die Synthese der Antisense-RNA auf die Menge der Polygalacturonidase-mRNA in den Zellen der reifenden Früchte auswirkte, wurde ebenfalls durch Northern-Hybridisierung überprüft, dieses Mal aber mit einer anderen einzelsträngigen DNA-Sonde, die für die normale mRNA spezifisch war. In diesen Experimenten stellte sich heraus, dass die transformierten Pflanzen weniger Polygalacturonidase-mRNA enthielten als die normalen Pflanzen. Wie viel Polygalacturonidase in den reifenden Früchten der transformierten Pflanzen produziert wurde, schätzte man anhand der Intensität der betreffenden Banden ab, die sich nach der Proteintrennung in der Polyacrylamid-Gelelektrophorese zeigten, sowie auch durch unmittelbare Messung der Enzymaktivität in den Früchten. Es zeigte sich, dass das Enzym in den transformierten Früchten in geringerer Menge gebildet wurde (■ Abb. 15.10). Am wichtigsten aber war: Die transformierten Früchte wurden zwar nach und nach weicher, konnten aber viel länger gelagert werden, bevor sie zu faulen begannen. Das wies darauf hin, dass die Antisense-RNA das Gen für die Polygalacturonidase nicht vollständig inaktiviert hatte; seine Expression war allerdings so weit vermindert, dass die Reifung in der gewünschten Weise verzögert wurde. Diese Tomaten, die unter dem Namen »FlavrSavr« vermarktet wurden, gehörten zu den ersten gentechnisch veränderten Pflanzen, die allgemein zum Verkauf zugelassen wurden;

sie tauchten 1994 erstmals in US-amerikanischen Supermärkten auf.

Inaktivierung der Ethylensynthese mit Antisense-RNA

Der wichtigste Auslöser, der bei Tomaten im Spätstadium der Reifung die Gene anschaltet, ist das Ethylen: Es ist zwar ein Gas, wirkt aber bei vielen Pflanzen als Hormon. Ein zweiter Weg zur Verzögerung der Fruchtreifung könnte also darin bestehen, dass man bei den Pflanzen durch gentechnische Veränderungen die Ethylensynthese unterbindet. Früchte solcher Pflanzen würden sich in den ersten sechs Wochen normal entwickeln, könnten aber den Reifungsprozess nicht abschließen. Solche unreifen Früchte könnte man dann zu den Großmärkten transportieren, ohne dass man das Verderben der Ware fürchten müsste. Bevor sie an die Verbraucher verkauft oder zu Produkten wie Tomatenmark verarbeitet werden, begast man sie mit Ethylen und setzt so künstlich die Reifung in Gang.

Der vorletzte Schritt im biochemischen Reaktionsweg der Ethylensynthese ist die Umwandlung von S-Adenosylmethionin in 1-Aminocyclopropan-1-carbonsäure (ACC), den unmittelbaren Vorläufer des Ethylens. Dieser Schritt wird von einem Enzym namens ACC-Synthase katalysiert. Wie die Polygalacturonase, so wurde auch die ACC-Synthase inaktiviert, indem man in Tomaten eine verkürzte Form des normalen ACC-Synthase-Gens klonierte, das in umgekehrter Orientierung in den Klonierungsvektor eingebaut war. Dieses Konstrukt sorgte also für die Synthese einer Antisense-Version der mRNA für die ACC-Synthase. Nach der Regeneration ließ man die gentechnisch veränderten Pflanzen heranwachsen, bis sie Früchte trugen, und nun stellte sich heraus, dass sie nur zwei Prozent der Ethylenmenge natürlicher Pflanzen produzierten. Dieser Rückgang war mehr als ausreichend, um den Reifungsprozess in den Früchten zu unterbrechen. Die Tomaten kamen unter dem Sortennamen »Endless Summer« auf den Markt.

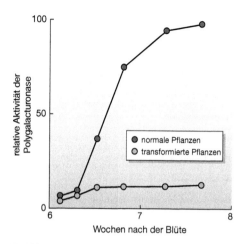

Abb. 15.10 Aktivitätsunterschiede der Polygalacturonidase in normalen Tomaten und solchen, die das entsprechende Antisense-»Gen« exprimieren (Bildrechte T. A. Brown)

15.2.2 Weitere Beispiele für den Einsatz der Antisense-RNA in der Pflanzengentechnik

Allgemein gesagt, sind die Anwendungsmöglichkeiten für die Inaktivierung von Genen in der Pflanzengentechnik wahrscheinlich weniger breit gestreut als für das Hinzufügen von Genen. Es ist leichter vorstellbar, dass einer Pflanze nützliche Eigenschaften fehlen und dass sie diese durch Hinzufügen von Genen annehmen könnte, als dass eine Pflanze nachteilige Merkmale besitzt und diese durch die Inaktivierung der betreffenden Gene beseitigt werden könnten. Immer mehr Projekte der Pflanzengentechnik beschäftigen sich aber auch mit der Inaktivierung von Genen (Tab. 15.3), und die Bedeutung dieses Verfahrens wird vermutlich noch zunehmen, wenn die Wissenslücken hinsichtlich des Mechanismus der Antisense-Technik allmählich verschwinden.

15.3 Probleme mit gentechnisch veränderten Pflanzen

Die Tomate, deren Reifung durch die Inaktivierung eines Gens hinausgezögert wurde, war eine der ersten gentechnisch veränderten Pflanzen, die für die allgemeine Vermarktung zugelassen wurden.

Tab. 15.3 Einige Projekte zur Inaktivierung von Genen bei Pflanzen

Gen	veränderte Eigenschaft
Polygalacturonidase	Verzögerung der Fäulnis bei Tomaten
1-Aminocyclopropan-1-Carboxylsäuresynthase	veränderte Fruchtreifung bei Tomaten
Polyphenoloxidase	Verhinderung der Verfärbung von Obst und Gemüse
Stärkesynthase	Verringerung des Stärkegehalts
Delta-12-Desaturase	hoher Oleinsäuregehalt bei Sojabohnen
Chalconsynthase	Veränderung der Blütenfarbe bei verschiedenen Blumen
1D-*myo*-inositol-3-phosphat-Synthase	Verringerung des Gehalts an unverdaulichem Phosphor in Reiskörnern

Unter anderem aus diesem Grund führten Wissenschaftler und andere interessierte Gruppen heftige Auseinandersetzungen um die sicherheitstechnischen und ethischen Fragen, die sich auf unserer Fähigkeit beziehen, die Genausstattung eines Lebewesens abzuwandeln. Einige der wichtigsten Fragen haben nicht unmittelbar mit den Genen zu tun, und die Kenntnisse, die zu ihrer Beantwortung notwendig sind, vermittelt dieses Buch nicht. Beispielsweise kann hier nicht angemessen erörtert werden, welche guten oder weniger guten Auswirkungen gentechnisch veränderte Nutzpflanzen auf die Landwirtschaft in den Entwicklungsländern haben werden. Mit den biologischen Fragen jedoch können und müssen wir uns befassen.

15.3.1 Sicherheitsüberlegungen im Zusammenhang mit selektierbaren Markern

Eine der wichtigsten Sorgen, die sich aus der Debatte um die gentechnisch veränderte Tomate ergeben hat, betrifft mögliche schädliche Wirkungen der Markergene, die in den Klonierungsvektoren enthalten sind. Die meisten Pflanzenvektoren tragen ein Gen für Kanamycinresistenz, damit man die transformierten Pflanzen während der Klonierungsarbeiten erkennen kann. Das kan^R-Gen, auch *nptII* genannt, ist bakteriellen Ursprungs und codiert das Enzym Neomycin-Phosphotransferase II. Dieses Gen und sein Enzymprodukt sind in allen Zellen der transformierten Pflanze enthalten. Die Befürchtung, die Neomycin-Phosphotransferase könnte für Menschen toxisch sein, konnte man durch Tierversuche zerstreuen, aber es bleiben zwei weitere Sicherheitsfragen:

1. Kann das in einem Lebensmittel enthaltene kan^R-Gen auf die Bakterien im menschlichen Darm übergehen und sie resistent gegen Kanamycin und ähnliche Antibiotika machen?
2. Kann das kan^R-Gen an andere Lebewesen weitergegeben werden, und würde dies zu Schäden im Ökosystem führen?

Beide Fragen lassen sich beim derzeitigen Stand des Wissens nicht vollständig beantworten. Man kann argumentieren, die kan^R-Gene in gentechnisch veränderten Lebensmitteln würden durch die Verdauung vollständig zerstört, bevor sie die Darmflora erreichen; und selbst wenn ein Gen dem Abbau entgeht, wäre die Wahrscheinlichkeit, dass es von einem Bakterium aufgenommen wird, sehr gering. Aber das Risiko ist nicht gleich Null. Ähnlich verhält es sich mit Experimenten, die darauf hinweisen, dass gentechnisch veränderte Pflanzen keine nennenswerten Auswirkungen auf die Umwelt haben: Die kan^R-Gene sind zwar auch heute schon in den natürlichen Ökosystemen weit verbreitet, aber man kann nicht völlig ausschließen, dass es in Zukunft zu einem unvorhergesehenen, schädlichen Ereignis kommt.

Wegen der Befürchtungen um kan^R und andere Markergene hat man versucht, derartige Gene aus den Pflanzen zu entfernen, nachdem sich die Transformation bestätigt hat. Bei einem Verfah-

15.3 · Probleme mit gentechnisch veränderten Pflanzen

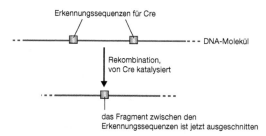

◻ **Abb. 15.11** Das Ausschneiden eines DNA-Abschnitts durch das Cre-Rekombinationsenzym (Bildrechte T. A. Brown)

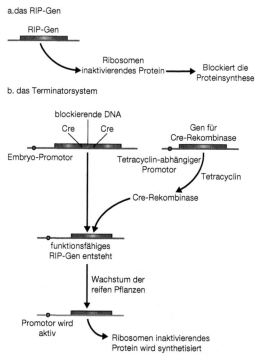

◻ **Abb. 15.12** Das Terminatorverfahren. a) Das RIP-Gen codiert ein Protein, das die Proteinsynthese blockiert. b) Das System, das die Entstehung einer ersten, aber keiner zweiten Samengeneration zulässt (Bildrechte T. A. Brown)

ren bedient man sich eines Enzyms namens Cre, das von dem Bakteriophagen P1 codiert wird; es katalysiert einen Rekombinationsvorgang, bei dem DNA-Fragmente zwischen zwei spezifischen Erkennungssequenzen von 34 bp ausgeschnitten werden (◻ Abb. 15.11). Wenn man dieses System benutzen will, muss die Pflanze mit zwei Klonierungsvektoren transformiert werden: Der erste trägt das Gen, das man in die Pflanzen bringen will, sowie den selektierbaren Marker kan^R, der von den Cre-Erkennungssequenzen eingerahmt ist, und in dem zweiten befindet sich das Cre-Gen. Nach der Transformation führt die Expression von Cre dazu, dass das kan^R-Gen aus der Pflanzen-DNA ausgeschnitten wird.

Wie sieht es aber aus, wenn das Cre-Gen selbst aus irgendeinem Grund gefährlich ist? Dies ist ohne Bedeutung, denn die DNA-Fragmente aus den beiden zur Transformation eingesetzten Vektoren werden wahrscheinlich in unterschiedliche Chromosomen integriert, sodass in der nächsten Generation durch die zufällige Chromosomensegregation wieder Pflanzen entstehen, die nur eines der integrierten Fragmente enthalten. Auf diese Weise kann man also eine Pflanze erhalten, die das Gen enthält, das man zum Genom hinzufügen wollte, nicht aber den kan^R-Marker oder das Cre-Gen.

15.3.2 Das Terminatorverfahren

Das Cre-Rekombinationssystem bildet auch die Grundlage für einen der umstrittensten Aspekte der Pflanzen-Gentechnik: das so genannte **Terminatorverfahren**. Es gehört zu den Strategien, mit denen die Pflanzengentechnikkonzerne ihre Investitionen schützen wollen: Es stellt sicher, dass die Landwirte jedes Jahr neues Saatgut kaufen müssen, statt einfach die Samen der Nutzpflanze aufzubewahren und im folgenden Jahr wieder auszusäen. In Wirklichkeit hat man auch bei konventionellen Nutzpflanzensorten Mechanismen entwickelt, die dafür sorgen, dass die Bauern keine zweite Saatgutgeneration aussäen können, aber wegen der allgemeinen Diskussion um gentechnisch veränderte Pflanzen ist gerade das Terminatorverfahren in den Mittelpunkt des öffentlichen Interesses gerückt.

Im Mittelpunkt des Terminatorverfahrens steht das Gen für das Ribosomen inaktivierende Enzym (RIP). Dieses Protein schneidet eines der ribosomalen RNA-Moleküle in zwei Teile und blockiert so die Proteinsynthese (◻ Abb. 15.12a). Jede Zelle, in der das Ribosomen inaktivierende Enzym aktiv ist, stirbt also schnell ab. In gentechnisch veränderten Pflanzen, bei denen das Terminatorverfahren angewandt wird, steht das RIP-Gen unter der Kontrolle eines Promotors, der nur während der Embryonalentwicklung aktiv ist. Die Pflanzen wachsen also normal heran, aber die von ihnen produzierten Samen sind steril.

Wie erzeugt man dann die Samen der ersten Generation, die an die Bauern verkauft werden? Zunächst ist das RIP-Gen nicht funktionsfähig, weil es von einem anderen DNA-Abschnitt unterbrochen wird (◘ Abb. 15.12b). Beiderseits dieser DNA liegen jedoch die 34 bp langen Erkennungsstellen für die Cre-Rekombinase. Das Gen für die Cre-Rekombinase steht in solchen Pflanzen unter der Kontrolle eines Promotors, der von Tetracyclin aktiviert wird. Hat man die Samen erzeugt, aktiviert der Lieferant die Cre-Rekombinase, indem er die Samen in eine Tetracyclinlösung legt. Dadurch wird die hemmende DNA aus dem RIP-Gen entfernt; dieses gewinnt also seine Funktionsfähigkeit wieder, bleibt aber stumm, bis sein eigener Promotor es während der Embryogenese aktiviert.

15.3.3 Die Frage nach schädlichen Auswirkungen auf die Umwelt

Noch in einem zweiten Bereich haben gentechnisch veränderte Pflanzen Besorgnis ausgelöst: Man fürchtet, ihre neuen Genkombinationen könnten auf irgendeine Weise die Umwelt schädigen. Solche Bedenken muss man im Zusammenhang mit jeder gentechnisch veränderten Nutzpflanze einzeln erörtern, denn unterschiedliche manipulierte Gene können unterschiedliche Auswirkungen haben. Hier sollen Arbeiten beschrieben werden, mit denen man einschätzen will, ob herbizidresistente Pflanzen – eines der beiden in diesem Kapitel erörterten Beispiele für das Hinzufügen von Genen – schädliche Effekte haben können. Da es sich dabei um die am häufigsten angebauten gentechnisch veränderten Nutzpflanzen handelt, wurden sie auch den umfassendsten Umweltverträglichkeitsprüfungen unterworfen. Die britische Regierung gab 1999 eine unabhängige Untersuchung in Auftrag, mit der festgestellt werden sollte, wie sich herbizidresistente Nutzpflanzen, deren Anbau in Großbritannien damals nicht gestattet war, auf Verbreitung und Artenvielfalt der Tiere auf landwirtschaftlichen Nutflächen auswirken.

Nachdem es zu Verzögerungen gekommen war, weil Aktivisten die Arbeiten verhindern wollten, veröffentlichte die britische Arbeitsgruppe 2003 ihre Befunde. Die Studie umfasste 273 Feldversuche in England, Schottland und Wales; untersucht wurden glyphosatresistente Zuckerrüben sowie Mais- und Rapspflanzen, denen man gentechnisch die Resistenz gegen Glufosinat-Ammonium, ein zweites Herbizid, eingepflanzt hatte. Der offizielle Bericht (siehe Burke 2003 im Literaturverzeichnis) gelangt zu folgendem Ergebnis:

Nach den Befunden der Arbeitsgruppe bestehen zwischen Feldern mit gentechnisch veränderten und konventionellen Nutzpflanzen Unterschiede in der Besiedelung durch Tiere. Der Anbau konventioneller Zuckerrüben und Rapspflanzen war für viele Tiergruppen günstiger als der Anbau gentechnisch veränderter Sorten. Auf den Feldern mit konventionellen Pflanzen und in ihrem Umfeld lebten mehr Schmetterlinge, Bienen und andere Insekten, weil ihnen dort mehr Unkraut als Nahrung und Unterschlupf zur Verfügung stand. Auch die Zahl der Unkrautsamen war auf Feldern mit konventionellen Rüben und Rapspflanzen größer als bei ihren gentechnisch veränderten Entsprechungen. Solche Samen sind für manche Tiere, insbesondere gewisse Vogelarten, ein wichtiger Nahrungsbestandteil. Dagegen war der Anbau von gentechnisch verändertem Mais für viele Tierarten günstiger als die Anpflanzung konventioneller Sorten. Auf den Feldern mit den gentechnisch veränderten Pflanzen und in ihrem Umfeld gab es mehr Unkräuter, zu manchen Jahreszeiten mehr Schmetterlinge und Bienen und mehr Unkrautsamen. Die Wissenschaftler weisen darauf hin, dass die von ihnen gefundenen Unterschiede nicht nur deshalb entstehen, weil die Pflanzen gentechnisch verändert sind. Sie ergeben sich vielmehr daraus, dass die gentechnisch veränderten Pflanzen den Landwirten neue Wege zur Unkrautbekämpfung eröffnen: Sie benutzen andere Herbizide und wenden sie anders an. Die Ergebnisse der Studie legen die Vermutung nahe, dass der Anbau solcher gentechnisch veränderter Pflanzen sich insgesamt auf die biologische Vielfalt der landwirtschaftlich genutzten Flächen auswirken könnte. Andere Fragen betreffen jedoch die mittel- und langfristigen Auswirkungen, beispielsweise Größe und Verteilung der betroffenen Flächen, die Art des Anbaus und den Fruchtwechsel. Dies macht es für die Wissenschaft schwierig, die Auswirkungen des Anbaus gentechnisch veränderter Pflanzen im mittleren oder großen Maßstab auch nur einigermaßen sicher vorauszusagen. Außerdem werden auch andere Entscheidungen der Landwirte im Zusammenhang mit dem Anbau konventioneller Nutzpflanzen sich weiterhin auf die Tierwelt auswirken.

Weiterführende Literatur

Burke M (2003) GM crops: effects on farmland wildlife. Produced by the Farmscale Evaluations Research Team and the Scientific Steering Committee. ISBN: 0–85521–035–4. [Eine ausführlichere Beschreibung der Arbeiten findet sich in *Philosophical Transactions of the Royal Society, Biological Sciences* 358: 1775–889 (2003).]

Castle LA, Siehl DL, Gorton R (2004) Discovery and directed evolution of a glyphosate tolerance gene. *Science* 304: 1151–1154. [Klonierung des GAT-Gens in Mais.]

De Cosa B, Moar W, Lee SB et al. (2001) Overexpression of the Bt *cry2Aa2* operon in chloroplasts leads to formation of insecticidal crystals. *Nature Biotechnology* 19: 71–74.

Feitelson JS, Payne J, Kim L (1992) *Bacillus thuringiensis*: insects and beyond. *Biotechnology* 10: 271–275 [Einzelheiten über δ-Endotoxine und ihr Potenzial als konventionelle Insektizide sowie als Hilfsmittel der Gentechnik.]

Fischhoff DA, Bowdish KS, Perlak FJ. et al. (1987) Insect-tolerant transgenic tomato plants. *Biotechnology* 5: 807–813 [Die erste Übertragung eines *B. thuringiensis*-Gens für ein δ-Endotoxin in eine Pflanze.]

Groot AT, Dicke M (2002) Insect-resistant transgenic plants in a multi-trophic context. *Plant Journal* 31: 387–406. [Untersuchungen zur Wirkung von δ-Endotoxin-produzierenden Pflanzen auf die ökologische Nahrungskette.]

Koziel MG, Beland GL, Bowman C et al. (1993) Field performance of elite transgenic maize plants expressing an insecticidal protein derived from *Bacillus thuringiensis*. *Biotechnology* 11: 194–200

Matas AJ, Gapper NE, Chung M-Y, Giovannoni JJ, Rose JKC (2009) Biology and genetic engineering of fruit maturation for enhanced quality and shelf-life. *Current Opinion in Biotechnology* 20: 197–203

Miki B, McHugh S (2003) Selectable marker genes in transgenic plants: applications, alternatives and biosafety. *Journal of Biotechnology* 107: 193–232

Shade RE, Schroeder HE, Pueyo JJ et al. (1994) Transgenic pea seeds expressing the α-amylase inhibitor of the common bean are resistant to bruchid beetles. *Biotechnology* 12: 793–796 [Ein zweites Verfahren zur Herstellung insektenresistenter Pflanzen.]

Shelton AM, Zhao JZ, Roush RT (2002) Economic, ecological, food safety, and social consequences of the deployment of Bt transgenic plants. *Annual Review of Entomology* 47: 845–881. [Verschiedene Fragen im Zusammenhang mit δ-Endotoxin-produzierenden Pflanzen.]

Smith CJS, Watson CE, Ray J et al. (1988) Antisense RNA inhibition of polygalacturonase gene expression in transgenic tomatoes. *Nature* 334: 724–726

Steinbiß aHH Transgene Pflanzen. Heidelberg (Spektrum Akademischer Verlag) 1995

Tabashnik BE, Gassmann AJ, Crowder DW, Carriére Y (2008) Insect resistance to *Bt* crops: evidence versus theory. *Nature Biotechnology* 26: 199–202 [Über die Wirksamkeit von Rückzugsgebieten zur Verringerung der Resistenz von Insekten gegen Nutzpflanzen mit δ-Endotoxin].

Klonierung und DNA-Analyse in Kriminalistik, Gerichtsmedizin und Archäologie

16.1 DNA-Analyse zur Identifizierung Tatverdächtiger – 260
16.1.1 Herstellung genetischer Fingerabdrücke durch Hybridisierung – 260
16.1.2 DNA-Typisierung durch PCR kurzer Tandemwiederholungen – 261

16.2 Verwandtschaftsnachweis durch DNA-Typisierung – 262
16.2.1 Verwandte haben ähnliche DNA-Profile – 262
16.2.2 DNA-Typisierung und die sterblichen Überreste der Romanows – 263

16.3 Geschlechtsbestimmung durch DNA-Analyse – 265
16.3.1 PCR spezifischer Sequenzen aus dem Y-Chromosom – 266
16.3.2 PCR des Amelogenin-Gens – 266

16.4 Archäogenetik: DNA-Analysen bei der Erforschung der menschlichen Vorgeschichte – 267
16.4.1 Die Entstehung der Jetztmenschen – 267
16.4.2 Anhand der DNA kann man auch prähistorische Wanderungsbewegungen nachzeichnen – 270

Weiterführende Literatur – 272

Das letzte Teilgebiet der Biotechnologie, von dem hier die Rede sein soll, ist die Kriminalistik und Gerichtsmedizin. Es vergeht kaum eine Woche, ohne dass in den Medien über ein Kapitalverbrechen berichtet wird, das mithilfe der DNA-Analyse aufgeklärt wurde. Die forensischen Anwendungsgebiete der Molekularbiologie kreisen im Wesentlichen um die Möglichkeit, Personen durch die Analyse von DNA aus Haaren, Blutflecken und anderem Tatortmaterial zu identifizieren. In der Publikumspresse werden solche Verfahren als **genetische Fingerabdrücke** bezeichnet, die korrekteren, heute allgemein gebräuchlichen Begriffe sind aber **DNA-Typisierung** oder **DNA-Profiling**. Zu Beginn dieses Kapitels betrachten wir die Methoden der DNA-Typisierung und ihre Anwendung bei der Personenidentifizierung und beim Verwandtschaftsnachweis. Anschließend befassen wir uns mit forensischen Anwendungen der Gentechnologie, die außerhalb der Polizeiarbeit liegen, insbesondere mit der Archäologie.

16.1 DNA-Analyse zur Identifizierung Tatverdächtiger

Vermutlich kann niemand ein Verbrechen begehen, ohne DNA-Spuren zu hinterlassen. Haare, Blutflecken, ja sogar herkömmliche Fingerabdrücke enthalten winzige Mengen von DNA, die aber ausreichen, um sie mit der Polymerasekettenreaktion (PCR) zu vermehren und zu untersuchen. Die Analyse muss nicht sofort stattfinden; in den letzten Jahren wurde eine ganze Reihe alter Kriminalfälle aufgeklärt, und man konnte die Verantwortlichen vor Gericht stellen, nachdem man die DNA aus asserviertem Material untersucht hatte. Wie funktionieren diese leistungsfähigen Methoden?

Genetische Fingerabdrücke und DNA-Typisierung basieren auf der Tatsache, dass nur eineiige Zwillinge ganz genau gleiche Kopien des menschlichen Genoms besitzen. Grob betrachtet, ist das Genom natürlich bei allen Menschen gleich – die gleichen Gene liegen in der gleichen Reihenfolge hintereinander, und zwischen ihnen befinden sich die gleichen intergenen DNA-Abschnitte. Das menschliche Genom enthält aber wie die DNA anderer Lebewesen zahlreiche **Polymorphismen**, Stellen, an denen die Nucleotidsequenz nicht bei allen Angehörigen der Population genau gleich ist. Solche polymorphen Stellen sind uns bereits früher begegnet: Die gleichen vielgestaltigen Sequenzen dienen auch bei der Genomkartierung als DNA-Marker (Abschnitt 10.2..3). Zu ihnen gehören die Restriktionsfragment-Längenpolymorphismen (RFLPs), die kurzen Tandemwiederholungen (STRs) und die Einzelnucleotid-Polymorphismen (SNPs). Sie alle kommen sowohl in Genen als auch in den intergenen Abschnitte vor; insgesamt gibt es im menschlichen Genom mehrere Millionen solcher polymorpher Stellen, wobei die SNPs am häufigsten sind.

16.1.1 Herstellung genetischer Fingerabdrücke durch Hybridisierung

Die erste Methode, um Personen durch DNA-Analyse zu identifizieren, entwickelte Sir Alec Jeffreys von der Leicester University Mitte der Achtzigerjahre. Das Verfahren stützte sich nicht auf die zuvor erwähnten Typen polymorpher Stellen, sondern auf andersartige Abweichungen im Genom des Menschen, die man als **hypervariable verstreute repetitive Sequenzen** bezeichnet. Wie der Name schon andeutet, handelt es sich dabei um eine mehrfach wiederholte Sequenz, die an verschiedenen Stellen (»verstreut«) im menschlichen Genom vorkommt. Diese Sequenzen haben die entscheidende Eigenschaft, dass ihre Lage im Genom variabel ist: Man findet sie beim einzelnen Menschen an unterschiedlichen Positionen (◻ Abb. 16.1a).

Die spezielle Wiederholungseinheit, die ursprünglich für die genetischen Fingerabdrücke benutzt wurde, enthält die Sequenz GGGCAGGANG (wobei N jedes beliebige Nucleotid sein kann). Um den Fingerabdruck herzustellen, spaltet man eine DNA-Probe mit einer Restriktionsendonuclease, trennt die Fragmente durch Agarose-Gelelektrophorese und analysiert sie im Southern Blot (Abschnitt 8.4.3). Verwendet man für die Hybridisierung eine markierte Sonde mit der Wiederholungssequenz, erhält man eine Reihe von Banden; jede davon repräsentiert ein Fragment, das diese repetitive Sequenz enthält (◻ Abb. 16.1b). Da diese an

16.1 · DNA-Analyse zur Identifizierung Tatverdächtiger

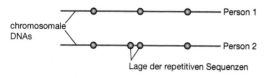

a. polymorphe Sequenzwiederholungen im menschlichen Genom

b. zwei genetische Fingerabdrücke

Spur 1 und 2:
DNA zweier Personen

Abb. 16.1 DNA-Typisierung. a) Die Lage polymorpher Wiederholungssequenzen, beispielsweise der hypervariablen verstreuten repetitiven Sequenzen, in den Genomen zweier Personen. Die zweite Person trägt in dem dargestellten Chromosomenabschnitt eine zusätzliche Wiederholungssequenz. b) Autoradiogramm mit den genetischen Fingerabdrücken von zwei Personen (Bildrechte T. A. Brown)

unterschiedlichen Stellen eingebaut ist, erhält man ein anderes Bandenmuster, wenn man das Verfahren mit der DNA einer zweiten Person wiederholt. Die Muster sind also die genetischen Fingerabdrücke der einzelnen Menschen.

16.1.2 DNA-Typisierung durch PCR kurzer Tandemwiederholungen

Genau genommen bezeichnet man als genetischen Fingerabdruck nur die Hybridisierungsanalyse der verstreuten repetitiven Sequenzen. Dieses Verfahren war für die Kriminalistik sehr nützlich, leidet aber unter drei Beschränkungen:
1. Da es sich um eine Hybridisierungsanalyse handelt, braucht man relativ viel DNA. Mit den winzigen Mengen aus Haaren oder Blutflecken kann man keine Fingerabdrücke herstellen.
2. Die Interpretation des Fingerabdrucks ist unter Umständen schwierig, weil die Hybridisierungssignale unterschiedlich stark sind. In einem Gerichtsverfahren kann schon eine geringfügig unterschiedliche Intensität der Banden in dem untersuchten Fingerabdruck und dem eines Verdächtigen dazu führen, dass der Verdächtige freigesprochen wird.
3. Die Einbaustellen der Wiederholungssequenzen sind zwar variabel, aber die Variabilität hat ihre Grenzen, und deshalb besteht eine geringe Wahrscheinlichkeit, dass zwei nicht miteinander verwandte Personen die gleichen oder zumindest sehr ähnliche Fingerabdrücke besitzen. Auch diese Überlegung kann in einem Gerichtsverfahren zum Freispruch führen.

Diese Probleme lassen sich mit der leistungsfähigeren Technik der DNA-Typisierung umgehen. Dabei bedient man sich der polymorphen Sequenzen, die als STRs bezeichnet werden. Wie in Abschnitt 10.2.3 beschrieben wurde, sind STRs kurze Sequenzen aus einem bis 13 Nucleotiden, die sich in einer Tandemanordnung mehrfach wiederholen. Die häufigste STR im menschlichen Genom ist die Dinucleotideinheit $[CA]_n$, wobei n, die Zahl der Wiederholungen, in der Regel zwischen fünf und 20 liegt (Abb. 16.2a).

In einem einzelnen STR liegen unterschiedlich viele Wiederholungen hintereinander, weil solche Wiederholungseinheiten durch Fehler bei der DNA-Replikation hinzukommen oder – weniger häufig – entfernt werden können. In der Gesamtbevölkerung kommt ein einzelner STR in bis zu zehn verschiedenen Versionen vor, die jeweils durch eine andere Zahl von Wiederholungseinheiten gekennzeichnet sind. Bei der DNA-Typisierung charakterisiert man die Allele einer zuvor festgelegten Zahl verschiedener STRs. Dies lässt sich schnell und mit sehr geringen DNA-Mengen durch PCR erreichen, wobei man Primer verwendet, die sich beiderseits einer Wiederholungseinheit an die DNA-Sequenzen heften (Abb. 10.19). Nach der PCR analysiert man die Produkte durch Agarose-Gelelektrophorese, und die Größe der Bande(n) weist dann darauf hin, welches Allel (oder welche Allele) in der DNA-Probe vorhanden waren (Abb. 16.2b). In einer einzigen DNA-Probe können sich zwei Allele eines

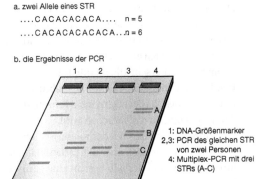
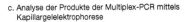
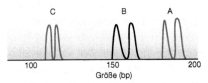

Abb. 16.2 DNA-Typisierung. a) Grundlage bilden STRs mit unterschiedlich vielen Wiederholungssequenzen. b) Ein Gel, das man durch DNA-Typisierung erhält. In den Spuren 2 und 3 wurde die gleiche STR von zwei Individuen analysiert. Diese beiden Personen haben unterschiedliche Profile, aber auch eine gemeinsame Bande. Spur 4 zeigt das Ergebnis einer Multiplex-PCR, bei der drei STRs in einem einzigen PCR-Ansatz untersucht wurden. c) Die Größe der Produkte einer Multiplex-PCR kann man durch Kapillargelelektrophorese ermitteln (Bildrechte T. A. Brown)

ring, dass der Befund der DNA-Analyse vor Gericht anerkannt wird. Jeder STR wird in der PCR mit Primern typisiert, die fluoreszenzmarkiert sind und sich beiderseits der variablen Wiederholungssequenz an die DNA heften. Zur Typisierung der im STR vorhandenen Allele ermittelt man dann mit Kapillargelelektrophorese die Größe der Amplicons. Mehrere STRs kann man in einer **Multiplex-PCR** gemeinsam typisieren, wenn die Produkte sich in ihrer Größe nicht überscheiden oder wenn man die einzelnen Primerpaare mit unterschiedlichen Fluoreszenzmarkern markiert, sodass man die Produkte im Kapillargel unterscheiden kann (◻ Abb. 16.2c).

16.2 Verwandtschaftsnachweis durch DNA-Typisierung

Mit der DNA-Typisierung kann man nicht nur Verbrecher identifizieren, sondern auch feststellen, ob mehrere Personen zu derselben Familie gehören. Solche Untersuchungen bezeichnet man als **Verwandtschaftsnachweis**; ihr wichtigster Anwendungsbereich sind Vaterschaftstests.

16.2.1 Verwandte haben ähnliche DNA-Profile

STR befinden, weil jede dieser Wiederholungssequenzen auf den von Vater und Mutter ererbten Chromosomen zweifach vorliegt.

Da man sich der PCR bedient, ist die DNA-Typisierung sehr empfindlich; zu Ergebnissen gelangt man auch mit Haaren oder anderem Material, das nur geringste DNA-Mengen enthält. Der Befund ist eindeutig, und eine Übereinstimmung im DNA-Profil wird vor Gericht in der Regel als Beweis anerkannt. Bei dem derzeit gängigen Verfahren, CODIS (*Combined-DNA*–Index-System) genannt, nutzt man zwölf STRs, deren Variabilität so groß ist, dass zwei Personen nur mit einer Wahrscheinlichkeit von eins zu 10^{15} zufällig das gleiche Profil besitzen (es sei denn, es handelt sich um eineiige Zwillinge). Da die Weltbevölkerung aus rund 7×10^9 Menschen besteht, ist die Wahrscheinlichkeit von zufällig übereinstimmenden Profilen so ge-

Wie alle Eigenschaften des Genoms, so ist auch das DNA-Profil zur Hälfte von der Mutter und zur Hälfte vom Vater ererbt. Trägt man die Allele eines bestimmten STR in einen Stammbaum ein, werden deshalb die Verwandtschaftsbeziehungen innerhalb einer Familie deutlich (◻ Abb. 16.3). In dem hier dargestellten Beispiel haben drei der vier Kinder das Allel mit zwölf Wiederholungseinheiten vom Vater geerbt. Aus dieser Beobachtung allein kann man aber nicht ableiten, dass diese drei Kinder Geschwister sind; ist das Allel mit den zwölf Einheiten allerdings in der Gesamtbevölkerung selten, besteht dafür eine hohe statistische Wahrscheinlichkeit. Um eine sichere Aussage machen zu können, muss man mehrere STRs typisieren, aber wie bei der Personenidentifizierung braucht man die Analyse nicht endlos fortzusetzen; der Vergleich von zwölf STRs liefert eine so hohe Wahr-

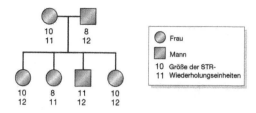

◘ Abb. 16.3 Vererbung von STR-Allelen in einer Familie (Bildrechte T. A. Brown)

scheinlichkeit, dass man die Verwandtschaft als gegeben ansehen kann

16.2.2 DNA-Typisierung und die sterblichen Überreste der Romanows

Ein interessantes Beispiel für den Einsatz der DNA-Typisierung zum Verwandtschaftsnachweis waren Untersuchungen, die man in den Neunzigerjahren des 20. Jahrhunderts an den Knochen der Romanows durchführte, der letzten Angehörigen der russischen Herrscherfamilie. Die Romanows und ihre Nachkommen hatten in Russland seit dem 17. Jahrhundert geherrscht; im Laufe der russischen Revolution wurde Zar Nikolaus II. abgesetzt und mit seiner Frau, der Zarin Alexandra, sowie ihren fünf Kindern ins Gefängnis gebracht. Am 17. Juli 1918 wurden dann alle sieben zusammen mit ihrem Arzt und drei Dienern getötet. 1991, nach dem Ende des Kommunismus, exhumierte man die Leichen, um ihnen einen würdige Bestattung zuteil werden zu lassen.

STR-Analyse der Romanow-Knochen

Man vermutete zwar, dass es sich bei den geborgenen Knochen um die sterblichen Überreste der Romanows handelte, aber es war auch nicht ganz auszuschließen, dass man in Wirklichkeit eine andere Gruppe unglückseliger Opfer vor sich hatte. Man hatte in dem Grab neun Skelette gefunden: sechs Erwachsene und drei Kinder. Die Untersuchung der Knochen ließ darauf schließen, dass unter den Erwachsenen vier Männer und zwei Frauen waren; die Kinder waren alle weiblich. Wenn dies tatsächlich die Überreste der Romanows waren, fehlten aus irgendeinem Grund der Sohn Alexei und eine Tochter. Die Knochen trugen Spuren von Gewalteinwirkung, was mit den Berichten über ihre Behandlung während der Ermordung und danach übereinstimmte. Zumindest einige der Überreste gehörten offenbar zu Adligen, denn ihre Zähne waren mit Porzellan, Silber und Gold gefüllt, eine Zahnbehandlung, die sich der Durchschnittsrusse zu Beginn des 20. Jahrhunderts nicht leisten konnte.

Man gewann die DNA von allen Individuen und typisierte fünf STRs mit der PCR. Damit sollte die Hypothese geprüft werden, dass die drei Kinder Geschwister und zwei der Erwachsenen ihre Eltern waren, wie es hätte sein müssen, wenn es sich tatsächlich um die Romanows handelte. Die Untersuchungen machten sofort deutlich, dass die drei Kinder durchaus Geschwister sein konnten: Sie besaßen hinsichtlich der STRs VWA/31 und FEP/FPS identische Genotypen, und an den anderen drei Loci hatten sie Allele gemeinsam (◘ Abb. 16.4). Wie die Befunde am Locus THO1 zeigen, kann die erwachsene Frau Nummer 2 nicht die Mutter der Kinder sein: Sie trägt nur das Allel 6, das bei keinem der Kinder vorkommt. Die erwachsene Frau Nummer 1 dagegen besitzt wie alle drei Kinder das Allel 8. Die Untersuchung der anderen STRs bestätigte, dass sie die Mutter der Kinder sein kann; damit war sie als Zarin identifiziert. Die Befunde an THO1 schließen den Mann Nummer 4 als Vater der Kinder aus, und durch die Befunde an VWA/31 werden auch die Männer 1 und 2 ausgeschlossen. Betrachtet man alle STRs, so könnte der Mann Nummer 3 der Vater der Kinder sein und ist damit als Zar identifiziert. Wichtig ist dabei, dass man alle diese Schlüsse nach der Untersuchung von THO1 und VWA/31 ziehen kann; alle anderen Daten liefern nur noch die Bestätigung.

Mitochondrien-DNA: Die Verbindung zwischen den Skeletten der Romanows und ihren lebenden Verwandten

Die STR-Analyse zeigte, dass unter den Skeletten eine sechsköpfige Familie war, wie man es erwartet hatte, wenn es sich um die Romanows handelte. Aber konnten die Überreste auch zu einer anderen unglückseligen Gruppe gehören? Um diese Frage zu beantworten, verglich man die DNA aus den Knochen mit DNA-Proben von heute lebenden Ver-

Abb. 16.4 Analyse der kurzen Tandemwiederholungen aus den Knochen der Romanows. a) der Stammbaum der Zarenfamilie. b) Die Ergebnisse der STR-Analyse. Daten aus Gill et al. (1994) (siehe Literaturverzeichnis) (Bildrechte T. A. Brown)

a. Stammbaum der Romanow-Familie

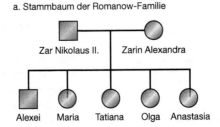

b. die STR-Analyse

	STRs				
	VWA/31	THO1	F13A1	FES/FPS	ACTBP2
Kind 1	15, 16	8, 10	5, 7	12, 13	11, 32
Kind 2	15, 16	7, 8	5, 7	12, 13	11, 36
Kind 3	15, 16	8, 10	3, 7	12, 13	32, 36
erwachsene Frau 1	15, 16	8, 8	3, 5	12, 13	32, 36
erwachsene Frau 2	16, 17	6, 6	6, 7	11, 12	nicht untersucht
erwachsener Mann 1	14, 20	9, 10	6, 16	10, 11	nicht untersucht
erwachsener Mann 2	17, 17	6, 10	5, 7	10, 11	11, 30
erwachsener Mann 3	15, 16	7, 10	7, 7	12, 12	11, 32
erwachsener Mann 4	15, 17	6, 9	5, 7	8, 10	nicht untersucht

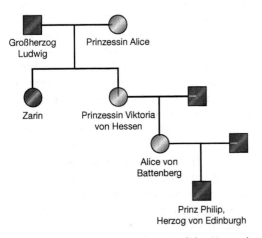

Abb. 16.5 Stammbaum mit der mütterlichen Verwandtschaftslinie zwischen Prinz Philip, Herzog von Edinburgh, und Prinzessin Victoria von Hessen, der Schwester des Zaren. Männer sind als blaue Quadrate und Frauen als rote Kreise dargestellt (Bildrechte T. A. Brown)

wandten der Romanows. Im Rahmen dieser Arbeiten untersuchte man die **Mitochondrien-DNA**, jene kleinen DNA-Ringe von 16 kb, die in den Energie erzeugenden Mitochondrien der Zellen liegen. Die Mitochondrien-DNA enthält Polymorphismen, mit deren Hilfe man auf Verwandtschaftsbeziehungen zwischen Individuen schließen kann, aber die Variabilität ist nicht so groß wie bei den STRs; deshalb nutzt man die Mitochondrien-DNA nur selten für Verwandtschaftsanalysen zwischen eng verwandten Personen, beispielsweise solchen aus einer einzigen Familie. Dafür hat die Mitochondrien-DNA aber eine interessante Eigenschaft: Sie wird ausschließlich in der weiblichen Linie vererbt – die Mitochondrien-DNA des Vaters geht bei der Befruchtung verloren und trägt weder bei Söhnen noch bei Töchtern zur DNA-Ausstattung bei. Wegen dieser rein mütterlichen Vererbung sind Verwandtschaftsbeziehungen einfacher zu erkennen, wenn die Personen, die man vergleicht, nur weitläufig verwandt sind, wie es bei den lebenden Verwandten der Romanows der Fall war.

Deshalb verglich man die Sequenzen der Mitochondrien-DNA aus den Skeletten mit der von Prinz Philip, Herzog von Edinburgh: Seine Großmutter war Prinzessin Victoria von Hessen, die Schwester der Zarin Alexandra (Abb. 16.5). Die Sequenzen der Mitochondrien-DNA aus vier der weiblichen Skelette – der drei Kinder und der Frau, die man als Zarin identifiziert hatte – stimmten genau mit der des Prinzen Philip überein; damit hatte man ein stichhaltiges Indiz, dass die vier weiblichen Personen zu derselben Abstammungslinie gehörten. Ebenso stellte man Vergleiche zu zwei noch lebenden weiblichen Nachkommen der Großmutter von Zar Nikolaus an, Louise von Hessen-Kassel. Diese Analyse war komplizierter: Unter den Klonen des PCR-Produkts, das man von dem mutmaßlichen Zaren gewonnen hatte, waren zwei verschiedene Sequenzen. Diese unterschieden sich an einer einzigen Position: Dort stand entweder ein C oder ein T, das C war aber viermal häufiger. Dies konnte ein Hinweis sein, dass die Probe mit der DNA eines anderen Menschen verunreinigt war, man interpretierte es aber als Beleg, dass der Zar eine **heteroplasmische** Mitochondrien-DNA besaß – ein seltenes Phänomen, bei dem zwei verschiedene Mitochondrien-DNAs in den Zellen nebeneinander existieren. Die beiden Nachkommen der Großmutter des Zaren trugen an dieser Stelle ein T, was die Vermutung nahelegte, dass die Mutation und damit die C-Variante erst kürzlich in der Abstammungslinie des Zaren neu aufgetreten war. Unterstützt wurde diese Hypothese später, als man die DNA des Großherzogs Georg Alexandrowitsch analysierte, des 1899 verstorbenen Bruders des Zaren. Dabei zeigte sich an derselben Stelle der Mitochondrien-DNA ebenfalls die Heteroplasmie. Insgesamt deutete alles darauf hin, dass man die Überreste des Zaren richtig identifiziert hatte.

Die fehlenden Kinder

Im Grab der Romanows wurden nur drei Kinder gefunden. Alexej, der einzige Sohn, und eines der vier Mädchen fehlten. In den mittleren Jahrzehnten des 20. Jahrhunderts gaben sich mehrere Frauen als Romanow-Prinzessinnen aus; schon bevor die Knochen exhumiert wurden, hatte es Gerüchte gegeben, eines der Mädchen, Anastasija, sei den Bolschewisten entkommen und in den Westen geflüchtet. Eine der berühmtesten Frauen, die solche Ansprüche erhoben, war Anna Anderson. Der Fall erregte in den Zwanzigerjahren erstmals großes Aufsehen. Anna Anderson starb 1984, aber sie hinterließ eine konservierte Gewebeprobe, und die darin enthaltene Mitochondrien-DNA stimmt nicht mit der der Zarin überein; sie lässt vielmehr auf eine polnische Abstammung schließen. Ebenso behaupteten mehrere Personen, sie stammten vom Zarewitsch Alexej ab. Diese Geschichten sind aber mit ziemlicher Sicherheit erfunden: Wie mittlerweile nachgewiesen wurde, lassen die Sequenzen der Mitochondrien-DNA aus den teilweise verbrannten Leichen zweier weiterer Kinder, die 2007 in Jekaterinburg gefunden wurden, darauf schließen, dass es sich um die fehlenden Romanow-Nachkommen handelt.

16.3 Geschlechtsbestimmung durch DNA-Analyse

Mit der DNA-Analyse kann man auch das Geschlecht eines Menschen feststellen. Der genetische Unterschied zwischen den Geschlechtern besteht darin, dass Männer ein Y-Chromosom besitzen; durch den Nachweis von DNA, die für dieses Chromosom spezifisch ist, könnte man also Männer und Frauen unterscheiden. In der Gerichtsmedizin hat man es hin und wieder mit so stark verunstalteten Leichen zu tun, dass man nur noch durch eine DNA-Analyse das Geschlecht ermitteln kann.

Auch das Geschlecht eines ungeborenen Kindes lässt sich mit einer DNA-Analyse feststellen. In der Regel wartet man mit der Geschlechtsuntersuchung, bis sich die anatomischen Unterschiede entwickelt haben und im Ultraschallbild zu sehen sind, aber in manchen Fällen ist es wünschenswert, früher über das Geschlecht Bescheid zu wissen. Dies gilt beispielsweise, wenn man aufgrund des Stammbaumes fürchten muss, dass ein männlicher Fetus an einer genetisch bedingten Krankheit leidet, sodass die Eltern frühzeitig über eine Fortsetzung der Schwangerschaft entscheiden wollen.

Ein dritter Anwendungsbereich der DNA-gestützten Geschlechtsuntersuchung, der den Anstoß zu vielen Entwicklungen auf diesem Gebiet gab, ist die Analyse archäologischen Materials. Männliche und weibliche Skelette kann man unterscheiden, wenn entscheidende Knochen aus Schädel oder Becken noch intakt sind, aber bruchstückhafte Überreste oder solche von kleinen Kindern zeigen keine ausreichenden geschlechtsspezifischen Unterschiede für eine zuverlässige Identifizierung. Ist in den Knochen noch **DNA aus alter Zeit** enthalten, können die Archäologen sie analysie-

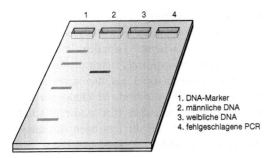

Abb. 16.6 Geschlechtsnachweis durch PCR einer Y-spezifischen DNA-Sequenz. Männliche DNA lässt ein PCR-Produkt entstehen (Spur 2), weibliche aber nicht (Spur 3). Problematisch ist dabei aber, dass eine misslungene PCR (Spur 4) zu dem gleichen Ergebnis führt wie weibliche DNA (Bildrechte T. A. Brown)

ren und feststellen, ob sie es mit einem Mann oder einer Frau zu tun haben.

16.3.1 PCR spezifischer Sequenzen aus dem Y-Chromosom

Bei dieser einfachsten Methode, das Geschlecht durch eine DNA-Analyse zu ermitteln, legt man eine spezifische PCR für einen Abschnitt des Y-Chromosoms an. Die PCR muss man mit Bedacht planen, denn X- und Y-Chromosom unterscheiden sich nicht auf ihrer ganzen Länge; einige Abschnitte sind beiden gemeinsam, aber es gibt im Y-Chromosom auch viele einzigartige Sequenzen. Insbesondere einige Sequenzwiederholungen kommen ausschließlich im Y-Chromosom vor; sie können als Mehrfachziele für die PCR dienen und sorgen deshalb für eine höhere Empfindlichkeit – ein wichtiger Aspekt, wenn man es mit einer stark geschädigten Leiche oder sehr alten Knochen zu tun hat.

Eine PCR, die sich auf Sequenzen des Y-Chromosoms richtet, liefert mit männlicher DNA ein Produkt, eine Probe von einer Frau dagegen ergibt keine Bande (◻ Abb. 16.6). Wegen dieses eindeutigen Unterschiedes zwischen zwei Alternativen ist das System für die meisten Anwendungsbereiche absolut zufrieden stellend. Was tut man aber, wenn die Probe keine DNA enthält, wenn die DNA zu stark geschädigt ist und sich in der PCR nicht verwenden lässt, oder wenn das Material auch Hemmstoffe für die *Taq*-Polymerase enthält, sodass die PCR nicht funktioniert? Alle diese Situationen kommen bei archäologischem Material vor, insbesondere wenn es im Boden vergraben war und mit Huminsäuren oder anderen Verbindungen verunreinigt ist, die bekanntermaßen die in der molekularbiologischen Forschung gebräuchlichen Enzyme hemmen. In solchen Fällen liefert die Analyse kein eindeutiges Ergebnis, denn wenn aus einem der genannten Gründe kein PCR-Produkt entsteht, hält man das Material unter Umständen fälschlich für weiblich. Der Befund wäre nämlich genau der gleiche: keine Bande auf dem Gel.

16.3.2 PCR des Amelogenin-Gens

Da man mit der Untersuchung spezifischer Sequenzen des Y-Chromosoms manchmal nicht zwischen »weiblich« und »misslungener PCR« unterscheiden kann, entwickelte man für die Geschlechtsermittlung raffiniertere Analyseverfahren, die für Männer und Frauen eindeutige Ergebnisse liefern. In dem am weitesten verbreiteten derartigen Verfahren vermehrt man das Gen für Amelogenin durch PCR.

Amelogenin ist ein Protein, das einen Bestandteil des Zahnschmelzes bildet. Sein Gen gehört zu den wenigen, die auf dem Y-Chromosom liegen, und wie viele dieser Gene befindet es sich in einer weiteren Kopie auch auf dem X-Chromosom. Die beiden Exemplare sind aber durchaus nicht genau gleich: Legt man ihre Nucleotidsequenzen nebeneinander, erkennt man eine Reihe von **Indels**, Positionen, an denen ein DNA-Abschnitt entweder in der einen Sequenz eingefügt oder in der anderen deletiert ist (◻ Abb. 16.7a). Heften die PCR-Primer sich beiderseits eines Indel an, sind die am X- und Y-Chromosom gebildeten Produkte unterschiedlich groß. Da Frauen nur X-Chromosomen besitzen, erhält man mit weiblicher DNA in der Analyse der Produkte eine einzige Bande, mit männlicher DNA dagegen zwei, eine vom X- und eine vom Y-Chromosom (◻ Abb. 16.7b). Wenn die Probe keine DNA enthält oder die PCR aus einem anderen Grund nicht funktioniert, ist überhaupt keine Bande zu sehen; ein misslungenes Experiment kann also nicht mehr mit einem männlichen oder weiblichen Befund verwechselt werden.

16.4 Archäogenetik: DNA-Analysen bei der Erforschung der menschlichen Vorgeschichte

Geschlechtsfeststellung und Verwandtschaftsnachweis waren in der Archäologie nicht die einzigen Anwendungsgebiete für Klonierung und DNA-Analyse. Durch Untersuchung von DNA-Sequenzen lebender und verstorbener Menschen gewinnen die Archäologen heute neue Aufschlüsse über die entwicklungsgeschichtlichen Ursprünge der heutigen Menschen und die Wanderungsrouten unserer Vorfahren bei der Besiedelung der Erde. Dieses Forschungsgebiet bezeichnet man als **Archäogenetik**.

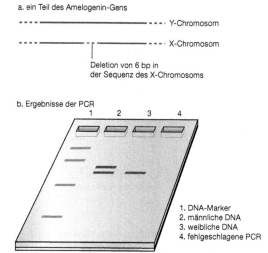

◘ **Abb. 16.7** Geschlechtsnachweis durch PCR eines Abschnitts aus dem Amelogenin-Gen. a) Ein Indel im Gen für Amelogenin. b) Die Ergebnisse von PCRs, die das Indel abdecken. Nach dem in der Kriminalistik und molekularen Archäologie üblichen Standardverfahren lässt männliche DNA zwei PCR-Produkte von 106 und 112 bp entstehen. Bei weiblicher DNA entsteht nur das kleinere Produkt. Eine fehlgeschlagene PCR erzeugt überhaupt keine Produkte und ist deshalb von den beiden möglichen positiven Befunden eindeutig zu unterscheiden (Bildrechte T. A. Brown)

Die Entwicklung des Amelogenin-Systems zur Geschlechtsbestimmung ist für die Archäologie von großer Bedeutung. Es ist jetzt nicht mehr notwendig, die Geschlechtszuordnung ausgegrabener Knochen anhand unsicherer Unterschiede im Knochenbau vorzunehmen. Die zuverlässigere DNA-gestützte Geschlechtsidentifizierung führte zu einigen überraschenden Befunden. Insbesondere müssen Archäologen ihre vorgefassten Meinungen über die Bedeutung von Grabbeigaben neu überdenken. Früher glaubte man, wenn ein Schwert bei einer Leiche gefunden wurde, müsse es sich um einen Mann handeln, und Perlen seien charakteristisch für Gräber von Frauen. Die DNA-Untersuchung hat gezeigt, dass solche Klischeevorstellungen nicht immer stimmen und dass die Archäologen ihre Ansichten über den Zusammenhang zwischen Grabbeigaben und Geschlecht erweitern müssen.

16.4.1 Die Entstehung der Jetztmenschen

Den Befunden der Paläontologie zufolge entstanden die Menschen in Afrika: Dort wurden die ältesten Fossilien von Vormenschen gefunden. Wie man an den Fossilfunden ablesen kann, wanderten die Menschen vor über einer Million Jahren erstmals von Afrika in andere Kontinente, aber um Menschen im heutigen Sinn handelte es sich dabei noch nicht. Sie gehörten vielmehr zu einer älteren Spezies namens *Homo erectus*; seine Vertreter erreichten erstmals eine große geografische Verbreitung und besiedelten schließlich alle Teile der Alten Welt.

Was nach der Verbreitung des *H. erectus* geschah, ist umstritten. Aus der Untersuchung von Fossilien zogen viele Paläontologen den Schluss, die *H. erectus*-Populationen in den verschiedenen Teilen der Alten Welt hätten die Populationen des modernen *H. sapiens* hervorgebracht, die man heute in diesen Regionen antrifft (◘ Abb. 16.8a). Einen solchen Vorgang bezeichnet man als **multiregionale Evolution**. Zwischen den Menschen aus den verschiedenen geografischen Gebieten hätte demnach zwar vielleicht eine gewisse genetische Vermischung stattgefunden, im Wesentlichen aber waren die Populationen während ihrer gesamten Entwicklungsgeschichte voneinander getrennt.

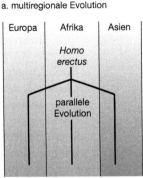 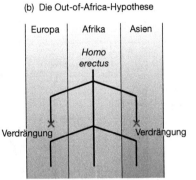

Abb. 16.8 Zwei Hypothesen für den Ursprung der Jetztmenschen: a) multiregionale Evolution; b) die Out-of-Africa-Hypothese (Bildrechte T. A. Brown)

DNA-Analysen stellen die multiregionale Hypothese infrage

Erste Zweifel an der Hypothese des Multiregionalismus kamen 1987 auf, als Genetiker sich erstmals der DNA-Analyse bedienten, um neue Aufschlüsse über die Evolution des Menschen zu gewinnen. In einem der ersten Projekte der Archäogenetik wurden Restriktionsfragment-Längenpolymorphismen (RFLPs) in Proben der Mitochondrien-DNA von 147 Menschen aus allen Teilen der Welt vermessen. Die so gewonnenen Daten dienten zum Aufbau eines phylogenetischen Stammbaumes, der die entwicklungsgeschichtlichen Verwandtschaftsverhältnisse der verschiedenen Menschenpopulationen wiedergab. Aus diesem Stammbaum konnte man verschiedene Erkenntnisse ableiten:

1. Die Wurzel des Baumes bildet eine Frau (wie gesagt: Mitochondrien-DNA wird ausschließlich in der weiblichen Linie vererbt), deren Mitochondrien-DNA den Vorfahren aller 147 untersuchten modernen Mitochondrien-DNAs bildet. Deshalb wurde diese Frau als **Eva der Mitochondrien** bezeichnet. Natürlich hatte sie nichts mit der biblischen Gestalt zu tun, und sie war auch keineswegs die einzige Frau, die zu jener Zeit lebte. Sie trug nur die Mitochondrien-DNA, von der alle heute vorhandenen Mitochondrien-DNAs abstammen.
2. Die Eva der Mitochondrien lebte in Afrika. Diesen Schluss konnte man ziehen, weil sich der Baum von der Ursequenz aus in zwei Zweige aufteilte, und einer davon enthielt ausschließlich afrikanische Mitochondrien-DNAs. Daraus konnte man schließen, dass auch die Urahnin in Afrika zu Hause war.
3. Die Eva der Mitochondrien lebte irgendwann vor 140 000 bis 290 000 Jahren. Diesen Schluss konnte man ziehen, weil man die **molekulare Uhr** auf den Stammbaum anwandte. Sie ist das Maß für die Geschwindigkeit, mit der sich die Mitochondrien-DNA im Laufe der Evolution verändert, und als Eichmaß dient dabei die bekannte Geschwindigkeit, mit der sich Mutationen in der Mitochondrien-DNA ansammeln. Man verglich die abgeleitete Sequenz der Mitochondrien-Eva mit den 147 Sequenzen der heutigen DNAs und konnte so berechnen, wie viele Jahre für die beobachteten entwicklungsgeschichtlichen Veränderungen notwendig waren.

Der entscheidende Befund, dass die Eva der Mitochondrien vor höchstens 290 000 Jahren in Afrika lebte, steht im Widerspruch zu der Vorstellung, alle Menschen seien die Nachkommen der Populationen von H. erectus, die schon vor über einer Million Jahren aus Afrika auswanderten. Deshalb entwickelte man für den Ursprung der modernen Menschen eine neue Vorstellung, die als »**Out-of-Africa-Hypothese**« bezeichnet wurde. Danach entwickelte sich der heutige Mensch – der *H. sapiens* – aus den in Afrika verbliebenen Populationen von *H. erectus*. Die Jetztmenschen besiedelten dann vor 50 000 bis 100 000 Jahren von Afrika aus die übrige Alte Welt und verdrängten die Nachkommen des *H. erectus*, die sie dort antrafen (Abb. 16.8b).

Anfangs wurden die Berichte über die Eva der Mitochondrien heftig kritisiert. Wie sich herausstellte, hatte man den Stammbaum auf Grund einer fehlerhaften Computeranalyse konstruiert: Die Algorithmen zum Vergleich der RFLPs waren für eine derart große Informationsmenge nicht leistungsfähig genug. Nach weiteren Untersuchungen an der Mitochondrien-DNA ist die Kritik jedoch verstummt: Dieses Mal analysierte man keine RFLPs, sondern größere DNA-Sequenzen, und zur Auswertung bediente man sich moderner, leistungsfähiger Computer. Dabei bestätigten sich die Ergebnisse des ersten Forschungsprojekts. Ein Beispiel: Als man die Sequenz der gesamten Mitochondrien-DNA von 53 Menschen verglich, die wiederum aus allen Teilen der Welt stammten, gelangte man für die Eva der Mitochondrien zu einem Zeitpunkt vor 220 000 bis 120 000 Jahren. Eine interessante Ergänzung waren Untersuchungen am Y-Chromosom, das natürlich ausschließlich in der männlichen Linie weitergegeben wird. Wie sich durch diese Arbeiten zeigte, lebte der »Adam des Y-Chromosoms« ebenfalls in Afrika, und zwar vor 40 000 bis 140 000 Jahren.

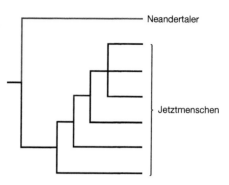

Abb. 16.9 Die phylogenetische Analyse alter DNA lässt darauf schließen, dass die Neandertaler keine unmittelbaren Verwandten der Jetztmenschen sind (Bildrechte T. A. Brown)

Die DNA-Analyse zeigt, dass die Neandertaler nicht die Vorfahren der heutigen Europäer sind

Die Neandertaler, eine ausgestorbene Gruppe der Hominiden, lebten vor 300 000 bis 30 000 Jahren in Europa. Sie stammten von Populationen der *H. erectus* ab, die vor einer Million Jahren aus Afrika auswanderten. Nach der Out-of-Africa-Hypothese wurden sie von den Jetztmenschen verdrängt, die vor rund 50 000 Jahren nach Europa kamen. Deshalb können die Neandertaler nach der Out-of-Africa-Hypothese nicht die Vorfahren der heutigen Europäer sein. Diese Voraussage konnte man durch die Analyse alter DNA aus Neandertalerknochen überprüfen.

Als ersten Neandertaler wählte man für diese Untersuchung das Typusexemplar, das man im 19. Jahrhundert in Deutschland gefunden hatte. Das Fossil ist nicht genau datiert, es dürfte aber zwischen 30 000 und 100 000 Jahre alt sein. Damit liegt es an der äußersten Grenze, was die Erhaltung von DNA-Molekülen angeht. Diese werden in den Knochen durch natürliche Abbauprozesse zerstört, sodass spätestens nach 50 000 Jahren selbst dann nur noch sehr wenig übrig ist, wenn die Knochen – beispielsweise im Permafrostboden – sehr niedrigen Temperaturen ausgesetzt waren. Der Neandertalerfund hatte nicht an einem besonders kalten Ort gelegen, aber man konnte daraus dennoch einen kurzen Sequenzabschnitt der Mitochondrien-DNA gewinnen. Dazu führte man neun überlappende PCRs durch, in denen jeweils knapp 170 bp der DNA vervielfältigt wurden. Insgesamt erhielt man so eine Sequenz von 377 bp.

Diese Sequenz verglich man in einem eigens konstruierten Stammbaum mit den Sequenzen der sechs wichtigsten Mitochondrien-DNA-Varianten (die man auch **Haplogruppen** nennt) der heutigen Europäer. Danach stand die Neandertalersequenz auf einem eigenen Zweig des Stammbaumes: Sie war mit seiner Wurzel verbunden, stand aber in keiner direkten Verbindung zu den modernen Sequenzen (Abb. 16.9). Damit hatte man ein erstes Indiz, dass die Neandertaler nicht die Vorfahren der heutigen Europäer sind.

Als Nächstes verglich man die Neandertalersequenz mit den entsprechenden DNA-Abschnitten von 994 heutigen Menschen. Die Unterschiede waren verblüffend. Die Neandertalersequenz unterschied sich von den modernen Sequenzen an durchschnittlich 27,2 ± 2,2 Nucleotidpositionen, unter den modernen Sequenzen, die nicht nur aus Europa, sondern aus der ganzen Welt stammten, betrugen die Unterschiede nur 8,0 ± 3,1 Positionen. Derart große Unterschiede sind mit der Vorstellung, dass die heutigen Europäer von den Neander-

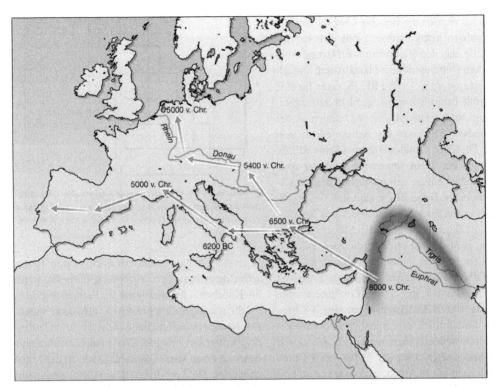

Abb. 16.10 Die Ausbreitung der Landwirtschaft von Südwestasien nach Europa. Das schattierte Gebiet in Südwestasien ist der Fruchtbare Halbmond, wo die Wildformen von Weizen und Gerste gedeihen; dort wurden diese Pflanzen vor rund 10 000 Jahren erstmals von Bauern angebaut (Bildrechte T. A. Brown)

talern abstammen, nicht zu vereinbaren. Damit liefern diese Befunde einen unabhängigen Beweis für die Out-of-Africa-Hypothese, und sie zeigen, dass das multiregionale Modell zumindest für Europa nicht zutrifft.

16.4.2 Anhand der DNA kann man auch prähistorische Wanderungsbewegungen nachzeichnen

Die Jetztmenschen, die an die Stelle der Neandertaler traten, kamen vor rund 40 000 Jahren nach Europa. Das kann man aus Fossilien und archäologischen Funden eindeutig ablesen. Aber wurden auch diese Menschen wiederum von Populationen verdrängt, die noch später nach Europa einwanderten?

Die Ausbreitung der Landwirtschaft in Europa

Manche Archäologen vermuten, dass in den letzten 10 000 Jahren neue Bevölkerungsgruppen nach Europa einwanderten und dabei die Landwirtschaft mitbrachten. Der Übergang vom Leben als Jäger und Sammler zur Landwirtschaft vollzog sich vor etwa 10 000 Jahren im Südwesten Asiens, wo Dorfbewohner im frühen Neolithikum erstmals Nutzpflanzen wie Weizen und Gerste anbauten. Nachdem die Landwirtschaft sich dort durchgesetzt hatte, verbreitete sie sich nach Asien, Europa und Nordafrika. Als man an archäologischen Fundstätten nach Resten angebauter Pflanzen und landwirtschaftlicher Geräte suchte, konnte man für die Ausbreitung der Landwirtschaft nach Europa zwei Routen nachzeichnen. Die eine verläuft entlang der Mittelmeerküste nach Spanien und von dort zu den britischen Inseln, die andere folgt den Tälern von Donau und Rhein nach Nordeuropa (Abb. 16.10).

Abb. 16.11 In der Hauptkomponentenanalyse zeigt sich eine von Südosten nach Nordwesten abgestufte Allelhäufigkeit (Bildrechte T. A. Brown)

Die Ausbreitung der Landwirtschaft lässt sich damit erklären, dass die Bauern von Ort zu Ort wanderten, wobei sie Gerätschaften, Tiere und Nutzpflanzen mitnahmen; dabei verdrängten sie die bereits in Europa ansässigen Lebensgemeinschaften, die keine Landwirtschaft kannten. Dieses Modell einer **vorrückenden Welle** wurde anfangs von den Archäogenetikern unterstützt, denn es stimmt mit den Ergebnissen einer großen phylogenetischen Studie aus den Neunzigerjahren überein, in der die Allelhäufigkeiten für 95 Gene bei Bevölkerungsgruppen aus ganz Europa untersucht wurden. Die Daten wurden mit der **Hauptkomponentenanalyse** (*principal component analysis*) ausgewertet, einem in der Populationsgenetik sehr häufig angewandten Verfahren, mit dem man Gesetzmäßigkeiten in der geografischen Verteilung von Allelen erkennen kann; solche Gesetzmäßigkeiten deuten dann möglicherweise auf frühere Bevölkerungswanderungen hin.

Bei den Daten aus Europa fällt vor allem eine Gesetzmäßigkeit auf, die auf etwa 28 Prozent aller genetischen Abweichungen zutrifft: eine Abstufung der Allelhäufigkeiten, die von Südosten nach Nordwesten quer über den Kontinent verläuft (Abb. 16.11). Dieses Muster lässt darauf schließen, dass entweder aus dem Südwesten Asiens nach Nordwesteuropa oder in der umgekehrten Richtung eine Wanderungsbewegung stattgefunden hat. Da die zuerst genannte Wanderung mit der durch archäologische Funde belegten Ausbreitung der Landwirtschaft zusammenfällt, sah man in dieser ersten Hauptkomponente einen stichhaltigen Beleg für das Modell der vorrückenden Welle.

Nachweis früherer Wanderungsbewegungen nach Europa mithilfe der Mitochondrien-DNA

Die Hauptkomponentenanalyse hat in ihrer Anwendung auf frühere Wanderungsbewegungen der Menschen einen Schwachpunkt. Man kann nur schwer feststellen, *wann* eine auf diese Weise nachgewiesene Wanderung stattgefunden hat. Der Zusammenhang zwischen der Hauptkomponente und der Ausbreitung der Landwirtschaft ergibt sich ausschließlich aus der abgestuften Allelverteilung, aber es gibt keine ergänzenden Indizien dafür, in welchem Zeitraum sich diese Abstufung ausgebildet hat.

In einer zweiten Untersuchung an europäischen Bevölkerungsgruppen wurde der zeitliche Aspekt mit einbezogen. Als Material diente dabei die Mitochondrien-DNA. Zunächst verglich man die Verteilung von Sequenzvarianten der Mito-

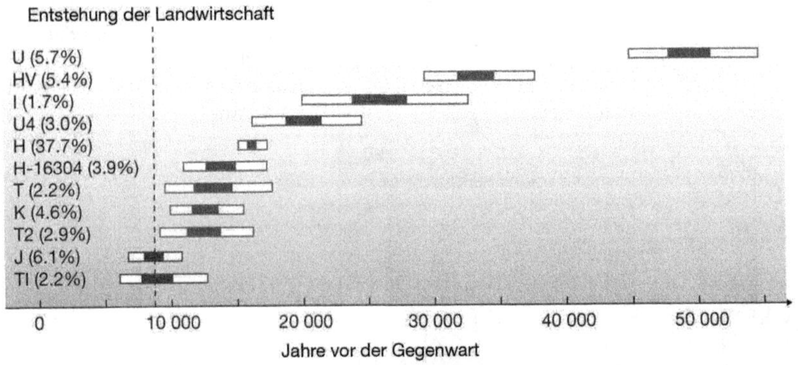

Abb. 16.12 Die mutmaßlichen Zeitpunkte, zu denen die elf wichtigsten Haplotypen der Mitochondrien-DNA heutiger Bevölkerungsgruppen nach Europa gelangten. Haplotypen, deren Einwanderung mit der Ausbreitung der Landwirtschaft zusammenfällt, sind rot gekennzeichnet (Bildrechte T. A. Brown)

chondrien-DNA bei 821 Angehörigen verschiedener Bevölkerungsgruppen aus ganz Europa. Die Daten lieferten keinen Hinweis auf abgestufte Allelhäufigkeiten, sondern sie legten die Vermutung nahe, dass die Populationen in Europa während der letzten 20 000 Jahre relativ stabil waren. Dieser Befund weckt ernste Zweifel am Modell der vorrückenden Welle. Aber wie hatte sich die Landwirtschaft dann in Europa verbreitet?

Durch detailliertere Untersuchungen an den Varianten der Mitochondrien-DNA heutiger europäischer Bevölkerungsgruppen kristallisiert sich mittlerweile eine neue Antwort auf diese Frage heraus. Wie man inzwischen entdeckt hat, lassen sich die Mitochondriengenome der heutigen Europäer in elf große Sequenzklassen einordnen, so genannte Haplogruppen, in denen jeweils charakteristische Sequenzabweichungen vorkommen. Für jede dieser Haplogruppen kann man mithilfe der molekularen Uhr einen Entstehungszeitpunkt feststellen, und der entspricht nach der heutigen Vorstellung dem Zeitpunkt, als die betreffende Haplogruppe nach Europa gelangte (Abb. 16.12). Die älteste Haplogruppe, U genannt, tauchte vor etwa 50 000 Jahren zum ersten Mal in Europa auf, also zu einer Zeit, als den archäologischen Befunden zufolge erstmals Jetztmenschen auf den Kontinent vordrangen, während sich die Vereisung gegen Ende der letzten Eiszeit nach Norden zurückzog. Die jüngsten Haplogruppen mit den Bezeichnungen J und T1, die rund 9 000 Jahre alt sind, könnten im Zusammenhang mit der Ausbreitung der Landwirtschaft stehen und kommen nur bei 8,3 Prozent der europäischen Bevölkerung vor; damit bestätigen sie, dass die Landwirtschaft sich in Europa nicht in Form einer vorrückenden Welle verbreitete, wie man auf Grund der Hauptkomponentenanalyse vermutet hatte. Nach heutiger Kenntnis kam sie vielmehr mit einer kleinen Gruppe von »Pionieren« nach Europa, die die vorhandenen Lebensgemeinschaften nicht verdrängten, sondern sich mit ihnen vermischten.

Die Archäogenetik führt uns sehr eindringlich vor Augen, welch weit reichenden Einfluss Klonierung und DNA-Analyse in der Wissenschaft haben.

Weiterführende Literatur

Cann RL, Stoneking M, Wilson AC (1987) Mitochondrial DNA and human evolution. *Nature* 325: 31–66. [Die erste Veröffentlichung über die Eva der Mitochondrien.]

Cavalli-Sforza LL (1998) The DNA revolution in population genetics. *Trends in Genetics* 14: 60–65. [Untersuchung von Allelhäufigkeiten in Europa mithilfe der Hauptkomponentenanalyse.]

Coble MD, Loreille OM, Wadhams MJ et al (2009) Mystery solved: the identification of the two missing Romanoy children using DNA analysis. *Nature Genetics* 6: 130–135.

Gill P, Ivanov PL, Kimpton C et al. (1994) Identification of the remains of the Romanov family by DNA analysis. *Nature Genetics* 6: 130–135

Jeffreys AJ, Wilson V, Thein LS (1985) Individual-specific fingerprints of human DNA. *Nature* 314: 67–73 [Genetische Fingerabdrücke, hergestellt durch Analyse von Minisatelliten.]

Jobling MA, Gill P (2004) Encoded evidence: DNA in forensic analysis. *Nature Reviews Genetics* 5: 739–751.

Krings M, Stone A, Schmitz RW et al. (1997) Neandertal DNA sequences and the origin of modern humans. *Cell* 90: 19–30.

Nakahori Y, Hamano K, Iwaya M, Nakagome Y (1991) Sex identification by polymerase chain reaction using X-Y homologous primer. *American Journal of Medical Genetics* 39: 472–473. [Die Amelogenin-Methode.]

Richards M, Macauley V, Hickey E et al. (2000) Tracing European founder lineages in the Near Eastern mtDNA pool. *American Journal of Human Genetics* 67: 1251–1276. [Die Wanderung der Menschen nach Europa, nachgezeichnet anhand der Mitochondrien-DNA.]

Glossar

Adapter Synthetisches, doppelsträngiges Oligonucleotid, mit dem man an ein glatt abgeschnittenes DNA-Molekül klebrige Enden anfügen kann.

Adenoviren Tierviren, von denen sich Vektoren zur DNA-Klonierung in Säugerzellen ableiten.

Adeno-assoziiertes Virus (AAV) Virus, das nicht mit den Adenoviren verwandt ist, aber häufig in demselben infizierten Gewebe vorkommt, weil AAV einige vom Adenovirus produzierte Proteine nutzt, um seinen Replikationszyklus abzuschließen.

Affenvirus 40 (SV40) Säugervirus, das als Ausgangsmaterial für eine Reihe von Klonierungsvektoren dient.

Affinitätschromatographie Chromatographische Methode zur Reinigung von Proteinen; man bedient sich dabei eines Liganden, der das gesuchte Protein binden kann.

Agrobacterium tumefaciens Bodenbakterium, das manchmal ein Ti-Plasmid enthält und dann bei einer Reihe zweikeimblättriger Pflanzen Wurzelhalsgallen hervorrufen kann und so dessen Reinigung erleichtert.

Anhybridisieren (*annealing*) Die Verbindung eines Oligonucleotids mit einem einzelsträngigen DNA-Molekül durch Hybridisierung.

Annotation Vorgehensweise, mit der man Gene, Steuerungssequenzen und andere interessante Merkmale einer (neu) ermittelten Genomsequenz identifiziert.

Antisense-RNA RNA-Molekül, das zu einer natürlich vorkommenden RNA komplementär ist und die Translation dieser RNA in einer transformierten Zelle verhindern kann.

Antisense-Technik Die Nutzung eines Gens, das eine Antisense-RNA codiert, in der Gentechnologie.

Archäogenetik Die Erforschung unserer Vergangenheit mithilfe von DNA-Analysen.

Auffüllen von Enden Umwandlung eines klebrigen in ein glattes Ende durch enzymatische Synthese des zum überstehenden Einzelstrang komplementären Stranges.

Autoradiographie Methode zum Nachweis radioaktiv markierter Moleküle durch Schwärzung eines Röntgenfilms.

auxotrophe Mutante Mutierter Mikroorganismus, der nur in Gegenwart eines besonderen Nährstoffs wächst; der Wildtyp benötigt diese Substanz nicht.

Avidin Protein mit hoher Affinität zu Biotin; wird beim Nachweis biotinmarkierter DNA-Sonden verwendet.

BacMam-Vektor Abgewandeltes Baculovirus, das einen Säugetierpromotor enthält und deshalb ein kloniertes Gen unmittelbar in Säugerzellen exprimieren kann.

Baculovirus Virus, das als Klonierungsvektor für die gentechnische Proteinproduktion in Insektenzellen verwendet wurde.

Bakteriophage oder Phage Virus, dessen Wirt ein Bakterium ist. DNA-Moleküle mancher Bakteriophagen dienen als Klonierungsvektoren.

Batch-Kultur Bakterienzucht in einem festgelegten Volumen eines Flüssigmediums in einem geschlossenen Behälter; während der Zucht wird nichts hinzugefügt oder entnommen (Chargenbetrieb).

Bioinformatik Computergestützte Verfahren zur Genomanalyse.

Biolistik Methode zum Einschleusen von DNA in Zellen durch Beschuss mit winzigen, schnell fliegenden Projektilen, die mit DNA beschichtet sind.

biologische Sicherheit Ziel aller Maßnahmen, mit denen man die Vermehrung rekombinierter DNA-Moleküle in der natürlichen Umwelt verhindern will. Zur biologischen Sicherheit tragen Vektoren und Wirtsorganismen bei, die so verändert wurden, dass sie außerhalb des Labors nicht überleben.

Biotechnologie Der Einsatz lebender Organismen in industriellen Prozessen.

Biotin Molekül, das in dUTP eingebaut werden kann und als nichtradioaktive Markierung für DNA-Sonden dient.

BLAST Algorithmus, der häufig bei der Suche nach homologen Sequenzen eingesetzt wird.

Blumenkohlmosaikvirus (CaMV) Das bestuntersuchte Caulimovirus; diente früher als Klonierungsvektor für manche Arten höherer Pflanzen. Lieferte starke Promotoren, die in anderen Pflanzen-Klonierungsvektoren verwendet werden.

Capsid Proteinhülle, die das DNA- oder RNA-Molekül eines Bakteriophagen oder eines anderen Virus umschließt.

Caulimoviren Eine der beiden Gruppen von DNA-Viren, die Pflanzen infizieren können; lassen sich für manche höheren Pflanzen als Klonierungsvektoren verwenden.

cDNA-Klonierung Klonierungsverfahren, bei dem man zunächst gereinigte mRNA in DNA umschreibt und diese dann in einen Klonierungsvektor einbaut.

CHEF (*contour clamped homogeneous electric fields*) Elektrophoreseverfahren zur Trennung großer DNA-Moleküle.

Chimäre 1) Rekombiniertes DNA-Molekül aus Fragmenten, die aus verschiedenen Organismen stammen. 2) Das anfängliche Produkt der Klonierung embryonaler Stammzellen: ein Tier aus Zellen mit unterschiedlichem Genotyp; die Bezeichnung erinnert an das gleichnamige Fabelwesen.

Chromosom Struktur aus DNA und Protein, die im Zellkern von Eukaryoten einen Teil des Genoms enthält. Im weiteren Sinn auch das DNA-Molekül (oder die Moleküle) mit dem Genom eines Prokaryoten.

Codonbevorzugung (*codon bias*) Die Beobachtung, dass nicht alle Codons in den Genen eines Lebewesens mit der gleichen Häufigkeit vorkommen.

Consensussequenz Nucleotidsequenz, die stellvertretend für viele ähnliche, aber nicht genau gleiche Sequenzen steht. In jeder Position der Consensussequenz steht das Nucleotid, das in den wirklichen Sequenzen am häufigsten vorkommt.

Contig Zusammenhängender Abschnitt einer DNA-Sequenz, den man im Rahmen eines Genom-Sequenzierungsprojektes erhält.

Cosmid Klonierungsvektor, bei dem die *cos-Stellen* des Bakteriophagen λ in ein Plasmid eingebaut werden; dient zum Klonieren von DNA-Fragmenten von bis zu 40 kb.

cos-Stelle Klebrige, einzelsträngige Verlängerungen an den Enden der DNA-Moleküle bei bestimmten Stämmen des Phagen λ.

CpG-Insel GC-reicher DNA-Abschnitt stromaufwärts von rund 56 Prozent aller Gene im menschlichen Genom.

definiertes Medium Nährmedium für Bakterien, bei dem man alle Bestandteile kennt.

Deletionsanalyse Methode zum Nachweis der Regulationssequenzen eines Gens; man prüft, wie sich spezifische Deletionen in dem stromaufwärts gelegenen Bereich auf die Expression des Gens auswirken.

Deletionskassette DNA-Abschnitt, der durch homologe Rekombination in ein Hefechromosom übertragen wird, weil man eine deletierte Version eines Zielgens erzeugen will, um dieses Gen zu inaktivieren und seine Funktion aufzuklären.

Denaturierung Bei Nucleinsäuren die Auflösung der Wasserstoffbrücken zwischen den Basen mit chemischen oder physikalischen Methoden.

Desoxyribonuclease DNA-spaltendes Enzym.

Dichtegradientenzentrifugation Trennung von Molekülen und Partikeln aufgrund ihrer Schwimmdichte durch Zentrifugation in einer konzentrierten Saccharose- oder Cäsiumchloridlösung.

Didesoxynucleotid Abgewandeltes Nucleotid, dem die 3′-Hydroxylgruppe fehlt; verhindert die weitere Kettenverlängerung, wenn es in ein wachsendes Polynucleotid eingebaut wird.

direkte Genübertragung Klonierungsverfahren, bei dem man ein Gen ohne einen Klonierungsvektor, der sich im Wirtsorganismus vermehren kann, in ein Chromosom überträgt.

DNA aus alter Zeit (*fossile DNA; ancient DNA*)- DNA, die in fossilem oder archäologischem Material erhalten geblieben ist.

DNA-Chip Siliciumscheibe mit einer dichten Anordnung von Oligonucleotiden; wird für Transkriptom- und andere Analysen verwendet.

DNA-Fingerprinting Hybridisierungsverfahren, mit dem man den Aufbau sehr polymorpher Sequenzen ermitteln kann; das entstehende Bandenmuster ist für jeden Menschen einzigartig.

DNA-Klonierung Einbau eines DNA-Fragments in einen Klonierungsvektor mit anschließender Vermehrung des rekombinierten DNA-Moleküls in einem Wirtsorganismus. Der Begriff wird auch verwendet, wenn man das gleiche Ergebnis ohne Klonierungsvektor (z. B. durch direkte Genübertragung) erreicht.

DNA-Leiter Gemisch von DNA-Fragmenten, deren Größe Vielfache von 100 bp oder 1 kb sind; dient als Größenmarker.

DNA-Marker DNA-Sequenz, die in Form von mindestens zwei Allelen vorkommt und deshalb zur Genkartierung dienen kann.

DNA-Polymerase Enzym, das DNA an einer DNA- oder RNA-Matrize synthetisiert.

DNA-Profiling (DNA-Typisierung) PCR-Verfahren, mit dem man die an verschiedenen STR-Loci vorhandenen Allele bestimmt, um Personen mit Hilfe dieser DNA- Analyse zu identifizieren.

DNA-Rekombinationstechnik Alle Methoden zur Konstruktion, Untersuchung und zum Einsatz rekombinierter DNA-Moleküle.

DNA-Sequenzierung Bestimmung der Nucleotidreihenfolge in einem DNA-Molekül.

Doppelspaltung Spaltung eines DNA-Moleküls mit zwei verschiedenen Restriktionsendonucleasen, entweder gleichzeitig oder nacheinander.

Einschlusskörper Kristalline oder parakristalline Ablagerung in einer Zelle; enthält oft beträchtliche Mengen an unlöslichem Protein.

Einzelnucleotid-Polymorphismus (SNP) Punktmutation, die bei manchen Individuen einer Population vorkommt.

Elektrophorese Trennung von Molekülen aufgrund ihres Verhältnisses von Masse und elektrischer Ladung.

Elektroporation Methode, um Protoplasten zur Aufnahme von DNA zu bewegen; man setzt die Protoplasten zunächst einer hohen elektrischen Spannung aus, sodass in der Zellmembran vorübergehend kleine Poren entstehen.

Elution Loslösung gebundener Moleküle aus einer Chromatographiesäule.

embryonale Stammzelle (ES-Zelle) Totipotente Zelle aus einem Mäuse- oder anderen Embryo; dient zur Konstruktion transgener Tiere (z. B. Knockout-Mäuse).

3'-Ende Eines der beiden Enden eines Polynucleotids; trägt die Hydroxylgruppe, die an der 3'-Position des Zuckers hängt.

5'-Ende Eines der beiden Enden eines Polynucleotids; trägt die Phosphatgruppe, die an der 5'-Position des Zuckers hängt.

Endonuclease Enzym, das Phosphodiesterbindungen innerhalb eines Nucleinsäurernoleküls spaltet.

entspannt (*relaxed*) Eigenschaft offen-ringförmiger DNA, die keine überspiralisierte Konformation besitzt.

Episom Plasmid, das sich in ein Chromosom der Wirtszelle integrieren kann.

episomales Hefeplasmid (YEp) Hefevektor, der den Replikationsstartpunkt des 2-Mikron-Plasmids enthält.

Ernte Gewinnung von Mikroorganismen aus einer Kultur, gewöhnlich durch Zentrifugation.

Ethanolfällung Ausfällen von Nucleinsäuremolekülen mit Ethanol und Salz; wird vor allem zur Anreicherung von DNA verwendet.

Ethidiumbromid Fluoreszierende Verbindung, die sich zwischen die Basenpaare eines doppelsträngigen DNA-Moleküls schiebt (Interkalation); wird zum Nachweis von DNA benutzt.

Exonuclease Enzym, das von den Enden eines Nucleinsäuremoleküls ein Nucleotid nach dem anderen entfernt.

Eva der Mitochondrien Die Frau, die vor 140 000 bis 200 000 Jahren in Afrika lebte und die Mitochondrien-DNA trug, von der die Mitochondrien-DNA aller heute lebenden Menschen abstammt.

genetische Karte Karte des Genoms, die durch Analyse von Kreuzungsergebnissen erstellt wurde.

Genfamilie Gruppe gleicher oder ähnlicher Gene in einem Organismus, die gewöhnlich eine Familie verwandter Polypeptide codieren.

Expressionsvektor Klonierungsvektor, der so gestaltet ist, dass ein eingebautes Fremdgen in dem Wirtsorganismus exprimiert wird.

exprimiertes Sequenzanhängsel (exprimierter Sequenzmarker; *expressed sequence tag*, EST) Eine partielle oder vollständige cDNA-Sequenz.

Fermenter Behälter für die Massenkultur von Mikroorganismen.

Flüssigkultur Zucht von Mikroorganismen in einem flüssigen Nährmedium.

Fluoreszenz-in situ-Hybridisierung (FISH) Hybridisierungsverfahren, bei dem man in einem einzigen Experiment mit zwei verschiedenen Farbstoffen zwei oder mehr Gene in einem Chromosomenpräparat lokalisieren kann.

footprinting Nachweis von Proteinbindungsstellen in einem DNA-Molekül; man untersucht, welche Phosphodiesterbindungen gegen DNase I-Abbau geschützt sind.

funktionelle Genomik Untersuchungen zur Identifizierung aller Gene in einem Genom und ihrer Funktion.

Gelelektrophorese Elektrophorese in einer Gelsubstanz, die Moleküle mit ähnlicher elektrischer Ladung aufgrund ihrer Größe trennt.

Gelretentionsanalyse Methode zum Nachweis eines DNA-Fragments, das ein Proteinmolekül gebunden hat, aufgrund seiner verminderten Beweglichkeit in der Gelelektrophorese.

Geminiviren Eine der beiden Gruppen von DNA-Viren, die Pflanzen infizieren können; Geminiviren können möglicherweise als Klonierungsvektoren für bestimmte Arten höherer Pflanzen dienen.

Gen DNA-Abschnitt, der ein RNA- und/oder ein Polypeptidmolekül codiert.

Genetik Teilbereich der Biologie, der sich mit der Untersuchung von Genen und Vererbungsmechanismen beschäftigt.

Genkartierung Bestimmung der relativen Positionen verschiedener Gene auf einem DNA-Molekül.

Gen-Knockout Verfahren zur Inaktivierung eines Gens; dient dazu, die Funktion des Gens zu ermitteln.

Genom Die gesamte Genausstattung eines Organismus.

Genomik Untersuchung und insbesondere die vollständige Sequenzierung eines Genoms.

genomische Bibliothek Sammlung von Klonen, deren Zahl ausreicht, damit sie alle Gene eines bestimmten Organismus enthalten können.

genomische DNA die gesamte DNA in einer Zelle oder Zellgruppe.

Genshuffling Verfahren der gerichteten Evolution: Teile aus den Genen einer Genfamilie werden neu zusammengefügt, sodass neue Genvarianten entstehen.

Gentechnik, Gentechnologie Experimentelle Verfahren zur Herstellung von DNA-Molekülen, die neue Gene oder Genkombinationen enthalten.

gentechnisch hergestelltes Protein Polypeptid, das in einer Rekombinationszelle durch Expression eines klonierten Gens entsteht.

gentechnisch veränderte Nutzpflanzen Nutzpflanzen, die durch Hinzufügen oder Inaktivierung von Genen verändert wurden.

Gentherapie Medizinisches Therapieverfahren, bei dem man Krankheiten durch Einbringen von DNA-Sequenzen behandelt.

gerichtete Evolution System experimenteller Verfahren zur Herstellung neuer Gene mit verbesserten Produkten.

gesamte Zell-DNA Die gesamte DNA einer Zelle oder einer Gruppe von Zellen.

Gesamtgenom-Schrotschussverfahren Strategie zur Sequenzierung ganzer Genome; verbindet die Sequenzierung nach dem Schrotschussverfahren mit der Erstellung eines Genomkarte, die dann als Leitfaden für die Konstruktion der Gesamtsequenz dient.

glattes Ende (*blunt end*) Ende eines DNA-Moleküls, bei dem beide Stränge an dem gleichen Nucleotidpaar enden, ohne dass ein Einzelstrang übersteht.

Haplogruppe Große Sequenzklasse der Mitochondrien-DNA in der menschlichen Bevölkerung.

HART (durch Hybridbildung verhinderte Translation) (*hybrid-arrest translation*) Methode zur Identifizierung des Polypeptids, das von einem klonierten Gen codiert wird.

Harz Trägermaterial für die Chromatographie.

Hauptkomponentenanalyse Verfahren, mit dem man in einem großen Datenbestand über variable Merkmalszustände Gesetzmäßigkeiten identifizieren kann.

Helferphage Phage, den man in Verbindung mit einem verwandten Klonierungsvektor in die Zellen bringt, damit er die Enzyme für die Vermehrung des Vektors bereitstellt.

heterologe Hybridisierung Nachweis verwandter, aber nicht identischer Nucleinsäuren durch Hybridisierung mit markierten Molekülen.

Hinzufügen von Genen Gentechnisches Verfahren, bei dem man ein neues Gen oder eine Gengruppe in ein Lebewesen einschleust.

homologe Rekombination Rekombination zwischen zwei homologen, doppelsträngigen DNA-Molekülen, d. h. zwischen solchen, die große Sequenzähnlichkeit aufweisen.

Homologie Eigenschaft von zwei Genen aus verschiedenen Organismen, die aus dem gleichen Vorläufergen hervorgegangen sind. Homologe Gene haben meist so ähnliche Sequenzen, dass sie gegenseitig als Hybridisierungssonden dienen können.

Homologiesuche Verfahren, mit dem man die Identität eines Gens bestätigen oder seine Funktion in Erfahrung bringen kann; man sucht dabei nach Sequenzen, die denen des untersuchten Gens ähneln.

Homopolymer-tailing Das Anfügen einer Reihe gleichartiger Nucleotide (zum Beispiel AAAAA) an das Ende eines Nucleinsäuremoleküls; gewöhnlich bezeichnet der Begriff die Synthese einzelsträngiger Homopolymerverlängerungen an den Enden eines doppelsträngigen DNA-Moleküls.

Hybrid-Freisetzungs-Translation (HRT) (*hybrid-release translation*) Methode zur Identifizierung des Polypeptids, das von einem klonierten Gen codiert wird.

Hybridisierungssonde Markierte Nucleinsäuresequenz, mit der man komplementäre oder homologe Moleküle durch Bildung stabiler Basenpaarungen nachweisen kann.

hypervariable verstreute repetitive Sequenzen Repetitive DNA-Sequenzen des Menschen, die zur Erstellung genetischer Fingerabdrücke verwendet werden.

ICAT (*isotope coded affinity tag*) Marker, die normalen Wasserstoff und Deuterium enthalten; dienen zur Markierung einzelner Proteome.

Immunscreening Nachweis des an einem klonierten Gen synthetisierten Polypeptids mithilfe von Antikörpern.

Inaktivierung von Genen Gentechnisches Verfahren, bei dem ein oder mehrere Gene eines Organismus inaktiviert werden.

Indel Stelle im Genom, an der eine DNA-Sequenz eingebaut oder deletiert wurde; trägt diesen Namen, weil man durch den Vergleich zweier Sequenzen nicht feststellen kann, welcher der beiden Vorgänge sich abgespielt hat: eine Insertion im einen Genom oder eine Deletion im anderen.

Induktion 1) Bei einem Gen: das Einschalten der Expression eines Gens oder einer Gengruppe als Reaktion auf einen chemischen oder physikalischen..Reiz; 2) beim Phagen λ: das Ausschneiden der integrierten Phagen-DNA und der Übergang zur lytischen Vermehrung als Reaktion auf einen chemischen oder physikalischen Reiz.

Inkompatibilitätsgruppe Gruppe verschiedenartiger, oft verwandter Plasmide, die nicht gleichzeitig in derselben Zelle existieren können.

Insertionsinaktivierung Klonierungsmethode, bei der ein Gen des Klonierungsvektors durch die eingefügte Fremd-DNA inaktiviert wird.

Insertionsvektor λ-Klonierungsvektor, der durch Deletion eines nicht lebenswichtigen Abschnitts entstanden ist.

in situ-**Hybridisierung** Methode zur Genkartierung; ein kloniertes, markiertes Gen hybridisiert mit einem langen DNA-Molekül, gewöhnlich einem Chromosom.

integrierendes Hefeplasmid (YIp) Hefevektor, der für seine Replikation auf die Integration in das Wirtschromosom angewiesen ist.

in vitro-**Mutagenese** Verfahren zur Herstellung gezielter Mutationen an festgelegten Stellen in einem DNA-Molekül.

in vitro-**Verpackung** Synthese infektiöser λ-Partikel aus einem Gemisch von λ-Capsidproteinen und concatemeren DNA-Molekülen, die durch die *cos*-Stellen getrennt sind.

Ionenaustauscherchromatographie Verfahren zur Trennung von Molekülen, die unterschiedlich stark an die elektrisch geladenen Teilchen in einem Chromatographie- Trägermaterial binden.

IRE-peR (*interspersed repeat element peR*) Verfahren des Klon-Fingerprinting, bei dem man die relative Lage von Sequenzwiederholungen in klonierten DNA-Fragmenten durch PCR ermittelt.

isoelektrische Fokussierung Trennung von Proteinen in einem Gel, in dem chemische Verbindungen einen pH-Gradienten erzeugen, wenn man ein elektrisches Feld anlegt.

isoelektrischer Punkt in einem pH-Gradienten die Position eines Proteins, an dem seine Nettoladung Null ist.

Kandidatengen Gen, das durch Positionsklonierung identifiziert wurde und möglicherweise eine Krankheit verursacht.

Kartierungsreagens Sammlung von DNA-Fragmenten, die ein Chromosom oder ein ganzes Genom abdecken und bei der STS-Kartierung verwendet werden.

Kassette DNA-Sequenz aus Promotor, Ribosomenbindungsstelle, einmal vorhandener Restriktionsschnittstelle und Terminator (oder bei Eukaryoten aus Promotor, einmal vorhandener Restriktionsschnittstelle und Polyadenylierungssequenz), die in manchen Expressionsvektoren enthalten ist. Ein fremdes Gen, das in die nur einmal vorhandene Restriktionsstelle eingebaut wird, gelangt unter die Kontrolle dieser Expressionssignale.

Kerntransfer Verfahren, das bei der Herstellung transgener Tiere angewandt wird: Der Zellkern eines somatischen Zelle wird in eine Oocyte übertragen, deren eigenen Kern man zuvor entfernt hat.

Kilobase (kb) Längenmaß für Nucleinsäuremoleküle; 1 kb entspricht einer Moleküllänge von 1000 Nucleotiden.

klebriges Ende oder kohäsives Ende (*sticky end*)- Ende eines doppelsträngigen DNA-Moleküls mit einem überstehenden Einzelstrang.

Klenow-Fragment (der DNA-Polymerase I) Durch chemische Behandlung der DNA-Polymerase I von *E. coli* gewonnenes Enzym, das an einer vorhandenen Matrize einen neuen DNA-Strang aufbaut; wird vor allem bei der DNA-Sequenzierung nach der Kettenabbruchmethode verwendet.

Klon Population gleichartiger Zellen, die im Allgemeinen identische rekombinierte DNA-Moleküle enthalten.

Klon-Contig-Verfahren Ein Verfahren zur Sequenzierung ganzer Genome; die Moleküle, die man sequenzieren will, werden in handhabbare Stücke von jeweils einigen hundert Kilobasen oder wenigen Megabasen zerlegt, die man dann einzeln sequenziert.

Klon-Fingerprinting Eine von vielen Methoden, mit denen man klonierte DNA-Fragmente vergleichen und Überlappungen finden kann.

Knockout-Maus Maus, die ein gentechnisch inaktiviertes Gen trägt.

Kombinationsscreening Ein Verfahren, bei dem man weniger PCR- oder andere Analysen durchführen muss, weil man die Proben auf genau definierte Weise so zusammenfasst, dass man das Ergebnis für eine einzelne Probe ermitteln kann, obwohl man sie nicht einzeln analysiert.

Kompatibilität Fähigkeit zweier verschiedenartiger Plasmide, in derselben Zelle zu existieren.

Kompetent Eigenschaft einer Bakterienkultur, die so behandelt wurde, dass die Zellen leichter DNA aufnehmen können.

Komplementär Eigenschaft zweier Polynucleotide, die sich durch Basenpaarung zu einem doppelsträngigen Molekül verbinden können.

Konformation Räumliche Anordnung eines Moleküls. Ein Polynucleotid kann beispielsweise in gestreckter oder ringförmiger Konformation vorliegen.

Konjugation Bei Bakterien der Kontakt zweier Zellen, meist verbunden mit dem Austausch genetischen Materials.

kontinuierliche Kultur Zucht von Mikroorganismen in Flüssigmedium unter kontrollierten, gleichförmigen Bedingungen; über eine längere Zeit wird in gleichem Umfang Flüssigkeit entnommen und neues Medium zugesetzt.

Kopienzahl Die Zahl der Moleküle eines Plasmids in einer Zelle.

Kopplungsanalyse (*linkage analysis*) Methode zur Kartierung der Lage eines Gens auf den Chromosomen; man vergleicht sein Vererbungsmuster mit dem von Genen und anderen Loci, deren Position man bereits kennt.

kovalent geschlossen-ringförmige DNA (*covalently closed-circular DNA, cccDNA*) Ein vollständig doppelsträngiges, ringförmiges DNA-Molekül ohne Einzelstrangbrüche oder Unterbrechungen; liegt meist als Supercoil vor.

künstliches Bakterienchromosom (BAC) Klonierungsvektor auf der Grundlage des F-Plasmids; dient zur Klonierung relativ großer DNA-Fragmente in *E. coli*.

künstliches Hefechromosom (YAC) Klonierungsvektor, der Strukturbestandteile eines Hefechromosoms besitzt und mit dem man sehr große DNA-Abschnitte klonieren kann.

kurze Tandemwiederholung (STR) (*short tandem repeat*) Polymorphismus aus Tandemwiederholungen, in der Regel mit repetitiven Sequenzen aus zwei, drei, vier oder fünf Nucleotiden. Wird auch Mikrosatellit genannt.

Lac-Selektion Methode zur Identifizierung von Bakterien, die Vektoren mit dem *lacZ*'-Gen enthalten. Man plattiert die Bakterien auf einem Nährboden mit einem Lactoseanalog, das sich blau färbt, wenn die ß-Galactosidaseaktivität vorhanden ist.

Lambda (λ) Bakteriophage, der *E. coli* infiziert; wird in abgewandelter Form in großem Umfang als Klonierungsvektor eingesetzt.

Leseraster Eine der sechs überlappenden Sequenzen aus Triplettcodons (drei je Polynucleotid) in einem Abschnitt der DNA-Doppelhelix.

Ligase (DNA-Ligase) Enzym, das in der Zelle Einzelstrangbrüche in doppelsträngigen DNA-Molekülen repariert. Gereinigte DNA-Ligase verwendet man beim Klonieren zum Verbinden von DNA-Molekülen.

Linker Synthetisches, doppelsträngiges Oligonucleotid, mit dem man an ein glatt endendes Molekül klebrige Enden anfügen kann.

Lysat klares Zellextrakt, aus dem Zelltrümmer, subzelluläre Partikel und möglichst auch die chromosomale DNA durch Zentrifugieren entfernt wurden.

lysogener Infektionszyklus Phageninfektion, bei der sich die Phagen-DNA in das Chromosom der Wirtszelle integriert.

lysogenes Bakterium Bakterienzelle, die einen Prophagen enthält.

Lysozym Enzym, das die Zellwände mancher Bakterien schwächt.

lytischer Infektionszyklus Vermehrungszyklus von Phagen, die sich sofort nach der Infektion replizieren und ihre Wirtszelle lysieren. Die Phagen-DNA wird nicht in das Bakterienchromosom integriert.

M13 Bakteriophage, der *E. coli* infiziert; wird in abgewandelter Form als Klonierungsvektor eingesetzt.

MALDI-TOF (*matrix-asssisted laser desorption ionization time-of-flight*) In der Proteomik verwendetes Verfahren der Massenspektrometrie.

Markierung Bei Klonierungsexperimenten der Einbau radioaktiver oder anderweitig abgewandelter Nucleotide in ein Nucleinsäuremolekül.

Massenspektrometrie Analyseverfahren, bei dem man Ionen nach ihrem Verhältnis von Masse zu Ladung trennt.

Matrize Einzelsträngiges Polynucleotid (oder ein Teil davon), das die Synthese eines komplementären Stranges bewirken kann.

Meerrettichperoxidase Enzym, das sich. mit DNA verbinden kann; wird in einem Verfahren zur nichtradioaktiven Markierung von DNA benutzt.

Messenger-RNA (mRNA) Das Transkript eines proteincodierenden Gens.

Mikroarray Sammlung von Genen oder cDNAs, die auf einem Glasplättchen verankert sind und bei Transkriptomanalysen verwendet werden.

Mikroinjektion Methode zum Einschleusen neuer DNA in Zellen durch unmittelbare Injektion in den Zellkern.

2-Mikron-Ring Ein Plasmid der Hefe *Saccharomyces cerevisiae*, das als Ausgangsmaterial für eine Reihe von Klonierungsvektoren diente.

Mikrosatellit Polymorphismus aus Tandemwiederholungen, deren repetitiven Sequenz meist aus zwei, drei, vier oder fünf Nucleotiden besteht. Wird auch als kurze Tandemwiederholung (STR) bezeichnet.

Minimalmedium Definiertes Kulturmedium, das nur die mindestens erforderlichen Nährstoffe für das Wachstum eines bestimmten Bakterienstammes zur Verfügung stellt.

Mitochondrien-DNA Die DNA-Moleküle in den Mitochondrien der Eukaryoten.

Mittelfragment Bei einem λ-Substitutionsvektor der DNA-Abschnitt, der beim Einbau der Fremd-DNA entfernt wird.

Modell der vorrückenden Welle Hypothese, wonach die Ausbreitung der Landwirtschaft in Europa von Wanderungsbewegungen großer Bevölkerungsgruppen begleitet war.

Modifikations-Interferenzassay Verfahren, mit dem man die an Wechselwirkungen mit DNA-bindenden Proteinen beteiligten Nucleotide durch chemische Modifikation identifiziert.

molekulare Uhr Analyseverfahren auf Grundlage der angenommenen Mutationsrate; schafft die Möglichkeit, den Verzweigungspunkten eines Stammbaumes absolute Zeitpunkte zuzuordnen.

Multiplex-PCR PCR mit mehreren Primerpaaren, bei der demnach auch mehrere Abschnitte der untersuchten DNA vervielfältigt werden.

multiregionale Evolution Die Hypothese, wonach die heutigen Menschen in der Alten Welt von Populationen des *Homo erectus* abstammen, die vor über einer Million Jahren aus Afrika auswanderten.

nichtdefiniertes Medium Nährmedium, bei dem man nicht alle Bestandteile kennt.

Nick-Translation Reparatur eines Nicks mit DNA-Polymerase I; wird gewöhnlich verwendet, um markierte Nucleotide in ein DNA-Molekül einzubauen.

Nick Einzelstrangbruch.in einem doppelsträngigen DNA-Molekül.

Northern Blot Methode zur Übertragung von RNA-Banden aus einem Agarosegel auf eine Membran aus Nitrocellulose oder einem ähnlichen Material.

Nucleinsäurehybridisierung Bildung eines doppelsträngigen Moleküls durch Basenpaarungen zwischen komplementären oder homologen Polynucleotiden.

offen-ringförmig Die nicht überspiralisierte Konformation, die ein ringförmiges, doppelsträngiges DNA-Molekül annimmt, wenn in einem Strang oder in beiden Einzelstrangbrüche vorhanden sind.

offenes Leseraster (*open reading frame,* ORF) Codonfolge, die ein Gen darstellt oder darstellen könnte.

Oligonucleotid Kurzer, synthetischer DNA-Einzelstrang, den man z. B. als Primer für DNA-Sequenzierung oder PCR verwendet..

Oligonucleotidmutagenese Methode zur *in vitro*-Mutagenese; mit einem synthetischen Oligonucleotid führt man die gewünschte Nucleotidveränderung in das Gen ein, das man abwandeln möchte.

ORF-Scanning Suche nach offenen Leserastern in einer DNA-Sequenz mit dem Ziel, die Gene zu lokalisieren.

Out-of-Africa-Hypothese Die Hypothese, wonach die Jetztmenschen sich in Afrika entwickelt haben und vor 100 000 bis 50 000 Jahren die übrigen Teile der Alten Welt besiedelten, wobei sie den dort bereits ansässigen *Homo erectus* verdrängten.

Parallelverfahren in großem Maßstab (*massively parallel strategy*) Hochdurchsatz-Sequenzierung mit zahlreichen parallelen Ansätzen, bei der man viele Sequenzen gleichzeitig bestimmt.

Peptid-Massentypisierung Identifizierung eines Proteins durch Untersuchung der massenspektrometrischen Eigenschaften von Peptiden, die durch Behandlung mit einer sequenzspezifischen Protease entstanden sind.

P-Element Transposon aus *Drosophila melanogaster,* aus dem man einen Klonierungsvektor für diese Spezies entwickelt hat.

P1 Bakteriophage, der *E. coli* infiziert; von ihm leiten sich mehrere Klonierungsvektoren ab.

P1-abgeleitetes künstliches Chromosom (PAC) Klonierungsvektor auf der Grundlage des Bakteriophagen P1; dient zur Klonierung relativ großer DNA-Abschnitte in *E. coli*.

Papillomviren Gruppe von Säugerviren, die als Ausgangsmaterial für Klonierungsvektoren dienten.

partielle Spaltung Behandlung eines DNA-Moleküls mit einer Restriktionsendonuclease unter Bedingungen, die nur die Spaltung eines Teils der Erkennungsstellen zulassen.

PCR repetitiver DNA Verfahren des Klon-Fingerprinting, bei dem man die relative Lage von Sequenzwiederholungen in klonierten DNA-Fragmenten mit PCR nachweist.

Phage Siehe Bakteriophage.

Phagendisplay Verfahren zum Nachweis untereinander interagierender Proteine mit Hilfe der Klonierung in M13.

Phagendisplay-Bibliothek Sammlung von M13-Klonen mit unterschiedlichen DNA-Fragmenten; wird beim Phagendisplay verwendet.

Phagmid Doppelsträngiger Plasmidvektor mit dem Replikationsursprung eines filamentösen Phagen, den man zur Synthese der einzelsträngigen Form eines klonierten Gens verwenden kann.

Pharming Gentechnische Veränderung von Nutztieren mit dem Ziel, dass das Tier - häufig mit der Milch - ein rekombinantes, pharmazeutisch wirksames Protein produziert.

physische Karte Genomkarte, die man durch unmittelbare Untersuchung der DNA-Moleküle erstellt hat.

Pilus Ausstülpung auf der Oberfläche eines Bakteriums, das ein konjugatives Plasmid enthält; bildet während der Konjugation die Verbindung zwischen den Zellen zur Übertragung der DNA.

Plaque Durchsichtiger Bereich in einem trüben Bakterienrasen; entsteht, weil die Zellen durch infektiöse Phagenpartikel lysieren.

Plasmid DNA-Stück, gewöhnlich ringförmig, das im Wesentlichen unabhängig vom Wirtschromosom ist; Plasmide finden sich häufig in Bakterienzellen und manchen anderen Zellen.

Plasmid, »entwaffnetes« Ti-Plasmid, aus dem einige oder alle Gene der T- DNA entfernt wurden, sodass es Pflanzenzellen nicht mehr zu krebsartigem Wachstum anregen kann.

Plasmid mit breitem Wirtsspektrum Plasmid, das sich in verschiedenen Wirtsspezies vermehren kann.

Plasmidamplifikation Methode zur Steigerung der Kopienzahl mancher Plasmide in Bakterienkulturen durch Inkubation mit einem Hemmstoff für die Proteinsynthese.

Polyethylenglykol (PEG) Polymer, mit dem man Makromoleküle und Molekülaggregate aus Lösungen ausfällen kann.

Polylinker Synthetisches doppelsträngiges Oligonucleotid, das eine Reihe von Restriktionsstellen enthält.

Polymerasekettenreaktion (PCR) Methode zur Herstellung zahlreicher Kopien eines DNA-Moleküls durch enzymatische Vervielfältigung einer ausgewählten Sequenz.

Polymorphismus Bezieht sich auf einen Genlocus, der in der Gesamtbevölkerung in Form mehrerer verschiedener Allele oder anderer Varianten vorkommt.

Positionseffekt Unterschiedliche Expressionsstärke eines Gens in Abhängigkeit von seiner Lage im Genom.

Positionsklonierung Verfahren, bei dem man Kenntnis über die Lage eines Gens auf der Genkarte nutzt, um sich einen Klon dieses Gens zu beschaffen.

Postgenomik Untersuchungen mit dem Ziel, alle Gene in einem Genom und ihre Funktionen zu identifizieren.

Primer Kurzes, einzelsträngiges Oligonucleotid, das sich über Basenpaarungen mit einer ebenfalls einzelsträngigen Matrize verbinden kann und dort als Ausgangspunkt für die Synthese des Komplementärstranges durch die DNA-Polymerase dient.

Primerverlängerung Verfahren der Transkriptanalyse, bei dem man einen Oligonucleotidprimer anhybridisiert und verlängert, um das 5′-Ende einer RNA zu kartieren.

Produktiv Bezeichnung für einen Virus-Infektionszyklus, der vollständig abläuft, sodass neue Virusteilchen synthetisiert und freigesetzt werden.

Promotor Nucleotidsequenz stromaufwärts von einem Gen, die als Signal für die Anheftung der RNA-Polymerase wirkt.

Prophage Die DNA eines lysogenen Phagen in integrierter Form.

Protease Proteinabbauendes Enzym.

Protein A Protein des Bakteriums *Staphylococcus aureus*, das spezifisch an die Moleküle des Immunglobulins G (also an Antikörper) bindet.

Proteindesign Methoden (unter anderem gezielte Mutagenese) zur gezielten Veränderung von Proteinmolekülen, häufig zur Verbesserung von Proteinen, die in industriellen Verfahren verwendet werden.

Proteinelektrophorese Trennung von Proteinen in einem Elektrophoresegel.

Proteom Die gesamte Proteinausstattung einer Zelle oder eines Gewebes.

Proteomik Die Gesamtheit aller Verfahren zur Untersuchung des Proteoms.

Protoplast Zelle, deren Zellwand vollständig entfernt wurde.

Prozessivität Der Umfang der DNA-Synthese, die eine DNA-Polymerase ausführt, bevor sie sich von der Matrize löst.

Pulsfeldelektrophorese, rechtwinklige (OFAGE) Gelelektrophoresetechnik, mit der man in einem wechselnden elektrischen Feld sehr große DNA-Moleküle trennen kann.

Pyrosequenzierung Sequenzierungsverfahren für DNA, bei dem das Anfügen eines Nucleotids an das Ende eines wachsenden Polynucleotids unmittelbar durch Umsetzung des frei werdenden Pyrophosphats in einen Chemolumineszenz-Lichtblitz nachgewiesen wird.

quantitative PCR Methode zur quantitativen Erfassung der in einem PCR-Ansatz entstehenden Produkte durch Vergleich mit der Menge, die in PCR-Absätzen mit bekannter DNA-Ausgangsmenge synthetisiert wird.

RACE (*rapid amplification of cDNA ends*) PCR-gestütztes Verfahren zur Kartierung des Endes eines RNA-Moleküls.

radioaktive Markierung Radioaktives Atom zum Nachweis eines Moleküls, in das es eingebaut ist.

Realtime-PCR Abwandlung des PCR-Standardmethode: Während die PCR-Zyklen durchlaufen werden, misst man die Synthese des Produkts.

Rekombinante Transformierte Zelle, die ein rekombiniertes DNA-Molekül enthält.

Rekombination Austausch von DNA-Sequenzen zwischen verschiedenen Molekülen, entweder auf natürlichem Wege oder durch künstliche DNA-Manipulatoren.

rekombiniertes DNA-Molekül DNA-Molekül, das im Reagenzglas durch Zusammenfügen von Fragmenten entstanden ist, die normalerweise nicht aneinandergrenzen.

Replikaplattierung Methode zur Übertragung zahlreicher Kolonien von einer Agarplatte auf eine andere, auf der die Kolonien dann in der gleichen Anordnung weiterwachsen.

Replikationsursprung (*origin of replication*) Stelle in einem DNA-Molekül, an der die Replikation beginnt. I

replikative Form (RF) von M13 Die doppelsträngige Form der M13-DNA; findet sich in infizierten *E. coli*-Zellen.

replizierendes Hefeplasmid (YRp) Hefevektor mit einem Replikationsstartpunkt aus einem Chromosom.

Reportergen Gen, dessen Expression man im transformierten Organismus leicht nachweisen kann; dient zum Beispiel zur Deletionsanalyse von Regulationsabschnitten.

Reportersonde kurzes Oligonucleotid, das beim Anhybridisieren an eine Ziel-DNA ein Fluoreszenzsignal aussendet.

Repression Abschalten der Expression eines Gens oder einer Gengruppe als Reaktion auf einen chemischen oder physikalischen Reiz.

Restriktion, wirtskontrollierte Mechanismus, mit dem sich manche Bakterien gegen den Angriff durch Bakteriophagen schützen; die Zellen produzieren eine Restriktionsendonuclease, welche die fremde DNA abbaut.

Restriktionsanalyse Bestimmung von Zahl und Größe der DNA-Fragmente, die durch Spaltung eines DNA-Moleküls mit einer bestimmten Restriktionsendonuclease entstehen.

Restriktionsendonuclease Endonuclease, die DNA-Moleküle nur an einer begrenzten Zahl spezifischer Nucleotidsequenzen spaltet.

Restriktionsfragment-Längenpolymorphismus (RFLP) Mutation, die bei der Spaltung des DNA-Moleküls mit einer Restriktionsendonuclease zu einer nachweisbaren Veränderung des Fragmentmusters führt.

Restriktionskarte Karte mit den Positionen verschiedener Restriktionsstellen in einem DNA-Molekül.

Retroviren Viren mit RNA-Genom, die sich in das Genom der Wirtszelle integrieren können. Retrovirusvektoren dienen zur DNA-Klonierung in Säugerzellen.

Reverse Genetik Strategie, bei der man die Funktion eines Gens ermittelt, indem man das Gen mutiert und dann die Folgen für den Phänotyp beobachtet.

Reverse Transkriptase RNA-abhängige DNA-Polymerase, die an einer einzelsträngigen RNA-Matrize einen komplementären DNA-Strang aufbauen kann.

RFLP-Kopplungsanalyse Methode zum Nachweis eines bestimmten Allels in einer DNA-Probe mithilfe eines eng gekoppelten RFLP; wird gewöhnlich verwendet, um bei Patienten nach defekten Genen zu suchen, die Erbkrankheiten hervorrufen.

Ribonuclease RNA-abbauendes Enzym.

Ribosomenbindungsstelle Die kurze Nucleotidsequenz stromaufwärts von einem Gen, an deren Entsprechung in der mRNA sich nach Transkription das Ribosom anheftet.

Ri-Plasmid Plasmid aus *Agrobacterium rhizogenes*, das dem Ti-Plasmid ähnelt; dient zur DNA-Klonierung in höheren Pflanzen.

RT-PCR PeR-Methode mit RNA als Ausgangsmaterial. Der erste Schritt ist das Umschreiben der RNA in DNA mit der Reversen Transkriptase.

S1-Nucleasekartierung Methode zur Kartierung von RNA-Transkripten.

SAGE (*serial analysis of gene expression*) Methode zur Untersuchung der Zusammensetzung eines Transkriptoms.

Schaukelvektor (*shuttle vector*) Klonierungsvektor, der sich in den Zellen mehrerer Arten (zum Beispiel in *E. coli* und Hefe) vermehren kann.

Schmelztemperatur (T_m) Temperatur, bei der ein DNA- oder DNNRNA-Doppelstrang denaturiert wird.

Schrotschussklonierung (*shotgun cloning*) Klonierungsmethode, bei der man Zufallsfragmente eines großen DNA-Moleküls in einen Vektor einbaut, sodass eine große Zahl unterschiedlicher rekombinierter DNA-Moleküle entsteht.

Schrotschussverfahren Strategie zur Sequenzierung ganzer Genome; die Moleküle werden in Zufallsfragmente gespalten, die man dann einzeln sequenziert.

schwacher Promotor Schwach wirksamer Promotor, der nur eine langsame Synthese von RNA-Transkripten in Gang setzt.

Schwimmdichte Dichte eines Moleküls oder eines Partikels, das in einer wässrigen Zucker- oder Salzlösung vorliegt.

selektierbarer Marker Gen in einem Klonierungsvektor, das einer Zelle, die den Vektor oder ein von ihm abgeleitetes rekombiniertes DNA-Molekül enthält, eine erkennbare und selektierbare Eigenschaft verleiht.

Selektion Methode zur Gewinnung eines Klons, der ein gewünschtes rekombiniertes DNA-Molekül enthält.

Sequenase Enzym, das bei der DNA-Sequenzierung nach der Kettenabbruchmethode verwendet wird.

sequenzmarkierte Stelle (STS) (*sequence tagged site*) DNA-Sequenz, deren Lage im Genom kartiert wurde.

Southern Blot Methode zur Übertragung von DNA-Banden aus einem Agarosegel auf eine Membran aus Nitrocellulose oder einem ähnlichen Material.

Sphäroplast Zelle mit teilweise abgebauter Zellwand.

Spin Column Verfahren zur Beschleunigung der Ionenaustauscherchromatographie: Die Chromatographiesäule wird zentrifugiert.

Stammbaumanalyse Die Analyse der Vererbung eines Gen- oder DNA- Markers mit Hilfe eines Familienstammbaumes.

Stamm-Schleifen-Struktur (*stern loop*) Haarnadelstruktur, die sich in Polynucleotiden bilden kann; besteht aus einem Stamm, der durch Basenpaarungen zusammengehalten wird, und einer Schleife ohne, Basenpaarungen.

starker Promotor Wirksamer Promotor, der die schnelle ‚Synthese von RNA-Transkription in Gang setzt.

Strahlungshybrid Sammlung von Nagerzelllinien, die unterschiedliche Teile des menschlichen Genoms enthalten; wird durch Bestrahlung hergestellt und dient in Analysen des menschlichen Genoms als Kartierungsreagens.

Substitutionsvektor λ-Vektor, der so konstruiert ist, dass die neu eingefügte DNA einen nichtlebenswichtigen Teil des λ-*Genoms* ersetzt.

Syntänie Eigenschaft zweier Genome, in deren Karten zumindest ein Teil der Gene an den gleichen Stellen liegt.

Synthese künstlicher Gene Konstruktion künstlicher Gene aus einer Reihe überlappender Oligonucleotide.

Taq-DNA-Polymerase Hitzestabile DNA-Polymerase, die in der PCR verwendet wird.

T-DNA Abschnitt des Ti-Plasmids, der auf die Pflanzen-DNA übertragen wird.

temperatursensitive Mutation Mutation, bei der das Genprodukt nur in einem begrenzten Temperaturbereich (zum Beispiel unter 30 °C) funktionsfähig ist; bei anderen Temperaturen (zum Beispiel über 30 °C) funktioniert es nicht.

Terminator Kurze Nucleotidsequenz stromabwärts von einem Gen, die als Signal für das Ende der Transkription wirkt.

Terminatorverfahren Gentechnisches Verfahren, das in Pflanzenembryos zur Synthese des Ribosomen inaktivierenden Enzyms führt; bewirkt, dass gentechnisch veränderte Nutzpflanzen keine Samen produzieren.

Thermalzyklus-Sequenzierung Verfahren zur DNA-Sequenzierung, bei dem man mit peR Polynucleotide mit abgebrochenen Ketten erzeugt.

Ti-Plasmid Großes Plasmid in denjenigen Zellen von *Agrobacterium tumefaciens*, die bei bestimmten Pflanzenarten das Wachstum von Wurzelhalsgallen auslösen.

Topoisomerase Enzym, das Windungen in die Doppelhelix einführt oder aus ihr entfernt, indem es ein Polynucleotid oder auch beide schneidet und wieder zusammenfügt.

totipotent Eigenschaft einer Zelle, die nicht auf einen bestimmten Entwicklungsweg festgelegt ist und deshalb differenzierte Zellen aller Typen hervorbringen kann.

Transfektion Das Einführen gereinigter Phagen-DNA in eine Bakterienzelle.

Transformation Das Einführen von DNA in eine beliebige lebende Zelle.

Transformationshäufigkeit Maß für den Anteil der Zellen in einer Population, die in einem einzelnen Experiment transformiert werden.

transgen Eigenschaft von vollständig transformierten höheren Organismen.

transgenes Tier Tier, das in allen Zellen ein kloniertes Gen trägt.

Transkriptanalyse Experiment zur Identifizierung der Teile eines DNA-Moleküls, die in RNA umgeschrieben werden.

Transkriptom Die gesamte mRNA-Ausstattung einer Zelle oder eines Gewebes.

Transposon DNA-Sequenz, die innerhalb eines Genoms von einer Stelle zur anderen wandern kann.

Überspiralisierung Konformation eines kovalent geschlossenen, ringförmigen DNA-Moleküls, das durch Torsionsspannung die Form eines aufgewundenen Gummibandes annimmt.

Ultraschallbehandlung Verfahren, bei dem man mit Ultraschall zufällige Brüche in DNA-Molekülen erzeugt.

Ultraviolett-Absorptionsspektroskopie Methode zur Konzentrationsbestimmung von Lösungen durch Messung der absorbierten UV-Strahlung.

Umkehrfeld-Gelelektrophorese (FIGE) Elektrophoreseverfahren zur Trennung großer DNA-Moleküle.

universeller Primer Sequenzierungsprimer, der zu dem DNA-Abschnitt des Vektors unmittelbar neben der Einbaustelle der neuen DNA komplementär ist.

Vehikel Oft gleichbedeutend mit »Vektor«; der Begriff betont besonders, dass der Vektor das eingebaute Gen während eines Klonierungsexperiments transportiert.

Vektor DNA-Molekül, das in einem Wirtsorganismus zur Replikation in der Lage ist und aus dem man durch Einbau eines fremden Gens ein rekombiniertes DNA-Molekül konstruieren kann.

vergleichende Genomik Forschungsstrategie, bei der man die durch Analyse eines Genoms gewonnene Information nutzt, um Rückschlüsse auf die Position und Funktion der Gene in einem zweiten Genom zu ziehen.

verwaistes Leseraster (*orphan*) Offenes Leseraster, das vermutlich ein funktionsfähiges Gen darstellt, ohne dass man ihm aber eine Funktion zuordnen konnte.

Verwandtschaftsnachweis Analyse von DNA-Profilen oder anderen Befunden mit dem Ziel, die Verwandtschaft zweier Personen nachzuweisen oder auszuschließen.

Viel-Kopien-Plasmid Plasmid mit hoher Kopienzahl.

Viruschromosom Das oder die DNA- oder RNA-Molekül(e) mit den Virusgenen; ist im Viruscapsid eingeschlossen.

virusinduziertes Gen-Silencing (VIGS) Verfahren zur Funktionsanalyse von Pflanzengenen mithilfe eines Geminivirusvektors.

Vorwärts-Genetik Strategie zur Identifizierung der Gene, die für einen Phänotyp verantwortlich sind; man klärt, welche Gene in einem Organismus, der eine mutierte Form des Phänotyps aufweist, inaktiviert sind.

Wandern auf dem Chromosom (*chromosome walking*) Ein Verfahren, mit dem man überlappende Fragmente klonierter DNA nachweist und damit einen Klon-Contig konstruieren kann.

Watson-Crick-Regeln Die Regeln der Basenpaarung, die der Struktur und Expression von Genen zugrundeliegen; A paart sich mit T und G mit C.

Western Blot Methode zur Übertragung von Proteinbanden aus einem Elektrophoresegel auf eine Trägermembran.

YAC siehe künstliches Hefechromosom

Zellextrakt Suspension aus vielen aufgebrochenen Zellen und ihren frei gesetzten Inhaltsstoffen.

zellfreies Translationssystem Zellextrakt mit allen Bestandteilen, die zur Proteinsynthese erforderlich sind (zum Beispiel Ribosomenuntereinheiten, Transfer-RNAs, Aminosäuren, Enzyme und Cofaktorens); kann eine zugesetzte mRNA translatieren.

Zoo-Blot Nitrocellulose- oder Nylonmembran, an der DNA-Moleküle verschiedener biologischer Arten verankert sind; dient zur Suche nach Genen anderer Arten, die zu einem untersuchten Gen homolog sind.

Zufallsprimer-Methode Verfahren zur Markierung der DNA; DNA-Hexamere mit Zufallssequenzen heften sich an einzelsträngige DNA und dienen als Primer für die Synthese des Komplementärstranges durch ein geeignetes Enzym.

Zwei-Hybrid-System Verfahren zur Klonierung in der Hefe S. cerevisiae; dient zur Identifizierung interagierender Proteine.

Stichwortverzeichnis

\Dolly\ 220
\Endless Summer\ 253
\FlavrSavr\ 252
\Löschgruppe\ 143
\Rounndup-Ready\ 248
'lacZ' 209
17-mers 137
1-Aminocyclopropan- 1-Carboxyl-säure-Desaminase 251
1-Aminocyclopropan-1-carboxyl-säure 253
1-Aminocyclopropan-1-Carboxyl-säuresynthase 254
1D-myo-inositol-3-phosphatsynthase 254
2'-5'-Oligoadenylatsynthetase 251
2-Mikron-Ring 15, 96–98, 101
35S-Methionin 180
3-β-Indolacrylsäure 210
5-Brom-4-chlor-3-indolyl-β-d-galactopyranosid ▶X-Gal 72
8-mers 137

A

AccI 84, 86
ACC-Synthase 253
Acetolactatsynthase 251
Aceton 207
Acyl-Trägerprotein- Thioesterase 251
Adapter 59, 61, 140
Adeno-assoziiertes Virus 112
Adenoviren 21, 111, 237
Aequorea victoria 179
Affinitätschromatographie 212
Agarose 52, 53
Agarosegel 129
Agarosegelelektrophorese 143, 158
Ag-Promotor 228
Agrobacterium 248, 251
Agrobacterium rhizogenes 105
Agrobacterium tumefaciens 14, 102, 103, 105, 252
a-Helices 192
AIDS 227, 229
Akromegalie 226
Aktivator 178
Alexandra (Zarin) 264
Alexej (Zarewitsch) 265
Alfalfa 220, 251
Alkalidenaturierung 33
Alkalische Phosphatase 46
alkalischer Phosphatase 63
Alkohol 207
Alkoholoxidase 216

Allele 262
Allelhäufigkeiten 271, 272
Alteromonas espejiana 43
AluI 48, 195
Alzheimer 233
Amelogenin 266, 267
Aminosäuren 25
Aminosäuresequenz 126, 181, 188, 191
Ampicillin 68, 70, 72, 81
Amylasen 207
Anämie 229
Anderson, Anna 265
Anhybridisieren 6
Annotation 188
Antibiotika 68, 70, 71, 206, 233
Antibiotikaresistenz 12, 194
Antikörper 130, 131, 220, 229, 230
Antisense-RNA 238, 250, 252, 253
Antisense-Technik 250
aphIV 179
Arabidopsis thaliana 157, 164, 188
Arber, W. 47
Archäogenetik 267, 268, 272
Archäologie 267
Arginin 198, 212
Arthritis 220
Arthrobacter luteus 48
Arzneimittelproduktion 224
Arzneistoffe 206
Asparagin 85
Aspergillus 207
Aspergillus nidulans 101, 217
Aspergillus niger 207
Atemnot 229
Auffüllen von Enden 124
Autoradiographie 124, 131
auxotrophe Mutante 96, 101
auxotrophe Mutanten 118
AvaI 84
Avery 4
Avidin 124

B

BAC 120
Bacillus 67, 93, 207
Bacillus amyloliquefaciens 48, 251
Bacillus globigii 48
Bacillus subtilis 215
Bacillus thuringensis 243, 251
Bacillus licheniformis 249, 251
Bacillus thuringensis 245
BacMam-Vektor 218
BACs 93
Baculoviren 21, 110, 218

Bakterien 15
– Genregulation 210
Bakterienchromosom 31
Bakteriengene 189
Bakterienkultur 24
Bakterienresistenz 251
*Bal*31 43, 181
*Bam*HI 48, 50, 58, 70, 72, 81, 84, 90, 100, 111, 128, 129
Barnase-Ribonuclease- Inhibitor 251
Batch-Verfahren 206
Baumwolle 108, 248
Baumwollkapselwurm 246
*Bgl*II 48, 50, 51
Bibliothek
– genomische 120
Bierbrauen 206
Bioinformatik 188, 192
Biolistik 78, 106, 107, 245, 248
biologische Sicherheit 83
Biolumineszenz 179
Biotechnologie 5, 96, 203, 242
Biotin 124, 156
BLAST 191
Blau-Weiß-Screening 75
Blumenkohlmosaikvirus 108, 244, 252
Blütenfarbe 251
Bluterkrankheit 227
Blutkrankheiten 236
Bohne 106
Bombyx-mori-Kernpolyedervirus 218
BRCA 1 235, 236
BRCA 2 236
Brenztraubensäure 96
Bromcyan 212, 213, 225, 226
Brustkrebs 233, 234
BsmFI 195
Butanol 207
Buttersäure 207

C

Caenorhabditis elegans 157, 164, 188
Calciumchlorid 68
Calciumphosphat 77
CaMV 108
Capsid
– Gene 17
Capsid, 15
Capsidproteine 73
Cäsiumchlorid 33
cat 179

Caulimoviren 21, 108, 111
ccc DNA 32
cDNA 121, 126, 139, 169, 170, 172, 180, 188, 195, 199, 213, 228
cDNA-Bibliothek 125
cDNA-Klonierung 45, 227
Cellobiohydrolase 217
CEN 4 100
Centromer 99
Cephalosporine 207
Cephalosporium 207
Chalconsynthase 254
Chaperone 215
Chargaff 4
CHEF 57
Chemolumineszenz 124, 131, 155
Chimäre 112
Chitinase 251
Chloramphenicol 35, 81, 117, 207
Chloramphenicol-Acetyltransferase 179
Chloroplasten 107, 245, 246
Chloroplastengenom 231
Chloroplastentransformation 107
Cholera 233
Chorea Huntington 232, 233
Chromosom 106, 162
Chromosomen 4, 101, 110, 234, 255
– künstliche 100
cI 36, 210
Clostridium 207
CODIS 262
Codonbevorzugung 189, 216
Codons 126
Codonverwendung 213
Cointegration 103
ColE1 13, 81
Col-Plasmide 14
Concatemer 195
Concatemere 73, 90, 91
Consensussequenzen 190, 208
Contig 157, 159, 160, 164
Cosmide 91, 120
Cosmidvektor 160
cos-Stellen 18, 91
CpG-Inseln 191
Cre 255, 256
Crick 4
CryIIA(a 2) 245, 246
CTAB 30
CUP 1 215
Cystische Fibrose 101, 229, 233, 237, 238
Cytochrom c 126, 127
Cytomegalievirus 217
Cytoplasmamembran 26

D

D17S74 235
Darmflora 254
ddNTPs 151
degradative Plasmide 14
Delbrück 4
Deletionsanalyse 177, 178
Deletionskassette 193, 194
Delta-12-Desaturase 251, 254
Denaturierung 122
Desoxyribonuclease 229
Desoxyribonucleotidtriphosphate 151
Detergenzien 27
Deuterium 199
Dextran 207
dhfr 179
Diabetes 229
Diabetes mellitus 224
Dialyse 34, 38
Dichtegradientenzentrifugation 33, 34, 38
Didesoxynucleotide 151, 153, 155
Dihydroflavanolreductase 251
Dihydrofolatreductase 179
Dikotyledonen 106
Dimethylsulfat 175
direkte Selektion 117, 118
direkter Gentransfer 106
Disulfidbrücken 214, 224, 226, 227
Dithiothreitol (DTT) 51
DNA 4, 27
– chromosomale 31
– Extraktion 37
– Größenabschätzung 53
– Konformation 31, 32
– Konzentrationsmessung 29
– Manipulation 41
– Reinigung 23, 27, 38
– Schmelztemperatur 138
DNA aus alter Zeit 265
DNA-Adeninmethylase 251
DNA-Chips 195, 196
DNA-Datenbanken 191
DNA-Klonierung 4, 5
DNA-Ligase 44, 57, 58
DNA-Marker 162
DNA-Polymerase 134, 152, 153, 182, 184
DNA-Polymerase I 123, 134
DNA-Polymerasen 44, 141
– Exonucleaseaktivität 153
DNA-Profiling ▶ DNA-Typisierung 260
DNA-Rekombinationstechnik 4
DNA-Replikationsenzyme 12

DNA-RNA-Hybrid 122
DNase I 43, 174, 175
DNA-Sequenzen 150
DNA-Sequenzierung 4, 16, 97, 126, 150
DNA-Sonde 122
DNA-Synthese 244
DNA-Topoisomerase 62
DNA-Typisierung 139, 260–262
dNTPs 151
Doppelhelix 32, 34, 62
Doppelspaltung 54
Drosophila melanogaster 93, 109, 110, 157, 173
Duchenne-Muskelschwund 233
durch Hybridbildung verhinderte Translation 180
dUTP 124

E

E. coli 12, 20, 24–26, 31, 43, 57, 72, 80, 81, 85, 97, 101, 105, 108, 116, 118, 131, 172, 179, 182, 183, 199, 207, 208, 211, 212, 214, 224, 226, 227, 249, 251
– Klonierungsvektoren 79
– kompetente 68
*Eco*RI 48, 84, 85, 89, 90, 117
EDTA 26
Einschlusskörper 214
Einzelnucleotid-Polymorphismen 162
Eizelle 219
Elektrophorese 52
Elektroporation 78
embryonale Stammzellen 112
Emphysem 229
Endonuclease S 1 43
Endonucleasen 19, 43, 175
Enhancer 178
Enolpyruvyl-Shikimat-3′-Phosphatsynthase 248, 251
Entbindung 229
Entwicklung 173
Enzymaktivität 185
Enzyme 42
Epidermiswachstumsfaktor 229
episomale Plasmide 101
episomale Hefeplasmide ▶ YEPs 97
Episomen 12
Erbgang 162
Erbse 106
Erythropoietin 229
Escherichia coli ▶ *E. coli* 7
Essig 207

ESTs 163
Ethanolpräzipitation 28–30
Ethidiumbromid 34, 53
Ethylen 253
Ethylendiamintretraacetat (EDTA) 51
Eukaryoten 161, 189, 190, 215
– Klonierungsvektoren 95
eukaryotische Zellen 76
Eva der Mitochondrien 268, 269
Evolution
– gerichtete 249
Exon-Intron-Grenzen 189, 190
Exons 136, 227
Exonuclease 140
Exonuclease III 43
Exonucleasen 43
Expression
– phänotypische 69
Expressionsvektor 131
Expressionsvektoren 208–210, 215, 217, 218
exprimierte Sequenzanhängsel 163
Extraktion 27

F

Fadenpilze 215, 217
Faktor IX 229
Faktor VIII 227–229
Faktor Xa 212
Farbstoffe 53
FEP/FPS 263
Fermenter 206
Fibroblastenwachstumsfaktor 229
FIGE 57
filamentöse Phagen 20
FISH 163
Flavonoidhydrolase 251
Fluoreszenz 179
Fluoreszenzfarbstoff 152
Flüssigmedium 29
Follikelstimulierendes Hormon 229
footprint-Analyse 174–176
Formaldehyd 169
F-Plasmid 13, 93
F-Plasmide 14
freie Radikale 229
Fruchtreifung 251, 254
funktionelle Genomik 188
Fusionsgene 211
Fusionsproteine 211, 212, 224, 225

G

Galactose 215
Galactoseepimerase 215
GAL-Promotor 215
Gelelektrophorese 52, 53, 56, 139, 151
– zweidimensionale 197
Gelretentionsanalyse 174
Geminiviren 21, 108
Genbibliothek 101, 117, 119
Gene
– künstliche 184
– verwaiste 188
Geneticin 193
Genetik 4
genetische Fingerabdrücke 260
genetischer Code 4
Genexpression 131, 167, 168
Genkarte 234
Genkartierung 235
Genomanalyse 187
Genome
– Annotation 188
genomische Bibliotheken 92, 130, 139
genomischeBibliotheken
– Größe 92
Genomprojekte 150, 156
Genregulation 173, 174, 210
Gentechnologie 4
Gentherapie 21, 109, 111, 112, 236
– ethische Aspekte 238
Georg Alexandrowitsch 265
Gerichtsmedizin 259
Gerste 106, 251
gesamte Zell-DNA 24, 29
Geschlechtsbestimmung 265
Gewebeplasminogenaktivator 229
Gewebespezifität 178
gezielte Schrotschussmethode 164
glatte Enden 49, 140
Gliadin 121, 125, 128, 195
Globingene 9
Glucanase 251
Glucoamylase 217
Glucosespiegel 224
Glufosinat-Ammonium 256
Glutathion-S-Transferase 212, 213
Glycerin 207
Glycinemax 251
Glykosylierung 214–217
Glyphosat 248, 249
Glyphosat-N-acetyltransferase 249, 251
Glyphosat-Oxidoreductase 251

Grabbeigaben 267
Gramicidine 207
Granulocyten-koloniestimulierender Faktor 229
Green fluorescentprotein 179
Größenfraktionierung 32
Guanidiniumthiocyanat 30
Guanin 175

H

*Hae*III 48, 227
Haemophilus aegyptius 48
Haemophilus influenzae 49, 157, 158, 164, 188
hairy root disease 105
Hämagglutinin 232
Hämophilie 227, 229, 233
Hansenula polymorpha 217
Haplogruppen 269, 272
HART 180
Hauptkomponentenanalyse 271
HBsAg 230–232
Hefe 164, 215
Hefeextrakt 25
Helferphage 87
Helfervirus 112
Hepatitis 227
Hepatitis-B-Virus 230–232
Herbizide 248
Herpes-simplex-Virus 232
Herzinfarkt 229
heterologe Sonden 127
Heteroplasmie 265
*Hinc*II 84, 86
*Hind*III 48, 54, 81, 84, 111
*Hinf*I 48
Hitzeschock 68
Hitzestabilität 134
HIV 232
Homo erectus 267
Homo sapiens 157, 268
homologe Rekombination 98, 107
Homologien 191, 192
homöotische Gene 109
Homopolymer 61
Homopolymerschwänze 61
Hormone 131
HRT 180
Hühner
– transgene 219
Human-Genomprojekt 164
Huminsäuren 266
Hybrid-Freisetzungs-Translation 179
Hybridisierung 134, 160, 236

Hybridisierungstemperatur 138
Hybridvektoren 86
Hydrokultur 220
Hygromycin-Phosphotransferase 179
Hyperglykosylierung 215
hypervariable verstreute repetitive Sequenzen 260

I

lacZ'-Gen 89
ICAT 199
Immunglobuline 130
Immunscreening 130
Immunstörungen 229
Immunsystem 238
Impfstoff 230
Impfstoffe 229, 230
Impfstoffsynthese 220
Impfungen 233
in silico 188
in vitro-Mutagenese 88, 181, 182
– Einsatzmöglichkeiten 184
in vitro-Verpackung 72, 90, 91
Inaktivierung durch Einbau 70
Inaktivierung von Genen 250
Indels 266
Induktion 209
Infektionskrankheiten 233
Influenzavirus 232
Initiationscodon 188, 208
Inkompatibilitätsgruppen 14
Insekten
– Klonierungsvektoren 109
– Resistenz 246
Insektenresistenz 251
Insektenviren 110
Insektenzellen 217
Insektizide 242
Insertionsvektoren 89
in-situ-Hybridisierung 163
Insulin 96, 224, 229
Insulin-ähnlicher Wachstumsfaktor 1 229
Integration
– gemeinsame 103
Integrationsplasmide 101
Integrierende Hefevektoren
▶YIPs 98
Interferon 229
Interleukine 220, 229
Introns 136, 168, 170, 212, 213, 227
Invertase 207
in-vitro-Mutagenese 85, 214

Ionenaustauscherchromatographie 27, 28, 30, 52
IPTG 72, 209–211
IRE-PCR 161
isoelektrische Fokussierung 197
isoelektrischer Punkt 197
Isopropylthiogalactosid
▶IPTG 209
isotopencodierte Affinitätskennzeichen ▶ICAT 199

J

Jeffreys, Alec 260
Jenner
– Edward 231
Jetztmenschen 267, 270

K

Kalluskultur 106, 107, 248
Kanamyci 106
Kanamycin 105, 107, 117, 252, 254
Kandidatengene 235
Kaninchenreticulocyten 180
kanR 254
Kapillargelsystem 151
Karte 164
Karten
– physische 163
Kartierung 162
– physische 164
Kartierungsreagens 164
Kartoffel 106, 220
Kartoffel-Blattrollvirus 251
Kartoffeln 248
Kassetten 211
Kassettenvektor 244
Keimbahntherapie 236, 239
Kerntransfer 218–220
Kettenabbruchverfahren 150, 153, 157
klares Lysat 32, 33
klebrige Enden 58, 141
Klebsiella ozaenae 251
Kleinwüchsigkeit 226
Klenow-Fragment 44, 124, 152
Klon-Contig-Verfahren 157, 160, 164
Klon-Fingerabdruckverfahren 160
Klonierung 140
– Ziele 66
Klonierungsvektoren 12, 31, 37
– Eukaryoten 95

– Insekten 109
– Nomenklatur 80
– Pflanzen 102
– Säugetiere 111
– Tiere 109
Kluveromyces lactis 101, 217
Knockout-Mäuse 194, 218
Knockout-Technik 110
kohäsive Enden 18, 49
Kohlenhydrate 30
Koloniehybridisierung 122, 124
Kombinationsscreening 139
Konjugation 14
kontinuierliche Kultur 206
Kopienzahl 13, 99
Kopplung 162
Kopplungsanalyse 234, 235
Korrekturlesefunktion 141
*Kpn*I 84
Krankheiten 224, 234
– genetisch bedingte 232, 236
Krebs 229, 233, 237
Kreuzung 162
Kreuzungsversuche 234
Kriminalistik 259
Kühe 219
Kuhpockenvirus 231
Kulturmedium 24
künstliche Bakterienchromosomen ▶BACs 93
künstliche Hefechromosomen
▶YACs 99
Kupfer 96
kurze Produkte 136
Kurze Tandemwiederholungen 162

L

lac -Promotor 227
lac-Promotor 209
Lac-Selektion 72
Lactose 173
lacZ' 70, 72, 75, 83, 85–87, 105, 179, 225, 226
Lambda 16
Landwirtschaft 241, 270
lange Produkte 136
Langerhanssche Inseln 224
LB 25
Leadersequenz 170, 248
Lebendimpfstoffe 231
Leguminosen 251
Leseraster 226
LEU 2 96–98
Leucin 96, 189

Leuconostoc 207
Leukämie 229
Ligase 184
Ligasen 42, 44
Ligation 57, 140
Linker 58, 140
Liposomen 77, 237
Louise von Hessen-Kassel 265
Luciferase 179
Luminol 124
Lungen-Surfactantprotein 229
lux 179
Lyse 26
Lysin 198
Lysozym 26, 29
lytische Phase 36
lytischer Zyklus 15, 37

M

M 13 16, 20, 38, 74, 75, 86, 108, 182, 183, 199
– Klonierungsvektoren 85
M 13mp 84
M 13mp 2 85
M 13mp 7 85
M 9 25
M13 15, 153
– Vermehrungszyklus 20
M13mp1 86
M13mp2 86
M13mp8 83, 86
MacLeod 4
Magengeschwüre 229
Mais 106, 219, 248, 249, 251
Maiszünsler 243, 245
MALDI-TOF 198, 199
malE 212
Mammut 157
Markergene 254
marker rescue 118
Markierung 122
Masernvirus 231
Massenspektroskopie 197
Maul- und Klauenseuche 230
Maus 194
McCarty 4
Medizin 223
Meerrettichperoxidase 124
Meiose 101, 234
Mendel, Gregor 4
Methionin 212, 225
methioninreiches Protein 251
Methotrexat 96
Methylierung 175

MgCl2 51
Mikroarrays 195, 196
Mikroinjektion 78, 112, 218
Mikrosatelliten 162
Mikrotiterplatte 199
Mikrotiterplatten 140
Milch 219
Minimalmedium 96, 101
Mitochondrien-DNA 264, 265, 268, 269, 271, 272
Mitochondriengenom 156
Modifikationsenzyme 42
Modifikations-Interferenztest 175
molekulare Uhr 268
Monellin 251
Monod 4
Monokotyledonen 106
Morgan, T. H. 4
Morgan, Thomas Hunt 109
mRNA 27, 121, 169, 180, 212, 213
– Sekundärstruktur 212
Mukoviszidose ▶Cystische Fibrose 229
Mullis, Kary 5
multigeneshuffling 249
Multiplex-PCR 262
multiregionale Evolution 267
mutagene Chemikalien 193
Mutationen 181, 236
Mycoplasma genitalium 157

N

NaCl 51
Nathans, D. 47
Natriumdodecylsulfat ▶SDS 197
Natriumhydroxid 33
Neandertaler 157, 269, 270
neo 179
Neolithikum 270
Neomycin-Phosphotransferase 179
Neomycin-Phosphotransferase II 254
Neurospora crassa 101, 128
Nick 44
Nick Translation 123
Nicotiana tabacum 251
Nikolaus (Zar) 265
Nitrilase 251
Nitrocellulose 122
Nocardia otitidis-caviarum 48
Northern Transfer 129
Northern-Hybridisierung 169
NotI 48, 56, 89

nptII 254
Nuclease S1 44, 170
Nucleasen 42, 43, 46
Nucleinsäurehybridisierung 122, 124, 130, 170
Nucleotidase 155
Nüsse 251
Nutzpflanzen 219, 242, 248
Nutztiere 219
Nylon 122

O

Ochrobacterium anthropi 251
OFAGE 56
offenes Leseraster ▶ORF 188
Ölgehalt 251
oligo(dT) 195
Oligonucleotide 44, 58, 59, 134, 181, 196, 214
Oligonucleotidmutagenese 182–184
Oligonucleotidsonden 126
Oligonucleotidsynthese 127, 225
ompA 212
Onkogene 237
Oocyte 219, 236
optische Dichte 25
ORF 188, 189, 192
ORF-Scanning 189, 190
Organophosphate 242
ori 12
Ornithin-Carbamyltransferase 251
Orotidin-5'-Phosphat-Decarboxylase 98
Ostrinia nubilialis 244
Out-of-Africa-Hypothese 268–270
Oxidantien 185

P

P 1 93, 120, 255
P 1-abgeleitete künstliche Chromosomen ▶PACs 93
PACs 93
Pankreas 224
Papillomviren 111
partielle Spaltung 55
pBIN 19 105, 252
pBin19 106
pBR 322 69–72, 80–82, 84, 85, 97, 99, 103, 117, 156, 225
– Stammbaum 81
pBR 327 82, 84

PCR 5, 8, 9, 133–136, 150, 156, 171, 184, 260, 261, 266, 269
- Klonierung 140
- Primer 136
- Produktanalyse 138
- Reaktionstemperatur 137
- Realtime 142
- Sequenzanalyse 142
PCR eingestreuter Wiederholungselemente 161
P-Elemente 109, 110
pEMBL 8 87
Penicillin 207
Penicillium 206, 207
Peptide 25
Peptid-Massenfingerprinting 198
periplasmatischer Raum 212
Petunia hybrida 251
Pflanzen 220, 242
- Klonierungsvektoren 102
- rekombinante Proteine 219
Pflanzengewebe 30
Pflanzenviren 108
Pflanzenzellen
- Transformation 105
Pflanzenzellkultur 219
Pflanzenzucht 242
pGEM 3Z 84
Phagen 9, 15, 72
- Ernte 37
- Infektionszyklus 15
- lysogene 15
Phagendisplay 21, 199, 200
Phagen-DNA 24
- Präparation 35
Phagen-Klonierungsvektoren 85
Phagentiter 36–38
Phagmide 87, 108
Phänotyp 193, 194
Pharming 111, 218, 228, 231
- ethische Bedenken 220
Phaseolus vulgaris 219
Phenol 27, 38
Phenolextraktion 27, 33, 34
Phenylalanin 248
Phenylketonurie 233
Philip, Herzog von Edinburgh 264
PHO 5 215
Phosphatidylinositol-spezifische Phospholipase C 251
Phosphinotricinacetyltransferase 251
Phosphodiesterbindungen 44, 57, 175, 184
Phosphoenolpyruvat 248
Photinus pyralis 179
Photosyntheseleistung 246
Pichia pastoris 101, 216

Pilzresistenz 251
Plaquehybridisierung 122, 124, 183
Plaques 74
Plasmid 68
Plasmidamplifikation 34, 81
Plasmid-DNA 24, 32, 35
- Präparation 30
Plasmide 9, 12, 15, 33, 47, 66, 80
- Klassifikation 14
- Kopienzahl 35
Plasmide mit breitem Wirtsspektrum 93
Plasmidvektoren 153, 154
Plasmodium falciparum 232
Pocken 231, 233
Pollensterilität 251
poly(A)-Schwanz 169, 172
Poly(dG) 61
Polyacrylamid 52, 53
Polyacrylamid-Gelelektrophorese 151
Polyadenylierungssignal 228, 244
Polyethylenglycol 107
Polyethylenglykol 37
Polygalacturonidase 250, 252, 254
Polyhedringen 218
Polylinker 85, 86, 89
Polymerase 151
Polymerasekettenreaktion 4
Polymerasekettenreaktion ▶ PCR 5
Polymerasekettenreaktion ▶ PCR 133
Polymerasen 42, 44
Polymixine 207
Polymorphismen 260, 264
Polynucleotide 46
Polynucleotidkinase 46
Polyphenoloxidase 254
Positionseffekte 245
Positionsklonierung 235
Postgenomik 188, 192
Präproinsulin 224, 225
Primer 6, 8, 9, 124, 134, 136–138, 141, 154, 156, 172
Primerverlängerung 171
Proinsulin 226
Promotor 84, 207–209, 211, 216, 217, 219
Pronase 27
Prophage 15, 19
Proteasen 38, 207
Protein A 131
Proteinase K 27
Proteinaseinhibitoren 250, 251
Proteinbindungsstellen 174
Proteindesign 185
Proteine 27, 28, 30

Protein-Elektrophorese 197
Protein-Protein-Wechselwirkungen 199
Proteintypisierung 198
Proteom 194
Proteomik 197
Proteus vulgaris 48
Protoplasten 77, 104, 107
Protoplastentransformation 101
Prozessivität 152
Pseudomonas 93
Pseudomonas syringae 251
PstI 81, 84
pTiAch5 13
pUC 8 71, 75, 83, 84, 86, 87
pUC8 13, 72
Punktmutationen 182, 184
PvuI 48, 81
pYAC 3 100
Pyrethroide 242
Pyrosequenzierung 150, 154, 156, 157
- massiv parallele 155

Q

qPCR 143
quantitative PCR ▶ qPCR 143
quencher 143

R

R 6–5 117
RACE 172
Ratte 251
Realtime-PCR 142–144
rechtwinklige Pulsfeld-Gelelektrophorese ▶ OFAGE 56
Regulatorproteine 173–175
Regulatorsequenzen 177
Reis 106, 219, 248, 251
rekombinante Proteine 109, 206, 209, 219
Rekombinanten 70, 116
- Identifizierung 69
Rekombination 103, 193, 234, 237
Relaxin 229
REP1 96
REP2 96
repetitive DNA 159
- PCR 161
repetitive Sequenzen 260
Replikaplattierung 70–72
Replikationsstartpunkte 12, 100
replikative Form 20

replizierende Hefevektoren
▶ YRps 98
Reportergene 177, 179
Reportersonde 143
Repression 209
Resistenzgene 81
respiratory syncytial virus 231
Restriktionsanalyse 54
Restriktionsendonucleasen 42, 44, 46–48, 51, 52, 54, 260
Restriktionsfragment-Längenpolymorphismen ▶ RFLPs 139, 235, 260
Restriktionskarte 54
Restriktionsschnittstellen 141, 184
Retinoblastom 233
Retrovirus 112, 237
Reverse Genetik 193
Reverse Transkriptase 121, 145, 172
Reverse-Transkriptase-PCR 171
RFLPs 139, 162, 235, 260, 268, 269
rheumatoide Arthritis 229
Ribonuclease 27, 30, 238
Ribonuclease H 121
Ribosomen 180
Ribosomen inaktivierendes Enzym 251, 255
Ribosomenbindungsstelle 208, 211, 212
Rinder-Papillomvirus 111
Ri-Plasmid 105
RNA 27, 28, 30, 42, 108, 169, 171, 172
– Realtime-PCR 144
RNA-Analyse 169
RNA-Polymerase 84, 207, 208, 210, 211, 251
RNA-Silencing 109
RNA-Synthese 84
rolling circle 19
Romanows 263–265
Rous-Sarkomvirus 217
RP4 13
R-Plasmide 14
rRNA 168
RT-PCR 145, 235
Rubidiumchlorid 68
Rückzugsgebiet 247

S

S1-Nuclease 170
Saccharomyces carlsbergiensis 207
Saccharomyces cerevisiae 15, 77, 93, 96, 101, 157, 192, 193, 199, 207, 215, 216, 230
– Chromosom III 160

Saccharomyces bayanus 192
Saccharomyces mikatae 192
Saccharomyces paradoxus 192
SacI 84, 89
S-Adenosylmethionin 253
S-Adenosylmethionin- Hydrolase 251
SAGE 195
SalI 50, 84, 90
Sanger, Fred 150, 156
Satelliten-RNAs 251
Sau3A 48, 170
Säugerzellen 217, 218
Säugetiere 109, 110
– Klonierungsvektoren 111
ScaI 81
Schafe 219
Schaukelvektor 97, 98
Schrotschussklonierung 117
Schrotschussverfahren 157, 164
– Probleme 159
Schwefelgehalt 251
Schwimmdichte 34
SDS 26, 32, 197
Seidenraupen 218
selektierbare Marker 12
Selektion 68, 69, 96, 116
Sequenase 152
Sequenzähnlichkeit 192
Sequenzanalyse 195
Sequenzhomologie 127
Sequenzierautomat 164
Sequenzierung 149
– Polymerase 151
sequenzmarkierte Stellen 162
Serumalbumin 229
SfiI 48
Shikimat 248
Sichelzellanämie 233
Sicherheitsüberlegungen 254
Signalpeptid 212, 220
Silencer 178
Silica 30
Sindbis-Virus 232
SmaI 84
Smith, H. 47
SnaBI 100
SNPs 162, 260
Sojabohne 108, 249
somatische Gentherapie 236
somatische Zellen 220
Somatostatin 226, 229
Somatotropin 226, 229
sopropylthiogalactosid ▶ IPTG 72
Southern Blot 260
Southern, E. M. 129

Southern-Hybridisierung 128, 129, 162
SpeI 89
Spektralphotomer 29
Sphäroplasten 32
SphI 84
Spi 75
spincolumn-Verfahren 28
ß-Faltblätter 192
Stammbaumanalyse 162, 234
Stamm-Schleifen-Struktur 208
Stammzelltransfektion 238
Staphylococcus aureus 48
Stärkesynthase 254
Strahlungshybride 164
Streptavidin 156
Streptococcus 67
Streptomyces 93, 207, 251
Streptomyces fimbriatus 48
Streptomycin 117, 207
stromaufwärts gelegene Regulationssequenzen 190
STRs 162, 163, 235, 260–263
STS 162
Stuffer-Fragment 90
Substitutionsvektoren 89, 90
Suizid-Gentherapie 238
Sulfonamid 117
Sulfurylase 155
SUP 4 100, 101
supercoils 32
Superoxiddismutase 229
Süße 251
Sutton, W. 4
SV 40 111, 217, 228
SV40 156
SVGT-5 111
Syntänie 192

T

T 7-Promotor 211
T3 251
Tabak 106, 219, 220, 246
tac-Promotor 210
tailing 61
Tandemwiederholungen 261, 264
TaqI 48, 51
Taq-Polymerase 6, 45, 134, 138, 140, 145, 184, 266
– Fehlerhäufigkeit 141
Taufliege 164
Tay-Sachs-Krankheit 233
T-DNA 102–104, 106
TEL 100
Telomerase 238

Telomere 99, 100
temperatursensitive Mutation 36
Terminale Desoxyribonucleotidyl-
    transferase 46, 172
Terminationscodon 188, 189
Terminationssignale 213
Terminator 207, 211
Terminatorverfahren 255
Tertiärstruktur 214
Tetracyclin 68, 70, 81, 256
Thalassämie 9, 236
Thaumatin 251
Thaumatococcus danielli 251
Thermocycler 5
Thermocycler-Sequenzierung 153
Thermus aquaticus 48, 51, 134
THO1 263
Thrombin 212
Tiere
- Klonierungsvektoren 109
- transgene 78
Tierschutz 220
Tierzellen 217
- Kultursysteme 217
Ti-Plasmid 14, 102, 104, 106
Ti-Vektoren
- entwaffnete 105
TOL 13
Tollwutvirus 232
Tomaten 106, 248, 250, 254
Topoisomerasen 32
totipotent 112
tra-Gene 14
Transfektion 72, 74, 90, 182
Transfektionseffizienz 237
Transformanten 68
Transformation 67, 77
Transformationshäufigkeit 99
transgene Pflanzen 231
transgene Tiere 218-220
Transkript 169, 172
Transkriptanalyse 168, 171, 191
- PCR 171
Transkription 84, 168, 207, 209
Transkriptionsfaktoren 199, 201
Transkriptionsstartstelle 171
Transkriptkartierung 170
Transkriptom 194-196
Translation 212
Translationsprodukte 179, 181
Transposase 110
Transposons 109
Trichoderma reesei 217
Tris-HCl 51
Triticuma estivum 157
tRNA 168, 180, 213

Trockentoleranz 251
TRP 1 99, 100
*trp*A 118, 119
trp-Promotor 209
Trypsin 198
Trypton 25
Tryptophan 172, 210, 248
Tryptophansynthase 118
Tuberkulose 233
Tumornekrosefaktor 229
Tumorsuppressorgene 237
Tyrosin 248

U

Überspiralisierung 32
*uid*A 179
Ultraschallbehandlung 158
Ultraviolettstrahlung 193
Umbellularia californica 251
Umwelt 220, 256
Unfruchtbarkeit 229
Universalprimer 154
URA 3 98, 100

V

Vacciniavirus 63, 231, 232
Valin 189
Vektor 5, 46, 47, 67
Verbrechen 260
vergleichende Genomik 192
Verwandtschaftsnachweis 262
Vesicular-Stomatitis-Virus 232
Vibrio cholerae 231
Vibrio harveyii 179
Victoria von Hessen 264
Viel-Kopien-Plasmide 34
Viren 9, 111, 217, 218, 230, 251
Virulenzplasmide 14
virusinduziertes Gen-Silencing 108
Virusresistenz 251
Vorwärts-Genetik 193
VWA/31 263

W

Wachstumsfaktoren 229
Wachstumshormone 226
Wachstumsstörungen 229

Wandern auf dem Chromo-
    som 160
Wanderungsbewegungen 270, 271
Waschmittel 185
Wasserstoffbrücken 122, 135
Wasserstoffisotope 199
Watson-Crick-Regeln 18
Weizen 106
Weizensamen 180
Western Transfer 129
whey acidic protein 228
Wiederholungssequenzen 261
wirtskontrollierte Restriktion 47
Wurzelhalsgalle 102

X

*Xba*I 84
X-Chromosom 232, 266
XEAminosäurebiosynthese 96
XEFluoreszenzmarker 163
XEHelicase 251
X-*Gal* 72, 84, 87, 90
*Xho*I 89

Y

YACs 99, 100
- Einsatzgebiete 101
Yarrowia lipolytica 217
Y-Chromosom 265, 266, 269
YEp 13 98
YEp13 97, 98
YEps 97, 99
YIps 98, 99, 101
YRp 7 99, 100
YRps 99

Z

Zarenfamilie 264
Zellextrakt 24, 26-28, 30, 80
zellfreie Translationssysteme 180
Zellkulturen 218
Zelllinien 217
Zellwand 26
Zentrifugation 26
Zitronensäure 207
Zoo-Blot 236
Zuckerkrankheit 224
Zuckerrohr 219

Zuckerrübeneule 246
Zufallsprimermethode 124
Zwei-Hybrid-System 199
Zwei-Vektor-Verfahren 103
α1-Antitrypsin 229
α1-Globin 136
α-Helix 181
β-Actingen 228
β-Endotoxine 244
β-Galactosidase 71, 72, 75, 83, 85, 86, 179, 209, 225
β-Globingen 228
β-Globin-Gen 111
β-Glucuronidase 179
β-Isopropyl-Malatdehydrogenase 96
β-Lactamase 69
β-Lactoglobulingen 219
β-Phaseolin 219
β-Thalassämie 233
δ-Endotoxine 243–246, 250, 251
– Resistenz 247
λ 36, 87, 108, 111, 156, 159
– cI-Gen 75
– Genkarte 88
– Genomgröße 76
– Klonierungsvektoren 90
λ-DNA 50
λEMBL 4 90, 92
λ-Genom 20
λgt10 89
λ-Klonierungsvektoren 87
λ-Phage 73
λPL-Promotor 210
λZAPII 89
ΦX 174 188
ΦX174 156

MIX
Papier aus verantwortungsvollen Quellen
Paper from responsible sources
FSC® C105338

Printed by Books on Demand, Germany